"十四五"职业教育国家规划教材

信息技术基础模块

（Windows10＋WPS Office 2019）

黄从云　成维莉◎主编

中国农业出版社

北　京

编写人员

主　编　黄从云　成维莉

副主编　罗中华　杜继明

参　编　杨　滢　黄　菊　田春燕　王宏宇
　　　　　张孟骅　陈月梅　娜仁高娃　惠华先
　　　　　赵　鑫

FOREWORD

前言

习近平总书记在2018年两院院士大会上的重要讲话指出，世界正在进入以信息产业为主导的经济发展时期。我们要把握数字化、网络化、智能化融合发展的契机，以信息化、智能化为杠杆培育新动能。提升国民信息素养，增强个体在信息社会的适应力和创造力，对个人、对全面建设社会主义现代化国家都具有重大意义。

本教材第一版被评为“十三五”国家规划教材，第二版在修订过程中，始终遵循职业教育“以能力为本位，以岗位为目标”的原则，重视能力培养，在保留第一版教材精华内容的基础上，根据《高等职业教育专科信息技术课程标准（2021年版）》要求，并参照《全国计算机等级考试大纲（2021年版）》，对部分知识点、技能点做了修订，以期使教材的结构和内容更加实用和先进。

1. 基于新课程标准，参照全国计算机等级考试大纲，构建教材框架

本次修订前，我们对使用教材的老师和学生进行回访，了解职业院校师生对信息技术基础教材的需求和期望。通过调研，我们对原版教材、新课标、等级考试大纲以及学生的基础水平进行充分论证，经过认真讨论，制定出编写提纲，并由学校和企业人员合作分工编写。通过新课标、等级考试大纲的融合，更好地体现教材的先进性和实用性。

2. 坚持立德树人，注重课程思政

教材充分挖掘思政元素，在知识技能的传授过程中，以一种“润物细无声”的方式培养学生的核心素养，包括政治认同、科学精神、法治意识、社会参与、健全人格，强调学生在习得技能外，能掌握和运用人类优秀智慧成果，涵养内在精神，发展成为有扎实技术、有宽厚文化基础和精神追求的人。

（1）每个项目设置“前沿资讯”，呈现了5G、北斗等中国创造的高尖精技术，彰显科技自强，增强国家认同。选择数字货币、量子计算、人工智能等新时代发展方向，让学生共探新技术，洞悉新领域。

（2）增加“身边有法”专栏，将学生可能遇到、可能忽视的信息技术领域法律案例融入教材，增强学生信息安全意识与防护能力。

（3）案例融入红色经典、国家战略、现代职业教育政策等，加深学生对国家、对农业、对职业教育的正确认识，形成正确的价值观，成为有社会责任感的高素质技术技能人才。

3. 坚持职教特色，体现职场情境，激发自发学习

教材内容坚持与专业、生活相结合，把任务设置、通用能力素质和学生生活、未来职业发展的需求充分结合，在“学中做，做中学”，学以致用；图文并茂，增加案例，为学生提供生动、直观、富有启发性的学习材料，激发学习兴趣。

4. 支持国产软件，更新系统平台

2020 年 11 月，国家教育部考试中心宣布：将新增计算机考试科目，正式把国产办公软件 WPS Office 作为全国计算机等级考试（NCRE）的二级考试科目之一。为了加强宣传引导，呵护扶持国产软件成长壮大，综合考虑当前主流系统以及等级考试要求，本教材修订后选用 Windows10＋WPS Office 2019 的组合，紧跟行业发展，创造国产软件应用氛围。

本教材在编写过程中，参考了大量文献和资料，在此谨对文献资料的作者表示衷心的感谢！由于编者水平有限，教材中难免存在不妥之处，敬请广大读者批评指正，以便进一步完善。

编　者

2023 年 6 月

CONTENTS

目录

项目 1

信息技术基础

新一代信息技术产业是国民经济的战略性和先导性产业，近年来，我国新一代信息技术产业规模效益稳步增长，创新能力持续增强，行业应用持续深入，为经济社会发展提供了重要保障。党的二十大为新一代信息技术产业指明未来发展方向，要以推动高质量发展为主题，构建新一代信息技术产业新的增长引擎。作为新时代大学生，我们要打好信息技术基础根基，增强信息安全意识，信守信息社会道德与准则，利用已有的基础优势，引领未来发展。

计算机是 20 世纪最先进的科学技术发明之一，它在人类生产活动和社会活动中产生了极其重要的影响，并以强大的生命力飞速发展。它的应用领域从最初的军事科研应用扩展到社会的各个应用领域，已形成了规模巨大的计算机产业，带动了全球范围的技术进步，由此引发了深刻的社会变革，计算机已遍及学校、企事业单位，进入寻常百姓家，成为信息化社会中必不可少的工具。

能力目标：掌握计算机主机与外部设备如键盘、鼠标、显示器等的连接，熟悉 Windows 10 系统的启动与退出、Windows 10 桌面、任务栏、工具栏、菜单栏、对话框、窗口等的基本操作，掌握 Windows 10 文件管理的基本操作方法与技巧，掌握 Windows 10 系统的常规设置，掌握计算机病毒预防与清除，了解主要信息安全技术和信息安全政策和法规。

思政目标：增强信息安全意识与防护能力，信守信息社会道德与准则。

任务 1　认识计算机

任务描述

小张是公司新进的顶岗实习生，刚进公司就被分配到人事部做一名文职人员，为了提高自己的工作效率，发挥计算机在工作中的重要作用，小李决定先了解计算机的发展历程，然后认识计算机的主要部件和熟悉计算机的外部设备，从而更好地使用计算机。

任务分析

要完成本项工作任务，首先应该熟悉计算机的各个外部设备，其次需要仔细观察计算机的外观，如电源按钮、复位按钮、状态指示灯、硬盘指示灯和光盘驱动器等，以及主机箱后面主板上的各种接口等；其次在断电操作的情况下观察计算机内部结构，认识计算机主板上的总线接口、各种适配卡的插槽，认识中央处理器（CPU）和内存储器，了解CPU和内存的主要参数和性能指标；接着学会连接常用的外部设备到主机，如键盘、鼠标、显示器、打印机、音箱、网线、数码相机及其他外部设备等；最后连接电源，开机检查各种连接是否正常。

必备知识

计算机（Computer）是一种可以进行数值运算，又可以进行逻辑运算，还具有存储记忆功能，能够按照事先编写好的程序，自动、高速处理海量数据的现代化智能电子设备。

1. 计算机发展史

第一台电子计算机ENIAC（Electronic Numerical Integrator And Calculator，简称ENIAC，电子数字积分计算机），它于1946年2月14日诞生于美国宾夕法尼亚大学。ENIAC是第二次世界大战期间，美国军方为了满足计算导弹的需要资助ENIAC项目研制而成的，如图1-1-1所示。

ENIAC使用了18 000多个电子管，占地面积170米^2，重达30吨，功率为每小时耗电170千瓦，其运算速度为每秒5 000次的加法运算，造价约为487 000美元。ENIAC的诞生具有划时代的意义，表明电子计算机时代的到来，是人类历史上里程碑式的事件。在以后几十年里，计算机技术以惊人的速度迅速发展。

图1-1-1　ENIAC

随着电子技术，特别是微电子技术的发展依次出现了以电子管、晶体管、中、小型规模集成电路、大规模集成电路、超大规模集成电路为主要元件的电子计算机。在这个过程中，计算机体积越来越小，功能越来越强大，应用领域越来越广泛，生产成本越来越低，在功能、运算速度、存储容量及可靠性方面得到了极大的提高。

按计算机所使用的元器件划分，计算机的发展经历了以下几个阶段（表1-1-1）。

表1-1-1　计算机发展阶段的主要特点比较

发展阶段	元件	软件特征	内存储器	外存储器	主要特点	运算速度（次/秒）
第一代（1946—1958年）	电子管	机器语言 汇编语言	磁芯	磁带	体积大、可靠性差、耗电大	几千至几万
第二代（1959—1964年）	晶体管	连续处理 编译语言	磁芯	磁盘	体积较小、可靠性较高、耗电较小	几万至几十万

（续）

发展阶段	元件	软件特征	内存储器	外存储器	主要特点	运算速度（次/秒）
第三代（1965—1970年）	中、小型规模集成电路	操作系统 结构化程序设计语言	半导体存储器	大容量磁盘	体积小型化、可靠性高、耗电少	几十万至几百万
第四代（1971年至今）	大规模、超大规模集成电路	产生了结构化程序设计	高集成半导体	磁盘 光盘	体积微型化、可靠性极高、耗电极少	几百万至百亿

计算机的发展历程，从根本上来说也是中央处理单元（CPU）的发展历程。计算机的更新换代，通常以中央处理单元的字长和系统的功能来划分。从1971年第四代计算机诞生以来，计算机经历了4位、16位、32位和64位处理器的发展阶段。

2. 计算机的发展趋势

从1946年第一台计算机诞生至今的半个多世纪里，计算机的应用得到不断的拓展，在计算机超大规模集成电路的基础上，计算机正朝着巨型化、微型化、网络化和智能化方向延伸发展。

（1）巨型化。计算机的巨型化并不是指体积大，而是指计算机具有极高的运算速度，存储容量更大，功能更强。巨型机具有强大和完善的功能，主要应用于军事、航空航天、人工智能、气象、生物工程等科学领域。目前研制的巨型机运算速度可达每秒百万亿次，如我国最新研制的巨型计算机“曙光3000超级服务器”，它的峰值（即最大运算速度）为4 032亿次/秒。

（2）微型化。微型化是指计算机的体积越来越小，这也是大规模和超大规模集成电路飞速发展的必然结果。自1971年第一块微处理器芯片问世以来，微处理器连续不断更新换代，近几年来微型计算机连续降价，加上丰富的软件和外部设备，操作简单，其中笔记本型、掌上型等微型计算机更是以优越的性能和价格受到人们的欢迎，使计算机很快普及到社会的各个领域并走进了千家万户。

（3）网络化。计算机网络化是指利用通信技术和计算机技术，把互联网整合成一台巨大的超级计算机，按照一定的网络协议相互通信，实现计算机硬件资源、数据资源、软件资源以及其他信息资源的全面共享。

（4）智能化。智能化是计算机发展的高级阶段。在这个阶段计算机能存储大量信息资源，会推理（包括演绎与归纳），具有学习功能，能以自然语言、声音、文字、图形、图像和人进行交流信息，进行思维联想推理，并得出结论。

3. 计算机的主要特点

计算机能够按照事先编写好的程序，接收数据、处理数据、存储数据并产生输出结果，它的整个工作过程具有以下几个特点。

（1）运算速度快。计算机的运算速度是计算机的一个重要性能指标，通常以每秒执行加法的次数或平均每秒执行指令的条数来衡量。目前，计算机的运算速度已由早期的每秒几千次运算发展到每秒千万亿次运算，使大量复杂的科学问题得以解决。

（2）计算精度高。计算精度高是计算机显著的特点，主要表现为数据表示的位数，通常称为字长，字长越长计算精度越高。目前普通计算机的计算精度已达到几十位有效数字，能够满足一般用户对计算精度的需求。

（3）具有存储功能。计算机不仅能进行数据计算，还能将输入的原始数据、计算的中间结果及程序存储起来，提供给使用者在需要时反复调用。存储功能是计算机区别于传统计算工具最重要的特征。

（4）具有逻辑判断功能。计算机除了简单的算术运算，还能够对数据信息进行比较和判断等逻辑运算，并能根据判断的结果自动执行下一条指令。

（5）实现自动化控制。由于计算机具有存储和逻辑判断功能，当用户对计算机发出运行指令，计算机就能按照事先编写好的程序自动完成运算并输出结果，这样执行程序的过程无须人为干预，完全由计算机自动控制执行。

4. 计算机的分类

计算机的划分可根据处理数据的方式、设计的目的和用途等方式进行分类。如果按照运算速度的快慢、数据处理的能力、存储容量等性能的差别，则可分为以下几种。

（1）微型机（Microcomputer）。微型计算机简称微机，俗称个人计算机（Personal Computer，PC）或电脑。微型计算机的处理器采用超大规模集成电路，使用半导体存储器，体积小、价格低、通用性强、可靠性高。它是以处理器为基础，配以内存储器、输入输出（I/O）接口电路和相应的辅助电路及软件构成的实体。

（2）小型机（Minicomputer）。小型机采用精简指令集处理器，性能和价格介于大型主机和微型计算机之间的一种高性能计算机，其结构简单、易于维护和使用。它是由DEC（数字设备公司）公司首先开发的一类高性能计算产品。

（3）大型机（Mainframe）。大型机又称为大型主机，使用专用的处理器指令集、操作系统和应用软件，其特点是运算速度快、处理能力强、存储容量大、功能完善，主要用于商业领域。

（4）巨型机（Supercomputer）。巨型机又称为超级计算机，是计算机中功能最强、运算速度最快、存储容量最大、价格最昂贵的一类主机，主要用于石油勘探、天气预报和国防尖端科学研究领域。如国家并行计算机工程技术研究中心研制的“神威·太湖之光”超级计算机，计算峰值速度可达到每秒12.54亿亿次、持续计算速度可达每秒9.3亿亿次。

（5）工作站（Workstation）。工作站是介于小型机和微型机之间的一种高端通用微型计算机。通常配有高分辨率的大屏幕显示器和大容量的存储器，具有较强的通信能力和高性能辅助设计能力。

5. 计算机的应用

计算机的应用已渗透到社会的各个领域，在科学技术、国民经济、社会生活等各个方面都得到了广泛的应用，并且取得了明显的社会效益和经济效益。根据计算机的应用特点，可以将计算机的应用领域归纳为以下几个方面：

（1）科学计算。科学计算即是数值计算，是指计算机在处理科学研究和工程技术中所遇到人工无法实现的科学计算问题。科学计算的特点是数据计算量大、计算精确度高、结果可靠。例如，建筑设计中的计算、人造卫星轨道的计算、气象预报中的气象数据计算、地震预测等。

（2）数据处理。数据处理即信息处理，是指对数据信息进行分析和加工的技术过程。包括对数据的采集、转换、存储、加工、检索、编辑、传输及统计分析等。数据处理特点是：原始数据量大，使用的运算方法简单，有大量的逻辑运算和判断，结果以表格或文件形式存储或输出。通常以管理为主进行非科学方面的应用。例如，企业管理、人事管理、财务管理、生产管理、商品销售管理、图书检索等。

（3）过程控制。过程控制又称为实时控制，是指计算机及时采集、检测被控制对象运行情况的数据，对数据进行分析处理，按照最佳的控制规律迅速地对控制对象进行自动控制和自动调节。例如，企业流水线生产和数控机床的控制、国防领域卫星和导弹的发射等。

（4）辅助系统。计算机辅助系统是利用计算机辅助完成不同任务的系统的总和。计算机辅助系统包括计算机辅助设计（CAD）、计算机辅助教学（CAI）、计算机辅助制造（CAM）、计算机辅助工程（CAE）、计算机辅助测试（CAT）等。

（5）人工智能。人工智能又称为智能模拟，是利用计算机系统对人类特有的感知、推理、思维和智能活动等进行模仿。目前人工智能在计算机领域得到了广泛的重视，并在控制系统、经济政治决策、机器人、仿真系统中得到应用。

（6）网络应用。将不同地理位置的多台计算机通过传输介质连接起来，组成计算机网络，实现各计算机之间的数据信息和各种资源的共享。计算机网络的建立方便了人们的生活，不仅解决了信息的传递和信息的交换、网上购物、电子商务应用等，也促进了国际间的通信，其最重要的一点就是实现了资源的共享。

6. 计算机系统的组成

一个完整的计算机系统由硬件系统和软件系统两大部分组成。

计算机硬件系统是指组成计算机的各种物理设备的集合，是看得见摸得着的部分，是计算机正常运行的物理基础，也是计算机软件发挥作用的平台。

计算机软件系统是在硬件系统设备上运行的各种程序和文档，是硬件系统的指挥者和操作者。硬件和软件两大系统相互依赖，不可分割，两个部分又由若干部件组成，如图1－1－2所示。

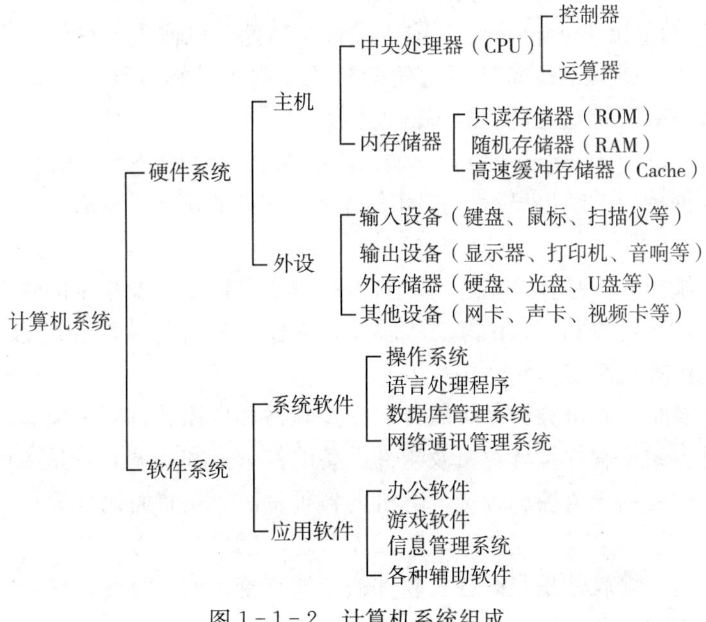

图1－1－2　计算机系统组成

（1）硬件系统。从第一台计算机诞生至今，计算机经历了多次的更新换代，出现了功能各异、种类繁多的计算机，但从计算机的基本结构和工作原理，都是基于美籍匈牙利数学家冯•诺依曼（Von Neumann）最初设计的计算机体系和工作原理。因此冯•诺依曼被世界公认为“计算机之父”，他设计的计算机体系结构被称为“冯•诺依曼体系结构”，即计算机硬件系统由运算器、控制器、存储器、输入设备和输出设备五大部分组成，如图1-1-3所示。

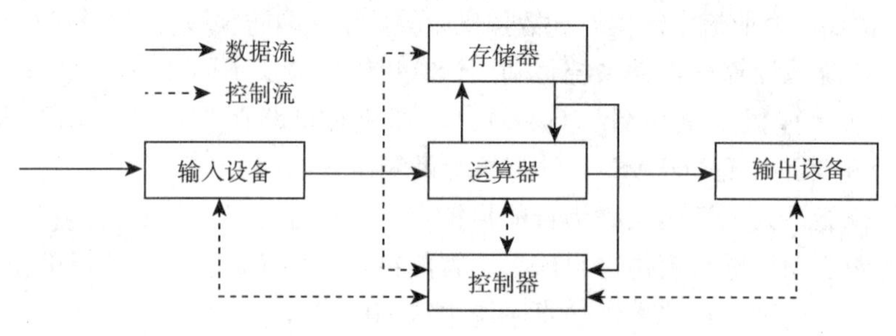

图1-1-3　计算机基本结构及工作过程

①运算器（Arithmetic Unit）。运算器是计算机中执行各种算术运算和逻辑运算的操作部件，由算术逻辑单元（ALU）、累加器和通用寄存器、状态寄存器等组成。它的基本操作包括加、减、乘、除等算术运算和与、或、非等逻辑运算，以及移位、比较和传送等操作。

②控制器（Control Unit）。控制器是计算机各部件协调工作的控制者和指挥者，是计算机的指挥中心，由指令寄存器（IR）、指令译码（ID）、程序计数器（PC）、时序信号发生器和程序控制器等组成。

③存储器（Memory）。存储器是用来存储程序和数据的部件。在控制器的控制下能高速、自动完成程序和数据的存/取操作，我们把程序和数据存入存储器中的过程称为“写”，把程序和数据从存储器中取出来的过程中称为“读”。按存储器的功能可将存储器分为主存储器（内存）和辅助存储器（外存）两类。

④输入设备（Input Equipment）。输入设备是向计算机输入各种外部信息与数据的设备，是计算机与用户或其他设备进行通信的桥梁。常见的输入设备有键盘、鼠标、扫描仪、手写板、摄像头、游戏手柄、语音输入装置等。

⑤输出设备（Output Equipment）。输出设备是计算机硬件系统的终端设备，用于接收计算机对数据处理后的结果显示、打印输出等。常见的输出设备有显示器、打印机、绘图仪、音响等。

（2）软件系统。软件是计算机运行时所需的程序、数据以及指令的集合。没有安装任何软件的计算机称为“裸机”，不能正常运行和工作，只有与软件相结合才能正常运行，才能构成完整的计算机系统。

计算机软件系统大致可分为系统软件、支撑软件和应用软件三大类。

①系统软件。系统软件是计算机及外部设备的控制者和协调者，是支持应用软件开发和运行的软件。主要用于监控和维护计算机的各种资源，负责管理计算机系统中各硬件设备。例如，操作系统、语言处理程序、数据库管理、辅助程序等。

②支撑软件。支撑软件是支撑各种软件的开发与维护的工具性软件，它主要包括环境数据库、各种接口软件和工具组。

③应用软件。应用软件是为了解决各种具体的实际问题而专门编写的程序。它可能拓宽计算机系统的应用领域，放大硬件的功能，常见的应用软件有计算机辅助教学软件、图形软件、文字处理软件等。

计算机软件系统和硬件系统是一个完整的计算机系统互相依存的两大部分，它们的关系主要体现在以下三个方面。

①互相依存。硬件是软件赖以工作的物质基础，软件的正常工作是硬件发挥作用的唯一途径。计算机系统必须要配备完善的软件系统才能正常工作，且能充分发挥其硬件的各种功能。

②无严格界线。随着计算机技术的发展，在许多情况下，计算机的某些功能既可以由硬件实现，也可以由软件来实现。因此，硬件与软件在一定意义上说没有绝对严格的界线。

③协同发展。计算机软件随硬件技术的迅速发展而发展，而软件的不断发展与完善又促进硬件的更新，两者密切地交织发展，缺一不可。

7. 微型计算机硬件系统的构成

从微型计算机外观看，主要由显示器、主机箱、键盘和鼠标等组成。微型计算机的硬件系统由以下部件组成。

(1) 主板。主板又称为主机板（Main Board）、系统板或母板等。安装在主机箱内，是计算机最基本的也是最重要的部件之一，是一块多层印刷电路板，上面搭载中央处理器、内存储器、接口、电子元件、系统总线和各种插槽等。

(2) 中央处理器（Central Processing Unit，CPU）。中央处理器是计算机的核心部件，由运算器、控制器、寄存器、高速缓存及实现它们之间联系的数据、控制及状态总线构成。其功能主要是解释计算机指令以及处理计算机软件中的数据。

(3) 总线。总线是一组信号线，是计算机各部件之间传送信息的公共通信干线，是连接各硬件模块的纽带。按照计算机所传输的信息种类，计算机的总线可以划分为三类：用来发送 CPU 命令信号到存储器或 I/O 设备的总线称为控制总线（Control Bus，CB）；由 CPU 向存储器传送地址的总线称为地址总线（Address Bus，AB）；CPU、存储器和 I/O 设备之间的数据传送通道称为数据总线（Data Bus，DB）。

(4) 内存储器。内存储器又称为主存储器，根据性能和特点的不同，内存储又分为只读存储器（Read Only Memory，ROM）和随机存取存储器（Random Access Memory，RAM）两类。

只读存储器在整机工作过程中只能读取其中的数据，而不能写入新的数据。ROM 中所存数据稳定，即使断电后所存数据不会丢失，ROM 的结构简单，读取方便，因而常用于存储各种固定的系统程序和数据。

随机存取存储器在工作过程中既可以读取其中的数据，也可以修改或写入新的数据。计算机断电后 RAM 中存储的所有数据将全部丢失，因此 RAM 主要用于存储临时使用的数据。

(5) 外存储器。

①硬盘。硬盘是计算机主要的存储器之一，主要由多个磁盘盘片、盘片驱动系统、控制系统以及读写系统组成，具有使用寿命长、存储容量大、存取速度快等优点。

硬盘的每一个盘片都有一个读写磁头，盘片的每一面被划分为若干磁道，每个磁道又被划分成若干扇区，每个扇区存储空间为 512 字节。硬盘的容量计算公式为：

硬盘存储容量＝磁头数×柱面数×每磁道扇区数×每扇区字节数（512B）

②光盘。光盘是利用激光原理进行读写的设备，是一种外部辅助存储器，光盘可分为三种：只读光盘、一次性写入光盘和可擦写光盘。

A. 只读光盘：只读光盘即光盘中的数据信息不能进行删除和修改，也不能向光盘中写入新的数据信息，即只能读取其中的数据。

B. 一次性写入光盘：可向光盘中写入数据信息，但写入数据信息后只能读取，而不能进行修改或删除操作。

C. 可擦写光盘：可擦写光盘的工作方式与磁盘相似，可多次写入和删除其中的数据信息。

③U 盘。U 盘的存储介质是快闪存储器，它和一些外围数字电路被焊接在电路板上，封装在硬脂塑料外壳内。U 盘可重复擦写高达 100 万次，有的 U 盘还用一个嵌入内部的拨动开关来实现写保护，可以控制 U 盘的写操作。U 盘不需使用驱动器、外接电源，支持即插即用和热插拔，既方便文件的共享，又节省开支，已被广泛应用。

（6）输入设备。

①键盘。键盘是计算机常用的输入设备，通过键盘设备，可以向计算机输入数字、英文字母、各种标点符号等，从而向计算机发送命令、输入数据信息等。

键盘可分为四个区：功能键区、主键盘区（又称为打字区）、编辑键区和小键盘区，如图 1－1－4 所示。各键区功能见表 1－1－2。

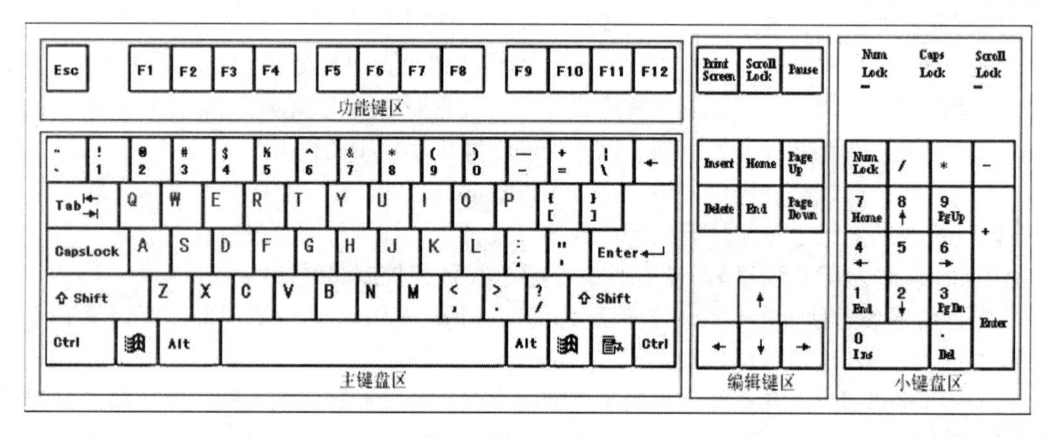

图 1－1－4　键盘布局

表 1－1－2　主要键区的功能说明

键区	键位	名称	功能
功能键区	Esc	取消	取消当前操作
	F1～F12	功能键	各功能键的作用由操作系统或软件决定
主键盘区	Tab	跳格键	制表时用于快速移动光标，在对话框中用于在各项之间切换
	Caps Lock	大写锁定键	用于切换大小写英文字符的输入
	Shift	上挡键	用于大小写转换以及符号的输入
	Ctrl	控制键	不能单独使用，与其他键组合使用产生特定的功能
	Alt	控制键	不能单独使用，与其他键组合使用产生特定的功能

（续）

键区	键位	名称	功能
主键盘区	Space	空格键	用于输入空格，按下该键输入一个空白字符
	Backspace	退格键	按下该键，删除光标左侧一个字符
	Enter	回车键	用于执行当前输入命令或输入文本时进行换行
编辑键区	Print Screen	屏幕打印键	复制当前屏幕到剪切板
	Scroll Lock	屏幕锁定键	屏幕滚动锁定键
	Pause Break	暂停键	按下该键可暂停命令或程序的执行
	Insert	插入键	改变插入与改写状态
	Home	返回	快速移动光标至当前编辑行的行首
	Page UP	向上翻页	按下该键光标快速上移一页，光标所在行、列不变
	Delete	删除键	删除当前光标所在位置的字符
	End	结束	快速移动光标至当前编辑行的行尾
	Page Down	向下翻页	按下该键光标快速下移一页，光标所在行、列不变
	↑↓←→	光标移动键	使光标上移、下移、左移、右移
小键盘区	Num Lock	数字锁定键	按下该键可使小键盘区在数字键和编辑键之间进行切换

②鼠标。鼠标是计算机的一种输入设备，主要功能是进行光标定位或完成特定的输入。根据鼠标的工作原理及其内部结构的不同可分为机械式鼠标、光机式鼠标、光电式鼠标和光学鼠标等。常见的鼠标接口有USB接口、PS/2接口、串口接口等。

使用鼠标时一般用右手握住鼠标，食指和中指分别放在鼠标的左键和右键上，鼠标的操作可以分为单击、双击、右击、指向、拖动和滚动6种。

A. 单击：将鼠标指针移动到需要操作的对象上，按下鼠标左键并迅速松开鼠标，用于选择对象操作。

B. 双击：将鼠标指向对象，迅速连续两次单击鼠标左键，用于打开文件和启动程序。

C. 右击：按下鼠标右键，通常会弹出一个快捷菜单或帮助提示。鼠标指针所在位置不同，弹出的快捷菜单也不同。

D. 指向：移动鼠标到对象上，用于激活对象或显示提示信息。

E. 拖动：将鼠标指向对象按下鼠标左键不松开，然后移动鼠标，在另一个位置松开鼠标。用于窗口中的滚动条操作、复制或移动对象操作。

F. 滚动：使用食指上下推动鼠标中间的滚轮，可实现屏幕显示内容向上或向下滚动显示。

（7）输出设备。计算机常用的输出设备有显示器、打印机等。

①显示器。显示器又称监视器，是计算机常用的输出设备之一。按显示器的工作原理可将显示器分为CRT显示器、LCD显示器、LED显示器等。

CRT（阴极射线管）显示器主要由偏转线圈、荫罩、电子枪、荧光粉层及玻璃外壳五部分组成。具有可视角度大、色度均匀、无坏点、色彩还原度高、响应时间短、提供多分辨率模式等优点，但目前已经退出市场。

LCD显示器即为液晶显示器，具有占用空间小、辐射小、机身薄、亮度高、寿命长、色彩鲜艳、工作稳定等优点，成为具有优势的新一代显示媒体设备。LCD 显示器内部有很多液晶粒子，它们有规律地排列成一定的形状，并且它们每一面的颜色都不同，分为红色、绿色和蓝色。这三原色能还原成任意的其他颜色。当显示器收到显示数据时，会控制每个液晶粒子转动到不同颜色的面，从而组合成不同的颜色和图像。

LED 显示器是一种通过控制半导体发光二极管的显示方式来显示文字、图形、图像、动画的显示屏幕。LED 显示器集微电子技术、计算机技术、信息处理技术于一体，以其色彩鲜艳、动态范围广、亮度高、寿命长、工作稳定可靠等优点，成为最具优势的新一代显示设备。

②打印机。打印机是计算机的输出设备之一，主要用于输出计算机处理的结果、图像、文字等。打印机的打印速度、噪声和打印分辨率是衡量打印机好坏的主要性能指标。

打印机的分类：按打印机的工作原理，可将打印机分为击打式打印和非击打式打印机两大类；按打印机的工作方式，可将打印机分为针式打印机、喷墨式打印机、激光打印机等。

任务实现

计算机是否能正常工作，对计算机相关的设备进行正确的连接是至关重要的。通过对信息技术基础的学习我们知道，一个完整的计算机系统是由硬件系统和软件系统两大部分组成，两大系统相互依赖，协调工作，只有正确连接相关设备，系统方能正常工作。

（1）未连接的主机接口面板，如图 1-1-5 所示。

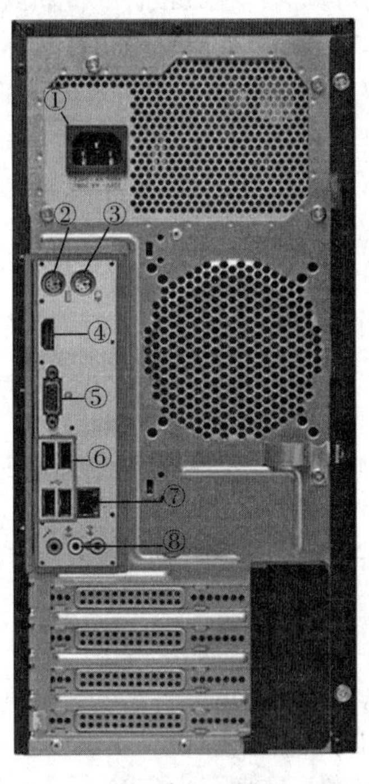

图 1-1-5　主机接口面板

①主机电源接口。电源线的一端连接三孔插座，另一端连接主机电源。

②PS/2 接口。键盘的 PS/2 接口。

③PS/2接口。鼠标的PS/2接口。目前主流台式机已经逐渐淘汰这种接口，转为使用USB接口，USB接口可以提供更高的传输速率，比如USB接口的鼠标会比使用PS/2接口的鼠标更加灵敏。

④HDMI接口。高清晰度多媒体接口是一种数字化视频/音频接口技术，是适合影像传输的专用型数字化接口，其可同时传送音频和影像信号。

⑤VGA接口。连接显示器信号线的插头。

⑥USB接口。连接使用USB插头的设备，如闪存、鼠标、键盘、手机、摄像头等。

⑦RJ-45接口。上网使用的ADSL或宽带接口，连接双绞线水晶连接头。

⑧音频接口。通常标有MIC、Speaker或Line-out字样。

⑨DP（Display Port）接口。主要用于视频源与显示器等设备的连接，并也支持携带音频、USB和其他形式的数据。

⑩独立显卡接口面板。配备独立显卡的主机会有单独的独立显卡接口面板，常见接口类型有HDMI等。

（2）设备检查。操作前检查各种外部设备是否准备齐全，以保证连接操作正常进行。

（3）操作注意事项。①熟悉各外部设备；②防静电；③断电后方可进行操作；④设备要轻拿轻放；⑤进行连接插拔时用力适度；⑥确保安装正确；⑦对于购买的新机要保存好保修卡、驱动光盘、说明书等。

（4）主机与键盘、鼠标的连接。确认键盘和鼠标的接口类型，PS/2接口需使用适当的力度将键盘和鼠标的PS/2插头正确插入主机箱上的键盘和鼠标接口，USB接口则插入主机箱上的USB接口。

（5）显示器与主机的连接。①将显示器与主机摆放好；②把VAG或HDMI连接线的两头正确地与显示器和主机连接，注意有独立显卡的主机箱应连接在独立显卡面板相应接口。

（6）连接RJ-45双绞线水晶连接头。

（7）连接音频。三个圆形接口分别是粉红色接口用于连接麦克风，浅蓝色接口用于连接外部音源，草绿色用于连接扬声器和耳机。

（8）最后连接电源，开机检查各连接是否正常。

训练任务

小李通过对信息技术发展历程的学习，以及动手连接计算机各外部设备后对计算机的学习产生了浓厚的兴趣。为了更好地在工作岗位上做好自己的工作，小李决定购买一台计算机。因刚到公司实习，考虑到经济条件的限制，以及计算机主要用于处理一些表格、视频、图片、文字，小李决定放弃购买高端机的想法，购置一台中档以上配置的计算机。请你根据小李的实际情况，为他配置一台计算机（表1-1-3）。

表1-1-3 计算机配置

配件名称	配件型号	价格（元）	备注
主板			
CPU			

（续）

配件名称	配件型号	价格（元）	备注
内存			
显卡			
网卡			
硬盘			
光驱			
电源			
主机箱			
显示器			
键盘、鼠标			
音箱、耳麦			
合计			

任务2　了解计算机中数据的表示

任务描述

任务1在介绍计算机的时候，说到了二进制以及一些容量单位，小张有点困惑，以前数学学的是十进制，那么十进制跟二进制有什么区别和联系？容量的单位有哪些，这些单位如何换算？计算机中的字符又是如何表示的呢？

任务分析

要完成本项工作任务，需要熟悉计算机中数据的表示方法、不同进制之间的表示，以及计算机中的编码标准。

必备知识

1. 数据及其单位

描述内、外存储容量的常用信息存储单位有位、字节、字等。

（1）位（bit，缩写为b）。位是度量数据的最小单位，表示一位二进制信息，可以是0或1。

（2）字节（Byte，缩写为B）。1字节由8位二进制数组成，即1Byte=8bit。字节是信息存储的基本单位。

（3）其他常用单位及对应的换算关系如下。

KB（千字节）：1KB=1 024B；

MB（兆字节）：1MB=1 024KB；

GB（吉字节）：1GB=1 024MB；

TB（太字节）：1TB=1 024GB；

PB（拍字节）：1PB=1 024TB；

EB（艾字节）：1EB=1 024PB；

ZB（泽字节）：1ZB=1 024EB。

数据的单位由低到高分别是 b、B、MB、GB、TB、PB。转换关系如图 1－2－1 所示。

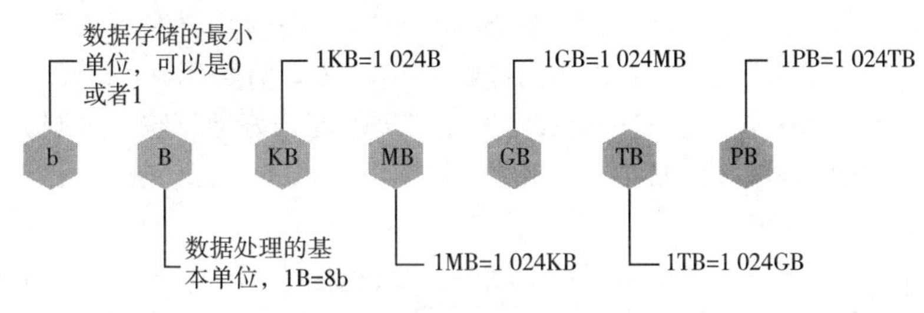

图 1－2－1 数据单位转换关系

（4）字（Word）。计算机处理数据时，CPU 通过数据总线一次存取、传送和加工的数据量称为字，一个字通常由一个或多个字节组成。一个字的位数称为字长，它是衡量计算机精度和运算速度的主要技术指标。字长越大，速度越快，精度越高。常见的字长有 8 位、16 位、32 位、64 位等。

2. 数制及其转换

（1）进制的概念。进制也就是进位制，又称为位置计数法，是一种记数方式，故亦称进位记数法或位值计数法，可以用有限的数字符号代表所有的数值。对于任何一种进制 N，就表示某一位置上的数运算时是逢 N 进一位。如：二进制就是逢二进一，八进制是逢八进一，十进制是逢十进一，十六进制是逢十六进一。以此类推，N 进制就是逢 N 进位。

对于任何一个数，我们可以用不同的进位制来表示。比如：十进数 25（十进制），可以用二进制表示为 11001（二进制），也可以用八进制表示为 31（八进制），也可以用十六进制表示为 19（十六进制），它们所代表的数值都是一样的。

（2）进制的转换方法。

①二进制数。二进制数有两个特点：它由两个基本数字 0、1 组成，二进制数运算规律是逢二进一。为区别于其他进制数，二进制数的书写通常在数的右下方注上基数 2，或后面加 B 表示。例如：二进制数 10110011 可以写成 $(10110011)_2$，或写成 10110011B，对于十进制数可以不加注。

计算机中的数据均采用二进制数表示，这是因为二进制数具有以下特点：

A. 二进制数中只有两个字符 0 和 1，可用来表示元器件具有的两个不同稳定状态。例如，电路中有、无电流，有电流用 1 表示，无电流用 0 表示。类似的还比如电路中电压的高、低，晶体管的导通和截止等。

B. 二进制数运算简单，大大简化了计算中运算部件的结构。

二进制数的加法和乘法运算如下：

0+0=0　0+1=1　1+0=1　1+1=10

0×0=0　0×1=0　1×0=0　1×1=1

但是，二进制有个致命的缺陷，就是数字写出来特别长，如：把十进制的100000写成二进制就是11000011010100000，所以计算机内还有两种辅助进位制：八进制和十六进制。二进制写成八进制时，长度只有二进制的三分之一，把十进制的100000写成八进制就是303240。十六进制的一个数位可代表二进制的四个数位。这样，十进制的100000写成十六进制就是186A0。

②八进制数。由于二进制数据的基数较小，所以二进制数的书写和阅读不方便，为此，在小型机中引入了八进制。八进制的基数 $R=8=2^3$，有数码0、1、2、3、4、5、6、7，并且每个数码正好对应三位二进制数，所以八进制能很好地反映二进制。八进制用下标8或数据后面加0表示，例如：二进制数 $(11\ 101\ 010.010\ 110\ 100)_2$ 对应八进制数 $(3\ 5\ 2.2\ 6\ 4)_8$ 或352.264 0。

③十进制数。日常我们多使用的是十进制。它由0，1，2，…，9，10个基本数字组成，运算是按“逢十进一”的规则进行的。

在计算机中，除了十进制数外，经常使用的数制还有二进制数和十六进制数，在运算中它们分别遵循的是逢二进一和逢十六进一的法则。

④十六进制。由于二进制数在使用中位数太长，不容易记忆，所以又提出了十六进制数。十六进制数由16个字符0～9以及A，B，C，D，E，F组成（它们分别表示十进制数10～15），十六进制数运算规律是逢十六进一，即基数 $R=16=2^4$，通常在表示时用尾部标志H或下标16以示区别。

（3）不同进制数之间的转换。

①二进制数、十六进制数转换为十进制数。二进制数、十六进制数转换为十进制数的规律是相同的。把二进制数（或十六进制数）按位权形式展开成多项式和的形式，求其最后的和，就是其对应的十进制数——简称“按权求和”。

②十进制数转换为二进制数。整数转换，一个十进制整数转换为二进制整数通常采用除二取余法，即用2连续除十进制数，直到商为0，逆序排列余数即可得到对应二进制数——简称“除二取余法”。

③二进制数与十六进制数之间的转换。由于4位二进制数恰好有16个组合状态，即1位十六进制数与4位二进制数是一一对应的，所以，十六进制数与二进制数的转换较为简单。

十六进制数转换成二进制数，只要将每一位十六进制数用对应的4位二进制数替代即可——简称“位分四位”。

二进制数转换为十六进制数，分别从小数点向左、向右每4位一组，依次写出每组4位二进制数所对应的十六进制数——简称“四位合一位”。

3. ASCII码

ASCII（American Standard Code for Information Interchange，美国信息交换标准代码）：使用7位二进制数来表示所有的大写和小写字母、数字0到9、标点符号，以及在美式英语中使用的特殊控制字符，它是最通用的信息交换标准，共定义了128个字符（图1-2-2）。

$b_6b_5b_4$ / $b_3b_2b_1b_0$	000	001	010	011	100	101	110	111
0000	NUL	DLE	SP	0	@	P	`	p
0001	SOH	DC1	!	1	A	Q	a	q
0010	STX	DC2	“	2	B	R	b	r
0011	ETX	DC3	#	3	C	S	c	s
0100	EOT	DC4	$	4	D	T	d	t
0101	ENQ	NAK	%	5	E	U	e	u
0110	ACK	SYN	&	6	F	V	f	v
0111	BEL	ETB	‘	7	G	W	g	w
1000	BS	CAN	(	8	H	X	h	x
1001	HT	EM	)	9	I	Y	i	y
1010	LF	SUB	*	:	J	Z	j	z
1011	VT	ESC	+	;	K	[	k	{
1100	FF	FS	,	<	L	\	l	|
1101	CR	GS	-	=	M	]	m	}
1110	SO	RS	.	>	N	^	n	~
1111	SI	US	/	?	O	_	o	DEL

图 1-2-2 ASCII 码表

小提示 常用字符间 ASCII 码的关系：小写字母＞大写字母＞数字。

4. 汉字编码

计算机在处理汉字时也要将其转换为二进制码，这就需要对汉字进行编码，通常汉字有两种编码：国标码和机内码。

（1）国标码。我国根据有关国际标准于 1980 年制定并颁布了中华人民共和国国家标准信息交换用汉字编码 GB 2312—80，简称国标码。国标码的字符集共收录 6 763 个常用汉字和 682 个非汉字图形符号，其中使用频度较高的 3 755 个汉字为一级字符，以汉语拼音为序排列；使用频度稍低的 3 008 个汉字为二级字符，以偏旁部首进行排列。682 个非汉字字符主要包括拉丁字母、俄文字母、日文假名、希腊字母、汉语拼音符号、汉语注音字母、数字、常用符号等。

（2）汉字机内码。汉字的机内码是计算机系统内部对汉字进行存储、处理、传输统一使用的代码，又称为汉字内码。由于汉字数量多，一般用 2 个字节来存放一个汉字的内码。为避免混乱，在计算机内汉字字符必须与英文字符区别开，因此，英文字符的机内码是用一个字节来存放 ASCII 码，一个 ASCII 码占一个字节的低 7 位，最高位为 0，汉字机内码中两个字节的每个字节的最高位置为 1。

（3）汉字输入码。汉字主要是从键盘输入，汉字输入码是计算机输入汉字的代码，是代表某一个汉字的一组键盘符号。汉字输入码也叫外部码（简称外码）。汉字输入方案众多，常用的有拼音输入和五笔字型输入等。每种输入方案对同一汉字的输入编码都不相同，但经过转换后存入计算机的机内码均相同。

（4）汉字字型码。存储在计算机内的汉字在屏幕上显示或在打印机上输出时，必须以汉字字形输出，才能被人们所接受和理解。所谓汉字字型码是以点阵方式表示汉字，即将汉字分解成由若干个“点”组成的点阵字形，将此点阵字形置于网状方格上，每一小方格就是点阵中的一个“点”。以 24×24 点阵为例，网状横向划分为 24 格，纵向也分成 24 格，共 576 个“点”，点阵中的每个点可以有黑、白两种颜色，有字形笔画的点用黑色，反之用白色，用这样的点阵就可以描写出汉字的字形了。

任务实现

1. 将 $(45)_{10}$ 转换为二进制数

解：

```
2 | 45                低位
  ------               ↑
 2 | 22 …… 1           |
   ------              |
  2 | 11 …… 0          |
    ------             |
   2 | 5 …… 1          |
     -----             |
    2 | 2 …… 1         |
      -----            |
     2 | 1 …… 0        |
       -----           |
         0 …… 1       高位
```

所以，$(45)_{10}=(101101)_2$。

2. 把 $(1001.01)_2$ 转换为十进制数

解：$(1001.01)_2$

$=8\times1+4\times0+2\times0+1\times1+0\times(1\div2)+1\times(1\div4)$

$=8+0+0+1+0+0.25$

$=9.25$

3. 把 $(38A.11)_{16}$ 转换为十进制数

解：$(38A.11)_{16}$

$=3\times16^2+8\times16^1+10\times16^0+1\times16^{-1}+1\times16^{-2}$

$=768+128+10+0.0625+0.0039$

$=906.0664$

4. 将 $(25)_{10}$ 转换为十六进制数

解：

```
16 | 25
   ------
 16 | 1 …… 9
    -----
      0 …… 1
```

所以，$(25)_{10}=(19)_{16}$。

5. 将 $(4AF8B)_{16}$ 转换为二进制数

解：

4	A	F	8	B
0100	1010	1111	1000	1011

所以，$(4AF8B)_{16}=(1001010111110001011)_2$。

6. 将 $(111010110)_2$ 转换为十六进制数

解：

0001	1101	0110
1	D	6

所以，$(111010110)_2=(1D6)_{16}$。

小提示 转换时，最后一组不足4位时必须加0补齐4位。

训练任务

经过本任务的学习后，小张对计算机中的数据表示有了更加深入的了解，李老师给了几个数字，让小张在不同进制之间转换。

$(3AAB5)_{16}=(\qquad\qquad)_2$

$(47)_8=(\qquad\qquad)_2$

$(10010000111010001010)_2=(\qquad\qquad)_2$

$(11011001110100010100)_2=(\qquad\qquad)_{16}$

$(4F1AC)_{16}=(\qquad\qquad)_8$

$(ACE)_{16}=(\qquad\qquad)_{10}$

任务3 认识Windows 10操作系统

任务描述

小杨刚到公司上班没几天，公司为了提高员工的工作效率，决定对新进的员工进行计算机操作培训，小杨接到通知后得知公司的计算机安装的是Windows 10操作系统，根据要求参加培训的员工首先要熟悉Windows 10操作系统。小杨决定在培训开始之前自己先按照培训手册中的资料内容，对Windows 10操作系统的基本知识进行学习。

任务分析

要完成本项工作任务，首先应该熟悉Windows 10操作系统的一些基本概念和基本操作。如熟悉Windows 10操作系统的启动与退出、Windows 10桌面、任务栏、工具栏、菜单栏、对话框并掌握窗口的基本操作。

必备知识

几种常见的操作系统

(1) Windows操作系统。Microsoft Windows操作系统是美国微软公司所研发的一套操作系统，它于1985年诞生。大多数用于台式机和笔记本电脑，具有良好的用户界面和简易的操作。最初是Microsoft DOS模拟操作环境，经过微软公司的不断更新升级，Windows采用了图形化模式GUI设计，与之前的DOS相比较，在使用方式上更为人性化，成为了最受用户欢迎的操作系统。

随着计算机软件和硬件的更新与升级，Windows系统版本从最初的Windows 1.0到大家熟悉的Windows 95、Windows 98、Windows ME、Windows 2000、Windows 2003、

Windows XP、Windows Vista、Windows 7、Windows 8、Windows 10、Windows 11 和 Windows Server 服务操作系统。

Windows 10 操作系统于 2015 年 1 月 21 日正式发布。Windows 10 在易用性和安全性方面有了极大的提升，除了针对云服务、智能移动设备、自然人机交互等新技术进行融合外，还对固态硬盘、生物识别、高分辨率屏幕等硬件进行了优化完善与支持。

（2）UNIX 操作系统。UNIX 操作系统于 1969 年在贝尔实验室诞生。它是一个强大的多用户、多任务的通用型分时操作系统，支持多种处理器架构，为用户提供了一个交互、灵活的操作界面，支持用户之间的数据共享。该操作系统大部分由 C 语言编写，提供了可编程的 Shell 语言（外壳语言）作为用户界面，采用多种通信机制和树状目录结构。

（3）Linux 操作系统。Linux 操作系统于 1991 年诞生，是一套可免费使用和自由传播类的操作系统。它是一个基于 POSIX 和 UNIX 的多用户、多任务操作系统，支持多线程和多处理器。Linux 继承了 UNIX 以网络为核心的设计思路，是一个性能稳定的多用户网络操作系统，能运行 UNIX 应用程序、网络协议和工具软件等。

任务实现

1. 启动与退出 Windows 10 操作系统

（1）启动 Windows 10。

①按照顺序打开外部设备电源和主机电源开关，计算机便开始进行自启动的过程，进行硬件检测和系统引导。

②若计算机用户账户使用默认设置，稍等片刻后即可进入 Windows 10 操作系统的用户界面，如图 1-3-1 所示。

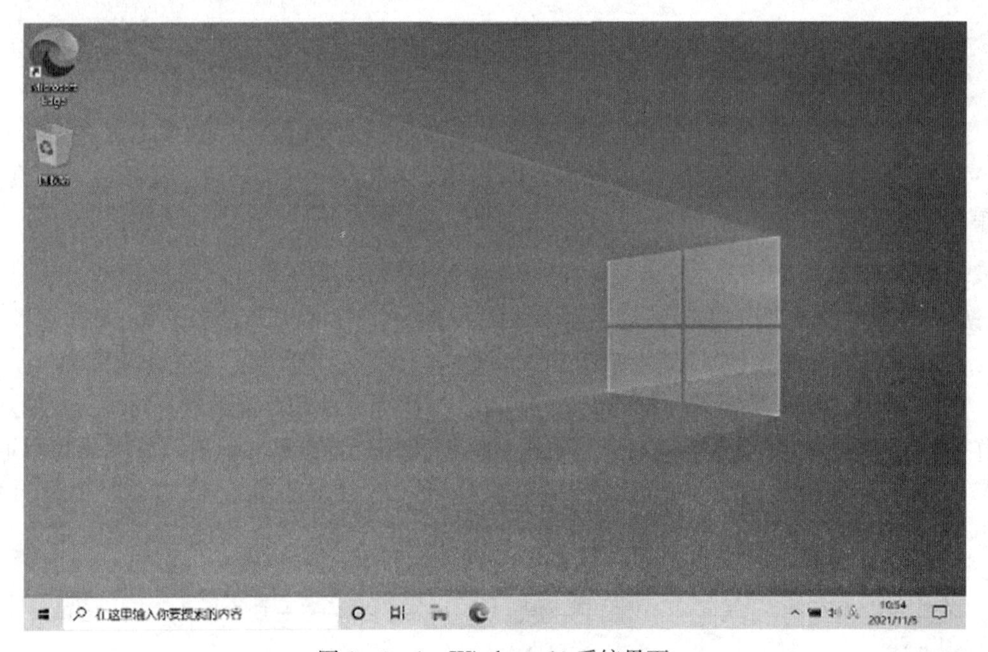

图 1-3-1　Windows 10 系统界面

③若计算机中添加了多个用户账户，计算机启动时在登录界面就会显示多个用户图标，需要选择相应的用户账户图标，输入账户密码后才可以登录系统。

（2）退出 Windows 10。退出 Windows 10 就是关闭计算机操作，计算机的关机不像开机一样直接按下计算机的电源开关，因为 Windows 10 操作系统是一个多任务、多线程的分时操作系统，通常前台和后台同时运行多个程序，关闭前台程序并不意味着关闭了后台程序。非正常关机操作会导致数据和处理信息的丢失，影响系统正常运行，甚至导致计算机硬件损坏，因此应该按照正确的步骤进行操作。

①使用鼠标单击桌面左下角“开始”按钮。在弹出的“开始”菜单中单击“电源”按钮再点击“关机”按钮，Windows 10 就会自动存储系统设置，然后自动断开计算机电源，如图 1-3-2 所示。

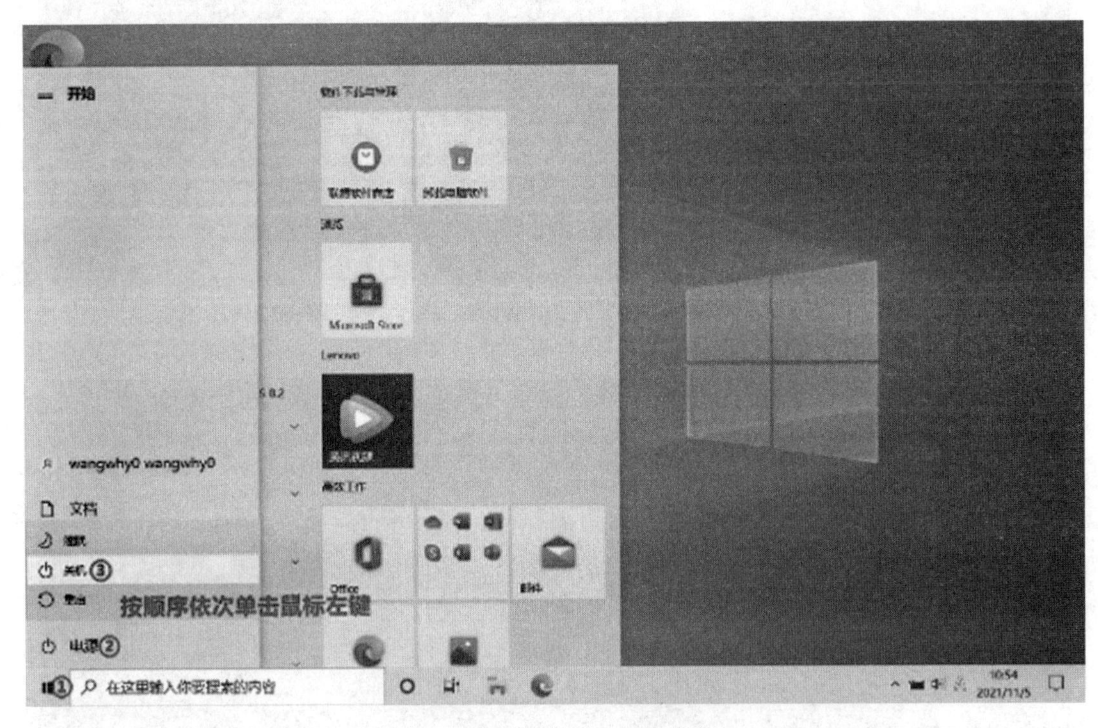

图 1-3-2　Windows 10 退出

②使用快捷键退出 Windows 10 操作系统。在键盘上按下“Alt＋F4”组合键，屏幕出现“关闭 Windows 10”对话框。在下拉列表中选择“关机”，如图 1-3-3 所示。

2. 熟悉 Windows 10 操作系统桌面

“桌面”即为登录 Windows 10 后，出现的整个屏幕区域，也就是显示窗口、图标、菜单和对话框的屏幕区域，Windows 10 的桌面元素主要包括桌面图标、桌面背景和任务栏等几部分。

（1）桌面图标。图标是代表计算机中文件、文件夹或程序等对象的图形，每个图标分别代表一个对象，由图形和名称两部分组成，这些图标各自都代表着一个程序，用鼠标双击图标就可以打开相应的程序。桌面图标一般分为 4 种类型：系统图标、快捷方式图标、文件图标和文件夹图标，如图 1-3-4 所示。

图 1-3-3　退出 Windows 10

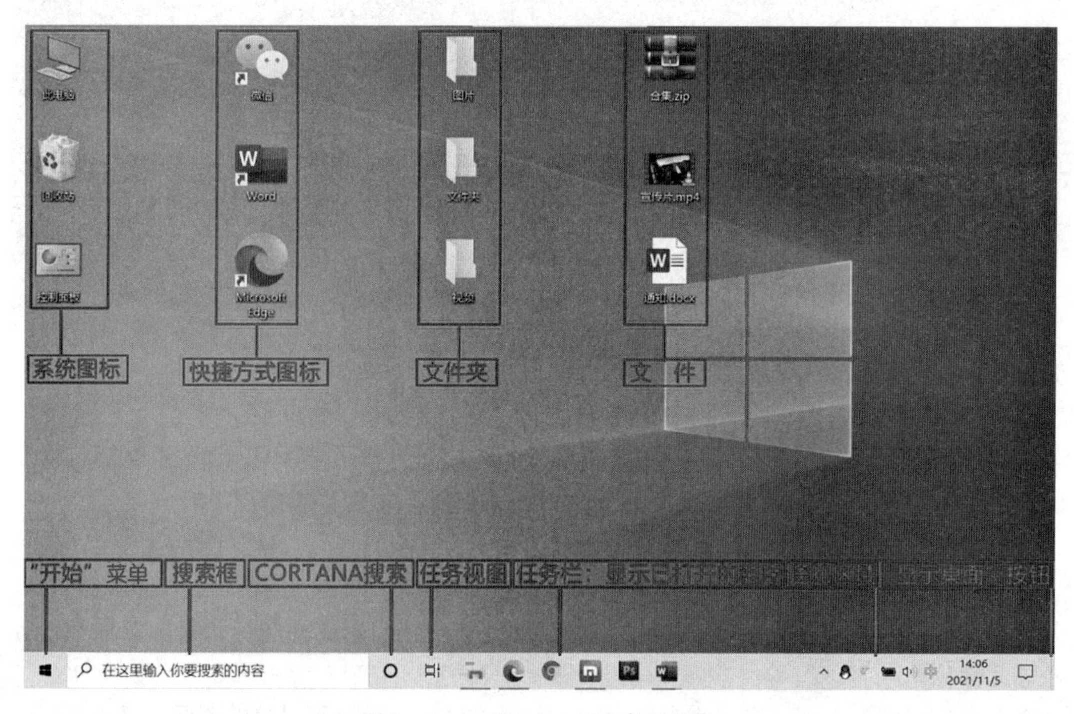

图 1-3-4　Windows 10 桌面组成

①系统图标。安装完操作系统后，第一次启动 Windows 10 时在桌面可以看到一个"回收站"图标，其他图标可根据用户需求自行添加，如"计算机""网络""控制面板"

等。系统自带的这些有特殊用途的图标被称为系统图标，如图 1-3-4 所示。

②快捷方式图标。该图标是用于快速启动相应的应用程序。通常在安装这些应用程序时会自动添加到桌面，用户也可以根据需要自行在桌面创建这类图标，快捷方式图标的特征是在图标左下角有一个箭头标志。

③文件图标和文件夹图标。这类图标是用户根据需求自行在桌面上创建的文件和文件夹。

(2) 桌面背景。桌面背景又称为壁纸、墙纸等，即显示在计算机桌面上的背景画面，桌面背景并没有实际功能，只起到丰富桌面内容，美化用户个性化工作环境的作用。

(3) 任务栏。在 Windows 系列操作系统中，任务栏是位于桌面最底端显示的小长条，主要由“开始”菜单、搜索框、Cortana 搜索、任务栏、任务视图、通知区域和“显示桌面”按钮等组成，如图 1-3-4 所示。

① “开始”菜单。“开始”菜单是 Windows 系统中图形用户界面的基本组成部分，也是用户选择任务进行操作的途径之一，如图 1-3-5 所示。可以说“开始”菜单是操作系统的中央控制区域，用户可通过“开始”菜单启动程序、搜索各种计算机中的文件、获得 Windows 操作系统的帮助信息、完成计算机的相关设置、打开常用文档等。

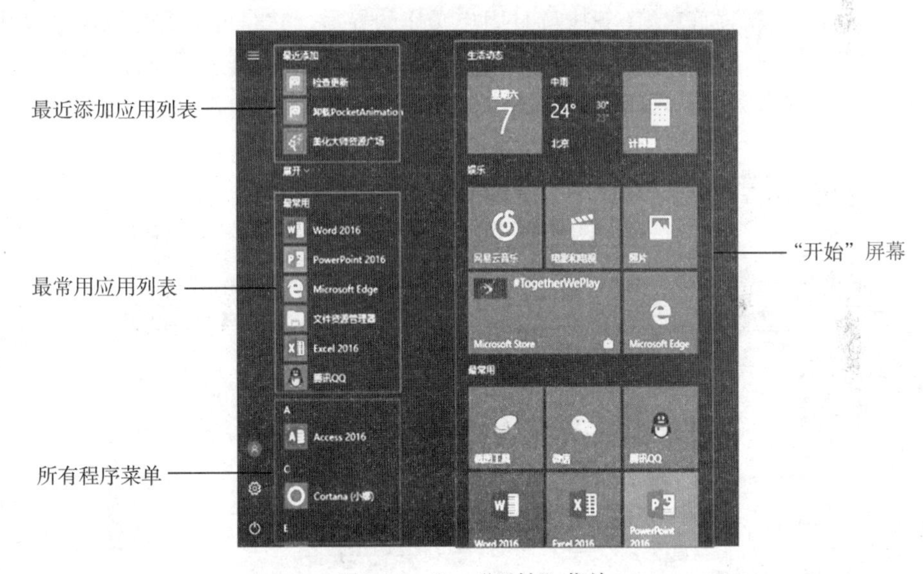

图 1-3-5 “开始”菜单

最常用应用列表：该列表主要显示用户使用频率最高的 6 个应用程序，方便用户使用。

所有程序菜单：该菜单以列表的形式列出了计算机操作系统中安装的所有程序。

“开始”屏幕：用户可把经常用到的应用项目，固定到右侧的“开始”屏幕上，方便快速查找和使用。右击“开始”菜单左侧的某个项目，在弹出的快捷菜单中选择“固定到开始屏幕”选项，该项目的应用图标就会固定到右侧的“开始”屏幕上。把鼠标移到“开始”屏幕的边缘，鼠标变成双向箭头，拖动鼠标可调整“开始”屏幕的大小。

②搜索框。既可以快速查找计算机中文件、应用以及相关设置，也可以搜索网页资源。

③Cortana 搜索。Windows 10 把小娜 Cortana 语音助手从移动端集成在计算机端，小娜 Cortana 语音助手，不仅支持人机对话、查查天气、打开调用应用程序或文件、上网查找等功能，还能通过小娜 Cortana 语音助手设置提醒、日程计划安排，小娜 Cortana 语音助手支持文字与语音两种指令方式。

④任务栏。当用户打开应用程序时，该应用程序的相应按钮会出现在任务栏上，方便用户在多个运行的应用程序间进行切换。用户也可以将常用应用固定到任务栏上，方便用户快速启动应用程序。

⑤任务视图。它可显示正在运行的所有应用和查看用户活动历史记录。

⑥通知区域。通知区域又称为系统提示区或系统托盘，主要用于显示和设置后台运行的程序信息，包括时间、杀毒软件、音频管理器、网络连接程序等。显示的后台运行程序信息种类与计算机硬件和安装的程序有关。

⑦“显示桌面”按钮。它位于任务栏最右侧，可以快速地将打开的所有程序窗口最小化到任务栏中，从而显示桌面。该功能还可以使用“⊞+D”组合键或使用“⊞+M”组合键等方式实现。

3. 熟悉 Windows 10 窗口与对话框

(1) 窗口的组成。窗口是任务执行时用户操作的界面，它是屏幕上与应用程序相对应的窗口，是用户与应用程序之间的可视界面。在桌面双击“此电脑”图标，打开“此电脑”窗口，以该窗口为例，介绍 Windows 10 窗口的组成（图 1-3-6）及基本操作。

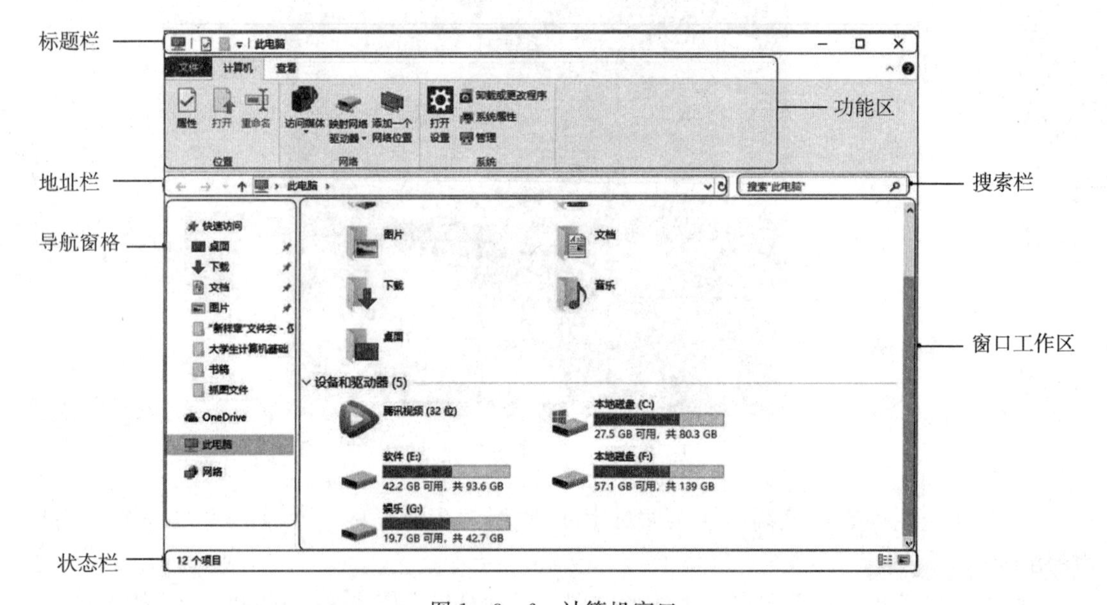

图 1-3-6　计算机窗口

①标题栏。位于窗口最顶部，在标题栏中包含了最小化、向下还原、最大化和关闭按钮，可以对窗口进行简单操作。

②地址栏。显示当前对象所在地址，可在不同目标文件地址间进行切换。

③搜索栏。用于查找本地计算机中的文件和文件夹。

④功能区。功能区是以选项卡的方式显示的，其中存放了各种操作命令，要执行功能

区中的操作命令，只需单击对应的操作名称即可。

⑤导航窗格。位于窗口的左侧区域，主要显示标题大纲。用户可单击其中的标题展开或收缩显示下一级标题，并且可以快速地定位到标题对应的内容。

⑥窗口工作区。窗口工作区是整个窗口中最大的矩形区域，位于窗口中央，用于显示操作对象和操作的结果。

⑦状态栏。位于窗口最底端，用于显示当前窗口所包含项目的个数和所选对象的简要信息。

（2）窗口的基本操作。

①最小化窗口。当窗口最小化后，该应用程序的窗口将收缩到任务栏上。此时，该应用程序并没有关闭，而是转入后台运行。最小化窗口有以下几种方法。

方法一：单击窗口标题栏右上角“—”图标。

方法二：在标题栏空白区域右键单击，选择“最小化”选项。

方法三：单击任务栏上已打开的应用程序图标。

方法四：使用“田+D”组合键或“田+M”组合键等方式实现。但这种方法是将所有打开的窗口同时最小化到任务栏。

②最大化窗口。窗口的最大化是为了获得更大的操作空间。在窗口不是最大化显示的状态下，单击标题栏右上角“□”图标，可将窗口最大化显示。窗口最大化显示后，“□”图标变为“🗗”图标，单击“🗗”可将窗口恢复到原来大小。

③移动窗口。窗口可以在桌面上任意移动，将鼠标移动到窗口标题栏，按下鼠标左键不松开，拖动窗口到目标位置松开鼠标则移动该窗口。

④切换窗口。当我们使用计算机时，通常会打开多个窗口，而在多个窗口中只能有一个窗口处于激活状态（被称为活动窗口，并在任务栏上对应的按钮呈凹下状态）。窗口间的切换有以下几种方法。

方法一：使用鼠标单击任务栏上窗口标题按钮，可以在打开的各程序窗口间进行切换。

方法二：使用“Alt+Tab”组合键打开切换面板，如图1-3-7所示，按住Alt键不动，按Tab键依次在需要的窗口间进行切换。

图1-3-7　使用“Alt+Tab”组合键切换窗口

方法三：单击任务栏上任务视图就可以显示正在运行的所有应用程序，如图1-3-8所示，随后单击需要切换的应用即可快速切换。使用“田+Tab”组合键也可打开任务视图。

⑤改变窗口大小。窗口最大化，可以看到窗口中包含的更多内容；向下还原窗口，可以显示出桌面上的其他内容。

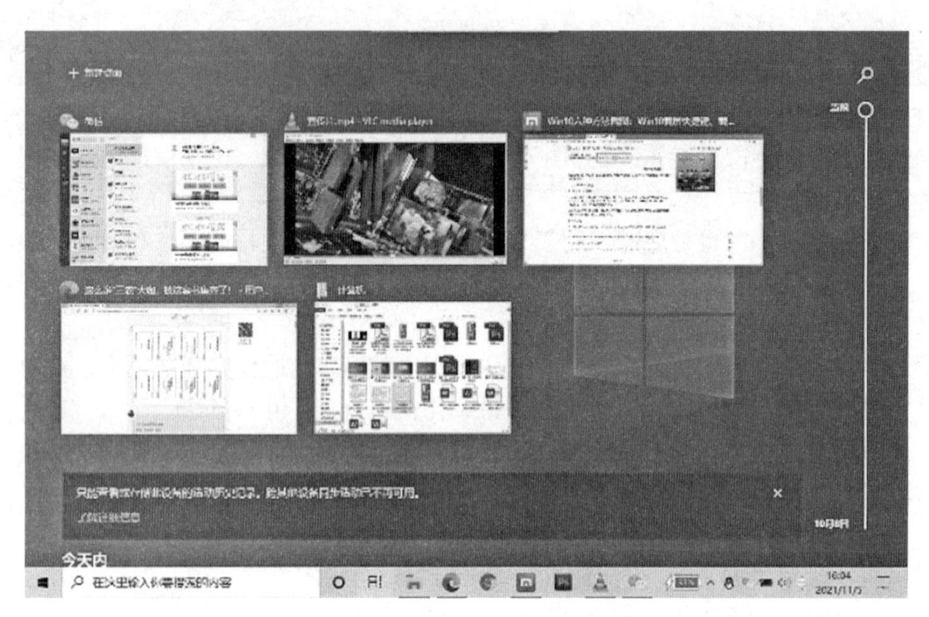

图 1-3-8　通过任务视图切换窗口

当窗口处于向下还原状态时，可以改变窗口大小。将鼠标指针移动到窗口边框或窗口任意一个角上即可调整窗口大小。鼠标指针在左右边框，变为调整窗口水平大小状态“↔”；鼠标指针在上下边框，变为调整窗口垂直大小状态“↕”；鼠标指针在任意角上，变为对角线调整状态“⤢”。

⑥排列窗口。在使用计算机的过程中常常需要打开多个窗口，如既要用 Word 编辑文档，又要打开浏览器查询资料等。当打开多个窗口后，为了使桌面更加整洁，可以对打开的窗口进行层叠、堆叠和并排等操作。使用鼠标在任务栏空白区域右键单击，在弹出的快捷菜单中选择一种排列方式即可。

⑦关闭窗口。关闭窗口即退出应用程序，可使用以下方法。

方法一：单击窗口标题栏右侧“关闭”按钮。

方法二：单击菜单栏中的“文件”→“退出”命令。

方法三：使用“Alt+F4”组合键进行关闭。

方法四：在任务栏中右键单击窗口图标，在打开的列表中选择“关闭窗口”选项。

（3）Windows 10 对话框。对话框是用户与系统或应用程序之间进行信息交互的界面，程序可通过对话框获得用户信息，完成特定命令或任务。在 Windows 中，对话框的外观、大小、形式各不相同，但对话框组成元素基本相似。

对话框与窗口有一定的区别，如对话框不能改变大小，不能最大化也不能最小化，但可以拖动对话框的标题栏移动对话框，典型的对话框由以下多种可操作的元素组成，如图 1-3-9 所示。

①标题标。标题栏位于对话框顶部，左侧为对话框名称，右侧显示了对话框的“关闭”按钮。

②选项卡。选项卡是对话框中的一项功能，该功能可以让用户在对话框中打开不同的设置页，单击选项卡可以方便用户在不同设置页之间进行切换。

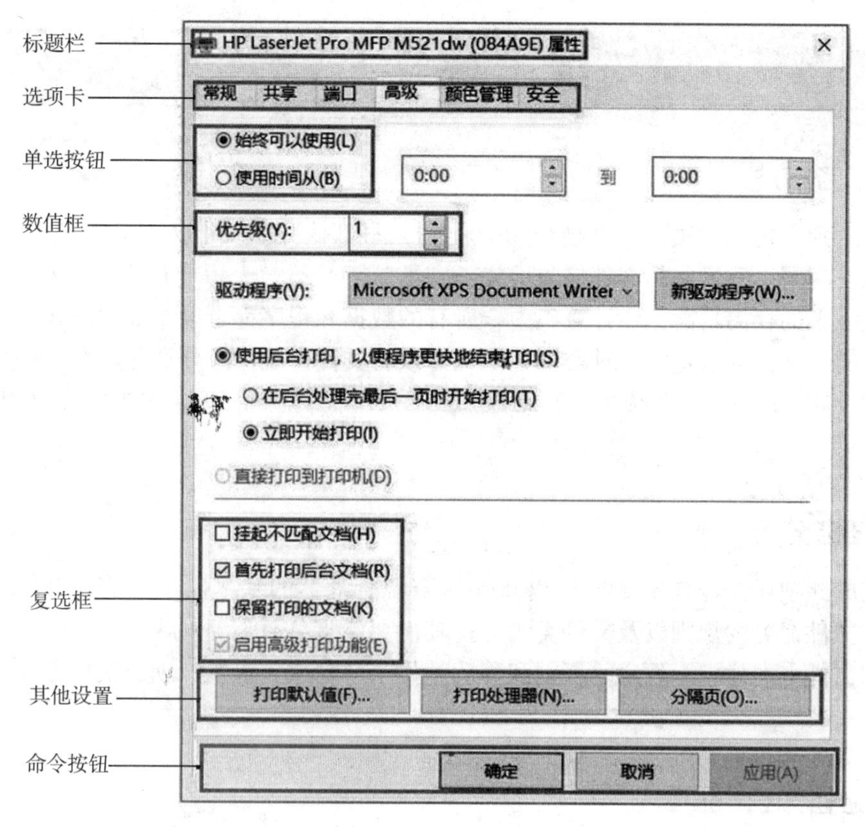

图 1-3-9　对话框

③单选按钮。一般以组的形式出现在对话框中，其标志是前面有一个小圆圈，在一组单选按钮选项中，只能选中其中一项，被选中的单选按钮内出现一个黑色的小圆点。

④数值框。在数值框中用户可直接输入数据信息，也可以通过数值框右侧的按钮增加或减小数据。

⑤复选框。复选框与单选按钮不同，在一组复选框选项中，可以同时选择多个复选框，被选中的复选框中显示对勾。

⑥命令按钮。命令按钮形状一般为矩形或圆角矩形，常见的按钮有“确定”“取消”“应用”按钮，单击按钮可执行相应的命令。

⑦下拉列表框。下拉列表框中通常显示一组选项，单击右侧下拉按钮，显示可供用户选择的选项列表，当列表框不能同时显示所有项目时，会在右侧出现滚动条，用户可以通过操作滚动条查阅所有选项。

⑧文本框。文本框是一个可以在里面输入简短信息的方框。

训练任务

（1）练习 Windows 10 操作系统启动与退出操作。

（2）最大化、最小化、移动窗口并改变窗口大小。

（3）使用两种方式快速切换窗口。

任务4　管理文件

任务描述

小张刚到公司顶岗实习，就被公司分配到人事部做一名文职人员，在文件操作过程中，小张发现同事发过来的文件接收后找不到了。于是请教人事专员小王，小王说："计算机具有强大的存储功能，在计算机中，所有的数据和程序都是以文件的形式存储在计算机磁盘上的，文件的数量大、种类多，因此必须将文件有规律地分类存放在文件夹中，以便于查找。在 Windows 系统中，可以使用 Windows 资源管理器对文件和文件夹进行管理"。

任务分析

要完成此项任务，首先要熟悉 Windows 资源管理器的基本操作，了解文件与文件夹的概念、文件命名的规则以及文件类型等；其次要掌握文件管理的基本操作方法与技巧，如文件和文件夹的建立、选定、复制和移动、显示与隐藏、查找、创建快捷方式、删除与还原等。

必备知识

1. Windows 10 资源管理器

资源管理器是 Windows 系统中提供的重要资源管理工具，如图 1-4-1 所示，使用资源管理器用户可以对计算机中的资源进行管理，特别是资源管理器所提供的树形文件系统结构，使用户更加清晰、直观地预览文件和文件夹。通过资源管理器我们还可以打开文档、运行程序、管理驱动器，也可以对文件和文件夹进行移动、删除、复制以及修改文件和文件夹的属性等操作。

2. 文件与文件夹

（1）文件。文件又称为文档，是存储在外部介质上的数据集合。文件可以是一张图片、一组数据或一个程序等，在计算机中，所有的数据和程序都是以文件的形式存储在计算机外存储器上的。

任何文件都有名字，被称为文件名。不同的文件名可以区分不同的文件，一般由文件主名和文件扩展名（又称为后缀名）两部分组成，两部分之间由一个句点隔开，文件名是代表文件内容的标识。

文件命名的规则如下。

①文件名中可以使用汉字，一个汉字相当于两个字符。

②任何一个文件名最多使用不超过 255 个字符。

③文件名中的英文字母不区分大小写。

④文件名中不能出现的字符有：\、/、:、"、＜、＞、|。而"?"和"*"在文件中有特殊的含义，因此不能作为文件名中的字符。

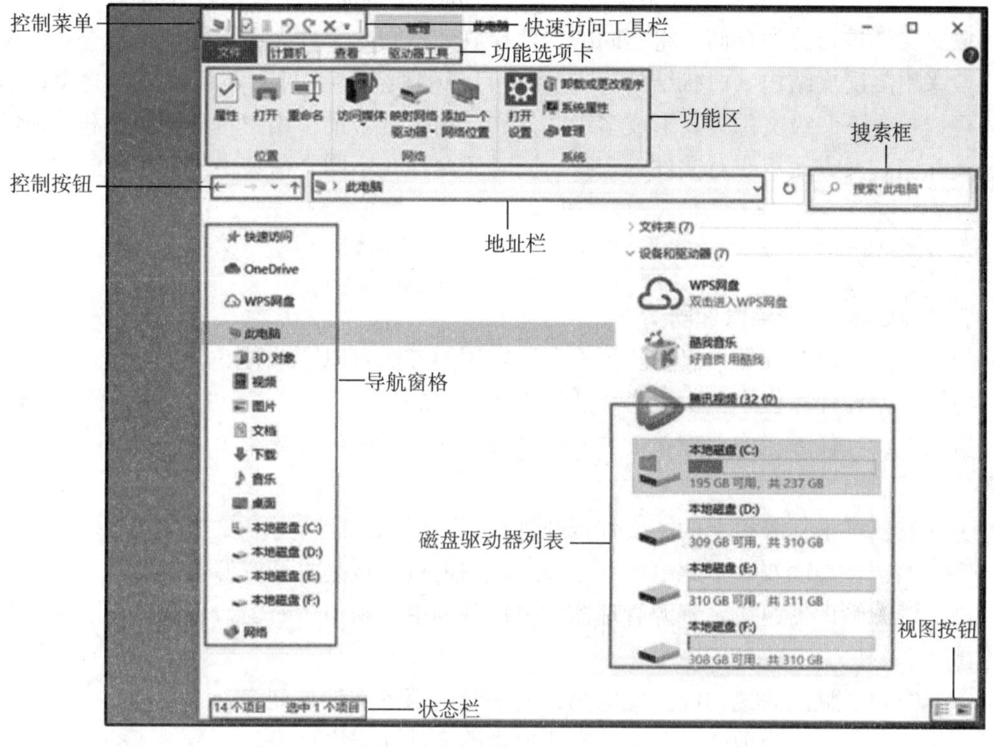

图 1-4-1 资源管理器界面

⑤“?”和“*”称为文件名的通配符，在查找和显示文件名时使用。

⑥在同一文件夹中不能出现同名的文件。

⑦文件名可以使用多个分隔符。

(2) 文件类型。文件的扩展名代表文件的类型，它是根据文件的不同用途进行分类的，在 Windows 中不同类型的文件对应不同的文件图标，表 1-4-1 是 Windows 中几种常见的文件类型。

表 1-4-1 Windows 中常用文件扩展名及文件类型

文件扩展名	文件类型	文件扩展名	文件类型
.jpg	JPG 图像文件	.bat	批处理文件
.gif	GIF 图像文件	.txt	文本文件
.bmp	位图文件	.dll	动态链接库文件
.psd	Photoshop 图形文件	.ini	系统配置文件
.tif	常用图形文件	.swf	Flash 动画文件
.mp3	音频文件	.zip	压缩文件
.mp4	视频文件	.docx	Word 文件
.hlp	帮助文件	.xlsx	Excel 电子表格文件
.com	命令文件	.pptx	PowerPoint 幻灯片文件
.exe	可执行文件	.htm	网页文件
.sys	系统文件	.tmp	临时文件

（3）文件夹。在 Windows 系统中，文件夹是用来协助用户管理计算机磁盘文件，用户可以对文件进行分类存储，将不同的文件存放到不同的文件夹中，便于用户查找。文件夹一般采用多层次结构（树状结构），包含了目录的概念。文件夹不但可以包含文件，而且还可以包含下一级文件夹，形成多级文件夹结构，既帮助了用户将不同类型和功能的文件分类存储，又方便用户对文件的查找，同时还允许在不同文件夹中出现相同的文件名。

任务实现

1. Windows 10 资源管理器

（1）启动资源管理器。启动资源管理器常用的方法有以下几种。

方法一：在任务栏中依次单击“开始”→“Windows 系统”→“文件资源管理器”。

方法二：在任务栏中右键单击“开始”按钮，在弹出的快捷菜单中选择“文件资源管理器”选项。

方法三：单击任务栏上的“文件资源管理器”图标。

方法四：在桌面双击“此电脑”打开此电脑窗口，也是打开资源管理器。

（2）资源管理器组成。资源管理器的窗口分别由左窗口、右窗口和窗口分隔线等几部分组成。

①左窗口。显示快速访问、此电脑、网络及内部各文件夹列表。

②右窗口。显示当前选中的文件夹所包含的文件和子文件夹。

③窗口分隔线。位于左窗口与右窗口之间，用鼠标拖动可改变左、右窗口的大小。

（3）资源管理器的基本操作。

①浏览文件夹内容。当用户在左窗口中选定一个文件夹时，在资源管理器的右窗口中显示了当前选中的文件夹所包含的文件和子文件夹。如果在左窗口中某一文件夹包含了下一级文件夹，则该文件夹图标左侧有“＞”符号。单击该符号可以展开该文件夹，显示该文件夹下所包含的子文件夹，同时“＞”变为“∨”；再次单击，则该文件夹折叠，文件夹左侧符号变为“＞”。

②改变文件和文件夹的显示方式。为了方便用户查看右窗口显示的内容，用户可对该窗口的视图方式进行调整，文件和文件夹的显示方式有“超大图标”“大图标”“中等图标”“小图标”“列表”“详细信息”“平铺”和“内容”8 种。其中，“详细信息”显示方式显示了文件和文件夹的名称、修改日期、类型、大小等信息。

改变文件和文件夹的显示方式有以下几种方法。

方法一：点击窗口右下角“视图按钮”，有列表和大缩略图两种选项。

方法二：鼠标停留在文件区域，按住键盘 Ctrl 的同时转动鼠标滑轮，可在各种显示方式中切换。

方法三：在资源管理器右侧窗口的空白区域右键单击鼠标，选择“查看”展开下一级子菜单，选择所需要的显示方式，如图 1－4－2 所示。

方法四：在功能区上单击“查看”按钮实现，如图 1－4－3 所示。

2. 文件与文件夹的基本操作

（1）新建文件和文件夹。建立文件夹前，首先要确定新建文件夹的存放位置。同时为

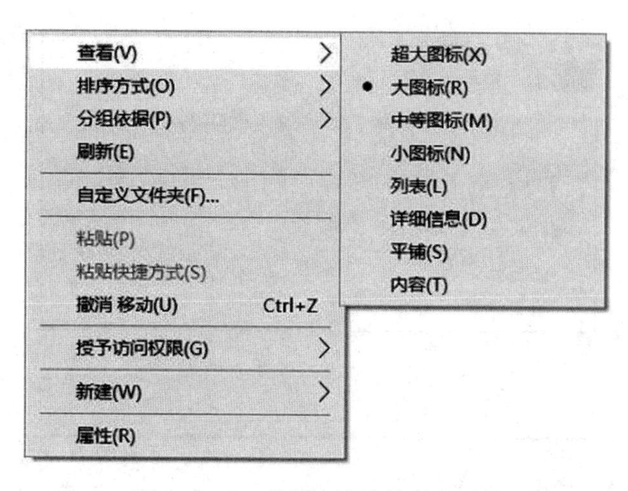

图1-4-2 使用右键菜单更改视图

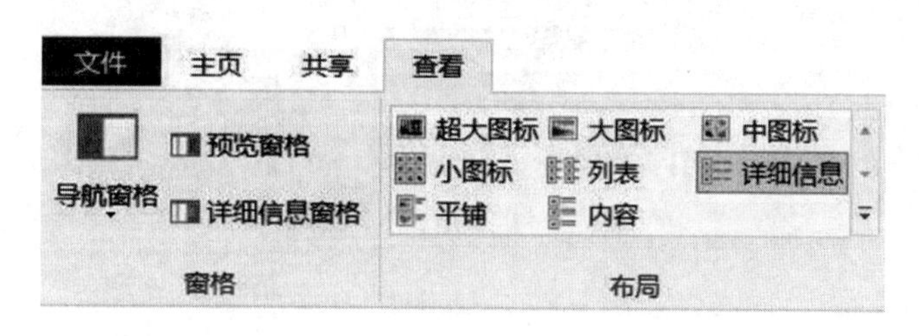

图1-4-3 使用功能区更改视图

了方便对文件和文件夹的查找，应该将不同类型或不同用途的文件存放在不同的文件夹中，使用户能从文件和文件夹的名字就能辨别出文件的类型和用途。

①文件夹的建立。以D盘根目录为例，建立一个空文件夹，有以下几种方法。

方法一：在桌面双击“此电脑”图标，再双击“本地磁盘（D:）”打开D盘，单击功能区上的“主页”→“新建文件夹”，如图1-4-4所示。

方法二：将鼠标在右窗口空白处右键单击选择“新建”→“文件夹”。

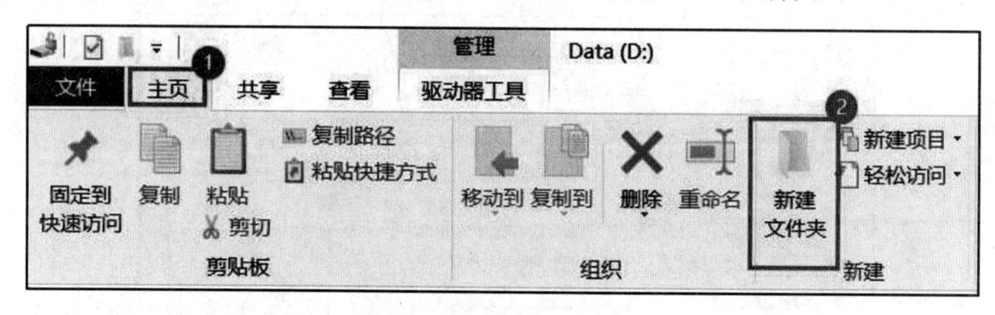

图1-4-4 新建文件夹

②文件的建立。在新建文件夹里建立名为“作业”的“文本文档”文件，如图1-4-5所示，有以下几种方法。

方法一：在桌面双击“此电脑”图标，再双击“本地磁盘（D:）”打开D盘，单击功能区上的“主页”→“新建文件夹”→“文本文档”，如图1-4-6所示。

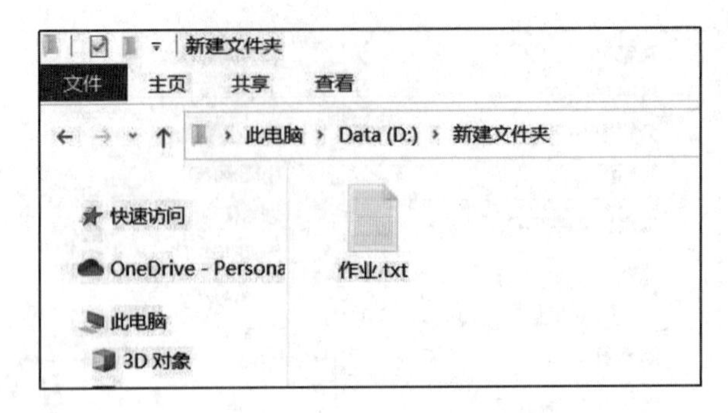

图 1－4－5　新建文件

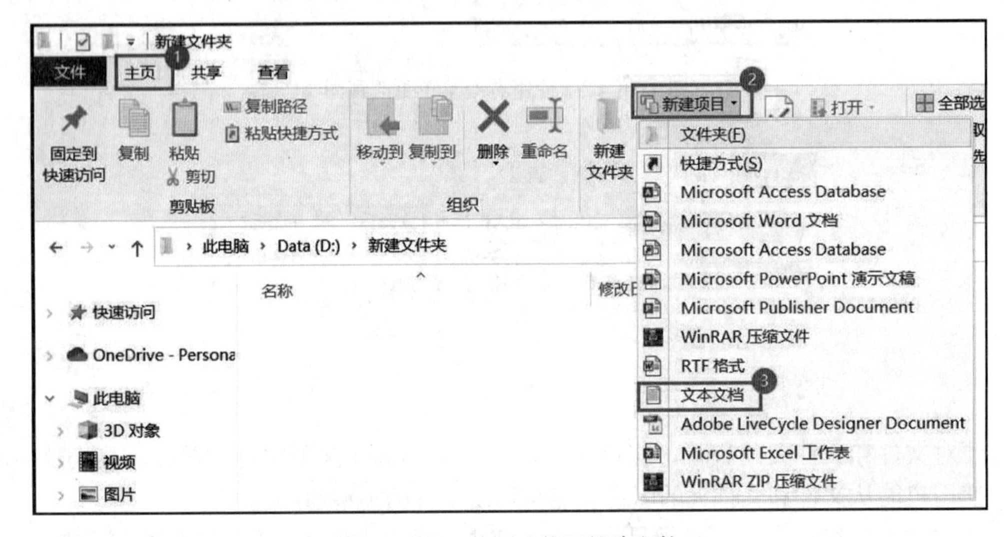

图 1－4－6　使用功能区新建文件

方法二：将鼠标在右窗口空白处右键单击，在弹出的菜单列表中选择“新建”→“文本文档”，如图 1－4－7 所示。

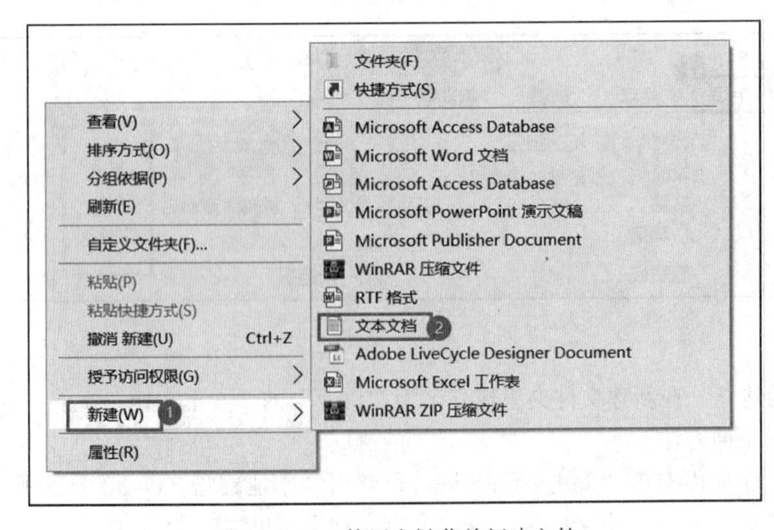

图 1－4－7　使用右键菜单新建文件

(2) 文件和文件夹的重命名。在 Windows 中文件名最长不超过 255 个字符，在实际操作中方便用户更改文件和文件名。在更改文件名时不能随意更改文件扩展名和系统文件名，否则将有可能导致计算机无法启动或执行程序时发生错误。文件和文件名的更改有以下几种方法。

方法一：将鼠标在文件或文件夹上右键单击，在弹出的快捷菜单列表中选择“重命名”，文件名变成白色，文件名背景变成蓝色并出现方框，在方框中输入新的文件名后按 Enter 键，重命名生效，如图 1-4-8 所示。

方法二：选择文件或文件夹，在功能区上单击“主要”→“重命名”，如图 1-4-9 所示。

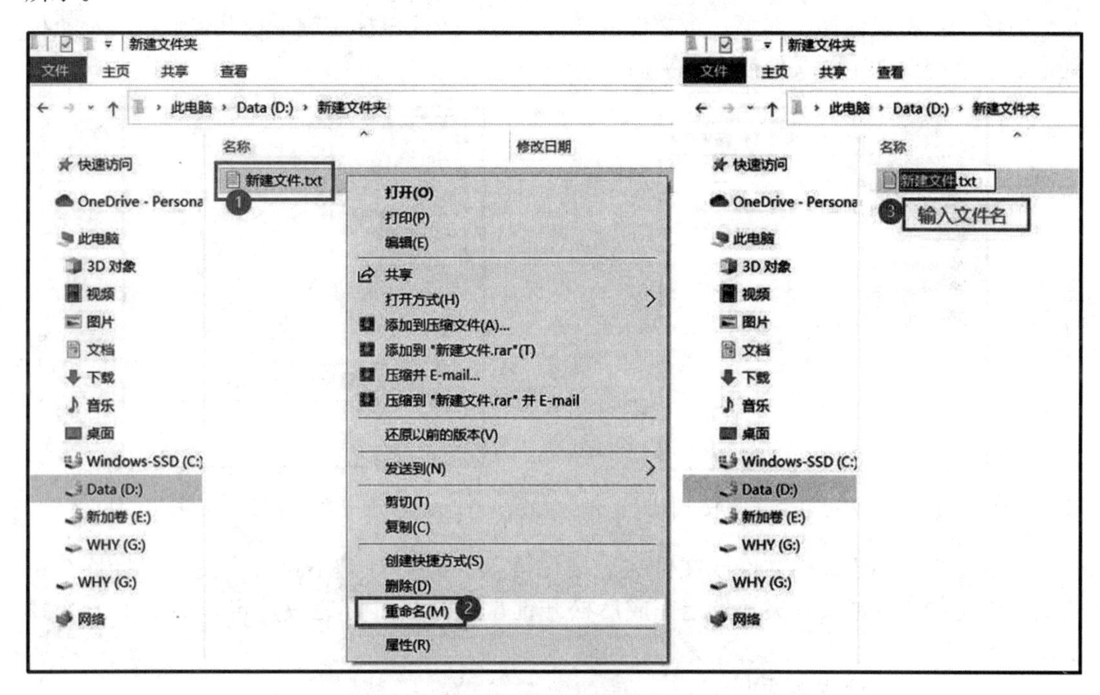

图 1-4-8　使用右键菜单重命名文件

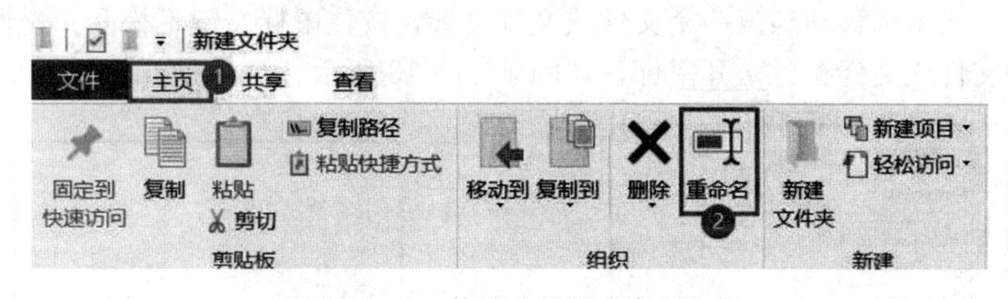

图 1-4-9　使用功能区重命名文件

方法三：选定需重命名的文件或文件夹，再按 F2 键或者单击文件名，在文本框中输入新名称。

用户可以对单个文件或文件夹重命名，也可同时对多个文件或文件夹重命名：首先选择多个文件或文件夹，按 F2 键，然后重命名其中一个对象，所有被选择的文件或文件夹将被重命名为新的名称（在末尾处加上了递增的数字）。

需要注意的是，这里讲的文件或文件夹重命名，修改的是文件的名字而不是文件的扩展名。为文件重命名时，若改变了文件的扩展名，系统会给出提示，让用户确认是否真的要改变文件扩展名。

（3）文件和文件夹的选定。

①选定单个文件或文件夹。使用鼠标单击需要选择的文件或文件夹，如图 1-4-10 所示。

②选定多个连续的文件或文件夹。常用以下几种方法。

方法一：使用鼠标单击选定第一个文件或文件夹，按住键盘上的 Shift 键，再用鼠标单击要选定的最后一个文件或文件夹，如图 1-4-11 所示。

方法二：将鼠标移动到第一个文件或文件夹旁，按住鼠标左键不松开，慢慢移动鼠标到最后一个需要选定的文件或文件夹后松开鼠标。

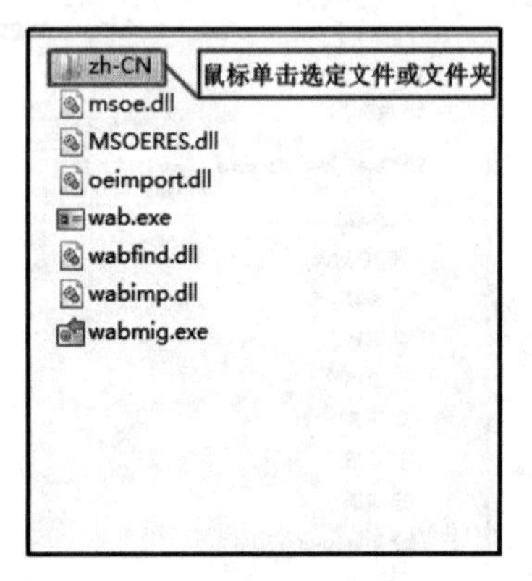

图 1-4-10　选定单个文件或文件夹

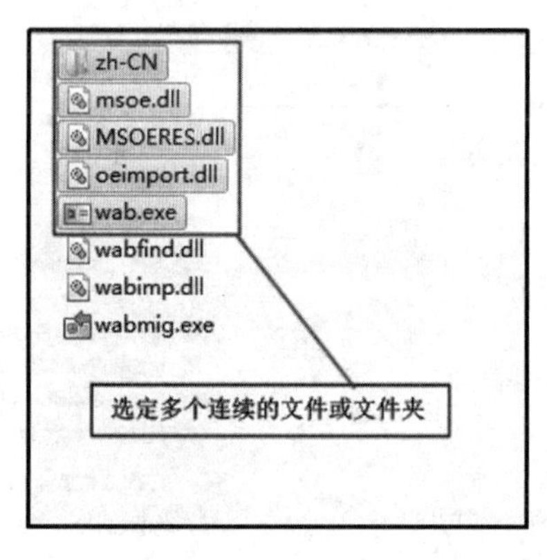

图 1-4-11　选定多个连续的文件或文件夹

③选定多个不连续的文件或文件夹。按住键盘上的 Ctrl 键不松开，使用鼠标逐个单击需要选定的文件或文件夹，选定完成后松开键盘上的 Ctrl 键完成选定，如图 1-4-12 所示。

④选定全部文件或文件夹。

方法一：打开需要全部选定的文件或文件夹窗口，使用“Ctrl＋A”组合键进行选定。

方法二：将鼠标移动到第一个文件或文件夹旁，按住鼠标左键不松开，慢慢移动鼠标到最后一个文件或文件夹后松开鼠标，如图 1-4-13 所示。

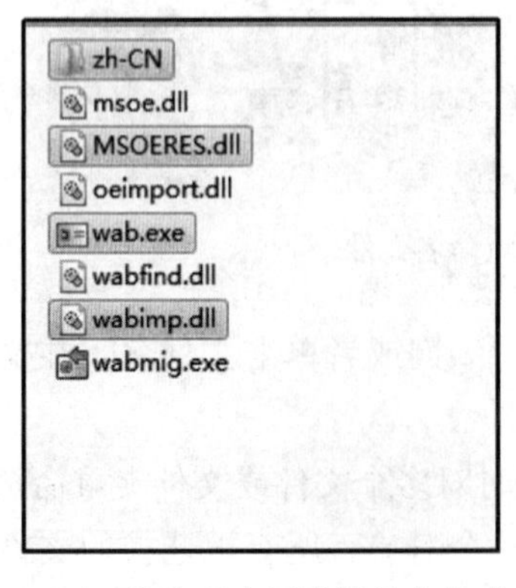

图 1-4-12　选定多个不连续的文件或文件夹

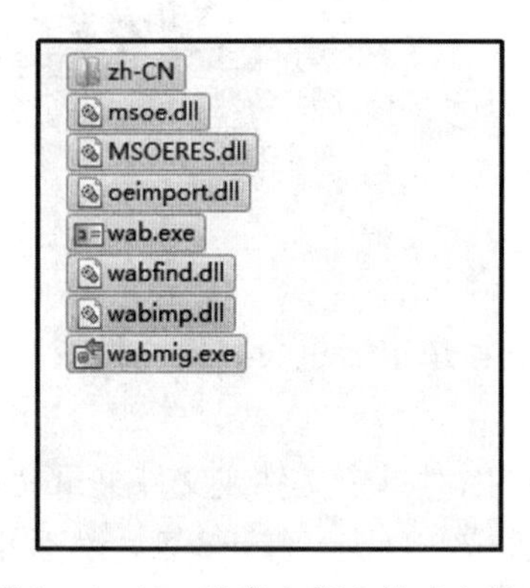

图 1-4-13　选定全部文件或文件夹

⑤取消选定。若需在多个选定的文件或文件夹中，要取消其中某个文件或文件夹，按住键盘上的 Ctrl 键不松开，使用鼠标单击需要取消选定的文件或文件夹。如果需要全部取消选定，可以将鼠标移动到窗口空白区域单击一下鼠标即可完成全部取消选定。

(4) 文件和文件夹的属性。每个文件和文件夹都有自己的属性，如图 1-4-14 所示，在文件和文件夹建立后，系统就赋予了它们一些属性。用户可以查看信息，也可以对其中的某些属性进行修改。使用鼠标选定文件或文件夹后，可以使用以下几种方法打开文件或文件夹属性对话框。

方法一：选定文件或文件夹后，在工具栏上单击“组织”→“属性”。

方法二：在菜单栏上单击“文件”→“属性”选项。

方法三：将鼠标在文件或文件夹上右键单击，在弹出的快捷菜单中选定“属性”选项。

方法四：选定文件或文件夹后，使用“Alt+Enter”组合键打开属性对话框。

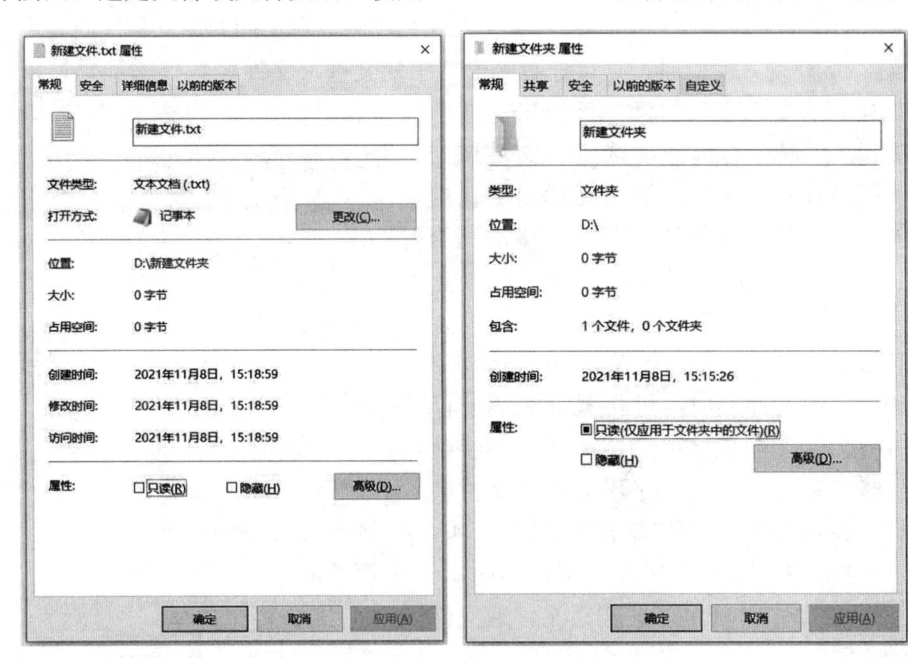

图 1-4-14　文件和文件夹属性对话框

文件的常规属性包括了文件名、文件的类型、打开方式、文件位置、大小、占用空间、创建时间、修改时间、访问时间和只读、隐藏属性等。其中用户可以更改的项目有文件名、打开方式和属性等。

文件夹的常规属性包括了文件夹名、类型、文件夹位置、大小、占用空间、所包含的文件个数和文件夹个数，创建时间和只读、隐藏属性等。其中用户可以更改文件夹名和属性等。

(5) 文件或文件夹的复制和移动。文件（文件夹）的复制和移动操作包括复制（移动）文件（文件夹）到剪贴板和从剪贴板粘贴对象到目的地两步操作。所不同的是复制操作后原来位置上的文件或文件夹保留不动，而剪切后被操作的文件或文件夹在原先位置不再存在。

方法一：右击选中的文件或文件夹，在弹出快捷菜单，选择“复制”或“剪切”命令；然后打开目标文件夹，右击右窗格的空白区域，在弹出快捷菜单中选择“粘贴”命令，即可完成复制或移动操作。

方法二：选定文件或文件夹，再单击“主页”→“复制”或“剪切”，然后打开目标文件夹，选择“主页”→“粘贴”命令。

方法三：选定文件或文件夹，再单击“主页”→“复制到”或“移动到”命令，在弹出的下拉菜单中选择常用保存位置或单击“选择位置”命令，选择目标文件夹。

方法四：选定文件或文件夹，按住复制组合键“Ctrl＋V”或剪切组合键“Ctrl＋X”，然后打开目标文件夹，按住粘贴组合键“Ctrl＋V”完成操作。

方法五：当源文件（文件夹）和目标文件（文件夹）在同一个驱动器上时，左手按住 Ctrl 键（或不按键）的同时，直接把右侧窗格中的文件（文件夹）拖动到导航窗格的目标文件夹内，即可实现复制（移动）操作。

方法六：当源文件（文件夹）和目标文件（文件夹）在不同的驱动器上时，左手不按键（或按住 Shift 键）的同时，直接把右侧窗格中的文件（文件夹）拖动到导航窗格的目标文件夹内，即可实现复制（移动）操作。

方法七：用鼠标右键拖动选定的文件或文件夹到目标文件夹，松开鼠标后在弹出的快捷菜单中选在“复制到当前位置”或“移动到当前位置”，即可实现复制（移动）操作。

（6）显示与隐藏文件和文件夹。

①隐藏文件和文件夹。在 Windows 中如果需要隐藏文件和文件夹时，可将鼠标在需要隐藏的文件或文件夹上右键单击，在弹出的快捷菜单中选择“属性”选项，打开文件或文件夹属性窗口。在属性窗口的“常规”选项卡中，使用鼠标单击选择“隐藏”属性选项，如图 1-4-15 所示，再单击“确定”按钮，文件或文件夹就会被隐藏。

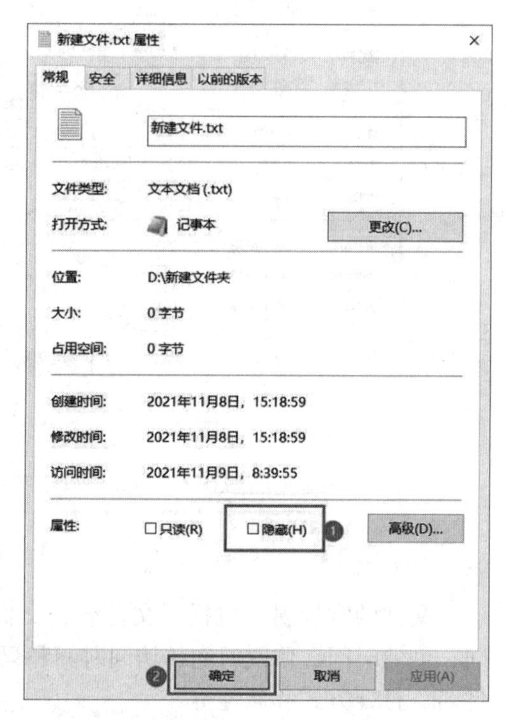

图 1-4-15　隐藏文件或文件夹

②显示文件和文件夹。基于安全性的考虑，Windows 10 在默认的情况下是不显示被隐藏的文件和文件夹的，若用户需要查看被隐藏的文件和文件夹，需要对 Windows 10 资源管理器的显示选项进行设置。

打开资源管理器，在资源管理器的功能区上单击“查看”，选定“显示隐藏的项目”，如图 1-4-16 所示，即可查看被隐藏的文件或文件夹。

（7）查找文件和文件夹。Windows 10 提供了强大的搜索功能，用户可以快速、方便地找到指定的文件或文件夹。

①在资源管理器导航窗格中选择要搜索的位置。

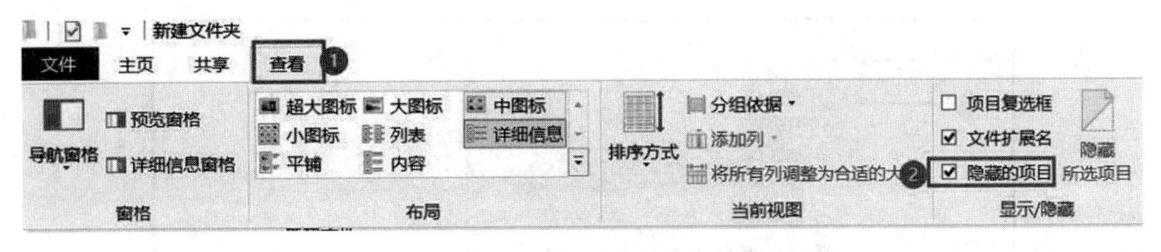

图 1-4-16 显示文件和文件夹

②在“搜索”文本框中输入检索关键字进行搜索。搜索关键字可使用通配符“*”和“?”。“?”代表任意的一个字符；“*”代表任意多个字符。例如，“p*.exe”代表用字母p开头，且扩展名为“.exe”的所有文件。“? .docx”代表所有主文件名是一个字符且扩展名为“.docx”的文件。

③若搜索结果过多，可以利用“搜索”选项卡，在“优化”选项组中选择所需的筛选条件，把多种筛选方法组合进行筛选，如图 1-4-17 所示。

④若要搜索文件内容，可在“搜索”选项卡中的“高级选项”下拉菜单中选择“文件内容”选项，可搜索包含输入关键字的文件。如果同时选中了“系统文件”“压缩的文件夹”选项，会把包含关键字的系统文件和压缩文件也找出来。

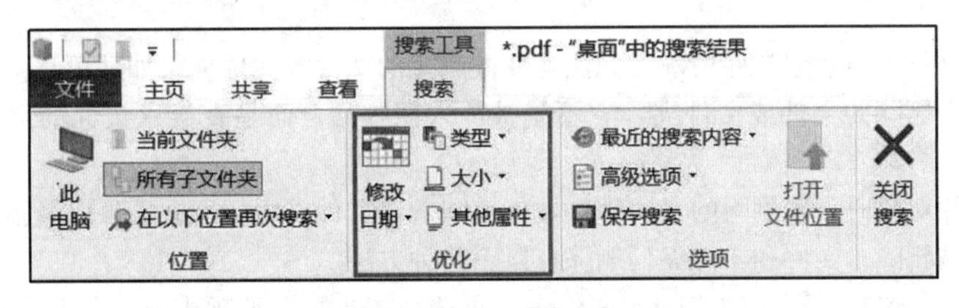

图 1-4-17 搜索文件

(8) 创建快捷方式。快捷方式提供了常用程序和文档的访问捷径，通过快捷方式用户可以快速轻松打开文件、文件夹或启动相应的应用程序。建立快捷方式图标实际上是建立文件、文件夹或应用程序的对象地址。打开快捷方式图标时，系统根据内部的链接打开对应的文件、文件夹或应用程序。

快捷方式的创建可以在桌面，也可以在任意文件夹中创建，以下是创建快捷方式的几种常用方法。

方法一：选择需要创建快捷方式的文件或文件夹，单击鼠标右键选择“发送到”→“桌面快捷方式”，如图 1-4-18 所示，即可完成快捷方式的创建。

方法二：在需要创建快捷方式的文件或文件夹上按住鼠标右键不松开，拖动到目标位置后松开鼠标，在弹出的快捷菜单中选择“在当前位置创建快捷方式”即可。

方法三：在需要创建快捷方式的文件或文件夹上右键单击鼠标，在弹出的快捷菜单中单击“复制”，打开需要创建快捷方式的目标位置，右键单击鼠标，在弹出的快捷菜单中单击“粘贴快捷方式”即可完成快捷方式创建的操作。

(9) 文件和文件夹的删除与还原。通常情况下我们从计算机硬盘中删除的文件或文件夹都会被放入回收站，回收站就像一个垃圾桶，被扔到回收站中的文件或文件夹还可以从

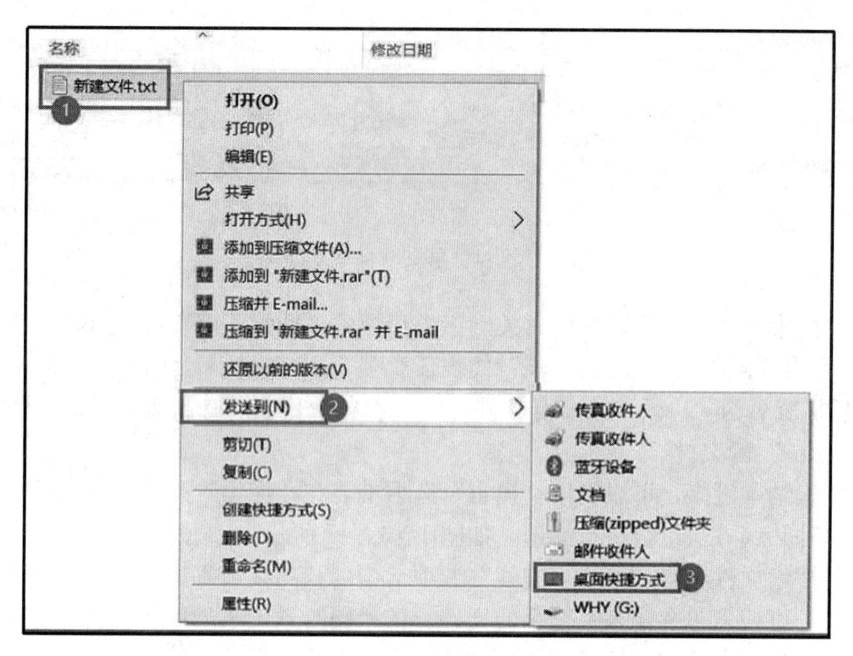

图 1-4-18　创建快捷方式

回收站中进行还原，但有些情况是无法还原被删除的文件或文件夹，如从可移动磁盘或网络驱动器中删除的文件或文件夹，它不是被放入回收站，而是直接永久性的删除，不可还原。

在删除对象时，若删除的是文件夹，就意味着该文件夹中的所有文件以及下一级文件夹将全部被删除。文件和文件夹的删除有以下几种方法。

方法一：选定需删除的文件或文件夹，再选择“主页”选项卡→“组织”组→“删除”命令。

方法二：右击需删除的文件或文件夹，在弹出的快捷菜单中选择“删除”选项。

方法三：选定需删除的文件或文件夹，再按 Delete 键。

方法四：直接把需要删除的文件或文件夹拖到回收站。

方法五：选定需删除的文件或文件夹，再按“Shift+Delete”组合键，在弹出的提示对话框中选择“是”按钮。

方法六：按住 Shift 键的同时右击需删除的文件或文件夹，在弹出的快捷菜单中选择“删除”选项。

上述操作的方法五和方法六所删除的文件或文件夹，将永久性删除，不会被放入回收站中，而其他方法可在回收站中对删除的文件或文件夹进行彻底删除或将删除的文件或文件夹进行还原。

彻底删除文件或文件夹：若只需要彻底删除单个文件或文件夹，可在回收站窗口中使用鼠标右键单击需要删除的文件或文件夹，在展开的快捷菜单中选择“删除”，在弹出的删除文件或文件夹对话框中单击“是”即可；如果需要彻底删除回收站中的所有文件或文件夹，可在桌面右键单击回收站，在展开的快捷菜单中选择“清空回收站”，在弹出的删除多个项目对话框中单击“是”即可。

还原回收站中的文件或文件夹：若只需要还原单个文件或文件夹，可在回收站窗口中使用鼠标右键单击需要还原的文件或文件夹，在展开的快捷菜单中选择“还原”或单击功能区的“管理”→“还原选定项目”即可；如果需要还原回收站中的所有文件或文件夹，可单击功能区的“管理”→“还原所有项目”即可将删除的文件或文件夹还原到删除前的位置。

训练任务

（1）在C盘根目录下建立一个名为“励志演讲稿.pptx”的演示文稿。

（2）在D盘根目录下建立一个名为“Data”的文件夹，并在该文件夹中新建一个“WinRAR压缩文件”，文件命名为“1-4-4A.rar”。

（3）将C盘下的“励志演讲稿.pptx”复制到D盘的“Data”文件夹下，并且重命名为“1-4-4B.ppt”。

（4）在C：\Windows文件夹范围内查找“help.exe”文件，将查找到的文件复制到“Data”文件夹中，并创建它的快捷方式。

（5）在C盘根目录下查找以字母e开头、以字母t结尾的、扩展名为“.txt”的文件，并将其复制到“Data”文件夹中。

（6）在D：\Data文件夹下建立一个名为“1-4-4C.docx”的Word文件，并将其设置为“只读”“隐藏”属性。

（7）将D：\Data\1-4-4B.ppt和1-4-4C.docx以“素材1-1A.rar”为文件名压缩至该文件夹中。

任务5 管理计算机

任务描述

小李在一家广告公司上班，最近接到公司总部通知，需外出参加学习，在外出学习期间由公司小陈接替他的工作。小李学习归来后发现自己的计算机性能下降，运行速度慢，同时显示效果较差、图标也变大了。于是请教信息技术专员小王，小王说：“计算机在日常使用过程中Windows总是不停地创建、删除、更新磁盘上的文件，随着时间的推移，硬盘上就会积累越来越多的数据碎片，从而影响了计算机的运行速度，在Windows 10系统中，可以使用磁盘清理、碎片整理等磁盘维护工具对磁盘进行维护”。

任务分析

要完成此项任务，首先要熟悉Windows 10的基本操作，如Windows 10个性化设置（更改桌面图标、设置桌面背景、更改桌面图标、设置屏幕分辨率、设置屏幕保护程序等）、回收站的使用、软件的安装与卸载、磁盘管理等操作。

必备知识

控制面板和 Windows 设置

Windows 10 提供了个性化的环境，用户可根据自己使用习惯和喜好定制个性化的工作环境，以及管理计算机中的软、硬件资源。在 Windows 10 中，用户利用控制面板和 Windows 设置的综合工具箱进行个性化系统设置和管理。

选择“开始”→“Windows 系统”→“控制面板”命令打开控制面板，如图 1-5-1 所示，控制面板有类别、大图标和小图标三种查看方式。

图 1-5-1　启动控制面板

单击“开始”按钮，再单击开始菜单左侧的“设置”按钮，或者右击“开始”按钮，在弹出的快捷菜单中选择“设置”命令，都可运行设置应用程序，打开“Windows 设置”窗口，如图 1-5-2 所示。

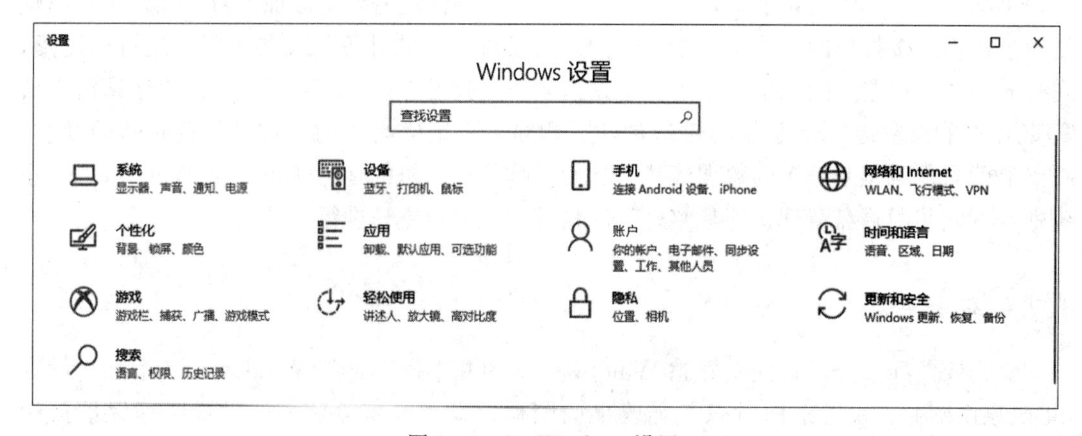

图 1-5-2　Windows 设置

任务实现

1. Windows 10 个性化设置

（1）设置 Windows 10 主题。选择“开始”→“设置”→“个性化”选项，或者右击桌面空白区域，在弹出快捷菜单中选择“个性化”命令，即可打开个性化设置窗口，如图 1-5-3 所示，在个性化窗口点击左边栏中“主题”选项，再使用鼠标单击选择自己喜欢的主题即可。

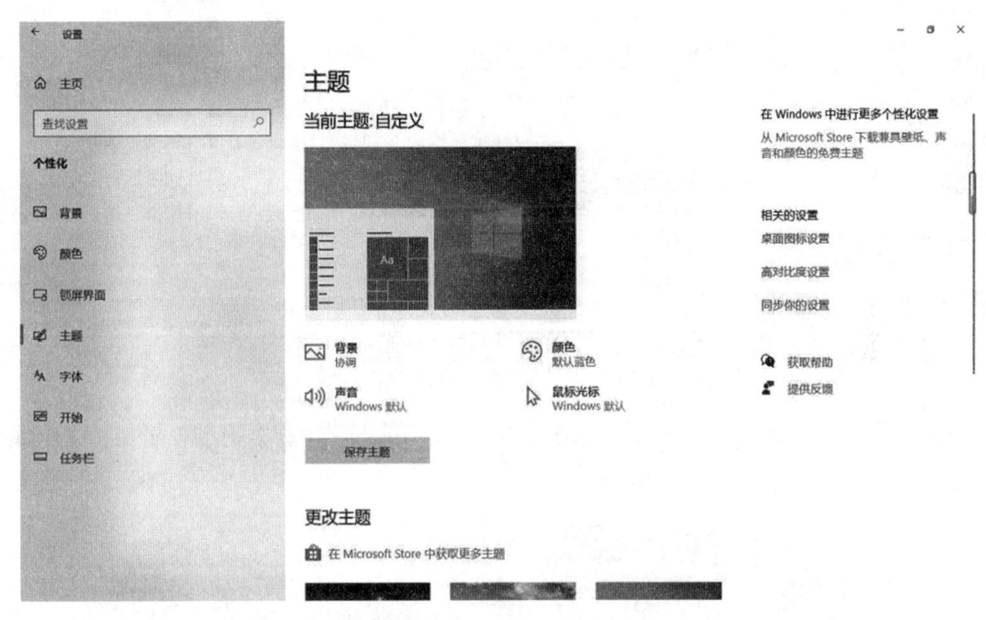

图 1-5-3　个性化设置窗口

（2）更改桌面图标。打开 Windows 10 个性化设置窗口的“主题”选项，单击右侧“桌面图标设置”，在桌面图标设置对话框中选择需要更改的图标，单击“更改图标”按钮，在更改图标对话框中选择自己所喜欢的图标，单击“确定”完成更改设置，如图 1-5-4 所示。

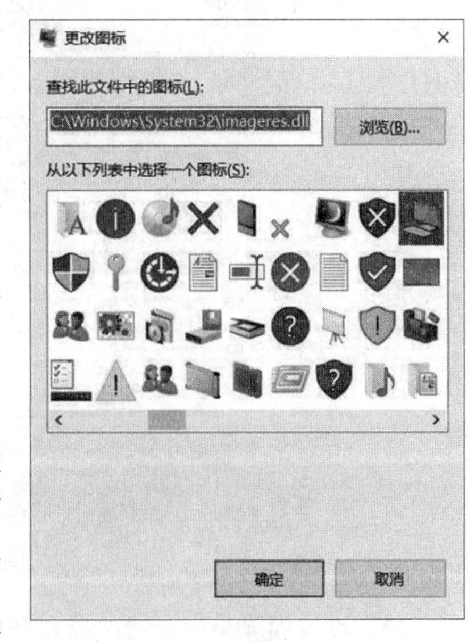

图 1-5-4　更改桌面图标

（3）设置桌面背景。在 Windows 10 个性化设置窗口中，单击左边栏中“主题”选项，在背景窗口中选择自己所喜欢的图片即可，如图 1-5-5 所示，单击浏览可以选择使用自己准备的图片。

（4）更改颜色。在个性化设置窗口中，单击左边栏中“颜色”选项，点击“选择颜色”可更改窗口背景颜色，有浅色、深色、自定义 3 个选项供选择；主题色可从 Windows 颜色中直接点击颜色块，也可以从背景中自动选择或自定义颜色，如图 1-5-6 所示。Windows 10 窗口标题栏和窗口边框颜色默认为

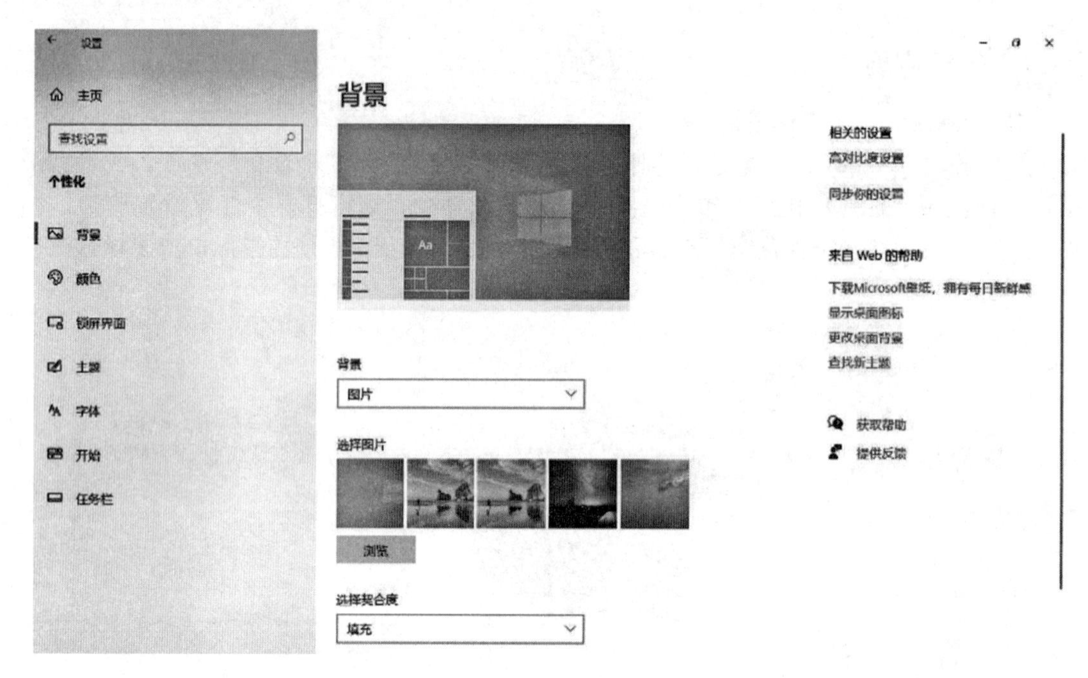

图 1-5-5 设置桌面背景

窗口背景颜色，如要设置与主题色一致需单击选中“以下区域显示主题色”的“标题栏和窗口边框”选项，如图 1-5-7 所示。

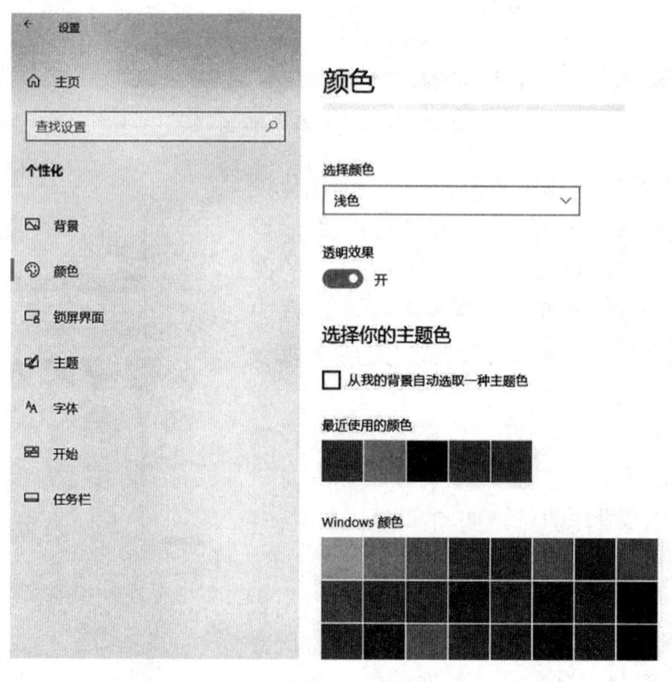

图 1-5-6 更改颜色

(5) 设置锁屏界面。请选择“开始”→“设置”→“个性化”→“锁屏界面”，将锁屏界面背景更改为照片、幻灯片或 Windows 聚焦，Windows 聚焦不仅可以每天更新拍摄

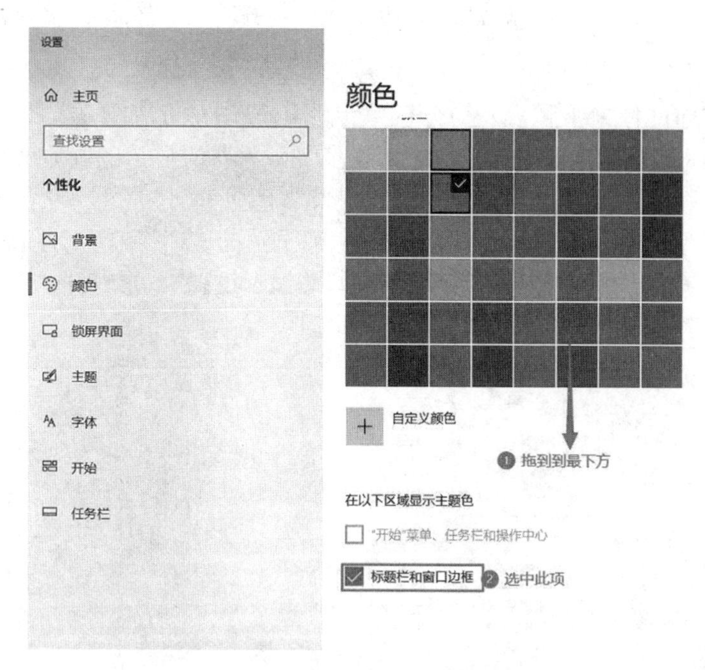

图1-5-7 标题栏和窗口边框颜色设置

自全球各地的新图像，还可以显示有关充分利用 Windows 的提示和技巧。此外，还可以选择显示详细信息的应用和快速状态的应用，这样锁屏界面将显示日历中记录的即将发生的事件、社交网络更新以及其他应用和系统通知，如图1-5-8所示。

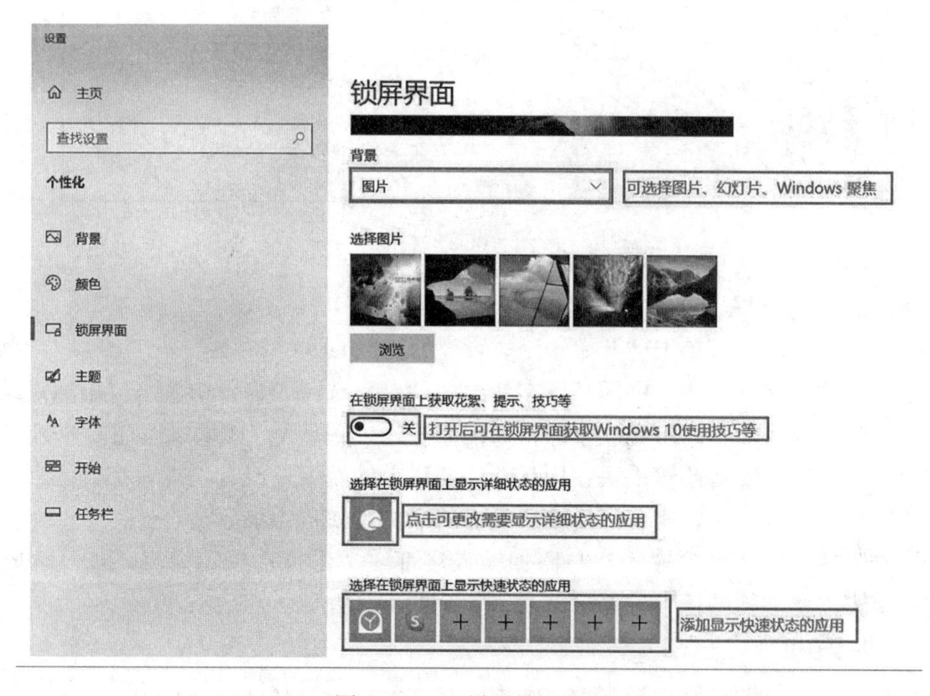

图1-5-8 设置锁屏界面

Windows 10 依然保留了屏幕保护程序，将锁屏界面设置窗口拖到最下方可单击“屏幕保护程序设置”，选择相应的设置即可。

（6）设置屏幕分辨率。屏幕分辨率是指计算机显示器屏幕所能显示像素的多少。以水平方向和垂直方向的像素乘积表示，分辨率 1 024 ×768 表示水平方向像素为 1 024 个，垂直方向像素为 768 个，屏幕中显示的像素越多，显示器所显示的画质就越清晰、细腻。常用的屏幕分辨率有 1 024 ×768、1 280 ×1 024、1 920 ×1 080 等。

若需设置屏幕分辨率，可单击“开始”→“设置”→“系统”→“显示”，或在桌面空白处右键单击鼠标，在弹出的快捷菜单中选择“显示设置”，则打开“显示”设置窗口，即可对显示分辨率进行设置，如图 1-5-9 所示。

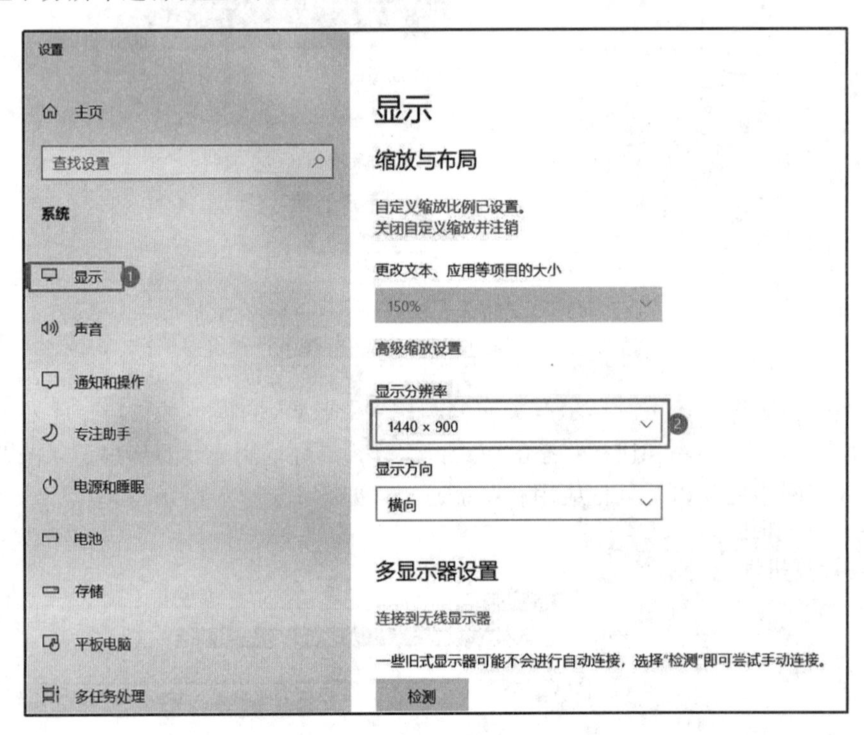

图 1-5-9　设置屏幕分辨率

2. 添加删除输入法

（1）添加输入法。可单击“开始”→“设置”→“时间和语言”→“语言”，单击首选语言下方的“中文（简体，中国）”，在弹出的“语言选项”窗口中单击“添加键盘”选择需要添加的输入法单击即可完成添加，如图 1-5-10 所示。如果没有想要添加的输入法，需要在计算机上安装此输入法，用系统任务栏上的搜索框或其他搜索工具搜索“某拼音输入法”然后下载安装，安装好后按照上面的操作步骤再添加。

（2）删除输入法。删除输入法与添加输入法都在“语言选项”窗口，打开“语言选项”窗口单击需要删除的输入法再单击“删除”即可，如图 1-5-11 所示。

3. 添加打印机

打印机是计算机的重要输出设备，除了需要安装打印机硬件以外，还需要安装打印机的驱动程序，打印机才能正常工作。将打印机与计算机连接好后，可单击“开始”→“设置”→“设备”→“打印机和扫描仪”，在打印机和扫描仪窗口中单击“添加打印机”，如

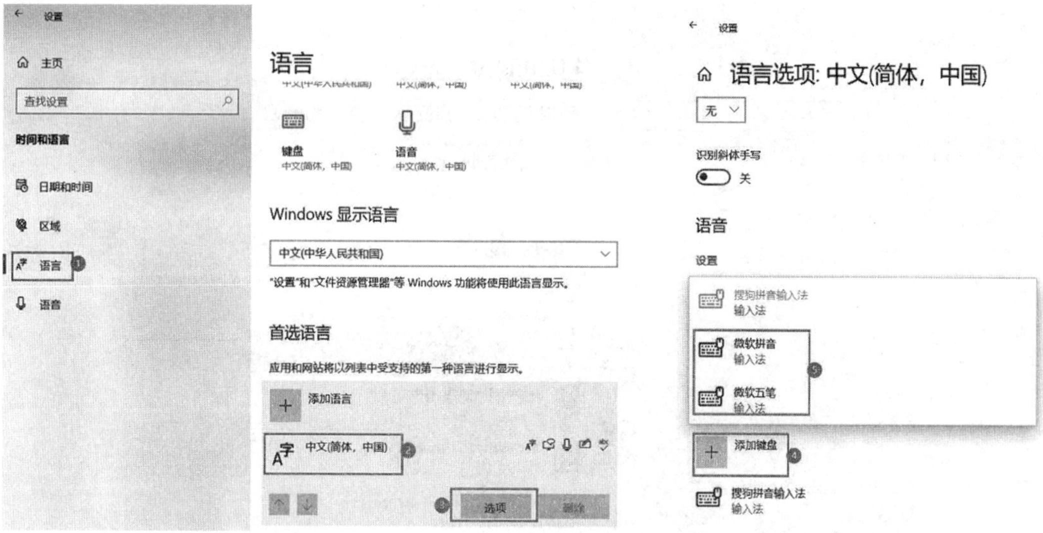

图 1-5-10　添加输入法

图 1-5-12 所示，计算机将会自动搜索已连接到设备或网络上可供添加的打印机，单击需要添加的打印机后再单击“添加设备”即可。

4. 任务管理器

Windows 中的任务管理器显示了计算机所运行的应用程序和进程的详细信息，并为用户提供了有关计算机性能的信息，如图 1-5-13 所示。当系统中的应用程序长时间处于无响应状态时，用户可以通过任务管理器来关闭应用程序。

在 Windows 10 中启动任务管理器可以使用“Ctrl+Alt+Delete”组合键调出任务管理器，也可以使用鼠标在任务栏空白处右键单击，在展开的快捷菜单中选择“任务管理器”，还可以使用“Ctrl + Shift + Esc”组合键调出任务管理器。

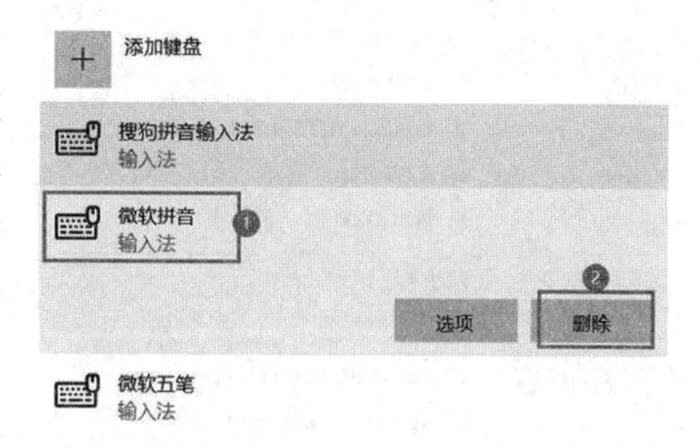

图 1-5-11　删除输入法

5. 回收站的使用

“回收站”是 Windows 操作系统中的一个系统文件夹，相当于一个垃圾桶，主要用于存放从计算机硬盘中删除的文件、文件夹、图标和快捷方式等。被删除扔到回收站中的文件、文件夹、图标以及快捷方式还可以从回收站中进行还原到硬盘原来的位置。当回收站存储已满时，回收站中早期删除的文件、文件夹、图标以及快捷方式等将被系统自动删除。使用和管理好回收站，可以更方便日常的文档维护工作。

(1) 回收站属性设置。在计算机桌面右击“回收站”图标再单击“属性”，打开回收

图 1－5－12　添加打印机

任务管理器

文件(F)　选项(O)　查看(V)

进程　性能　应用历史记录　启动　用户　详细信息　服务

名称	状态	15% CPU	46% 内存	1% 磁盘	0% 网络
应用 (7)					
Adobe Photoshop CS5.1 (32 ...		0%	154.9 MB	0 MB/秒	0 Mbps
Microsoft Edge (17)		0%	525.6 MB	0 MB/秒	0 Mbps
Microsoft Word (2)		0%	238.7 MB	0 MB/秒	0 Mbps
WeChat (32 位) (7)		0%	256.3 MB	0.1 MB/秒	0 Mbps
Windows 资源管理器 (4)		0.6%	305.2 MB	0 MB/秒	0 Mbps
任务管理器		6.6%	35.5 MB	0 MB/秒	0 Mbps
腾讯QQ (32 位)		0%	107.9 MB	0.1 MB/秒	0.1 Mbps
后台进程 (113)					
		0%	0.8 MB	0 MB/秒	0 Mbps
Adobe IPC Broker (32 位)		0%	1.5 MB	0 MB/秒	0 Mbps
Agent for EasyConnect (32 位)		0%	2.6 MB	0 MB/秒	0 Mbps
Alibaba PC Safe Service (32 位)		0%	26.8 MB	0 MB/秒	0 Mbps

简略信息(D)　　结束任务(E)

图 1－5－13　任务管理器

站属性对话框。在回收站属性对话框中选择回收站存储位置，并设置回收站的存储大小后单击“确定”按钮即可完成设置，如图 1－5－14 所示。

（2）管理回收站。

①清空回收站。如果需要清空回收站中的所有文件或文件夹，可双击桌面“回收站”图标，打开回收站窗口，在功能区上单击“清空回收站”，在弹出的“删除多个项目”对话框中单击“是”即可；如果只需要删除回收站中的部分文件或文件夹，可在回收站窗口中选择需要删除的文件或文件夹，单击鼠标右键选择“删除”，在弹出的“删除多个项目”对话框中单击“是”即可。

②还原回收站中的文件或文件夹。如果需要还原多个文件或文件夹，可在回收站窗口中，选择需要还原的文件或文件夹，单击功能区上的“还原选定的项目”即可；如果需要还原回收站中的所有文件或文件夹，单击功能区上的“还原所有项目”即可将回收站中的所有文件或文件夹还原到删除前的位置。

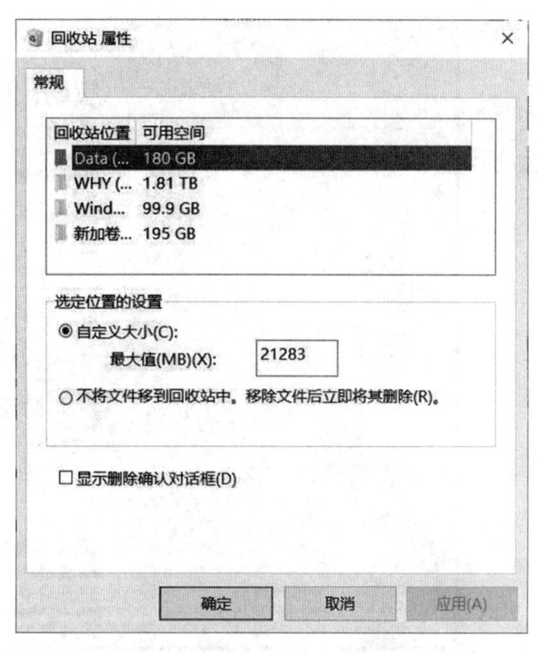

图1-5-14　回收站属性

6. 软件的安装与卸载

在计算机操作系统中，可根据用户的需求安装各种应用软件和工具软件，以下将以安全卫士软件为例讲解软件的安装与卸载。

（1）软件安装。通过官方网站下载安全卫士，安装文件准备完成后双击安装文件，打开安装界面，在安装界面中可设置安装路径，如图1-5-15所示，设置好路径后单击“同意并安装”即可。

（2）软件卸载。当不需要已安装在计算机上的软件时，可将其进行卸载。单击桌面任务栏中的“开始”→“设置”→“应用”，在应用窗口单击360安全卫士图标→“卸载”，在弹出的对话框中选择“卸载”，如图1-5-16示，根据卸载程序提示操作完成卸载。

图1-5-15　软件安装

图 1－5－16　软件卸载

7. 磁盘管理

（1）磁盘清理。在使用计算机时，系统会产生一些临时文件，在所产生的这些临时文件中只有部分文件在计算机重启后会自动删除。这些临时文会造成系统对大文件不能连续读写，磁头寻址次数过多，就会造成计算机的性能下降，因此在使用计算机时可对磁盘进行定期清理，从而提高磁盘使用的性能。

双击桌面的“此电脑”图标，打开资源管理器，选择需要清理的磁盘，右键单击鼠标在展开的快捷菜单中选择“属性”，打开“磁盘属性”对话框，在“常规”选项卡中单击“磁盘清理”，鼠标选择需要清理的项目，如图 1－5－17 所示，单击“确定”按钮，在弹出的提示框中再次单击“删除文件”即可完成清理。

图 1－5－17　磁盘清理

（2）磁盘优化和碎片整理。在使用计算机时，由于经常要对文件进行保存和删除，文件被分散保存到整个磁盘的不同位置，而不是连续保存在磁盘连续的簇中，在磁盘上就会出现一些不连续的存储空间，使存储的文件处于分散保存状态，这种情况被称为磁盘碎片。在应用程序运行过程中所需物理内存不足时，操作系统会在硬盘中产生临时交换文件，将硬盘空间虚拟成内存，把硬盘作为虚拟内存管理程序会对硬盘的频繁读写产生大量的碎片，磁盘的读写效率就会大大降低，这时我们可以使用磁盘优化的方法整理磁盘碎片，从而提高磁盘利用效率和磁盘的性能。

在资源管理器中选择需要进行碎片整理的磁盘，右键单击鼠标，在展开的快捷菜单中选择“属性”，打开“磁盘属性”对话框，在“工具”选项卡中单击“优化”，在“优化驱动器”对话框中选择需要进行碎片整理的磁盘，如图1-5-18所示，单击“优化”按钮即可。

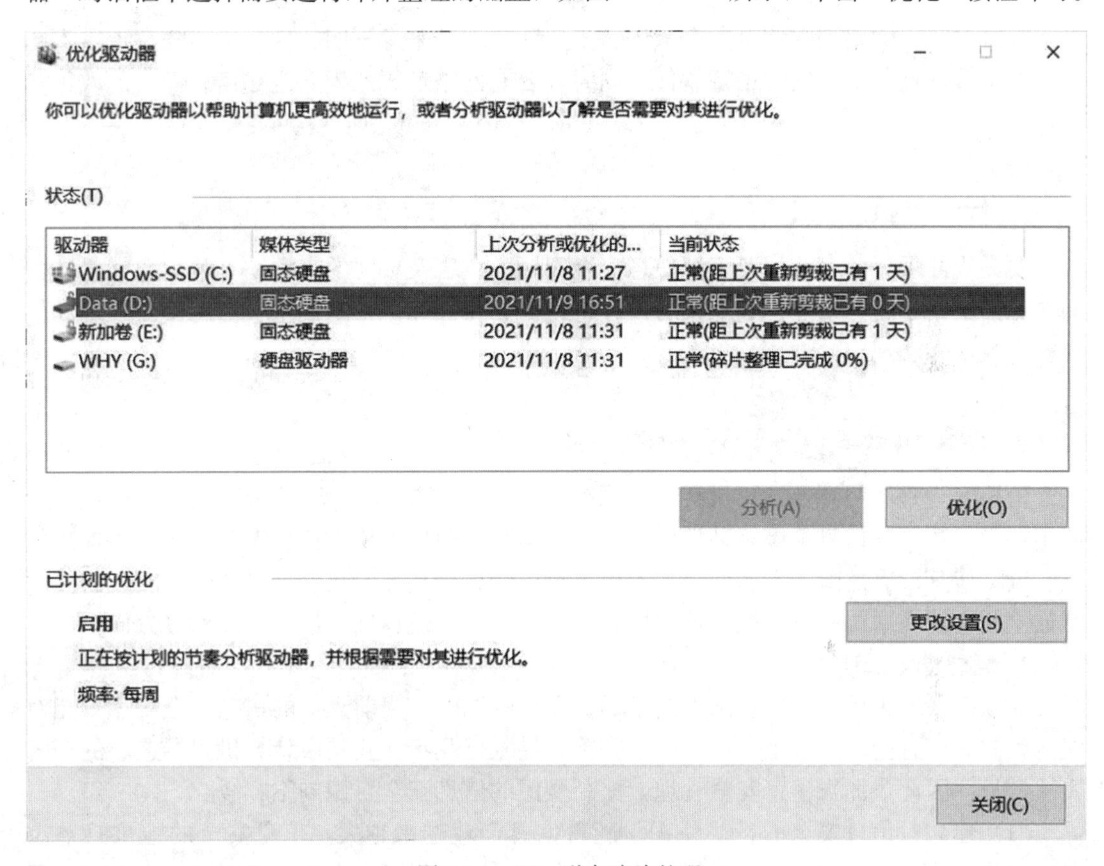

图1-5-18　磁盘碎片整理

训练任务

在办公室里有一台打印机，连接到小张的计算机上，其他同事需要打印文件时，需要把文件传给小张打印，工作起来比较麻烦，现在请你帮助小张安装网络打印机并与同事共享，以实现工作文件的打印。

（1）添加网络上的打印机。

（2）安装打印驱动程序。

（3）设置网络打印机的共享。

（4）使用打印机打印一份文件。

（5）了解 Windows 10 操作系统实现打印文件的工作过程。

任务6　信息安全与技术

任务描述

小张两个月前购置了一台计算机并下载安装了一些常用软件，可是最近发现自己的聊天软件总是提示自己的账号异地登录。于是请教了朋友小李，小李说："你的账号信息应该是被窃取了，你要加强信息安全意识，不要随意安装来源不明软件，不要随意点击不明来源网站等，计算机要安装杀毒软件，同时，要有网络道德意识并遵守信息安全的政策与法规。"

任务分析

要完成此项任务，首先要了解信息安全问题的危害及威胁的来源，了解信息安全防护的常见措施；了解网络道德和礼仪与计算机犯罪的相关知识，掌握主要信息安全技术和信息安全政策和法规。

必备知识

信息安全是一门涉及计算机科学、网络技术、通信技术、密码技术、信息安全技术、应用数学、数论、信息论等多种学科的综合性学科。通俗地说，信息安全主要是指保护信息系统，使其没有危险、不受威胁、不出事故地运行。从技术角度来讲，信息安全的技术特征主要表现在系统的可靠性、可用性、保密性、完整性、确认性、可控性等方面。

1. 信息安全概述

在以互联网为代表的信息网络技术迅猛发展的同时，当前人们的信息安全意识却相对淡薄，同时信息网络安全管理体制尚不完善，导致近几年在我国由计算机犯罪造成的损害飞速增长，因此，加强信息安全管理，提高全民的信息安全意识刻不容缓。

（1）建立对信息安全的正确认识。随着信息产业越来越大，信息安全的地位日益突出，它是企业、政府的业务能不能持续、稳定地运行的保证，也成为关系到个人安全的保证，甚至成为关系到国家安全的保证。所以信息安全是我们国家信息化战略中一个十分重要的方面。

（2）掌握信息安全的基本要素。信息安全包括四大要素：技术、制度、流程和人。技术只是基础保障，技术不等于全部，很多问题不是装一个防火墙就能解决的。有一个信息安全公式更能清楚地描述四者之间的关系：信息安全＝先进技术＋防患意识＋完美流程＋严格制度＋优秀执行团队＋法律保障。

（3）信息安全面临的威胁和风险。信息安全所面临的威胁可分为自然威胁和人为威胁。自然威胁指那些来自于自然灾害、恶劣的场地环境、电磁辐射和电磁干扰、网络设备自然老化等威胁。自然威胁往往带有不可抗拒性，这里主要讨论人为威胁。

①人为攻击。人为攻击是指通过攻击系统的弱点，以达到破坏、欺骗、窃取数据等目的，使得网络信息的保密性、完整性、可靠性、可控性、可用性等受到伤害，造成经济上

和政治上不可估量的损失。

人为攻击分为偶然事故和恶意攻击两种。偶然事故虽然没有明显的恶意企图和目的，但它仍会使信息受到严重破坏。恶意攻击是有目的的破坏。

恶意攻击又分为被动攻击和主动攻击两种。被动攻击是指在不干扰网络信息系统正常工作的情况下，进行侦收、截获、窃取、破译和业务流量分析及电磁泄漏等。主动攻击是指以各种方式有选择地破坏信息，如修改、删除、伪造、添加、重放、乱序、冒充、制造病毒等。

被动攻击不对传输的信息做任何修改，因而是难以检测的，所以抗击这种攻击的重点在于预防而非检测。

②安全缺陷。如果网络信息系统本身没有任何安全缺陷，那么人为攻击者即使本事再大也不会对网络信息安全构成威胁。但遗憾的是现在所有的网络信息系统都不可避免地存在着一些安全缺陷，有些安全缺陷可以通过努力加以避免或者改进，而有些安全缺陷是各种折中必须付出的代价。

③软件漏洞。由于软件程序的复杂性和编程的多样性，在网络信息系统的软件中很容易有意或无意地留下一些不易被发现的安全漏洞。软件漏洞同样会影响网络信息的安全。下面介绍一些有代表性的软件安全漏洞。

陷门：陷门是在程序开发时插入的一小段程序，目的是测试这个模块，或是为了将来更改和升级程序，也可能为了将来发生故障后，为程序员提供方便。通常应在程序开发后期去掉这些陷门，但由于各种原因，陷门可能被保留，一旦被利用将会带来严重的后果。

数据库的安全漏洞：某些数据库将原始数据以明文形式存储，这是不够安全的。入侵者可以从计算机系统的内存中导出所需的信息，或者采用某种方式进入系统，从系统的后备存储器上窃取数据或篡改数据，因此，必要时应该对存储数据进行加密保护。

TCP/IP 协议的安全漏洞：TCP/TP 协议在设计初期并没有考虑安全问题。现在，用户和网络管理员没有足够的精力专注于网络安全控制，操作系统和应用程序越来越复杂，开发人员不可能测试出所有的安全漏洞，因而连接到网络的计算机系统受到外界的恶意攻击和窃取的风险越来越大。

另外，还可能存在操作系统的安全漏洞、网络软件与网络服务、口令设置等方面的漏洞。

④结构隐患。结构隐患是指网络拓扑结构的隐患和网络硬件的安全缺陷。网络拓扑结构本身可能给网络的安全带来问题，网络硬件安全隐患也是网络结构隐患的重要方面。

基于各国的不同国情，信息系统存在的安全问题也不尽相同。由于我国还是一个发展中国家，网络信息安全系统除了具有上述普遍存在的安全缺陷之外，还有因软、硬件核心技术掌握在别人手中而造成的技术被动等方面的安全隐患。

（4）养成良好的信息安全习惯至关重要。现在所有的信息系统都不可避免地存在这样或那样的安全缺陷，攻击者正是利用这些缺陷进行攻击的。良好的安全习惯和安全意识有利于避免或降低不必要的损失。

①良好的密码设置习惯，特别注意要定期更换密码。

②使用网络和计算机时，应该注意培养良好的安全意识。

③使用安全电子邮件，识别一些恶意的电子邮件，更不要打开可疑的附件。

④避免过度打印文档，防止信息泄密。

⑤保证设备计算机等设备的物理安全，否则技术手段将会失去其本身的价值。

2. 网络礼仪与道德

随着网络全面进入千家万户，形成了所谓的“网络社会”或“虚拟世界”。在这个虚拟社会中，该如何“生活”，遵循什么样的道德规范，它给现实社会的道德意识、道德规范和道德行为都带来了怎样的冲击和挑战，这些都是我们需要认真研究的课题。

（1）网络道德概念及涉及内容。计算机网络道德是用来约束网络从业人员的言行，指导他们的思想的一整套道德规范。计算网络道德可涉及计算机工作人员的思想意识、服务态度、业务钻研、安全意识、待遇得失及其公共道德等方面。

（2）网络的发展对道德的影响。计算机网络的发展给现实社会的道德意识、道德规范和道德行为都带来了严重的冲击和挑战。

①淡化了人们的道德意识。道德意识来源于人们之间的社会交往，道德意识的强弱在很大程度上取决于社会交往的方式。在网络的虚拟世界里，人们更多地通过“人—网络—人”的方式进行交往，人们之间的相互监督较为困难，外在压力减小，使人们的思想获得了“解放”，于是法律法规和道德规范容易被人遗忘。

②冲击了现实的道德规范。网络环境滋生了道德个人主义。黑客被当作偶像来崇拜，行黑被视为英雄的壮举，现实社会的道德规范约束力下降，甚至失去约束力。

③导致道德行为的失范。虚拟世界的道德规范尚未形成，现实世界的道德规范又被遗忘或扭曲，导致的网络道德行为失范现象已经较为严重，其中最为突出的是网络犯罪。

（3）网络道德规范。

①要求人们的道德意识更加强烈，道德行为更自觉。现实世界中人们很在乎社会舆论的作用，在虚拟世界中，社会舆论和他人评价对人们行为约束力大大减小。弱化了道德“他律”作用，使人们的道德意识较为薄弱，道德行为也相对不严谨。只有人们自己约束自己的行为，自觉地遵守基本的道德规范，自觉地保证信息安全，信息安全问题才能从根本上得到解决。

②要求网络道德既要立足于本国，又要面向世界。在一个国家完全合乎道德的信息行为，在另一个国家可能被视为不道德的行为，因此，没有一个超越国界的被全世界网民共同认可的网络道德，信息安全就不可能得到保障。因此，在“求同存异”原则的指导下，实现不同民族道德间的理解和认同是可能的，建立一套被全世界网民普遍接受和认可的网络道德规范体系是可能的。

③要求网络道德既要着力于当前，又要面向未来。网络道德必须要面向未来，我们可以总结现存的问题，对已经出现的不利于维护网络信息安全的现象和行为进行规范和制约，根据计算机网络的发展趋势，对将来可能会出现的不利于维护网络信息安全的行为进行预测，并提出一些着眼于未来的有针对性的道德规范。

（4）加强网络道德建设对维护网络信息安全的作用。加强网络道德建设对维护网络信息安全的作用主要体现在三个方面。

①网络道德可以规范人们的信息行为。在网络道德规范形成以前，提出一些基本“道德底线”，告诉人们哪些信息行为是道德的，哪些信息行为是不道德的，通过教育和宣传，

转化为人们内在信念和行为习惯，以此来引导人们的信息行为。网络道德激励人们有利于信息安全的行为，能将不利于信息安全的行为控制在实施之前。这对维护网络信息安全将起到积极的作用。

②加强网络道德建设，有利于加快信息安全立法的进程。在信息安全立法尚不完善的情况下，加强网络道德建设具有十分重要的意义：一方面通过宣传和教育，有利于形成一种人人了解信息安全，自觉维护信息安全的良好社会风尚，从而减少信息安全立法的阻力；另一方面，在网民之间长期交往的过程中，网络道德的规范无疑会越来越多。因此，加强网络道德建设，有利于加快信息安全立法的进程。

③加强网络道德建设，有利于发挥信息安全技术的作用。在技术方面的诸多问题是不能通过技术本身来解决的，因为信息安全的破坏者手中同样掌握着先进的技术武器，而必须通过技术以外的因素来解决。在目前的情况下，加强网络道德建设，对于更好地发挥信息安全技术的力量将起到十分重要的作用。

3. 计算机犯罪

在开放、互连、互动、互通的网络环境下，各种计算机犯罪行为不断涌现，给国家安全、知识产权以及个人信息权带来了巨大的威胁，引起了世界各国的极大忧虑和社会各界的广泛关注，并日益成为困扰人们现代生活的又一新问题。利用互联网进行犯罪已成为发展最快的犯罪方式之一。

(1) 计算机犯罪的概念。所谓计算机犯罪，是指行为人以计算机作为工具或以计算机资产作为攻击对象实施的严重危害社会的行为。由此可见，计算机犯罪包括利用计算机实施的犯罪行为和把计算机资产作为攻击对象的犯罪行为。

(2) 计算机犯罪的特点。

①犯罪智能化。计算机犯罪主体多为具有专业知识、技术熟练、掌握系统核心机密的人，他们犯罪的破坏性比一般人的破坏性要大得多。

②犯罪手段隐蔽。由于网络的开放性、不确定性、虚拟性和超越时空性等特点，使得犯罪分子作案时可以不受时间、地点的限制，也没有明显的痕迹，犯罪行为难以被发现、识别和侦破，增加了计算机犯罪的破案难度。

③跨国性。犯罪分子只要拥有一台计算机，就可以通过因特网对网络上任何一个站点实施犯罪活动，这种跨国家、跨地区的行为更不易侦破，危害也更大。

④犯罪目的多样化。计算机犯罪作案动机多种多样，从最先的攻击站点以泄私愤，到早期的盗用电话线，破解用户账号非法敛财，再到如今入侵政府网站的政治活动，犯罪目的不一而足。

⑤犯罪分子低龄化。计算机犯罪的作案人员年龄普遍较低。

⑥犯罪后果严重。网络诈骗案层出不穷，给受害人带来了极大的财产损失。

(3) 计算机犯罪的手段。

①制造和传播计算机病毒。计算机病毒已经成为计算机犯罪者的一种有效手段。它可能会夺走大量的资金、人力和计算机资源，甚至破坏各种文件及数据，造成机器的瘫痪，带来难以挽回的损失。

②数据欺骗。数据欺骗是指非法篡改计算机输入、处理和输出过程中的数据，从而实现犯罪目的的手段。这是一种比较简单但很普遍的犯罪手段。

③特洛伊木马。特洛伊木马是在计算机中隐藏作案的计算机程序，在计算机仍能完成原有任务的前提下，执行非授权的功能。特洛伊木马程序不依附于任何载体而独立存在，而病毒须依附于其他载体而存在并且具有传染性。

④意大利香肠战术。所谓意大利香肠战术，是指行为人通过逐渐侵吞少量财产的方式来窃取大量财产的犯罪行为。这种方法就像吃香肠一样，每次偷吃一小片，日积月累就很可观了。

⑤超级冲杀。超级冲杀（Superzap）是大多数 IBM 计算机中心使用的公用程序，是一个仅在特殊情况下（如停机、故障等）方可使用的高级计算机系统干预程序。如果被非授权用户使用，就会构成对系统的潜在威胁。

⑥活动天窗。活动天窗是指程序设计者为了对软件进行测试或维护故意设置的计算机软件系统入口点。通过这些入口，可以绕过程序提供的正常安全性检查而进入软件系统。

⑦逻辑炸弹。逻辑炸弹是指在计算机系统中有意设置并插入的某些程序编码，这些编码只有在特定的时间或在特定的条件下才自动激活，从而破坏系统功能或使系统陷入瘫痪状态。逻辑炸弹不是病毒，不具有病毒的自我传播性。

⑧清理垃圾。清理垃圾是指有目的、有选择地从废弃的资料、磁带、磁盘中搜寻具有潜在价值的数据、信息和密码等，用于实施犯罪行为。

⑨数据泄漏。数据泄漏是一种有意转移或窃取数据的手段。如有的罪犯将一些关键数据混杂在一般性的报表之中，然后予以提取。有的罪犯在系统的中央处理器上安装微型无线电发射机，将计算机处理的内容传送给几公里以外的接收机。

⑩电子嗅探器。电子嗅探器是用来截取和收藏在网络上传输的信息的软件或硬件。它不仅可以截取用户的账号和口令，还可以截获敏感的经济数据（如信用卡号）、秘密信息（如电子邮件）和专有信息并可以攻击相邻的网络。

除了以上作案手段外，还有社交方法、电子欺骗技术、浏览、顺手牵羊和对程序、数据集、系统设备的物理破坏等犯罪手段。

（4）黑客。黑客一词源于英文 Hacker，原指热心于计算机技术，水平高超的计算机专家，尤其是程序设计人员，但今天，黑客一词已被用于泛指那些专门利用计算机搞破坏或恶作剧的人。

黑客行为特征可有以下几种表现形式。

①恶作剧型。喜欢进入他人网站，以删除和修改某些文字或图像，篡改主页信息来显示自己高超的网络侵略技巧。

②隐蔽攻击型。躲在暗处以匿名身份对网络发动攻击行为，或者干脆冒充网络合法用户，侵入网络“行黑”该种行为由于是在暗处实施的主动攻击，因此对社会危害极大。

③定时炸弹型。故意在网络上布下陷阱或在网络维护软件内安插逻辑炸弹或后门程序，在特定的时间或特定的条件下，引发一系列具连锁反应性质的破坏行动。

④制造矛盾型。非法进入他人网络，窃取或修改其电子邮件的内容或厂商签约日期等，破坏甲乙双方交易，或非法介入竞争。有些黑客还利用政府网络发布公众信息，制造社会矛盾和动乱。

⑤职业杀手型。经常以监控方式将他人网站内的资料迅速清除，使得网站使用者无法

获取最新资料。或者将计算机病毒植入他人网络内，使其网络无法正常运行。更有甚者，进入军事情报机关的内部网络，干扰军事指挥系统的正常工作，从而导致严重后果。

⑥窃密高手型。出于某些集团利益的需要或者个人的私利，窃取网络上的加密信息，使高度敏感信息泄密。

⑦业余爱好型。某些爱好者受好奇心驱使，在技术上“精益求精”，丝毫未感到自己的行为对他人造成的影响，属于无意性攻击行为。

为了降低被黑客攻击的可能性，要注意以下几点。

A. 提高安全意识，如不要随便打开来历不明的邮件。

B. 使用防火墙是抵御黑客程序入侵的非常有效的手段。

C. 尽量不要暴露自己的 IP 地址。

D. 要安装杀毒软件并及时升级病毒库。

E. 做好数据备份。

总之，我们应当认真制定有针对性的策略，明确安全对象，设置强有力的安全保障体系。在系统中层层设防，使每一层都成为一道关卡，从而让攻击者无隙可钻、无计可施。

任务实现

1. 信息安全技术

随着信息技术的发展与应用，信息安全的内涵在不断地延伸，从最初的信息保密性发展到信息的完整性、可用性、可控性和不可否认性，进而又发展为“攻”（攻击）、“防”（防范）、“测”（检测）、“控”（控制）、“管”（管理）、“评”（评估）等多方面的基础理论和实施技术。

信息安全技术主要有：密码技术、防火墙技术、虚拟专用网（VPN）技术、病毒与反病毒技术以及其他安全保密技术。

（1）密码技术。

①密码技术的基本概念。密码技术是信息安全与保密的核心和关键。

通过密码技术的变换或编码，可以将机密、敏感的消息变换成难以读懂的乱码型文字，因此达到两个目的：其一，使不知道如何解密的黑客不可能从其截获的乱码中得到任何有意义的信息；其二，使黑客不可能伪造或篡改任何乱码型的信息。

研究密码技术的学科称为密码学。密码学包含两个分支，即密码编码学和密码分析学。前者旨在对信息进行编码实现信息隐蔽，后者研究分析破译密码的学问。二者相互对立，又相互促进。

采用密码技术可以隐蔽和保护需要发送的消息，使未授权者不能提取信息。发送方要发送的消息称为明文，明文被变换成看似无意义的随机消息，称为密文。这种由明文到密文的变换过程。

称为加密。其逆过程，即由合法接收者从密文恢复出明文的过程称为解密。非法接收者试图从密文分析出明文的过程称为破译。对明文进行加密时采用的一组规则称为加密算法；对密文解密时采用的一组规则称为解密算法。加密算法和解密算法是在一组仅有合法用户知道的秘密信息的控制下进行的，该密码信息称为密钥，加密和解密过程中使用的密钥分别称为加密密钥和解密密钥。

②单钥加密与双钥加密。传统密码体制所用的加密密钥和解密密钥相同，或从一个可以推出另一个，被称为单钥或对称密码体制。若加密密钥和解密密钥不相同，从一个难于推出另一个，则称为双钥或非对称密码体制。

单钥密码的优点是加、解密速度快，缺点是随着网络规模的扩大，密钥的管理成为一个难点，无法解决消息确认问题，缺乏自动检测密钥泄露的能力。

双钥体制的特点是密钥一个是可以公开的，可以像电话号码一样进行注册公布；另一个则是秘密的，因此双钥体制又称作公钥体制。由于双钥密码体制仅需保密解密密钥，所以双钥密码不存在密钥管理问题。双钥密码还有一个优点是可以拥有数字签名等新功能。双钥密码的缺点是算法一般比较复杂，加、解密速度慢。

③著名密码算法介绍。数据加密标准（DES）是迄今为止世界上最为广泛使用和流行的一种分组密码算法。它是 20 世纪 70 年代信息加密技术发展史上的两大里程碑之一。DES 是一种单钥密码算法，它是一种典型的按分组方式工作的密码。其他的分组密码算法还有 IDEA 密码算法、LOKI 算法、Rijndael 算法等。

最著名的公钥密码体制是 RSA 算法。RSA 算法是一种用数论构造的、也是迄今为止理论上最为成熟完善的一种公钥密码体制，该体制已得到广泛的应用。它的安全性基于“大数分解和素性检测”这一已知的著名数论难题基础。著名的公钥密码算法还有 Diffie-Hellman 密钥分配密码体制、Elgamal 公钥体制等。

（2）防火墙技术。当构筑和使用木质结构房屋的时候，为防止火灾的发生和蔓延，人们将坚固的石块堆砌在房屋周围作为屏障，这种防护构筑物被称为防火墙。在今日的电子信息世界里，人们借助了这个概念，使用防火墙来保护计算机网络免受非授权人员的骚扰与黑客的入侵，不过这些防火墙是由先进的计算机系统构成的。

（3）虚拟专用网技术。虚拟专用网是虚拟私有网络（VPN，Virtual Private Network）的简称，它是一种利用公共网络来构建的私有专用网络。目前，能够用于构建 VPN 的公共网络包括 Internet 和 ISP 所提供的 DDN 专线（Digital Data Network Leased Line）、帧中继（Frame Relay）、ATM 等，构建在这些公共网络上的 VPN 将给企业提供集安全性、可靠性和可管理性于一身的私有专用网络。“虚拟”的概念是相对传统私有专用网络的构建方式而言的，对于广域网连接，传统的组网方式是通过远程拨号和专线连接来实现的，而 VPN 是利用 ISP 所提供的公共网络来实现远程的广域连接。通过 VPN，企业可以以更低的成本连接其远程办事机构、出差工作人员以及业务合作伙伴。

（4）病毒与反病毒技术。计算机病毒的发展历史悠久，从 20 世纪 80 年代中后期广泛传播至今，据统计世界上已存在的计算机病毒有 5 000 余种，并且每月以平均几十种的速度增加。

计算机病毒的危害不言而喻，人类面临这一世界性的公害采取了许多行之有效的措施，如加强教育和立法从产生病毒源头上杜绝病毒；加强反病毒技术的研究从技术上解决病毒传播和发作。

（5）其他安全与保密技术。

①实体及硬件安全技术。实体及硬件安全是指保护计算机设备、设施（含网络）以及其他媒体免遭地震、水灾、火灾，有害气体和其他环境事故（包括电磁污染等）破坏的措

施和过程。实体安全是整个计算机系统安全的前提，如果实体安全得不到保证，则整个系统就失去了正常工作的基本环境。另外，在计算机系统的故障现象中，硬件的故障也占到了很大的比例。

②数据库安全技术。数据库系统作为信息的聚集体，是计算机信息系统的核心部件，其安全性至关重要，关系到企业兴衰、国家安全，因此，如何有效地保证数据库系统的安全，实现数据的保密性、完整性和有效性，成为业界人士探索研究的重要课题之一。

2. 信息安全政策与法规

（1）信息系统安全法规的基本内容与作用。

①计算机违法与犯罪惩治。这是为了震慑犯罪，保护计算机资产。

②计算机病毒治理与控制。在于严格控制计算机病毒的研制、开发，防止、惩罚计算机病毒的制造与传播，从而保护计算机资产及其运行安全。

③计算机安全规范与组织法。着重规定计算机安全监察管理部门的职责和权利以及计算机负责管理部门和直接使用的部门的职责与权利。

④数据法与数据保护法。其主要目的在于保护拥有计算机的单位或个人的正当权益，包括隐私权等。

（2）国外计算机信息系统安全立法简况。瑞典早在1973年就颁布了《数据法》，这大概是世界上第一部直接涉及计算机安全问题的法规。1991年，欧共体成员批准了软件版权法等。

1981年美国成立了国家计算机安全中心（NCSC）；1983年，美国国家计算机安全中心公布了《可信计算机系统评测标准》（TCSEC）；1986年制定了《计算机诈骗条例》；1987年又制定了《计算机安全条例》。2018年6月28日美国加州发布CCPA《加州消费者隐私保护法》，该法案被称为美国“最严厉和最全面的个人隐私保护法案”；2019年5月29日美国内华达州发布SB 220《内华达州数据隐私法》，该法案涉及互联网隐私，要求互联网网站和在线服务的运营商遵循消费者的指示，不得出售其个人数据。

在亚洲国家里面，日本早在1988年就制定了《关于保护行政机关所持有之个人信息的法律》；2003年5月颁布了日本《个人信息保护法》，并相继制定、颁布了针对行政机关、独立行政法人等持有个人信息机关的多部法律。韩国于1994年1月7日制定了针对公共部门的《公共机关个人信息保护法》；2011年3月29日颁布了《个人信息保护法》，规定了个人信息保护的基本原则、个人信息保护的基准、信息主体的权利保障、个人信息自决权的救济等。

（3）我国计算机信息系统安全立法简况。早在1981年，我国政府就对计算机信息安全系统安全予以极大关注。1983年7月，公安部成立了计算机管理监察局，主管全国的计算机安全工作。公安部于1987年10月推出了《电子计算机系统安全规范（试行草案）》，这是我国第一部有关计算机安全工作的管理规范。

1994年2月颁布的《中华人民共和国计算机信息系统安全保护条例》是我国的第一个计算机安全法规，也是我国计算机安全工作的总纲。

2016年11月7日公布的《中华人民共和国网络安全法》是我国第一部全面规范网络空间安全管理方面问题的基础性法律，是为保障网络安全，维护网络空间主权和国家安全、社会公共利益，保护公民、法人和其他组织的合法权益，促进经济社会信息化健康发展而制定的法律，自 2017 年 6 月 1 日起施行。

2019 年 1 月 1 日起施行的《中华人民共和国电子商务法》是政府调整、企业和个人以数据电文为交易手段，通过信息网络所产生的，因交易形式所引起的各种商事交易关系，以及与这种商事交易关系密切相关的社会关系、政府管理关系的法律规范的总称。

2020 年 1 月 1 日起施行的《中华人民共和国密码法》旨在规范密码应用和管理，促进密码事业发展，保障网络与信息安全，提升密码管理科学化、规范化、法治化水平，是我国密码领域的综合性、基础性法律。

2021 年 9 月 1 日起实施的《中华人民共和国数据安全法》是为了规范数据处理活动，保障数据安全，促进数据开发利用，保护个人、组织的合法权益，维护国家主权、安全和发展利益，制定的法律。

2021 年 11 月 1 日实施的《中华人民共和国个人信息保护法》是我国第一部专门针对个人信息保护的统领性法律，其与网络安全法、数据安全法等法律一起构成规范性、系统性、完整性的保护体系，共同为公民个人信息权益保护提供切实有力的法律保障。

此外，还颁布了《计算机信息系统国际联网保密管理规定》《计算机病毒防治管理办法》《常见类型移动互联网应用程序必要个人信息范围规定》等多部信息系统方面的法律法规。各地区也根据本地实际情况，在国家有关法规的基础上，制定了符合本地实情的计算机信息安全“暂行规定”或“实施细则”等。

训练任务

（1）有哪些措施可以选择来保证电子邮件的安全？

（2）什么是计算机犯罪？计算机犯罪有哪些特点？

任务 7　计算机病毒

任务描述

小刘是公司新进的顶岗实习生，被分配到客服部做客服人员，需要通过收发邮件和各种聊天软件与客服沟通，处理客户信息。最近，小刘发现计算机经常死机，而且硬盘里出现了大量不明来源的文件。于是请教同事小李，小李说：“这种现象很可能是计算机中了病毒，如果打开过不明来源的网站或者邮件附件就有可能感染病毒，需要安装杀毒软件，并进行病毒查杀。”

任务分析

了解计算机病毒的概念、特点、分类、传播途径和预防；能够使用杀毒软件清除计算机病毒。

必备知识

1. 计算机病毒定义及特点

计算机病毒的破坏能力是巨大的，轻则扰乱用户正常工作、降低系统性能，重则损坏用户文件、删除硬盘程序或格式化硬盘，使用户资料丢失、系统瘫痪，甚至损坏计算机硬件造成用户无法开机。计算机病毒的产生是计算机技术和以计算机为核心的社会信息化进程发展到一定阶段的必然产物。

（1）什么是计算机病毒。计算机病毒（Computer Virus）是编制者在计算机程序中插入的破坏计算机功能或者数据的代码，能影响计算机使用，能自我复制的一组计算机指令或者程序代码。计算机病毒可以是一个程序，一段可执行代码。就像生物病毒一样，计算机病毒有独特的复制能力。计算机病毒可以很快地蔓延，又常常难以根除。

（2）计算机病毒的特点。

①传染性。可以通过种种途径传播。

②潜伏性。计算机病毒的作者可以让病毒在某一时间自动运行。

③破坏性。可以破坏电脑，造成电脑运行速度变慢、死机、蓝屏等问题。

④隐蔽性。不易被发现。

⑤可触发性。病毒可以在条件成熟时运行，增加了病毒隐蔽性和破坏性。

⑥寄生性。可以寄生在正常程序中，可以跟随正常程序一起运行，但是病毒在运行之前不易被发现。

2. 计算机病毒分类

计算机病毒按感染对象分为引导型、文件型、混合型、宏病毒，文件型病毒主要攻击的对象是.COM及.EXE等可执行文件；按其破坏性分良性病毒、恶性病毒。

按照病毒程序感染方式不同，可将计算机病毒分为以下几种类型：

（1）引导区病毒。引导区病毒会感染硬盘的主引导记录（MBR），当硬盘主引导记录感染病毒后，病毒就企图感染每个插入计算机进行读写的移动磁盘引导区。这类病毒常常将其病毒程序替代主引导区中的系统程序。引导区病毒总是先于系统文件装入内存储器，获得控制权并进行传染和破坏。

（2）文件型病毒。文件型病毒主要感染.exe、.com、.drv、.bin、.ovl、.sys等可执行文件。它通过寄生在文件的首部或尾部，并修改程序的第一条指令。当染毒程序执行时就先跳转去执行病毒程序，进行感染和破坏。这类病毒只有当带毒程序执行时，才能进入内存，一旦符合激发条件，它就发作。CIH病毒就是文件型病毒。

（3）混合型病毒。病毒既可以感染磁盘的引导区，也感染可执行文件，兼有上述两类病毒的特点。

（4）宏病毒。宏病毒与以上病毒不同，它不感染程序，仅感染Microsoft Word文档文件和模板文件，与操作系统没有特别的关联。它能通过U盘文档复制、E-mail下载Word文档附件等途径蔓延。当对感染宏病毒的Word文档操作时，它就进行破坏和传播。Word宏病毒造成的结果是：不能正常打印，改变文件名称或存储路径，删除或随意复制文件，禁用有关菜单，最终导致无法正常编辑文件。

（5）Internet病毒（网络病毒）。通过计算机网络感染可执行文件的计算机病毒。Internet 病毒大多通过电子邮件传播，黑客是危害计算机系统的源头之一。黑客是指利用通信软件，通过网络非法进入他人的计算机系统，截取或篡改数据，危害信息安全的入侵者或入侵行为。

如果网络用户收到来历不明的电子邮件，不小心执行了附带的“黑客程序”，该用户的计算机系统就会被偷偷修改注册表信息。已经发现的“黑客程序”有：BO（Back Orifice）、Netbus、Netspy、Backdoor 等。

任务实现

1. 计算机病毒的传播和预防

（1）计算机病毒的传播途径。

①通过不可移动的计算机硬件设备进行传播：这些硬件设备通常包括计算机的硬盘等。这种病毒虽然极少，但破坏力却极强，目前尚没有较好的检测手段对付。

②通过移动存储设备传播：这些设备包括软盘、U 盘等。由于软盘、U 盘是使用最广泛移动最频繁的存储介质，因此也成了计算机病毒寄生的“温床”。目前，大多数计算机都是从这类途径感染病毒的。

③通过计算机网络进行传播：现代信息技术的巨大进步已使空间距离不再遥远，但也为计算机病毒的传播提供了新的“高速公路”。计算机病毒可以附着在正常文件中通过网络进入一个又一个系统，在信息国际化的同时，病毒也在国际化。

④通过点对点通信系统和无线通道。如手机病毒，这种途径很可能与网络传播途径成为病毒扩散的两大“时尚渠道”。

（2）计算机病毒的预防措施。计算机病毒的预防措施是安全使用计算机的要求，计算机病毒的预防措施主要有以下几个方面。

①建立良好的安全习惯。例如：对一些来历不明的邮件及附件不要打开，不要上一些不太了解的网站、不要执行从网上下载后未经杀毒处理的软件。访问受到安全威胁的网站也会造成感染等，这些习惯会使您的计算机更安全。

②关闭或删除系统中不需要的服务。默认情况下，许多操作系统会安装一些辅助服务，如 FTP 客户端、Telnet 和 Web 服务器。这些服务为攻击者提供了方便，而又对一般用户没有太大用处，删除它们，能减少被攻击的可能性。

③经常升级安全补丁。据统计，有 80%的网络病毒是通过系统安全漏洞进行传播的，如红色代码、尼姆达等病毒，所以应该定期到微软网站去下载最新的安全补丁，以防患于未然。

④迅速隔离感染病毒的计算机。当计算机发现病毒或异常时应立刻断网，以防止计算机受到更多的感染，或者成为传播源，再次感染其他计算机。

⑤了解一些病毒知识。这样就可以及时发现新病毒并采取相应措施，在关键时刻使自己的计算机免受病毒破坏。如果能了解一些 Windows 注册表知识，就可以定期看一看注册表的自启动项是否有可疑键值。

⑥安装专业的防毒软件进行全面监控。使用防毒软件进行防毒，是越来越经济的选择，不过用户在安装了反病毒软件之后，应该经常进行升级、将一些主要监控经常打开，这样才能真正保障计算机的安全。

⑦坚决杜绝使用来路不明的磁盘。

2. 计算机病毒的清除

（1）使用正版杀毒软件清除病毒。

（2）使用防火墙隔离病毒。安装个人防火墙，有效地监控任何网络连接，通过过滤不安全的服务，可极大地提高网络安全和减少计算机被攻击的风险，使系统具有抵抗外来非法入侵的能力，保护系统和数据的安全。开启防火墙后能自动防御大部分已知的恶意攻击。

（3）人工处理。有些情况下也可以人工清除计算机中病毒。可以将有毒文件删除，有毒磁盘重新格式化。

身边有法

从2006年年底到2007年年初，短短的两个多月时间，一个名为“熊猫烧香”的计算机病毒不断入侵个人计算机、感染门户网站、击溃数据系统，给上百万个人用户、网吧及企业局域网用户带来无法估量的损失。2007年9月24日，“熊猫烧香”计算机病毒制造者及主要传播者李俊等4人，被湖北省仙桃市人民法院以“破坏计算机信息系统罪”判处有期徒刑四年、王磊有期徒刑两年六个月、张顺有期徒刑二年、雷磊有期徒刑一年，并判决李俊、王磊、张顺的违法所得予以追缴，上缴国库。

《中华人民共和国刑法》第二百八十六条 “破坏计算机信息系统罪”。违反国家规定，对计算机信息系统功能进行删除、修改、增加、干扰，造成计算机信息系统不能正常运行，后果严重的，处五年以下有期徒刑或者拘役；后果特别严重的，处五年以上有期徒刑。违反国家规定，对计算机信息系统中存储、处理或者传输的数据和应用程序进行删除、修改、增加的操作，后果严重的，依照前款的规定处罚。故意制作、传播计算机病毒等破坏性程序，影响计算机系统正常运行，后果严重的，依照第一款的规定处罚。单位犯前三款罪的，对单位判处罚金，并对其直接负责的主管人员和其他直接责任人员，依照第一款的规定处罚。

训练任务

（1）下载并安装杀毒软件。

（2）使用杀毒软件查杀计算机上的病毒。

（3）使用安全卫士对计算机进行安全管理。

5G与华为

5G的全称是第五代移动通信技术（5th Generation Mobile Communication Technology），是具有高速率、低时延和大连接特点的新一代宽带移动通信技术，是实现人机物互联的网络基础设施。作为一种新型移动通信网络，5G不仅能解决人与人通信，为用户提供增强现实（AR）、虚拟现实（VR）、超高清（3D）视频等更加身临其境的极致业务体验，还能解决人与物、物与物通信问题，满足移动医疗、车联网、智能家居、工业控制、环境监测等物联网应用需求。5G已经渗透到经济社会的各行业各领域，成为支撑经济社会数字化、网络化、智能化转型的关键新型基础设施。

对于经济增长来说，科技创新可以提高生产效率从而提升供给能力和潜在增长率。作为中国乃至世界5G技术的先驱企业，华为通过其掌握的5G技术在电力、4K直播、AR游戏、园区、远程医疗、车联网等多种场景下进行了一系列积极的探索和实践，在新一轮科技革命和产业变革的大背景下，用技术为中国以及全球经济发展贡献了力量，同时也实现了其企业价值理念——开放、合作、共赢。

华为（华为技术有限公司）于1987年成立于广东深圳，是一家生产用户交换机（PBX）的香港公司的销售代理；1992年就开始研发并推出农村数字交换解决方案；2008年被商业周刊评为全球十大最有影响力的公司。2015年，根据世界知识产权组织公布数据，2015年企业专利申请方面，华为以3 898件连续第二年位居榜首。

早在2019年，华为就开始帮助全球35家已商用5G的运营商打造5G精品网。2020年，华为助力全球170多个国家和地区的1 500多张运营商网络稳定运行。全球多家第三方机构进行的全球大城市5G网络体验测试结果显示，华为承建的多个运营商5G网络体验排名第一。

华为还联合全球运营商在煤矿、钢铁、港口、制造等行业展开5G应用的积极探索，为行业用户创造价值，并开创运营商面向企业市场的新蓝海。在一些场景下，5G的引入可实现企业安全生产，改善员工的工作环境，提升生产效率。在距离地面534米的井下巷道，5G使能机器人替代人工巡检，保障了井下作业的安全生产。在生产车间，5G远控天车、无人天车让工人脱离嘈杂和高温的工作环境，并带来25%的效率提升。在医院，5G使能智慧医疗，探索并孵化无人车送药、5G救护车、5G急救室等领先的5G医疗应用，提升整体的医疗服务质量。在家电、汽车等精密制造行业，5G应用于机器视觉、AR辅助维修和生产装备的主动运维等场景，提升工厂的自动化和智能化，实现柔性制造和高效生产。

在港口领域，华为参与多个智慧港口建设。在宁波港，通过5G技术进行港口大中型港机远程操作、智能识别、精准定位等智慧化应用，大幅度降低运营成本。在天津港，通过无人驾驶技术与业务场景结合，提高集装箱港内周转效率，帮助港口行业向科技密集型的转型；通过智能调度，提高10%～20%的装卸能力，让港口的计划、调度更科学，助力其成为世界级现代化全5G绿色智慧港口。

在GlobalData 2019年下半年发布的5G竞争力报告《5G接入网（RAN）竞争力分析报告》报告中，华为5G RAN和LTE RAN综合竞争力均排名第一，蝉联“唯一领导者”桂冠。

华为不仅在发展高新技术上有长足的突破，而且时刻不忘中国企业的责任与义务，将国家的发展，人民的幸福生活放在企业发展的重要地位，努力为社会创造价值。

在2020年10月的科学家座谈会上，习近平总书记强调，我国经济社会发展和民生改善比过去任何时候都更加需要科学技术解决方案，都更加需要增强创新这个第一动力。作为创新型企业，创新是华为的生命线。华为提出的RuralStar系列解决方案致力于为偏远村庄提供高质量的移动宽带服务，有利于全面助力中国数字乡村建设，实现乡村产业振兴。在河南、贵州等省份进行了一系列的合作和探索。依托在5G、大数据、物联网、人工智能等方面的技术积累，在农业农村领域开展多种形式的应用场景创新尝试，构建了涵盖智慧畜牧、乡村治理、现代化农业产业园等场景的一体化解决方案体系。

在第十八届中国国际农产品交易会上，华为公司首次发布数字乡村解决方案。华为秉承以数字化手段使能传统乡村的理念，通过打造三农智能体有效推动数字乡村建设，助力破解城乡二元结构。

技术发展日新月异，科技创新要持续为经济注入动力，企业、研究机构和高校等应积极携起手来，把更多科技创新成果转化为经济发展动力，才能更好推动我国经济高质量发展，为“十四五”时期经济社会发展提供强劲支撑。

综合练习1

一、选择题

1. 目前计算机中所采用的逻辑原件是（　　）。

A. 小规模集成电路　　B. 大规模集成电路
C、大规模和超大规模集成电路　　D. 分立元件

2. 计算机的内存储器是指（　　）。

A. ROM　　B. 硬盘和控制器
C. RAM和本地磁盘C　　D. RAM和ROM

3. 计算机操作系统的作用是（　　）。

A. 将源程序翻译成目标程序　　B. 实现软硬件的转换
C. 进行数据处理　　D. 控制和管理系统资源

4. 下列各存储器中，断电后数据信息会丢失的是（　　）。

A. ROM　　B. 硬盘　　C. RAM　　D. 光盘

5.（　　）不是操作系统软件。

A. Microsoft Office　　B. Linux
C、Unix　　D. Windows 10

6. CAD是计算机的主要应用领域，它的含义是（　　）。

A. 计算机辅助教育　　B. 计算机辅助测试
C. 计算机辅助设计　　D. 计算机辅助管理

7. 下列选项中不属于输入设备的是（　　）。

A. 键盘　　B. 鼠标　　C. 激光笔　　D. 打印机

8. 在Windows 10中，任务栏的组成部分不包括（　　）。

A. 开始按钮　　B. 控制面板
C. 快速访问工具栏　　D. 通知区域

9. 对处于还原状态的Windows 10应用程序窗口，不能实现的操作是（　　）。

A. 最小化　　B. 最大化　　C. 移动　　D. 旋转

10. 在 Windows 10 中，若要进行整个窗口的移动，可使用鼠标拖动窗口的（　　）。

A. 功能区　　B. 标题栏　　C. 地址栏　　D. 状态栏

11. 计算机内部用于处理数据和指令的编码是（　　）。

A. 二进制码　　B. 十进制码　　C. 十六进制码　　D. 汉字编码

12. 在媒体播放机中不能播放的文件格式是（　　）。

A. 扩展名为“. avi”的文件　　B. 扩展名为“. mid”的文件

C. 扩展名为“. wav”的文件　　D. 扩展名为“. doc”的文件

二、填空题

1. 一个完整的计算机系统由________和________两大部分组成。

2. 计算机硬件系统是指组成计算机的各种物理设备的________，是看得见摸得着的部分，是计算机正常运行的________，也是计算机软件发挥作用的平台。

3. 计算机软件系统可分为________、________和________三大类。

4. 计算机硬件系统由________、________、________、________和________五大部分组成。

5. 文件又称为________，是存储在外部介质上的________。

6. 不同的文件名可以区分不同的文件，文件一般由________和________两部分组成。

7. 任何一个文件名最多使用不超过________个字符。

8. 按照计算机所传输的信息种类，计算机的总线可以划分为三类：用来发送 CPU 命令信号到存储器或 I/O 的总线称为________________；由 CPU 向存储器传送地址的称为____________。CPU、存储器和 I/O 之间的数据传送通道称为____________。

9. 根据内存的性能和特点的不同可分为________和________两类。

10. 根据键盘的结构按功能划分可分为________、________、________和________。

三、判断题

1. 常见的输入设备有键盘、鼠标、扫描仪、摄像头、游戏手柄、移动硬盘等。（　　）

2. 在 Windows 10 中，启动资源管理器的方式至少有三种。（　　）

3. 同一文件夹下可以存放两个内容不同但文件名和文件类型相同的文件。（　　）

4. 在 Windows 10 环境下资源管理器中可以同时打开几个文件夹。（　　）

5. 计算机存储器在断电后 RAM 中存储的所有数据将全部丢失。（　　）

6. 在 Windows 10 中，输入法之间的切换快捷键是“Ctrl＋Shift”。（　　）

7. 一个完整的计算机系统应包括系统软件和应用软件。（　　）

8. 数据的单位由低到高分别是 b、B、MB、GB、TB、PB。（　　）

四、简答题

1. 计算机的发展经历了哪几个阶段？各阶段的主要特点是什么？

2. 计算机的主要特点包括哪些？

3. 如何清除计算机病毒？

4. 计算机硬件系统由哪几个部分组成？各组成部分的功能是什么？

5. 计算机的存储器可以分为几类？各类存储的主要区别是什么？

6. 什么是多媒体？多媒体有哪些特点？

项目2

WPS Office文字处理软件

科技创新是高质量发展的核心驱动力。党的二十大报告指出，加快实现高水平科技自立自强。以国家战略需求为导向，集聚力量进行原创性引领性科技攻关，坚决打赢关键核心技术攻坚战。

WPS Office 文字处理软件是由金山软件股份有限公司自主研发的一款办公软件套装其中一个组件，是一个文字处理软件。它不仅具有丰富的文字处理功能，可实现文字、图形、图片、表格混合排版，还兼具编辑、美化、打印等众多功能，可以用来创建、编辑和打印文档。本项目将对 WPS Office 文字处理软件进行介绍，其中包括一些基本概念和基本操作。

能力目标：掌握文档的基本操作，并能将文档加密发布成 PDF 格式文档，能熟练编排文本，掌握插入图片、艺术字、图形、表格及其美化操作，能进行长文档的排版等操作，掌握多人协同编辑文档的方法和技巧，达到熟练制作文档编排文档的能力。

思政目标：增强“三农”情感，起到服务“三农”、振兴“三农”的作用。

任务1　创建培训通知

任务描述

某公司决定对 2021 年新入职的员工进行一次岗前培训，需要人事部制作一份“培训通知”，人事专员小王要完成文件的创建、权限设置和保存等操作，如图 2-1-1 所示。

图 2-1-1　培训通知文件

任务分析

本任务要进行文档的新建、打开、关闭与保存；熟悉自动保存文档、联机文档、保护文档、检查文档、发布为 PDF 格式、加密发布 PDF 格式等操作；熟悉文档不同视图和导航任务窗格的使用，从而学会会议通知、纪要、工作报告和总结等日常办公文档的创建和管理。

必备知识

1. WPS Office 文字的启动和退出

（1）启动 WPS Office 文字。

方法一：在桌面上双击 WPS Office 的快捷方式图标（图 2-1-2）。

图 2-1-2 快捷方式

方法二：双击带有“.docx”后缀的文档来启动，这样在打开文档文件的同时也启动了 WPS Office 应用程序。

方法三：如果桌面上没有快捷方式图标，可以通过单击 Windows 桌面左下角的“开始”按钮，然后选择“程序”→“WPS Office”打开。

（2）退出 WPS Office。

方法一：单击 WPS Office 窗口右上角的“关闭” × 按钮。

方法二：使用“Alt+F4”组合键。

如果退出时有文档尚未被保存，系统就会出现保存文件的提示对话框，此时可以对文档进行保存。

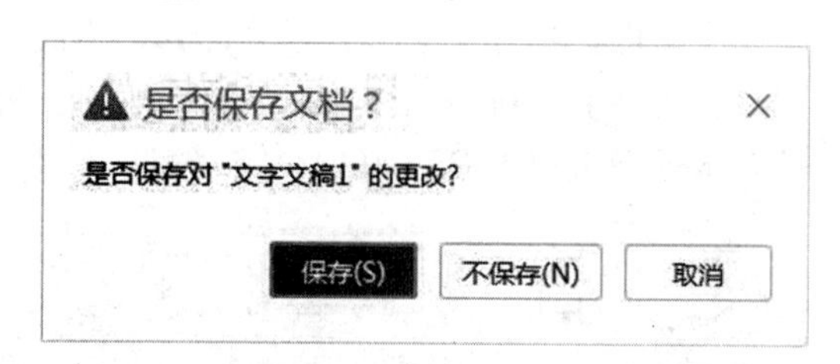

图 2-1-3 提示对话框

2. 认识 WPS Office 文字界面

在启动 WPS Office 文字之后，将出现如图 2-1-4 所示的工作窗口。

图 2-1-4 Word 应用程序窗口界面

①标题栏：位于窗口上端，由“首页”选项卡、“稻壳”选项卡、文件标签、“账号信息”和3个控制按钮组成。

②选项卡：在WPS Office文字中采用选项卡的形式，其中包括了WPS Office文字全部的命令，有“文件”“开始”“插入”“页面布局”“引用”“审阅”“视图”“章节”“开发工具”“会员专享”10个选项卡，以及快速访问工具栏、搜索框、云端工具组。每个选项卡中包含了很多功能组，每一个功能组又包含了若干个工具按钮。

③文档编辑区：利用各个命令编辑文档的区域，在该区域可以进行文档的输入、编辑、修改、排版等工作，又称为文档窗口。

④水平、垂直拆分块：将当前文档拆分成水平和垂直相同的两个窗口，被拆分的窗口都有各自独立的滚动条。

⑤水平、垂直滚动条：滚动条用来改变文档的可见区域。

⑥状态栏：位于窗口的底部，显示当前命令的执行情况及与其相关的操作信息。

⑦视图按钮：提供多种视图模式方便进行文档查看和编辑，包括页面视图、大纲视图、阅读版式视图、Web版式视图、写作视图。

3. 文档的基本操作

(1) 新建文档。方法有以下5种。

①双击启动WPS Office后，单击“首页”→“新建”→“W文字”→“新建空白文字”，自动产生一个新的文档，名称为“文字文稿1”，扩展名为“.docx”，直到文档保存时由用户确定具体的文件名，如图2-1-5、图2-1-6所示。

在“W文字”列表中有多种创建文档的方式，如空白文档、公文文书模板、求职简历模板等方式。任选一种模板，则可创建一个与模板类似的文档。

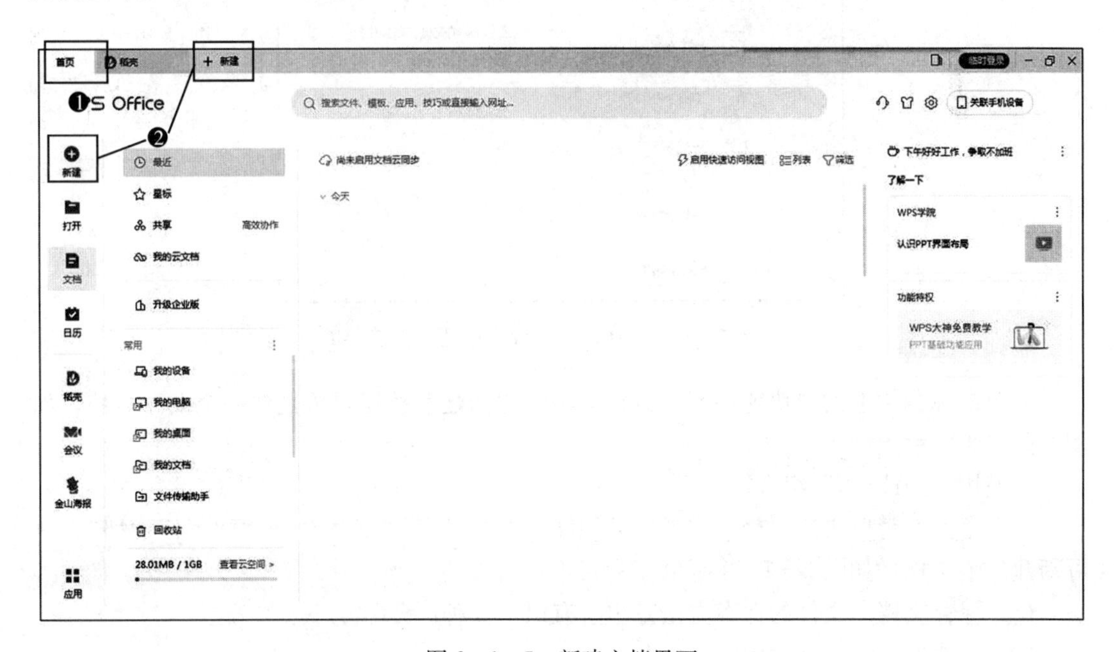

图2-1-5 新建文档界面

②双击启动WPS Office后，单击“文件”→“新建”，如图2-1-7所示。

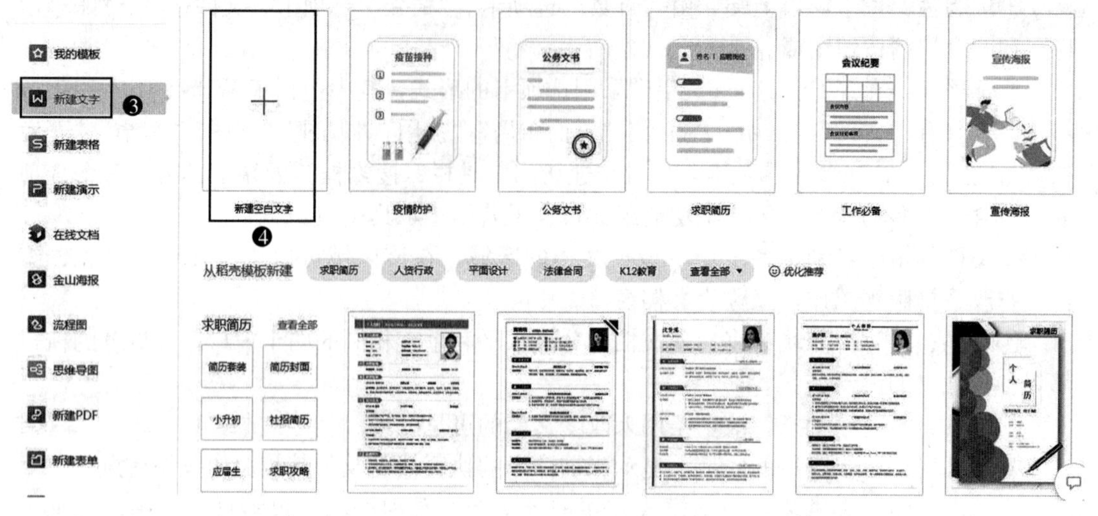

图 2-1-6　新建文档界面

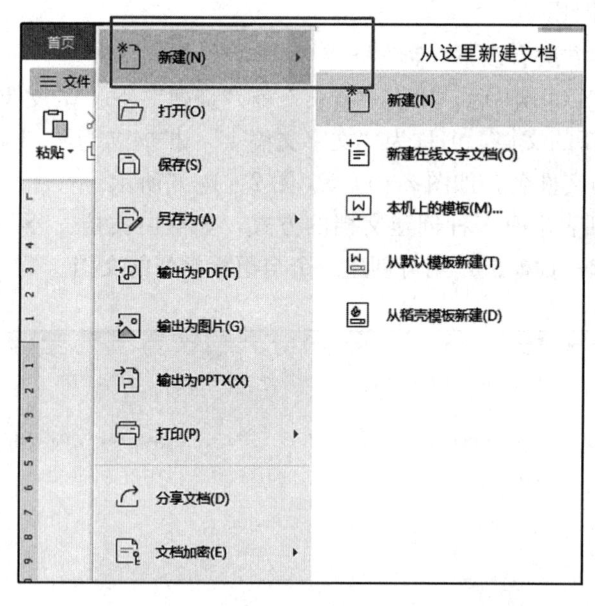

图 2-1-7　使用“文件”选项卡新建

③单击标题栏上的“快速访问工具栏”中的“新建”按钮，可创建一个空白文档，如图 2-1-8 所示。

④使用“Ctrl+N”组合键。

⑤在桌面右键单击空白处，在弹出的快捷菜单中执行“新建”→“DOCX 文档”，也可新建一个文档，如图 2-1-9 所示。

(2) 保存文档。文件的保存方法基本上有以下 5 种。

①单击快速启动工具栏中的“保存”按钮。

②执行“文件”→“保存”命令。

③按“Ctrl+S”组合键。

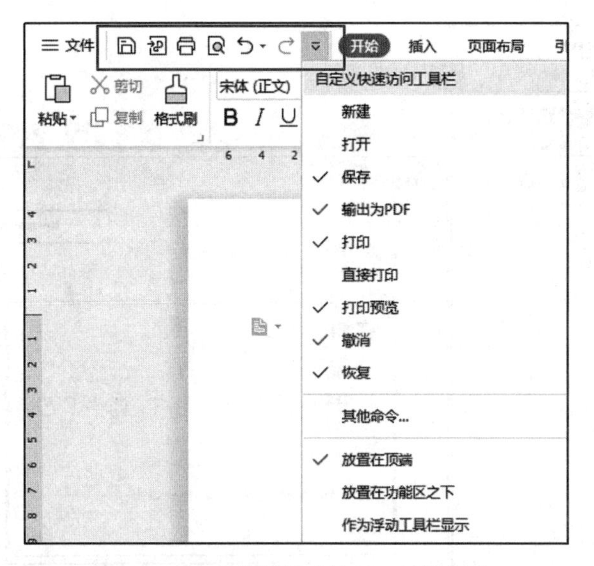

图 2-1-8　使用快速访问工具栏新建

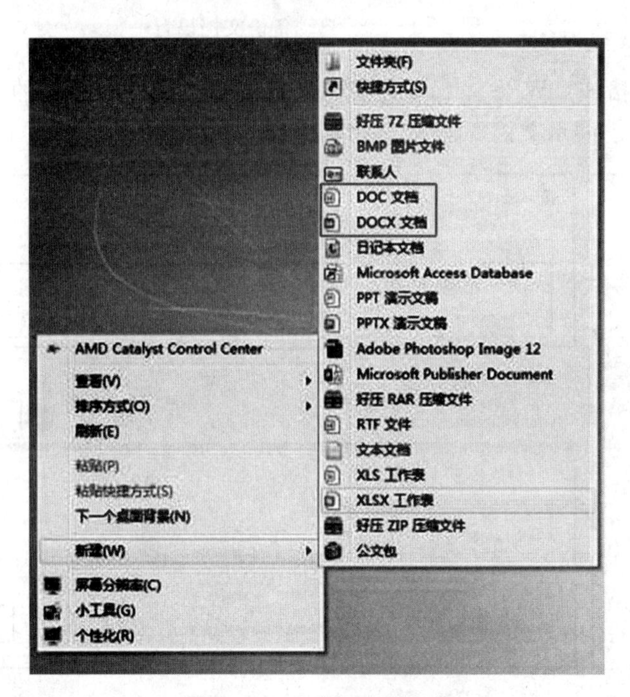

图 2-1-9　使用右键新建

④已经存在的文件需要更换名称，或者更改保存位置时，则执行“文件”→“另存为”，在弹出“另存为”对话框中，指定保存的位置并输入新的文件名，然后单击“保存”按钮即可。在“另存为”命令后所做的各种操作都只会对另存后的新文件有效。

⑤自动备份文档：WPS Office 提供自动保存文档的功能，通过“文件”→“备份与恢复”→“备份中心”，打开“备份中心”对话框，选择“本地备份设置”命令，打开“本地备份配置”对话框，可以选择智能模式、定时备份、增量备份或关闭备份 4 个选项，并且可以设置备份的磁盘，如图 2-1-10 所示。

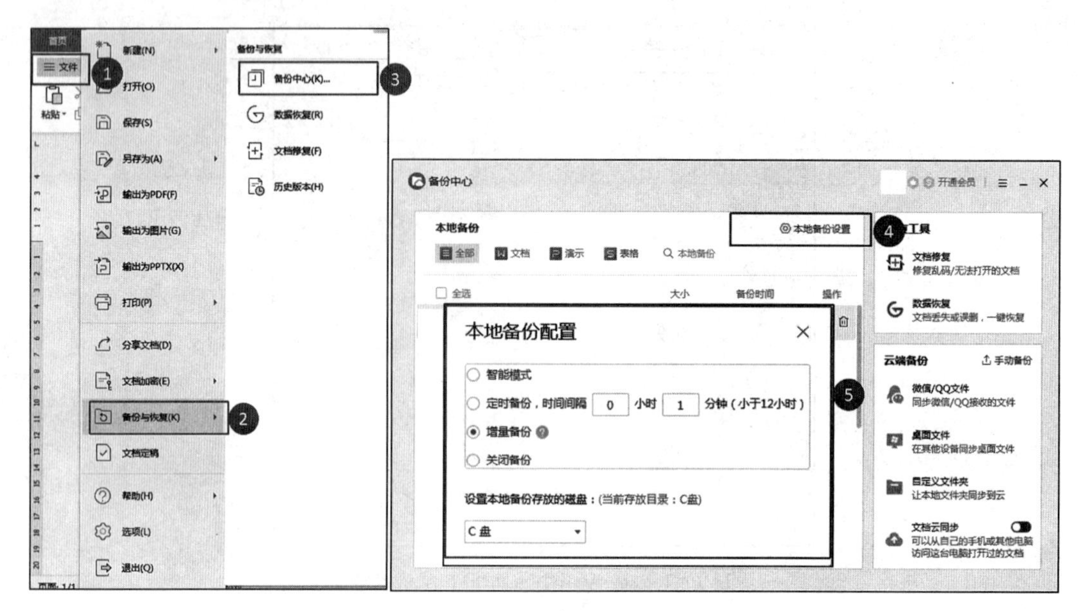

图 2-1-10　自动备份文档设置

⑥保存为其他格式：WPS Office 文字不仅能将文档保存为文档的常用格式，还可以保存为 PDF、图片、演示文稿等格式，如图 2-1-11、图 2-1-12、图 2-1-13 所示。

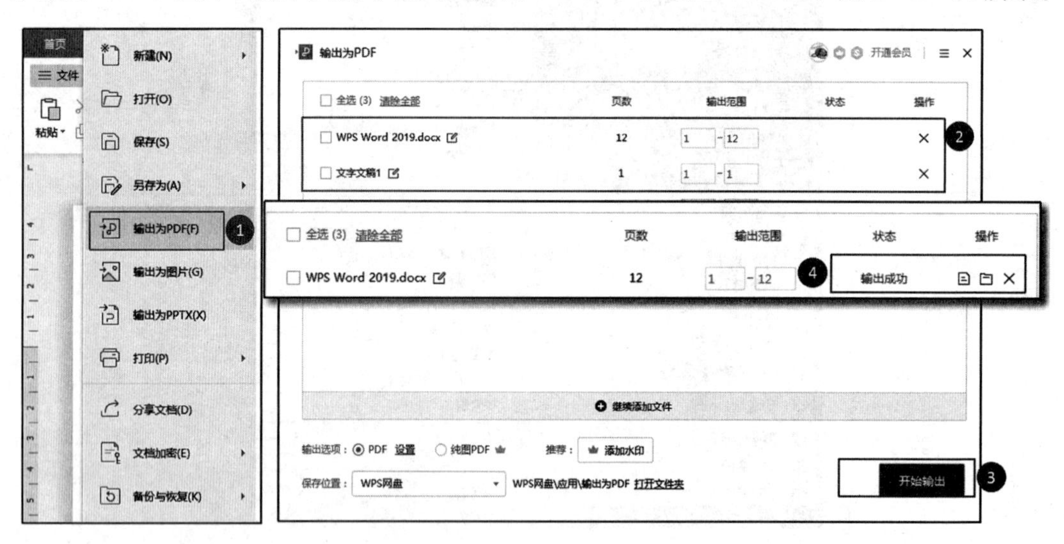

图 2-1-11　输出为 PDF

（3）打开文档。打开文档的方法如下。

①执行“首页”→“打开”，在“打开文件”对话框中选择要打开的文档，如图 2-1-14所示。

②执行“文件”→“打开”，在打开的对话框中选择要打开的文档。

③使用“Ctrl+O”组合键。

④单击“文件”→“最近所用文件”，将显示最近使用过的文档名称，单击文档的名称，即可打开对应的文件，如图 2-1-15 所示。

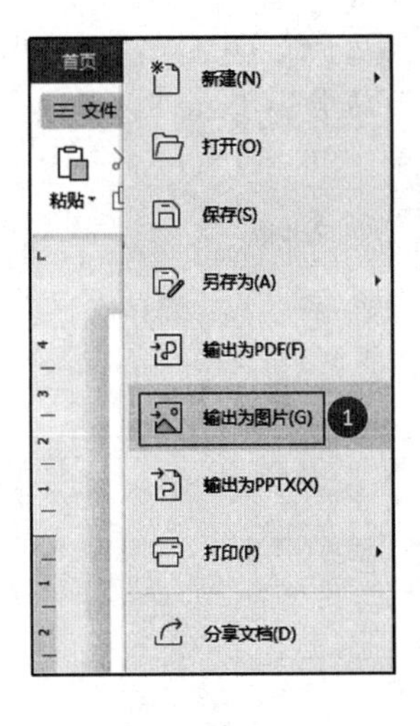

图 2-1-12 输出为图片

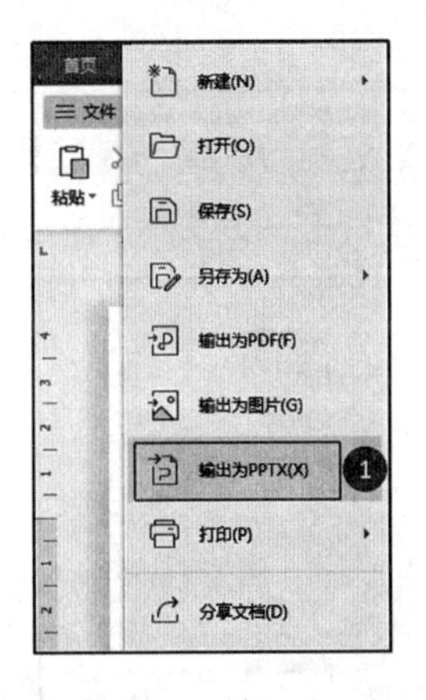

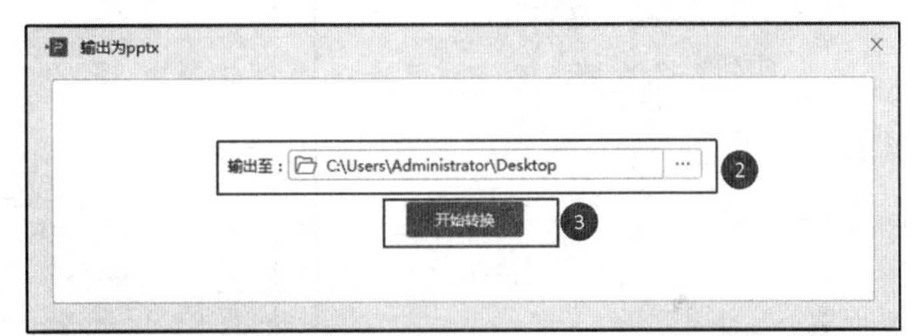

图 2-1-13 输出为 PPTX

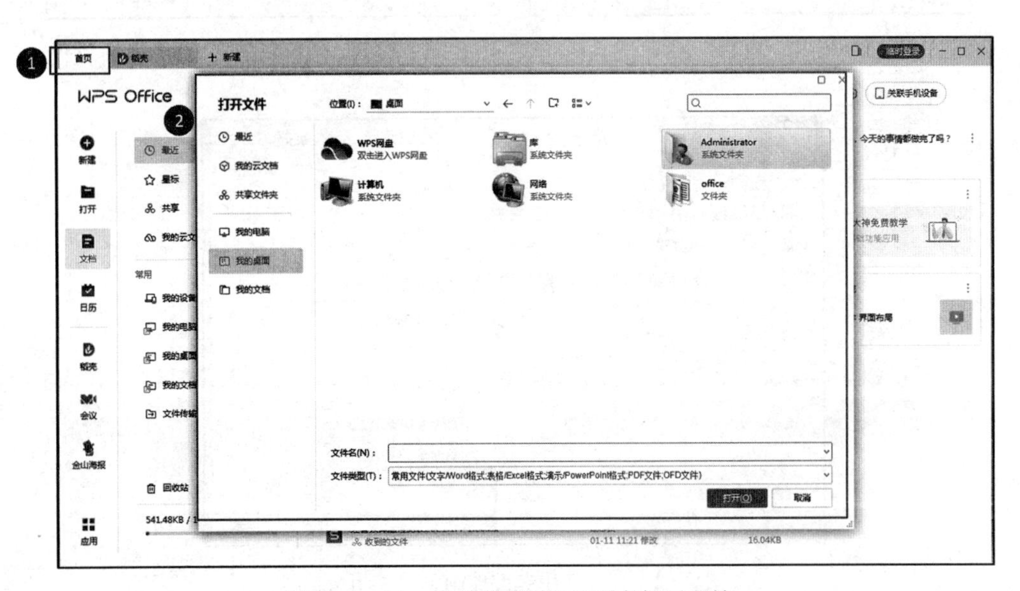

图 2-1-14 使用“首页”选项卡打开文档

⑤单击快速访问工具栏中的“打开”按钮，在打开的对话框中选择，如图 2-1-16 所示。

（4）关闭文档。只关闭文档而不退出 WPS Office 程序的方法有以下几种。

①单击当前文档文件标签右侧的 ⊗ 按钮。

②右击当前文档文件标签，在打开的控制菜单中选择“关闭”命令，如图 2-1-17 所示。

③使用“Ctrl+W”组合键。

关闭文档的同时退出程序的方法有以下几种。

①执行“文件”→“退出”命令，如图 2-1-18 所示。

②单击程序窗口标题栏右上角控制按钮“×”。

③使用“Alt+F4”组合键。

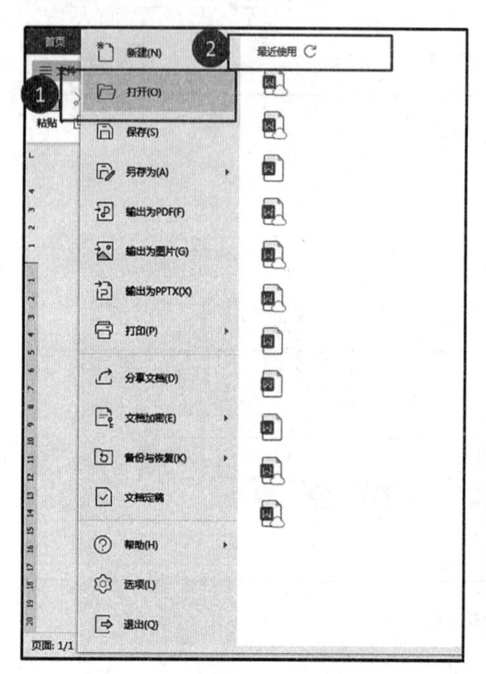

图 2-1-15　使用“文件”选项卡打开文档

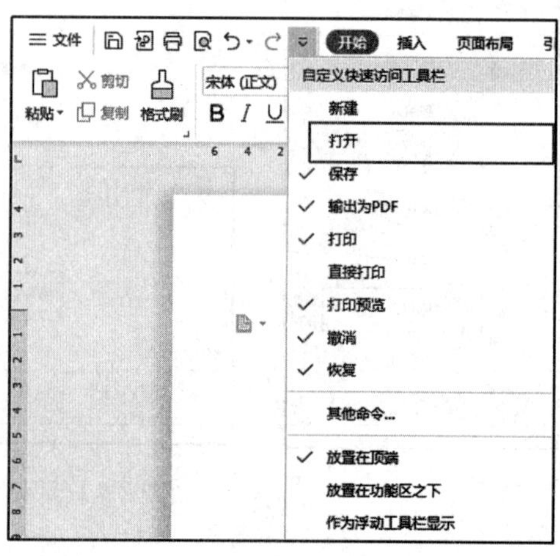

图 2-1-16　使用快速访问工具栏打开文档

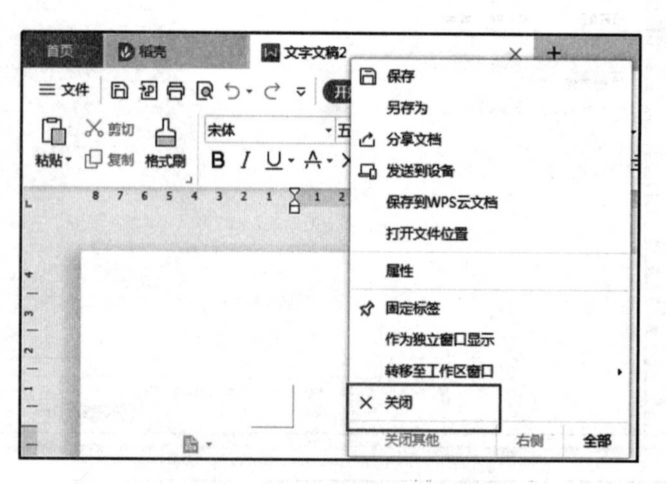

图 2-1-17　使用右键控制菜单关闭文档

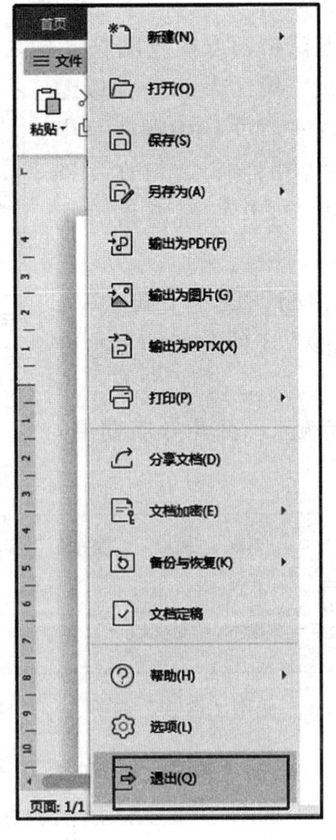

图 2-1-18　退出程序

4. 视图的切换

WPS Office 文字提供了 6 种视图，方便在不同情况下使用不同视图模式编辑文档。

视图的切换可以通过 2 种方法。

①选定文档，单击“视图”选项卡，可以选择全屏显示、阅读版式、写作模式、页面、大纲或 Web 版式视图，如图 2-1-19 所示。

图 2-1-19　使用“视图”选项卡切换视图

②选定文档，单击状态栏上的“视图”按钮，可以选择全屏显示、阅读版式、写作模式、页面、大纲或 Web 版式视图，如图 2-1-20 所示。

图 2-1-20　使用状态栏上的“视图”按钮切换视图

5. 导航窗格

WPS Office 文字提供了导航窗格，方便查阅长文档，识别文档中的层级关系。导航窗格中依次显示封面页、目录页、第 1 节……并以缩略图的形式显示文档内容，可以查看文档中哪些页中有图片、哪些页中有表格。单击缩略图，就可在文档工作区显示该缩略图中的内容。打开导航窗格方法如下。

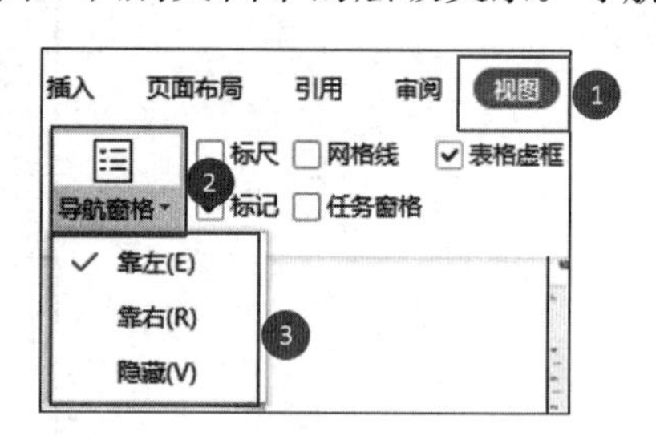

图 2-1-21　使用“视图”选项卡打开导航窗格

①单击“视图”→“导航窗格”命令下拉菜单，可以选择“靠左”“靠右”“隐藏”3 种类型的显示方式。打开后默认是按章节导航。

②单击“章节”→“章节导航”，打开导航窗格，如图 2-1-22 所示。

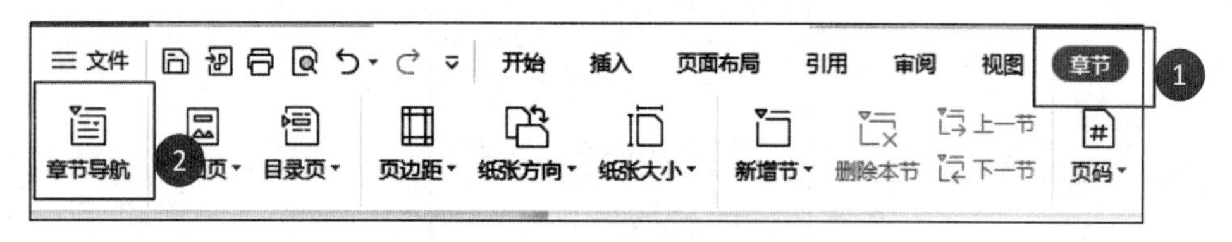

图 2-1-22　使用“章节”选项卡打开导航窗格

在“目录”导航窗格下，有 4 个命令按钮，分别是“展开目录层级”“收缩目录层级”“新增同级目录项”“删除目录项”，如图 2-1-23 所示。在“章节”导航窗格下，有 4 个命令按钮，分别是“展开章节”“收缩章节”“插入下一页分节符”“删除本节”，如图 2-1-24 所示。在“书签”导航窗格下，有 2 个命令按钮，分别是“按名称排序”“按位置排序”，如图 2-1-25 所示。

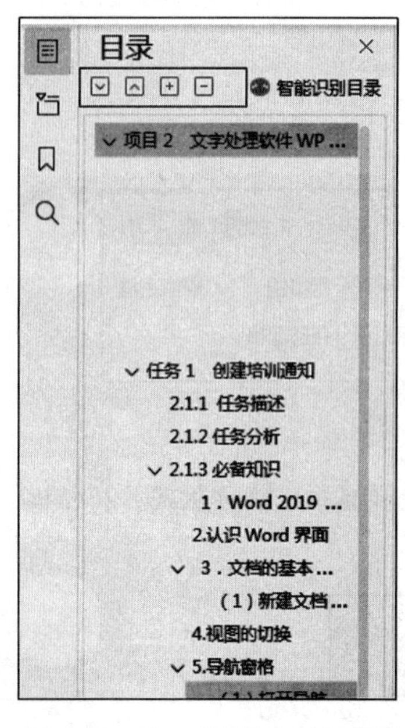

图 2-1-23　“目录”导航窗格

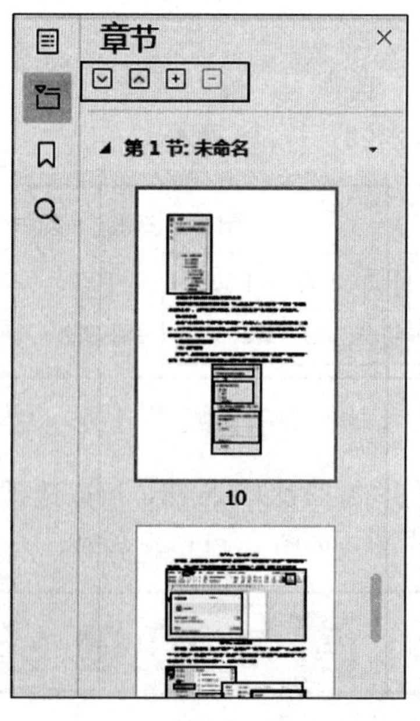

图 2-1-24　章节导航窗格

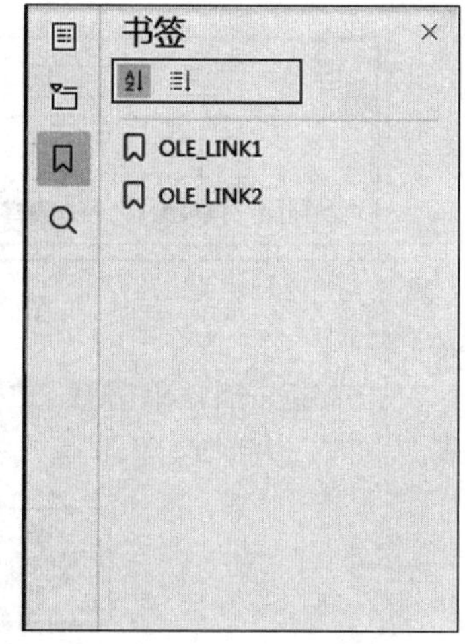

图 2-1-25　书签导航窗格

6. 文档的保护和检查

（1）保护文档。保护文档的方法如下。

①选定文档，执行“审阅”→“限制编辑”，打开“限制编辑”对话框，可以进行样式设置的限定以及文档保护方式的设置，如图 2-1-26 所示。

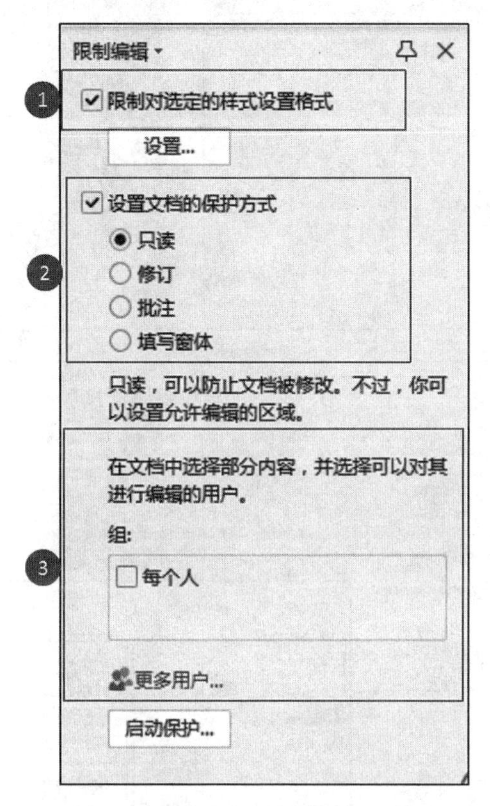

图 2-1-26 “限制编辑”对话框

②选定文档，执行“审阅”→“文档权限”，打开“文档权限”对话框，可以进行“私密文档保护”和“指定人”设置，如图 2-1-27 所示。

③选定文档，执行“文件”→“另存为”→“Word 文件”，打开“另存文件”对话框，单击“加密”命令，打开“密码加密”对话框，设置文档“打开权限密码”和“编辑权限密码”，如图 2-1-28 所示。

（2）文档拼写检查。文档拼写检查方法如下。

①选定文档，执行“审阅”→“拼写检查”，可进行拼写检查、英文语法检查、设置拼写检查语言的设置，如图 2-1-29 所示。

②选定文档，在文档状态栏上，可以设置“拼写检查”，如图 2-1-30 所示。

（3）文档校对。文档校对方法如下。

①选定文档，执行“审阅”→“文档校对”，打开“文档校对”对话框，可查看文档基本信息（如：页数、字数等）；单击“开始校对”按钮，进行全部、字词、标点的校对，如图 2-1-31 所示。

②选定文档，在文档状态栏上，可以设置“文档校对”，如图 2-1-30 所示。

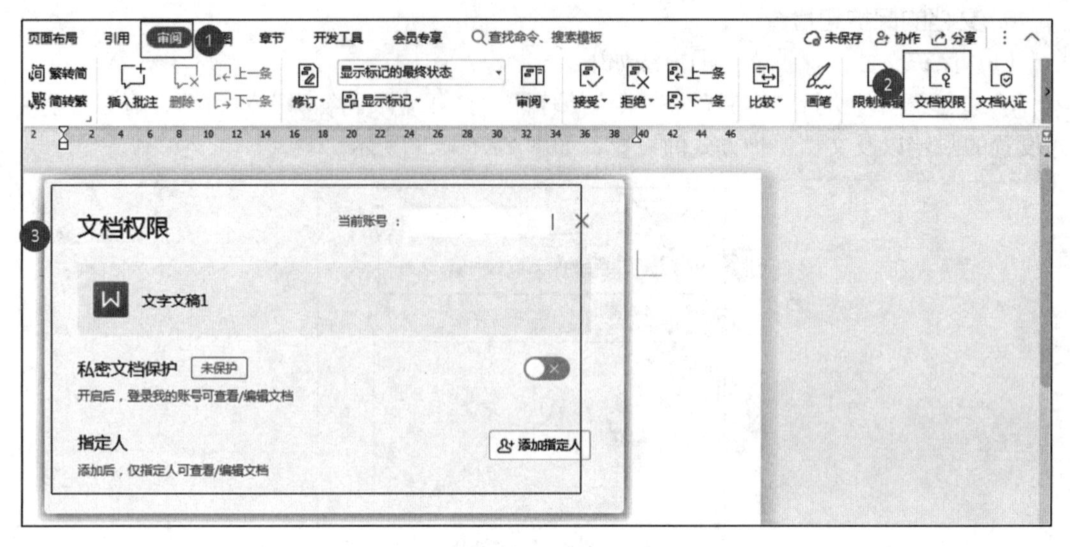

图 2-1-27　文档权限设置

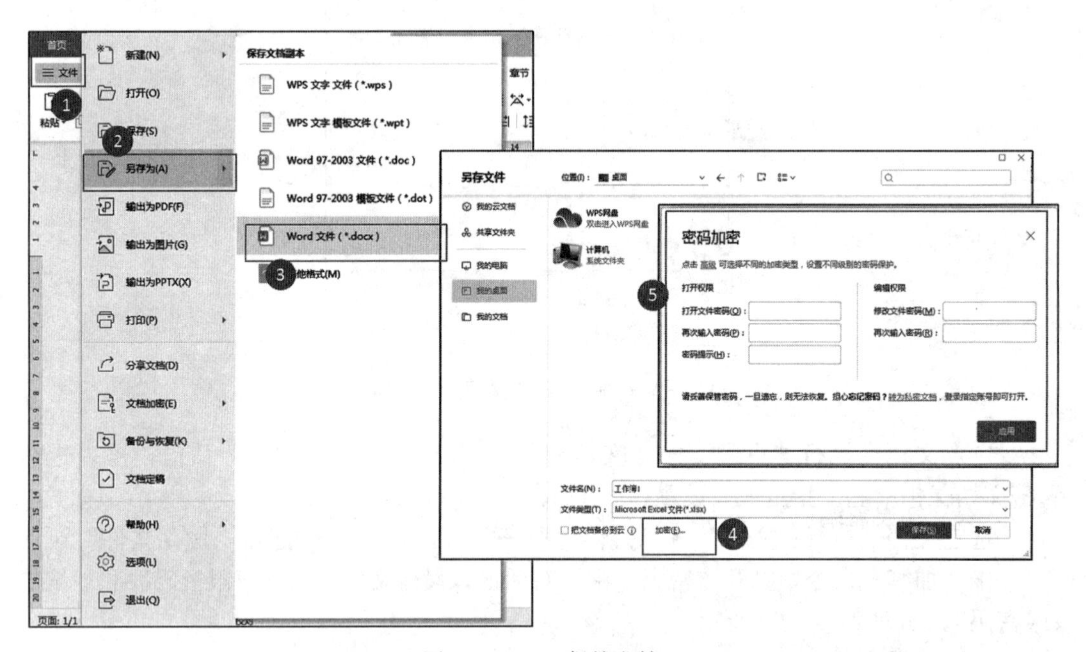

图 2-1-28　保护文档

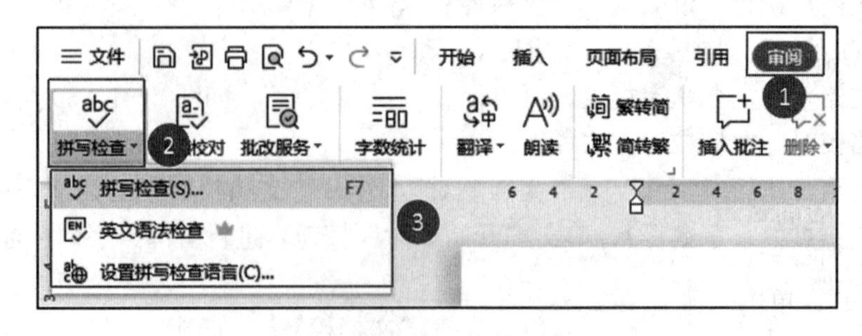

图 2-1-29　使用“审阅”选项卡进行拼写检查

图 2-1-30 使用状态栏进行拼写检查及文档校对

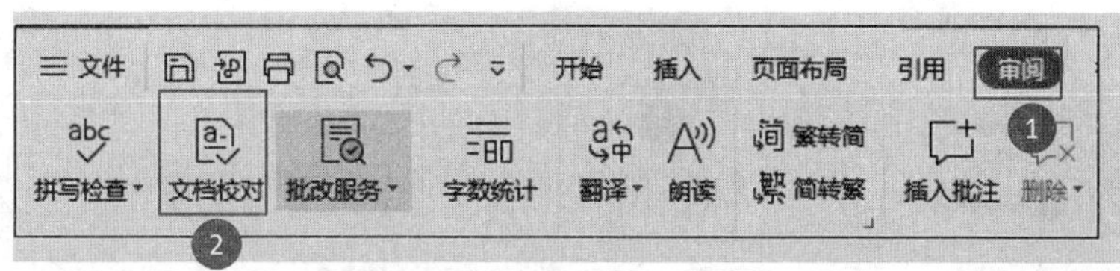

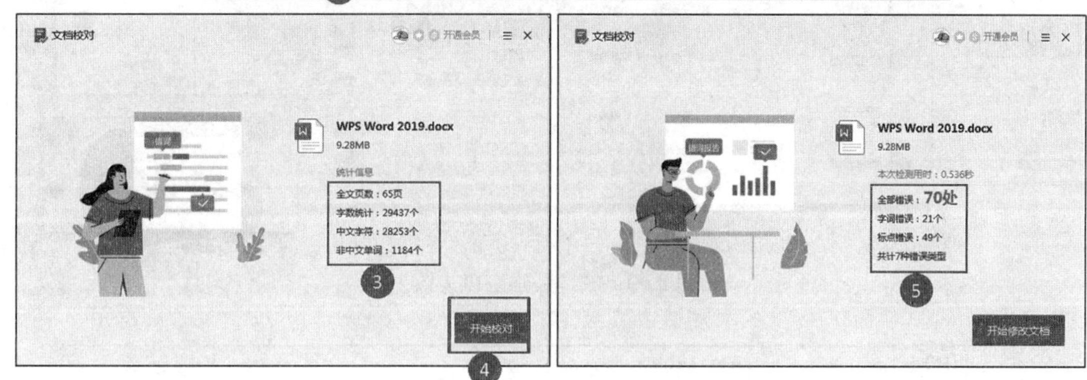

图 2-1-31 校对文档

任务实现

1. 创建“空白文档”

双击启动 WPS Office 后，单击“首页”→“新建”→“W 文档”→“新建空白文档”，自动产生一个新的文档，名称为“文字文稿 1”，如图 2-1-32 所示。

2. 对文档设置编辑权限

(1) 选定文档，执行“审阅”→“限制编辑”，打开“限制编辑”对话框，选中“限制对选定的样式设置格式”复选框，单击“设置”按钮，在弹出的“限制格式设置”对话框中进行选择，将需要限定的样式从左侧“当期允许使用的样式”框中，通过“限制”命令按钮，添加到右侧“限制使用的样式”框中，选择完成后单击“确定”，如图 2-1-33 所示。

(2) 在“限制编辑”对话框中将“设置文档的保护方式”前复选框选中，勾选单选框为“只读”，单击“启动保护”，在弹出“启动保护”对话框中，输入密码，完成后单击“确定”按钮，如图 2-1-34 所示。

3. 保存“培训通知 . docx”

执行“文件”→“另存为”命令→Word 格式，弹出“另存为”对话框，输入文件名为“培训通知”，单击“保存”按钮，如图 2-1-35 所示。

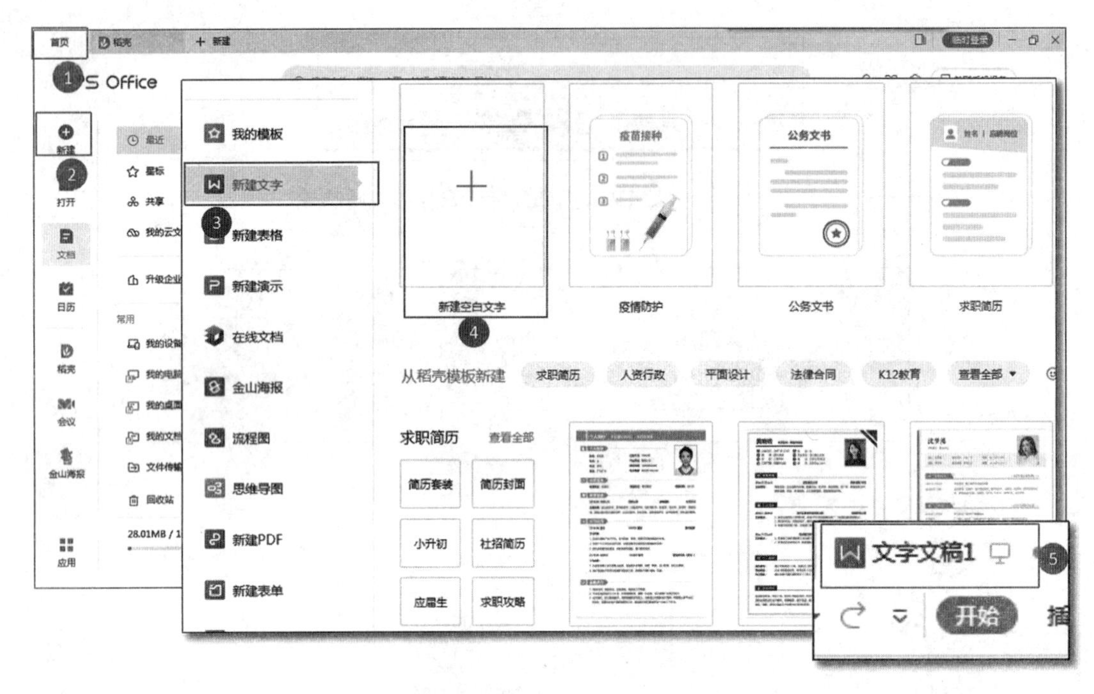

图 2-1-32　新建空白文档

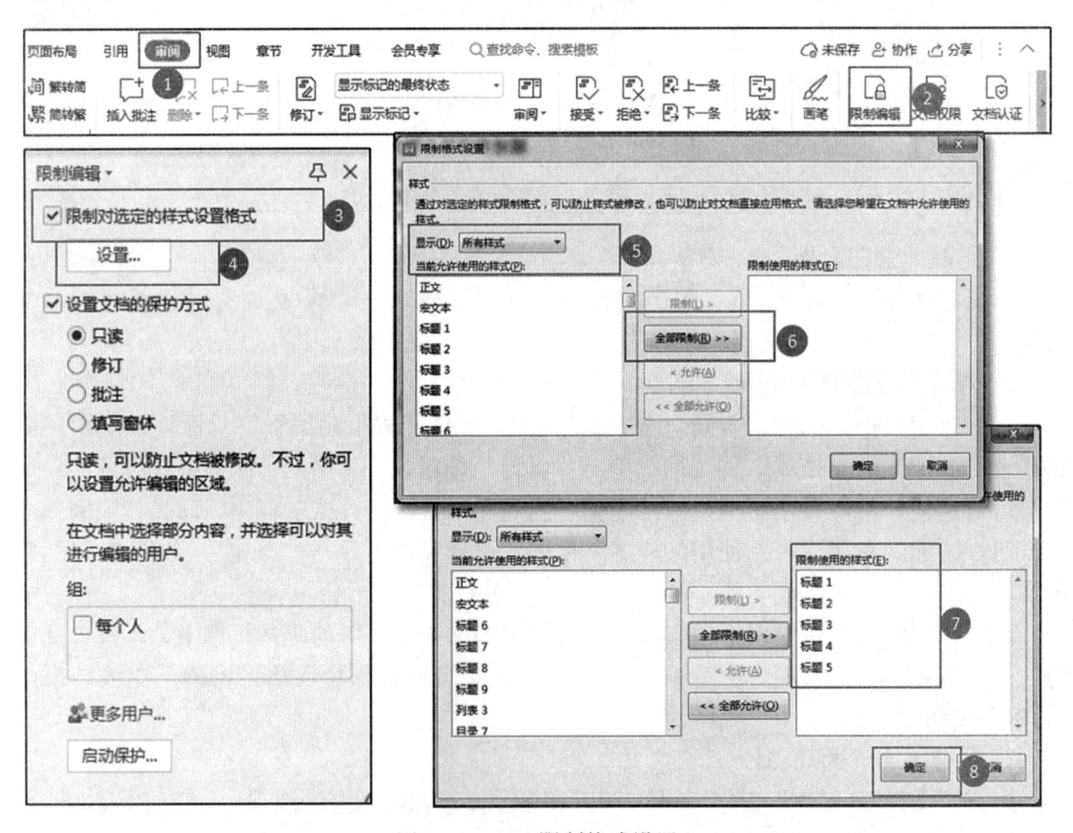

图 2-1-33　限制格式设置

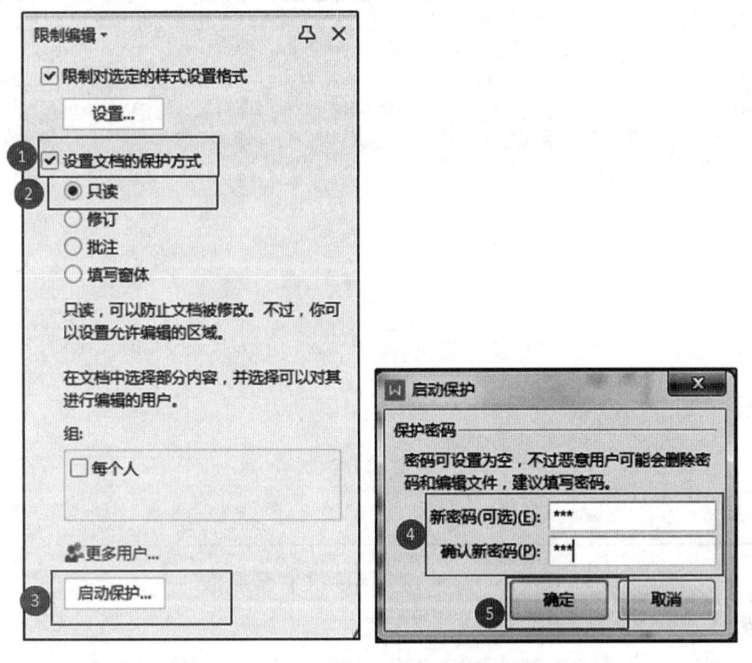

图 2-1-34 文档保护方式设置

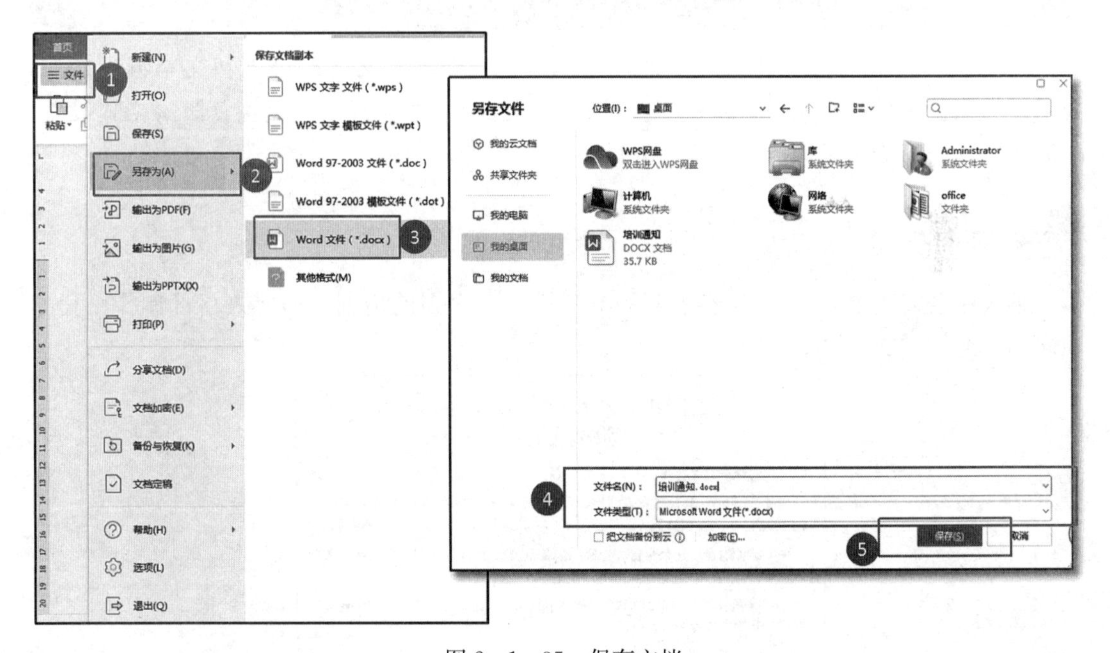

图 2-1-35 保存文档

训练任务

年终了，公司要求小王制作“企业年终工作会议通知”文档文件，设置文档权限后进行保存，效果如图 2-1-36 所示。

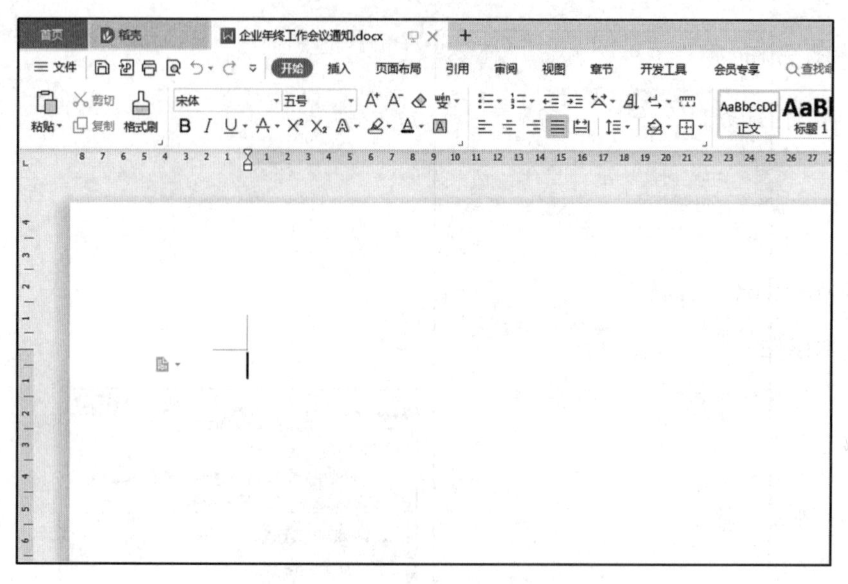

图 2-1-36　企业年终工作会议通知

任务 2　制作培训通知

在 WPS Office 文字中进行文字处理工作，首先要学会文字的录入和文本编辑操作，为了使文档美观且便于阅读，还要学会对文档进行相应的字符格式设置、段落格式设置、添加边框和底纹等常见操作。

任务描述

某农业公司决定对 2021 年新入职的员工进行一次岗前培训，需要人事部制作一份培训通知，通知样文如图 2-2-1 所示。

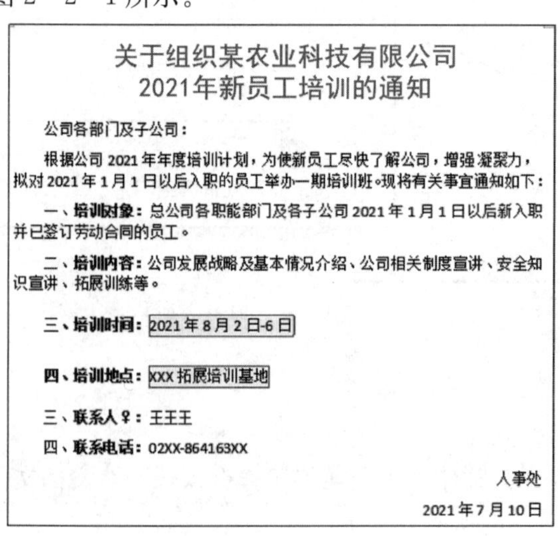

关于组织某农业科技有限公司
2021年新员工培训的通知

公司各部门及子公司：

根据公司 2021 年年度培训计划，为使新员工尽快了解公司，增强凝聚力，拟对 2021 年 1 月 1 日以后入职的员工举办一期培训班。现将有关事宜通知如下：

一、**培训对象：**总公司各职能部门及各子公司 2021 年 1 月 1 日以后新入职并已签订劳动合同的员工。

二、**培训内容：**公司发展战略及基本情况介绍、公司相关制度宣讲、安全知识宣讲、拓展训练等。

三、**培训时间：**2021 年 8 月 2 日-6 日

四、**培训地点：**XXX 拓展培训基地

三、**联系人：**王王王

四、**联系电话：**02XX-864163XX

人事处

2021 年 7 月 10 日

图 2-2-1　培训通知

任务分析

实现本工作任务首先要进行文本录入，包括特殊字符的输入，然后对文本进行一定的编辑修改，如复制、剪切、移动和删除等，最后按要求对文本进行相应的格式设置，从而学会制作会议通知、纪要、工作报告和总结等日常办公文档。

必备知识

1. 文本操作

（1）文本录入。文档制作的一般原则是先进行文字录入，后进行格式排版，在文字录入的过程中，不要使用空格对齐文本。

文字录入一般都是从页面的起始位置开始，当一行文字输入满后，文档会自动换行开始下一行的输入，整个段落录入完毕后按 Enter 键结束（在一个自然段内切忌使用 Enter 键进行换行操作）。

文档中的标记称为段落标记，一个段落标记代表一个段落。

编辑文档时，有“插入”和“改写”两种状态，按 Insert 键可以切换这两种状态。在“插入”状态下，输入的字符将插入插入点处；在“改写”状态下，输入的字符将覆盖现有的字符。

（2）文本选择。常见的文本选择方法如下。

①拖拽鼠标选择文本。将鼠标指针放到要选择的文本上，然后按住鼠标左键拖拽，拖到要选择的文本内容的结尾处即可选择文本。

②选择一行。将鼠标移至文本左侧，和想要选择的一行对齐，当鼠标指针变成↗时，单击鼠标左键即可选中一行。

③选择一个段落。选择一行。将鼠标移至文本左侧，当鼠标指针变成↗时，双击鼠标左键即可选中一个段落。

④把鼠标放在想选段落的任意位置，然后连击鼠标左键 3 次，也可以选择鼠标所在的段落。

⑤选择垂直文本。将鼠标移至要选择文本的左侧，按住 Alt 键不放，同时按下鼠标左键，拖拽鼠标选择需要选择的文本，释放 Alt 键即可选择垂直文本。

⑥选择整篇文档、见鼠标指针移至文档左侧，当指针箭头朝右时，连续单击 3 次左键，或“Ctrl＋A”，即可选择整篇文档。

（3）文本删除。常用的文本删除方法如下。

①选中文本后，按 Delete 键可将选中的文本删除。

②按 Delete 键可删除光标后面的字符。

③按 Backspace 键，可删除光标前面的字符。

（4）文本复制。常用的文本复制方法如下。

①通过键盘复制文本。首先选中要复制的文本，按“Ctrl＋C”组合键进行复制，然后将鼠标指针移动到目标位置，按“Ctrl＋V”组合键进行粘贴。这是最简单和最常用的复制文本的操作方法。被复制的文本会被放在“剪贴板”任务中，用户可以反复按

“Ctrl+V”组合键，将该文本复制到文档中的不同位置。另外，“剪贴板”任务窗格中最多可存储24个对象，用户在执行粘贴操作时，可以从剪贴板中进行选择。

②通过命令操作复制文本。用户可以通过在WPS Office文字的功能区中以执行命令的方式轻松复制文本，操作步骤如下：在文档中，选中要复制的文本，在“开始”选项卡中，单击“剪贴板”功能组中的“复制”按钮。将鼠标指针移动到目标位置。在“开始”选项卡的“剪贴板”功能组中，单击“粘贴”按钮，进行粘贴。此时，选中的文本就被复制到了指定的目标位置。

(5) 文本移动。常用的文本移动方法如下。

①选中需要移动的文本，然后将鼠标指针定位在选中的文本上，按住鼠左键不放，将其拖到目标位置处，放开鼠标左键即可。

②选中需要移动的文本，然后将鼠标指针定位在选中的文本上，按住鼠标右键不放，将其拖到目标位置处，放开鼠标右键，在弹出的快捷菜单中选择“移动到此位置”选项即可。

③选中需要移动的文本，按F2键，将其拖到目标位置处，按Enter键即可。

④选中需要移动的文本，按住Ctrl键不放，将光标定位到目标位置处，单击鼠标右键即可。

⑤选中需要移动的文本，按“Ctrl+X”组合键，将光标定位到目标位置处，按“Ctrl+V”组合键即可。

2. 字符与段落格式化

(1) 字符格式的设置包含了字体、字号、加粗、倾斜、下划线、删除线、下标、上标、更改大小写、清除格式、拼音指南、字符边框、以不同颜色突出显示文本、字体颜色、带圈字符，如图2-2-2所示。

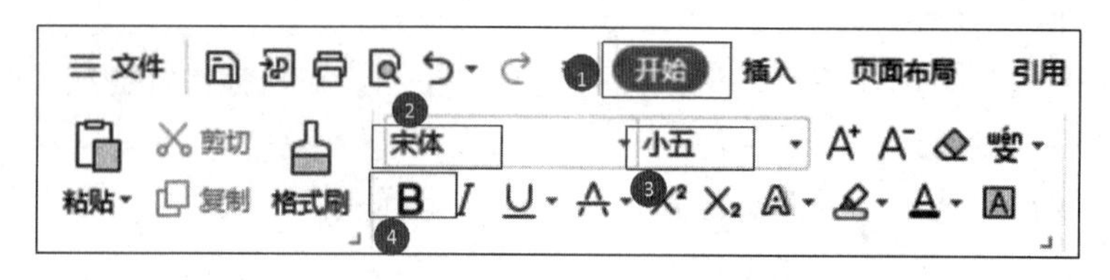

图2-2-2　功能区字符格式选项

(2) 段落格式的设置包含了项目符号、编号、多级列表、减少缩进量、增加缩进量、中文版式、排序、显示/隐藏编辑标记、文本左对齐、居中、文本右对齐、两端对齐、行和段落间距、底纹、下框线，如图2-2-3所示。

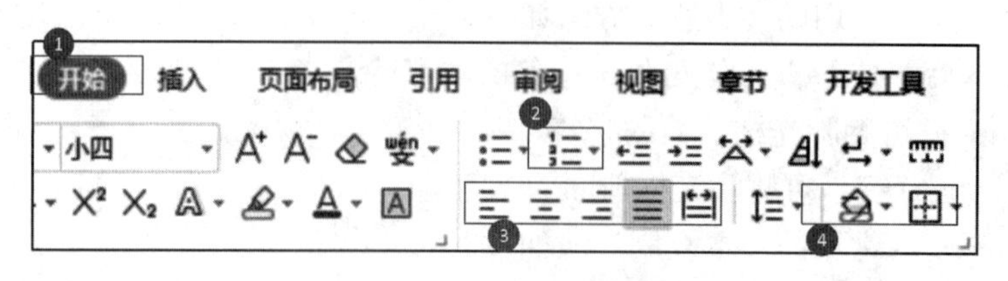

图2-2-3　功能区段落格式选项

(3) 通过在编辑区点击右键弹出菜单中的“字体”“段落”命令，也可以实现对文件中字符格式及段落格式的设置，也可单击“开始”选项卡中“字体对话框启动器”（ ）按钮，在“字体”对话框中开启的“字体”选项卡，设置字体格式，单击“开始”选项卡中“段落对话框启动器”（ ）按钮，在“段落”对话框中开启“缩进和间距”选项卡，设置段落格式，如图 2-2-4 所示。

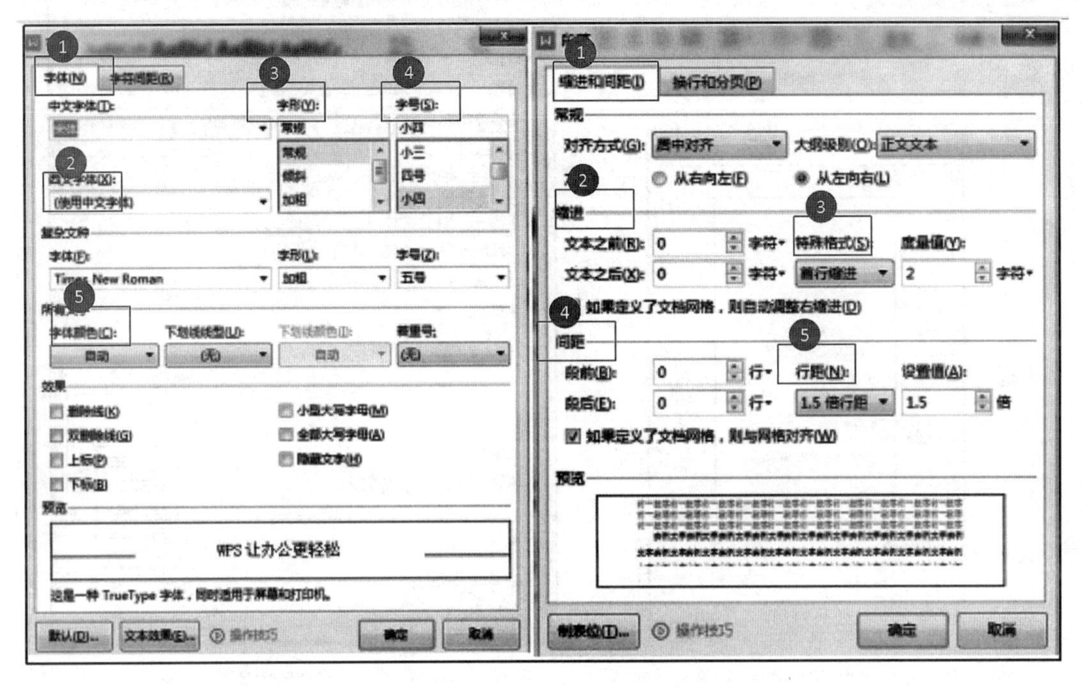

图 2-2-4　字体设置及段落设置对话框

3. 页面设置

（1）设置纸张大小。输入文档内容前最好先设置纸张大小，方法如下。

方法一：单击“页面布局”→“纸张大小”，在下拉菜单中选择所需的纸张大小。

方法二：单击“页面布局”→“页边距”，在下拉菜单中选择“自定义页边距”命令，在弹出的“页面设置”对话框中单击“纸张”选项卡，可进行纸张大小设置，如图 2-2-5 所示。

（2）设置页边距。设置纸张大小后，为了使版面更美观，可以给纸张的四周预留一些空隙，所谓的空隙就是页边距（图 2-2-6），单击“页面布局”→“页边距”，在下拉菜单中选择“自定义页边距”命令，弹出“页面设置”对话框，在“页边距”选项卡中进行页边距设置，如图 2-2-7 所示。

（3）设置纸张。日常使用时有时会需要横向

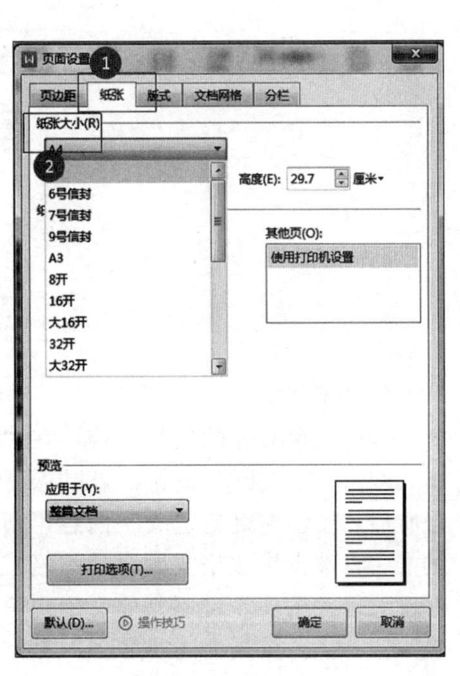

图 2-2-5　“页面设置”对话框

打印，而有时需要纸张上的文字纵向输出，这可通过设置纸张方向来进行，如图 2-2-8 所示。

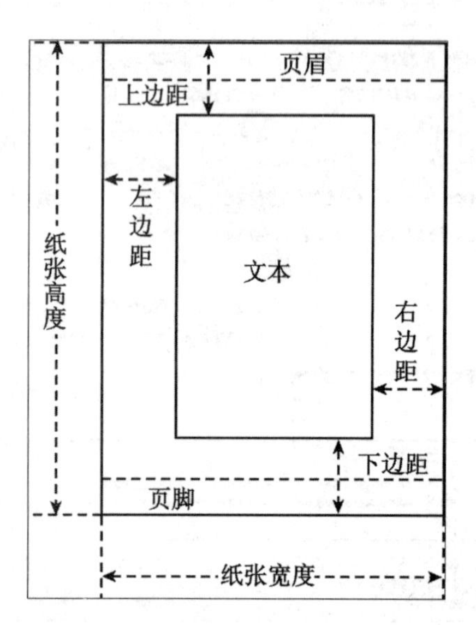

图 2-2-6 “页面”的含义图示

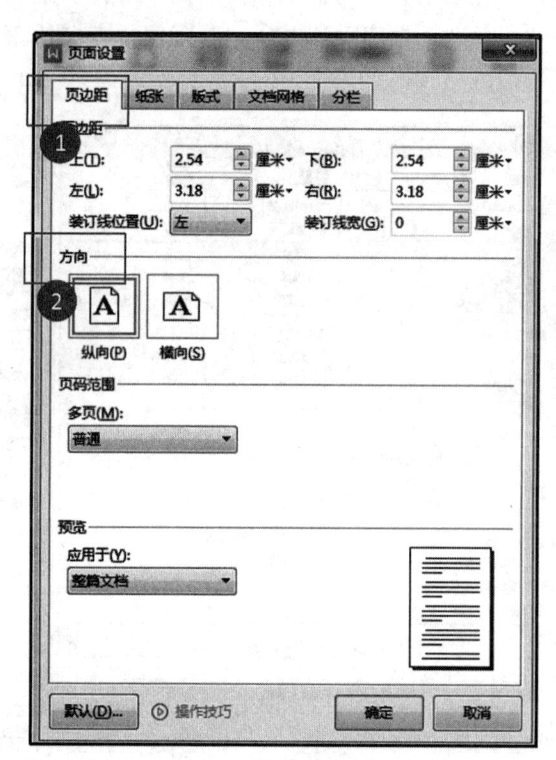

图 2-2-7 “页边距”设置

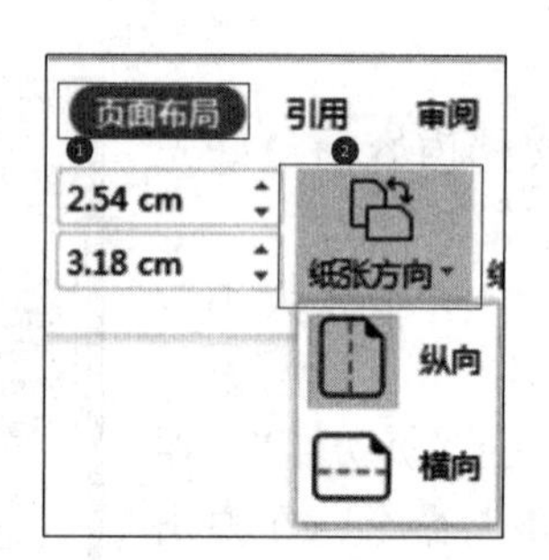

图 2-2-8 “纸张方向”设置

4. 格式刷

选中包含格式的文字内容，在“开始”选项卡，双击“格式刷”按钮，当鼠标箭头变成刷子形状后，按住左键拖选文字内容，则格式刷经过的文字将被设置成格式刷记录的格式。松开鼠标左键后再次按住左键刷其他文字内容，将再次重复设置格式。重复上述步骤多次复制格式，完成后单击“格式刷”按钮即可取消格式刷状态，如图 2-2-9 所示。

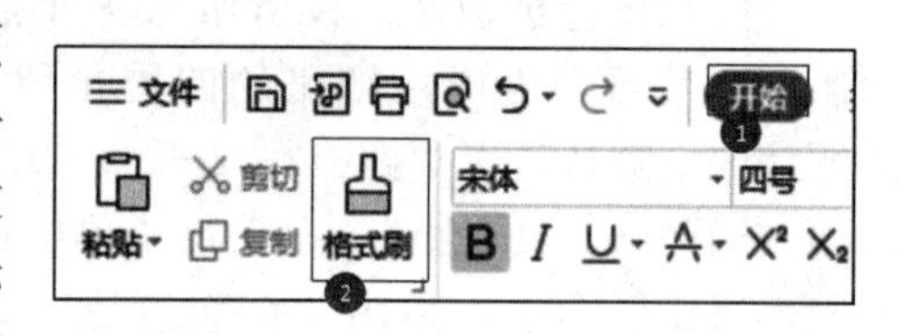

图 2-2-9 格式刷

5. 查找与替换

在录入的过程中出现错误，或是要修改技术性文章中旧的技术性名词，可使用查找和替换功能，单击“开始”→“查找替换”按钮右侧的下拉按钮，下拉菜单中单击“查找”或“替换”命令均可弹出“查找与替换”对话框，即可进行查找与替换操作，如图2-2-10所示。

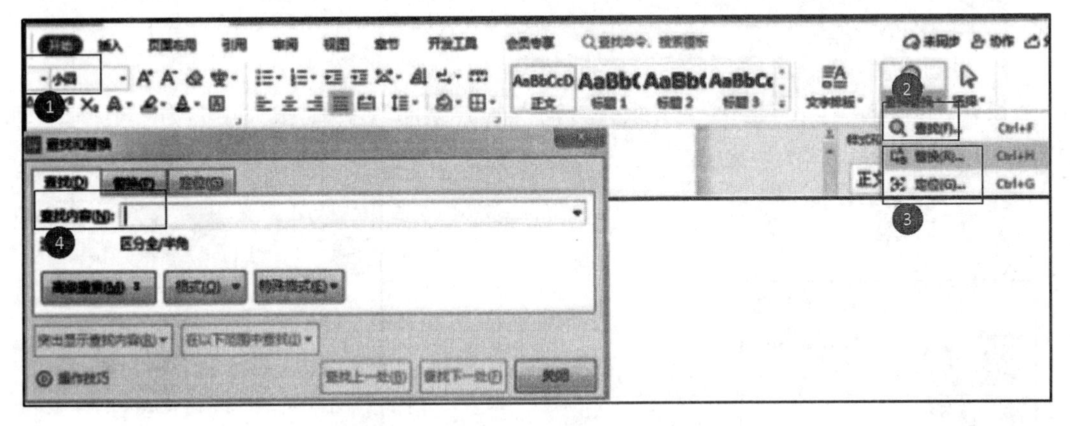

图2-2-10 “查找与替换”设置

6. 页面打印

(1) 打印预览。在文档页面的快速访问工具栏中，单击“打印预览”按钮，可进行打印预览及设置，如图2-2-11所示。

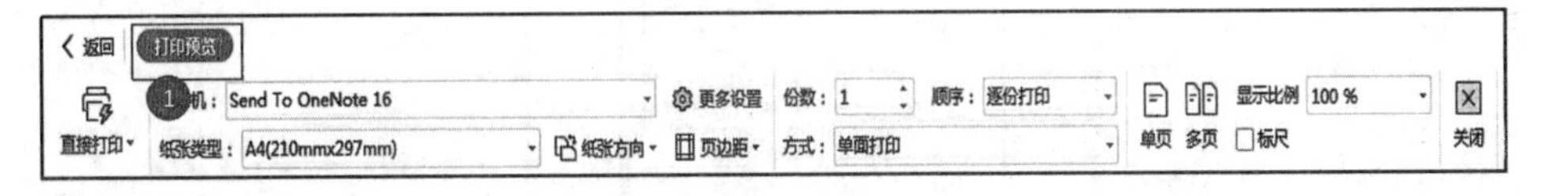

图2-2-11 打印预览

(2) 打印文档。在快速访问工具栏中单击“打印”命令按钮，在弹出的“打印”对话框中进行打印设置，如图2-2-12所示。

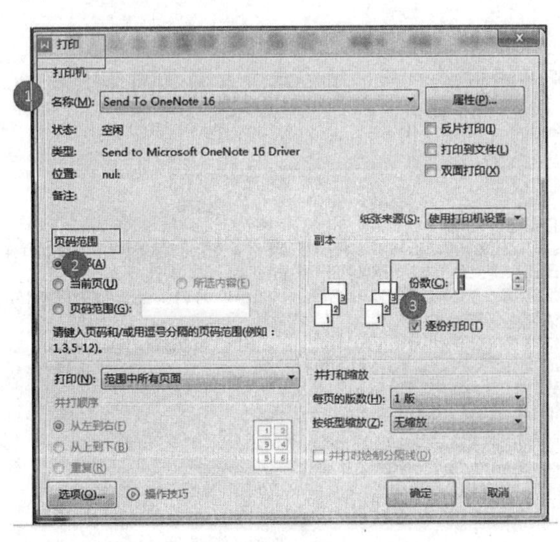

图2-2-12 打印页面

任务实现

1. 打开“新员工培训通知”文档

启动 WPS Office，通过“文件”→“打开”，选择任务 1 所创建的“新员工培训通知”的文档。

2. 页面设置

设置“页边距”为“适中”，“纸张方向”为“纵向”，“纸张大小”为“适中”，如图 2-2-13 至图 2-2-15 所示。

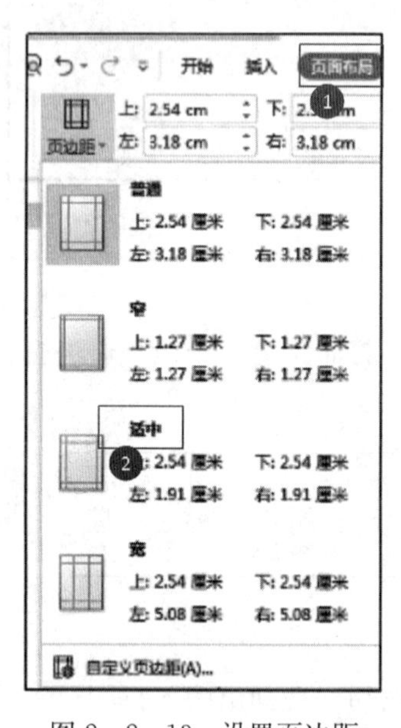

图 2-2-13　设置页边距

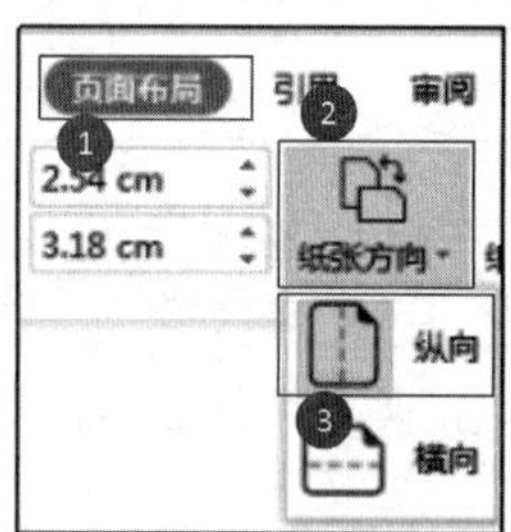

图 2-2-14　设置纸张方向

图 2-2-15　设置纸张大小

3. 文档录入

从页面的起始位置开始输入“关于组织某农业科技有限公司 2021 年新员工培训的通知”及其内容，如图 2-2-16 所示。

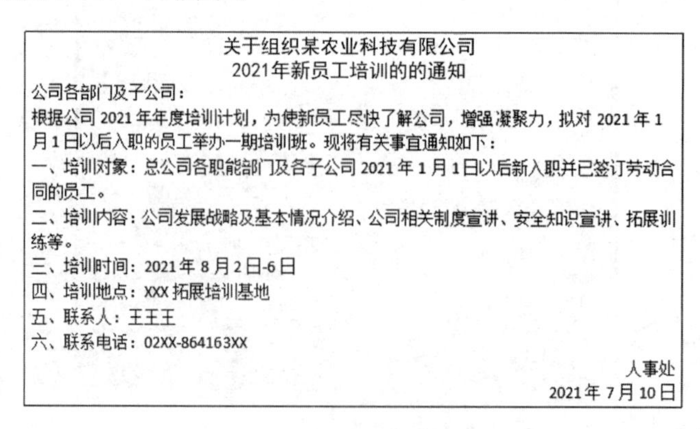

关于组织某农业科技有限公司
2021年新员工培训的的通知

公司各部门及子公司：

根据公司 2021 年年度培训计划，为使新员工尽快了解公司，增强凝聚力，拟对 2021 年 1 月 1 日以后入职的员工举办一期培训班。现将有关事宜通知如下：

一、培训对象：总公司各职能部门及各子公司 2021 年 1 月 1 日以后新入职并已签订劳动合同的员工。

二、培训内容：公司发展战略及基本情况介绍、公司相关制度宣讲、安全知识宣讲、拓展训练等。

三、培训时间：2021 年 8 月 2 日-6 日

四、培训地点：XXX 拓展培训基地

五、联系人：王王王

六、联系电话：02XX-864163XX

人事处
2021 年 7 月 10 日

图 2-2-16　录入文档

4. 文档编辑

(1) 设置文档字符格式。

①选中文档标题，单击“开始”选项卡中“字体对话框启动器”(⌟)按钮，在开启的对话框中选择“字体”选项卡，在“中文字体”下拉列表中选择“黑体”，“字形”设置为“加粗”，“字号”设置为“小二”，“字体颜色”为“红色”。单击“确定”按钮，如图2-2-17所示。

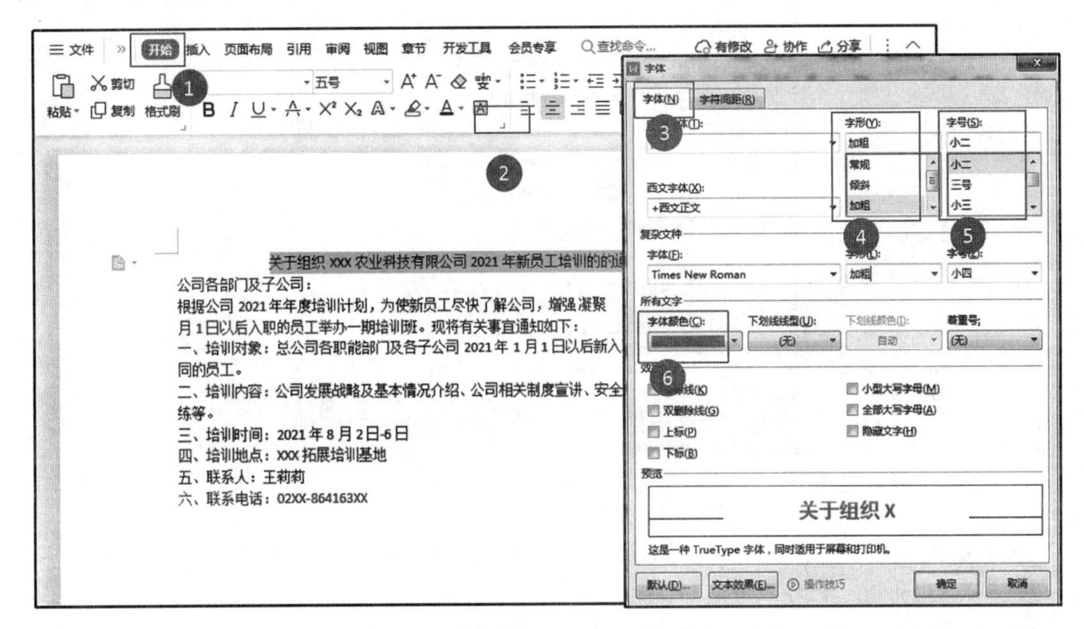

图2-2-17　设置字体

②选中正文全文，“字体”设置为“宋体”，“字号”为“小四”，“字形”为“常规”，设置“培训对象:”“培训内容:”“培训时间:”“培训地点:”“联系人:”“联系电话:”字形为“加粗”，单击“确定”按钮。

(2) 设置文档段落格式。

①按“Ctrl+A”组合键选中整篇文档，单击“开始”选项卡中“段落对话框启动器”(⌟)按钮，在开启的“段落”对话框中选择“缩紧和间距”选项卡，在“特殊格式”下拉列表中选择“首行缩进”，“度量值”设置为“2字符”，单击“确定”按钮，如图2-2-18所示。

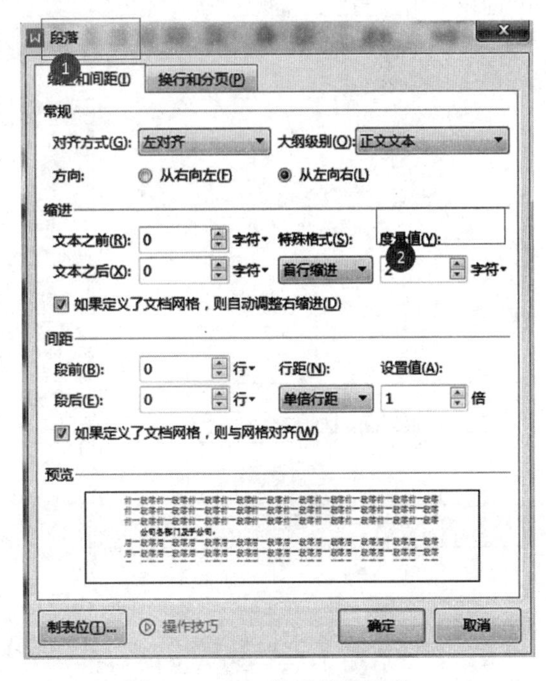

图2-2-18　设置首行缩进

②按“Ctrl+A”组合键选中整篇文档，开启的“段落”对话框中选择“缩紧和间距”选项卡，在“行距”下拉列表中选择“单倍行距”，“段后”设置为“0.5行”，单

击“确定”按钮，完成段落“间距”格式设置，如图 2－2－19 所示。

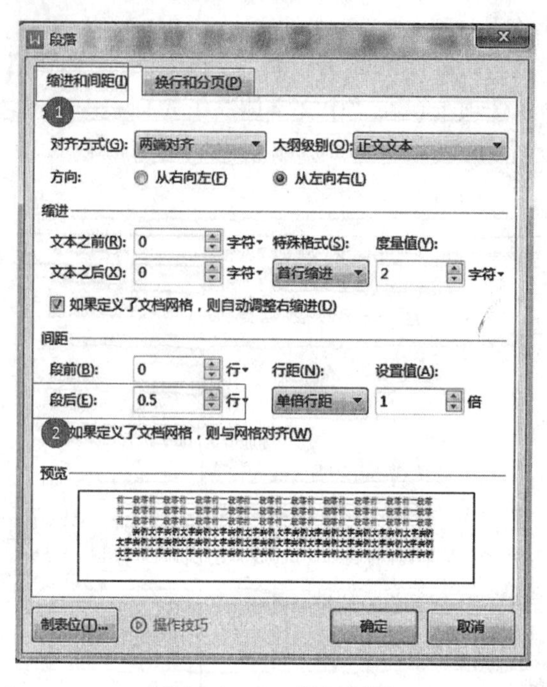

图 2－2－19　设置行距

（3）添加边框。选中文字“2021 年 8 月 2 日—6 日”和“×××拓展培训基地”，单击“开始”选项卡，单击“边框”下拉按钮，在下拉菜单中选中“边框和底纹”命令，在弹出的“边框和底纹”对话框中选择“边框”选项卡，在“设置”区域中选择“方框”，设置线型为“直线”，颜色为“红色”，宽度为“0.5 磅”，在“应用于”下拉列表中选择“文字”，单击“确定”按钮，完成设置，如图 2－2－20 所示。

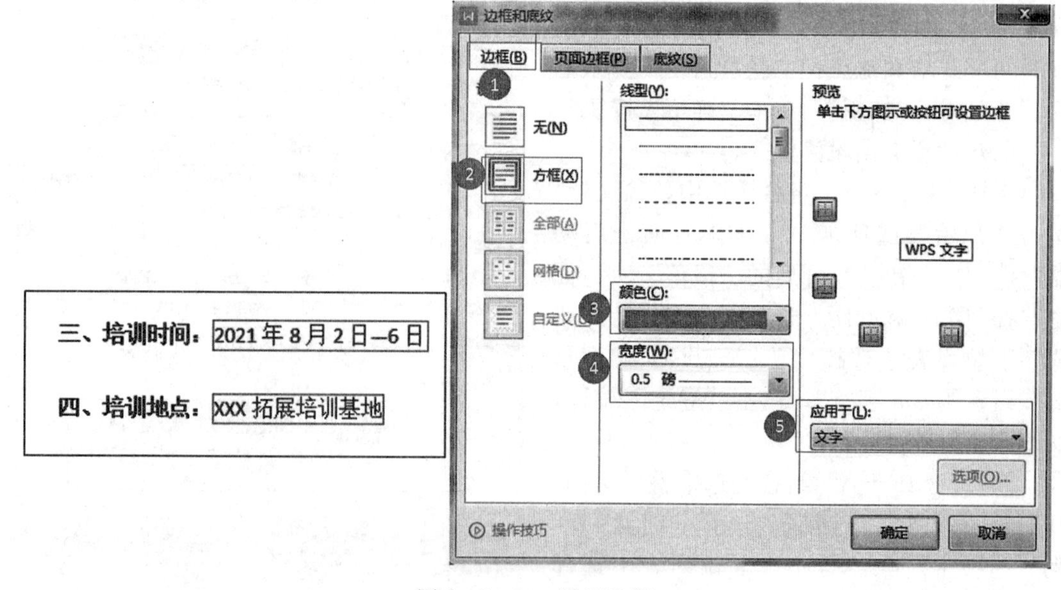

图 2－2－20　设置边框

（4）填充底纹。选中文字“2021年8月2日—6日”和“×××拓展培训基地”，开启“边框和底纹”对话框，选择“底纹”选项卡，在“填充”颜色区域中选择“黄色”，在“应用于”下拉列表中选择“文字”，单击“确定”按钮，完成设置，如图2-2-21所示。

三、培训时间：2021年8月2日—6日

四、培训地点：XXX 拓展培训基地

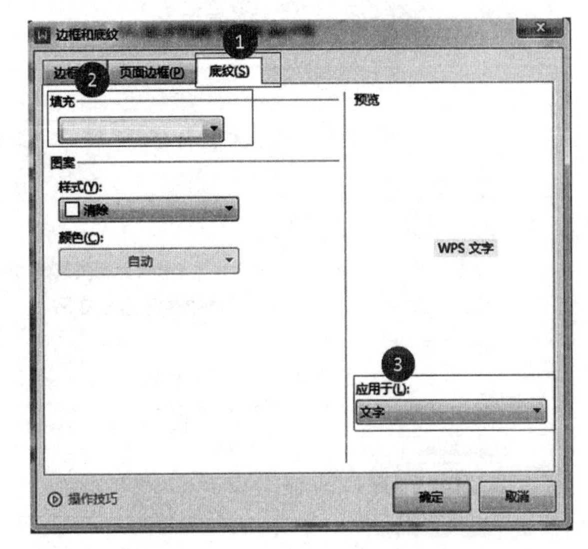

图2-2-21　填充底纹

（5）插入特殊字符。光标置于“联系人”后，单击“插入”选项卡，单击“符号”下拉按钮，在下拉菜单中选中“其他符号”命令，在弹出的“符号”对话框中，选择所需的符号，单击“确定”按钮，完成设置，如图2-2-22所示。

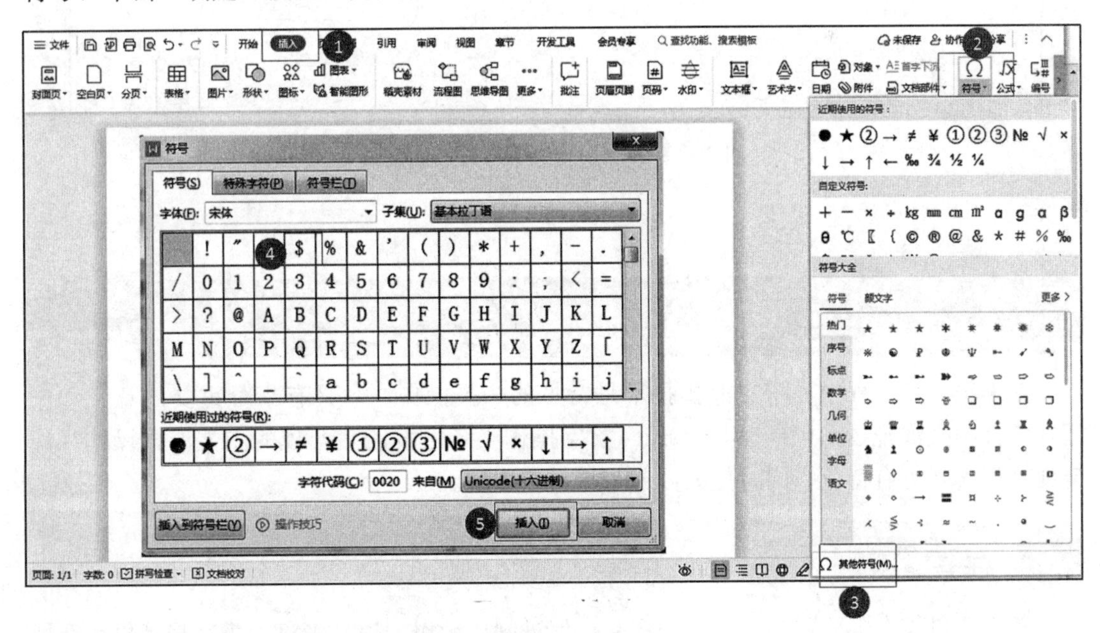

图2-2-22　插入符号

（6）保存文档。单击快速访问工具栏中的“保存”按钮，将文档及时保存。

训练任务

某新技术产业园区南开科技园管委会决定召开“某新技术产业园区某科技园企业年终工作会议”，需要人力资源部制作一份会议通知，效果如图 2-2-23 所示，请应用所学知识在 WPS Office 软件中完成此项任务。

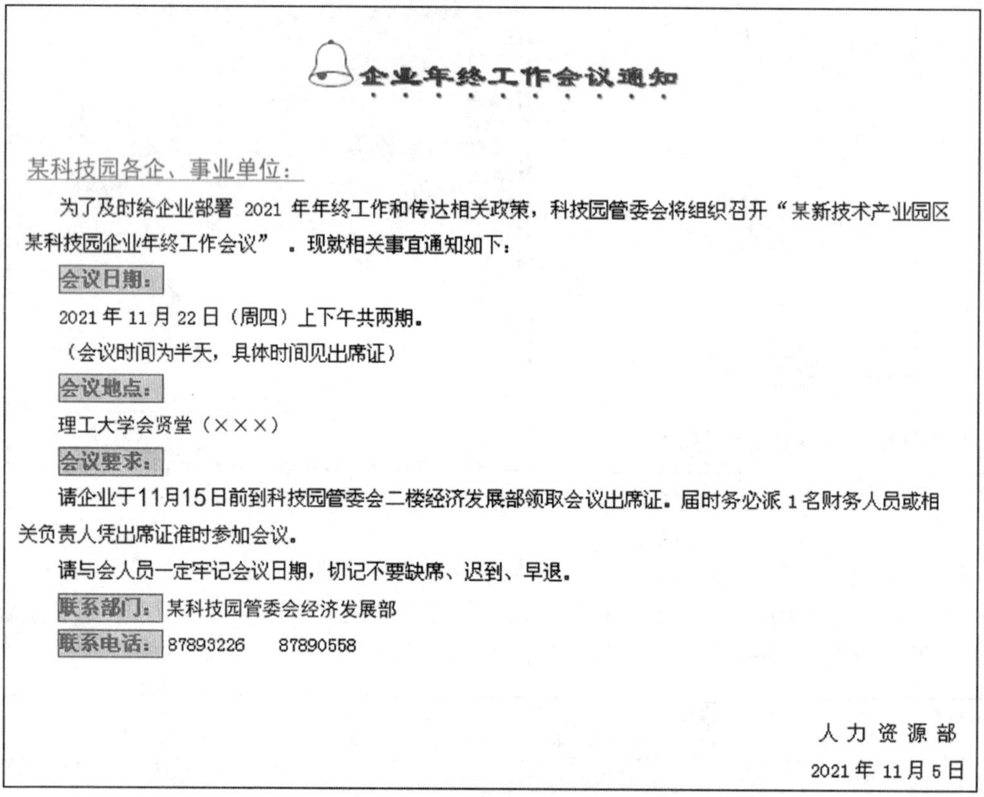

企业年终工作会议通知

某科技园各企、事业单位：

为了及时给企业部署 2021 年年终工作和传达相关政策，科技园管委会将组织召开“某新技术产业园区某科技园企业年终工作会议”。现就相关事宜通知如下：

会议日期：

2021 年 11 月 22 日（周四）上下午共两期。

（会议时间为半天，具体时间见出席证）

会议地点：

理工大学会贤堂（×××）

会议要求：

请企业于11月15日前到科技园管委会二楼经济发展部领取会议出席证。届时务必派 1 名财务人员或相关负责人凭出席证准时参加会议。

请与会人员一定牢记会议日期，切记不要缺席、迟到、早退。

联系部门：某科技园管委会经济发展部

联系电话：87893226　87890558

人力资源部

2021 年 11 月 5 日

图 2-2-23　企业年终工作会议通知

任务 3　制作广告宣传页

在编辑文档过程中，图文混排技术是常见的一类操作，却具有十分重要的意义和作用，掌握图文混排技术也是 WPS Office 文字操作必备之技能。合理的图文混排操作往往能使文档表现更有特色，同时使人读起来更易于理解。

任务描述

某农业科技有限公司为宣传公司产品，促进网店销售，提高销量，为客户提供从产地到餐桌的一条龙服务，需要制作一份该公司的“农产品宣传海报”，效果如图 2-3-1 所示。

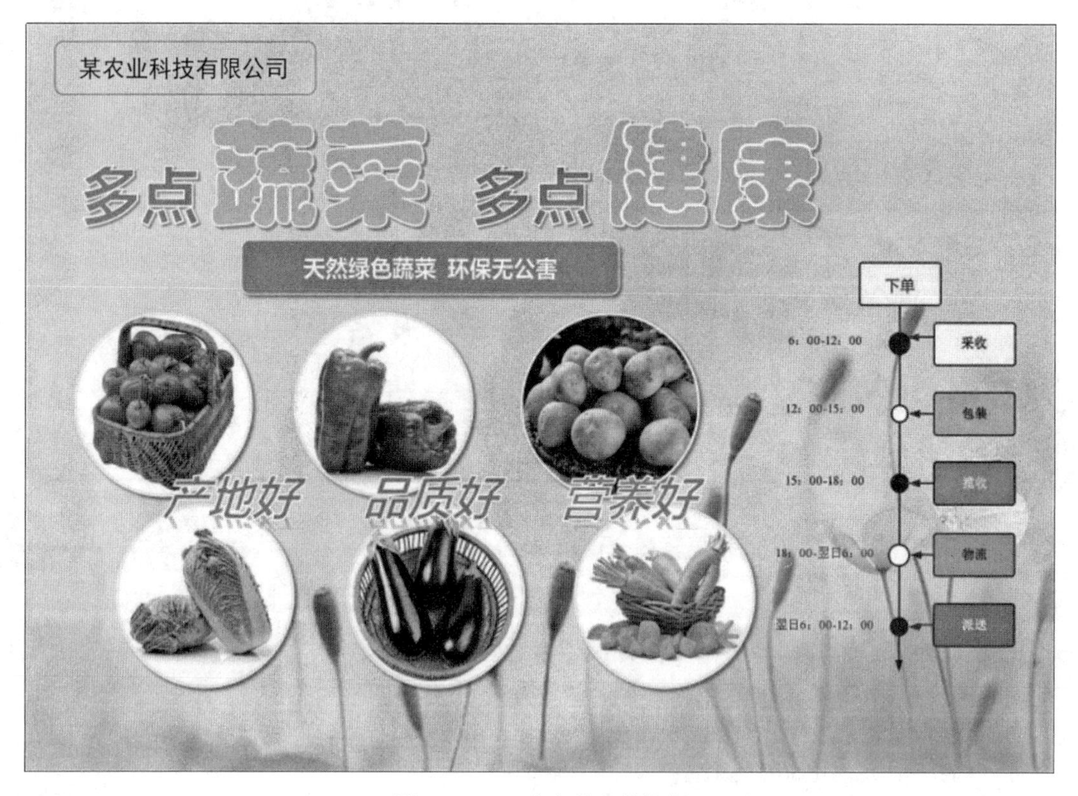

图 2-3-1 农产品宣传海报

任务分析

制作“农产品宣传海报”对美感的要求非常强，使用 WPS Office 文字可以非常方便地在文档中插入图片、剪贴画、文本框、图形和流程图，并且对插入对象进行编辑和修饰。“农产品宣传海报”中的元素有文本、图像和艺术字，根据任务内容，共有以下 3 个子任务：

1. 输入文本并进行格式编辑。
2. 在文档中插入图片并调整图片的位置、大小、样式。
3. 将文档中题目设计成艺术字效果。

必备知识

1. 插入和编辑图片

（1）插入图片。用户可以在文档中插入图片文档，如“. bmp”“. jpg”“. png”“. gif”等。

①把插入点定位到要插入图片的位置。

②选择“插入”选项卡，单击“图片”命令按钮。

③在弹出“插入图片”对话框中，找到需要插入的图片，单击“插入”按钮，如图 2-3-2 所示。

WPS 提供了稻壳图片，用户也可以插入网络图片，用户可以搜索所需网络图片插入

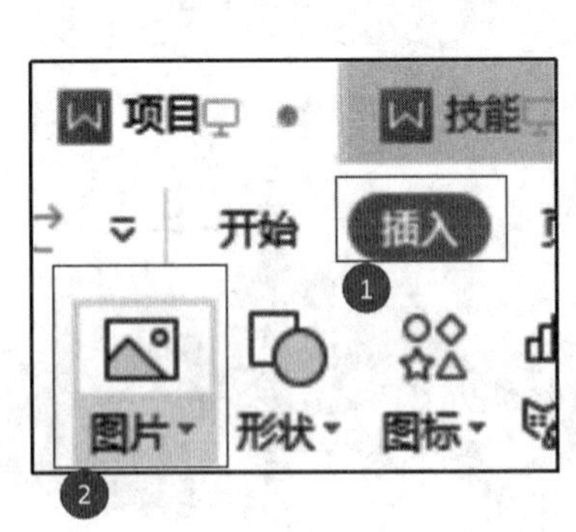

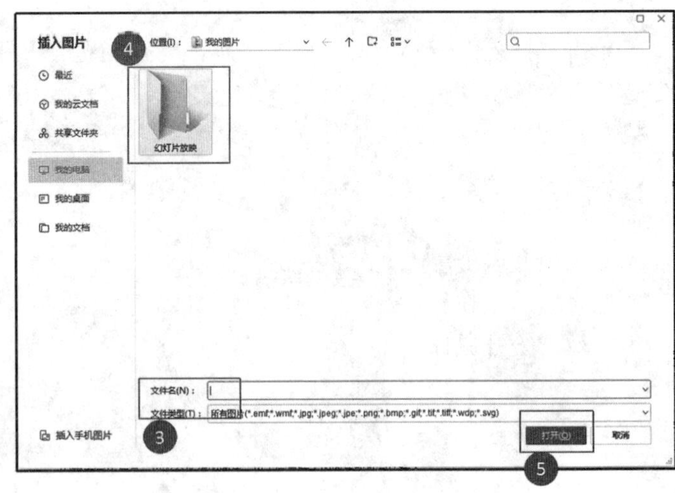

图 2-3-2　插入图片

文档中。

①把插入点定位到要插入网络图片的位置。

②选择“插入”选项卡，单击“图片”命令按钮右侧的下拉按钮。

③在下拉菜单内，在“搜索文字”文本框中输入要搜索的图片关键字，单击 Enter 键，可以搜索网站提供的网络图片。

④ 搜索完毕后显示出符合条件的图片，单击需要插入的图片即可完成插入，如图 2-3-3所示。

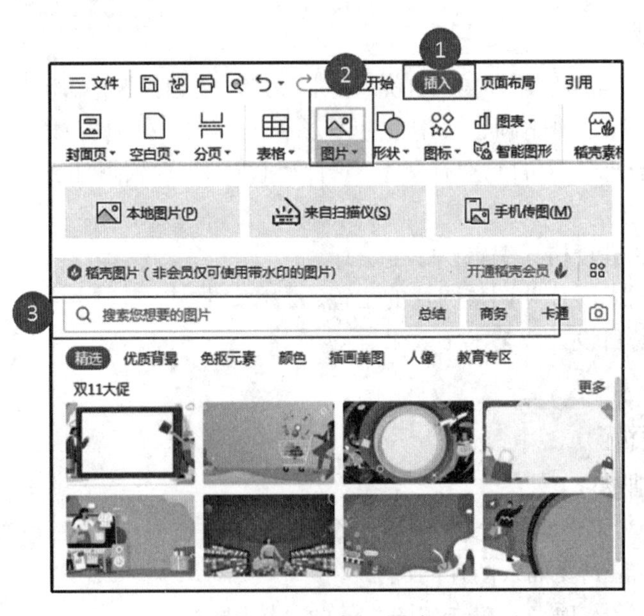

图 2-3-3　插入图片

用户除了可以插入计算机中的图片或网络图片外，还可以随时截取屏幕的内容，然后作为图片插入文档中。

①把插入点定位到要插入屏幕图片的位置。

②单击“插入”→“截屏”命令按钮，如果面板上没有“截屏”命令按钮，选择“插入”选项卡，单击“更多”命令按钮右侧下拉按钮，在弹出的下拉菜单中选择“截屏”命令。

③在展开的下拉面板中选择需要的屏幕窗口类型，在屏幕中选择截屏内容，单击“完成”命令按钮，即可将截取的屏幕窗口插入文档中。

④如果想截取屏幕上的部分区域，可以在“屏幕截图”下拉面板中选择“屏幕剪辑”选项，这时当前正在编辑的文档窗口自行隐藏，进入截屏状态，拖动鼠标，选取需要截取的图片区域，松开鼠标后，系统将自动重返文档编辑窗口，并将截取的图片插入文档中，如图2-3-4所示。

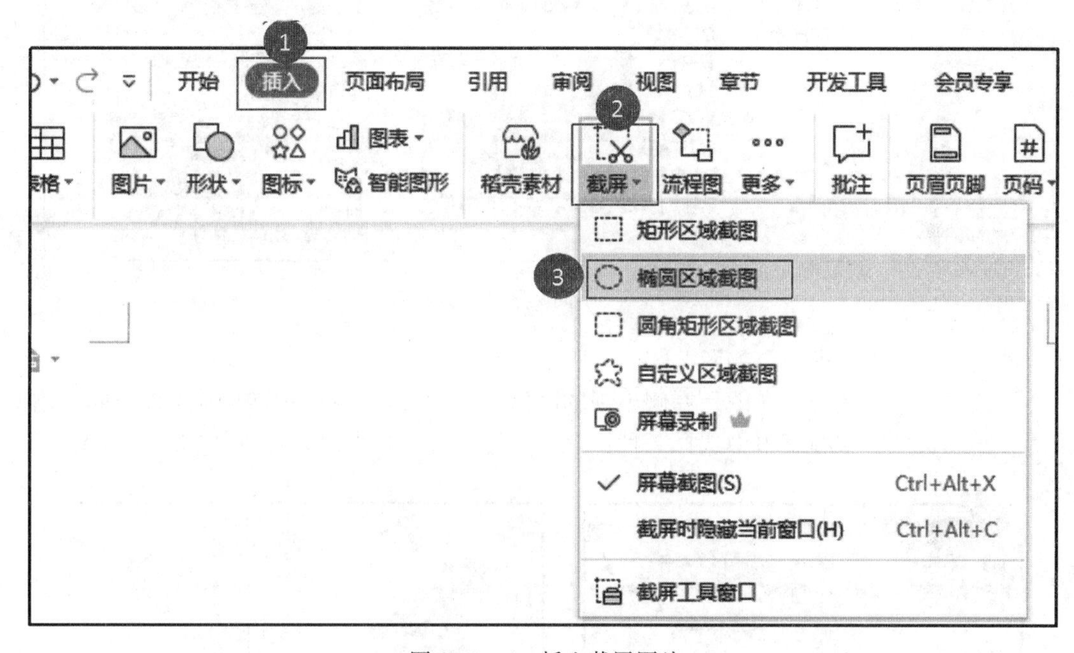

图2-3-4 插入截屏图片

（2）编辑图片。

①选定图片。对图片操作前，首先要选定图片，选中图片后图片四边和对角上各出现4个小圆点，这些小圆点称为尺寸控点，可以用来调整图片的大小，图片上方有一个灰色的旋转控制点，可以用来旋转图片，如图2-3-5所示。

图2-3-5 选定图片

②设置文字环绕。环绕是指图片与文本的关系，图片一共有7种文字环绕方式，分别为嵌入型、四周型、紧密型、穿越型、上下型、衬于文字下方和浮于文字上方，如图2-3-6所示。设置方法如下。

方法一：选中图片，单击“图片工具”选项卡中的“环绕”下拉按钮，在弹出的下拉菜单中选择一种

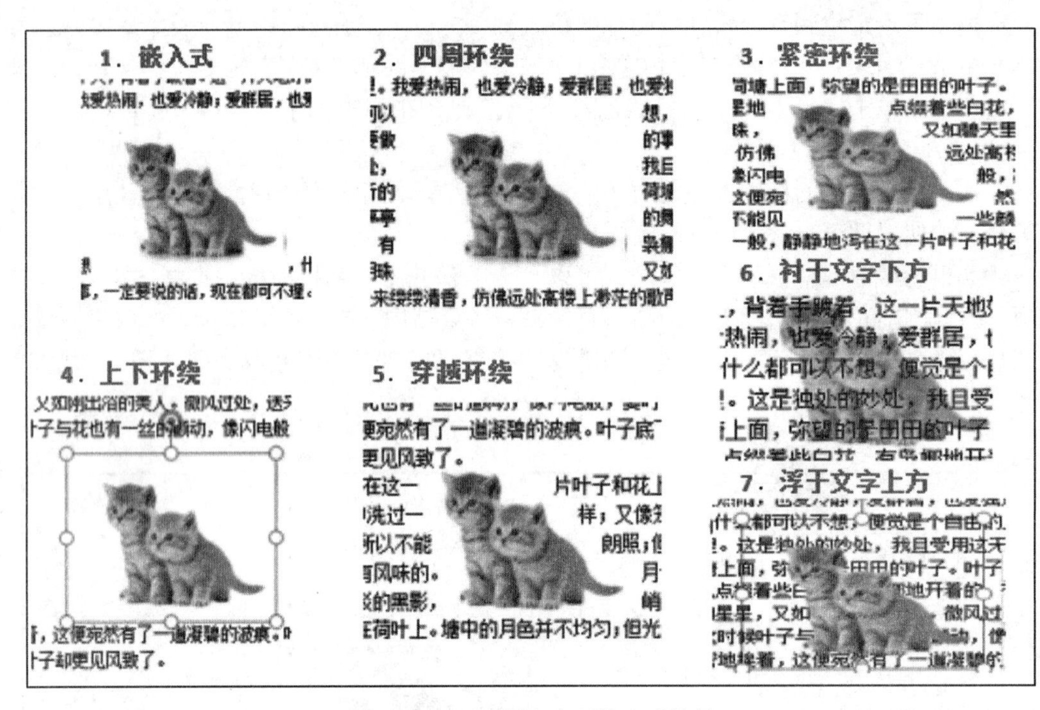

图 2-3-6　不同文字环绕方式效果

适合的文字环绕方式即可，如图 2-3-7 所示。

方法二：选中图片，在图片右侧出现的联级菜单中选择“布局选项”命令按钮，在弹出的“布局选项”快捷菜单中选择一种适合的文字环绕方式即可，如图 2-3-8 所示。

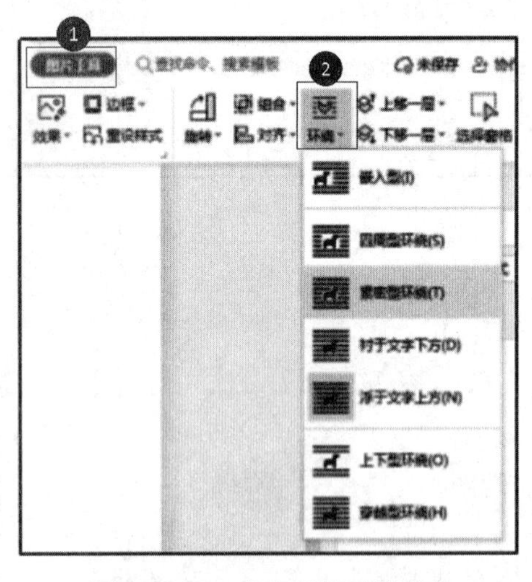

图 2-3-7　文字环绕下拉列表

图 2-3-8　文字环绕联级菜单

方法三：选中图片，单击鼠标右键，打开下拉菜单，选择“其他布局选项”命令，打开“布局”对话框，在“文字环绕”选项卡下也可以设置文字环绕方式，如图 2-3-9 所示。

③调整图片的大小和位置。图片选中后，将鼠标移到所选图片，当鼠标指针变成

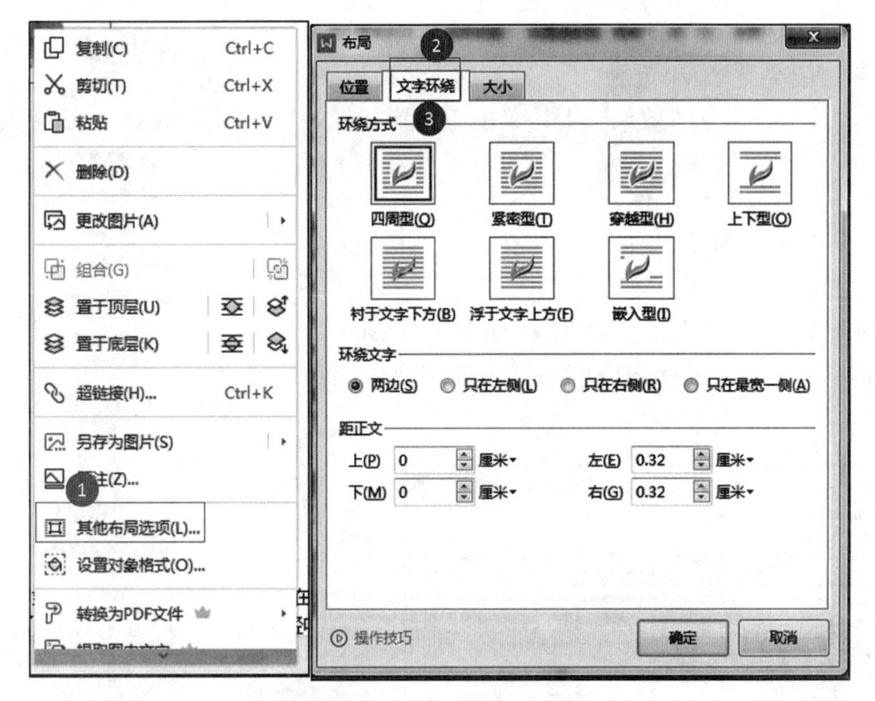

图 2-3-9 文字环绕对话框

形状时拖动鼠标，可以移动所选图片的位置，移动鼠标到图片的某个尺寸控点上，当鼠标变成双向箭头⟺时，拖动鼠标可以改变图片的形状和大小。

如欲精确调整图片大小，则可在“图片工具”→“格式”中设定图片的高度和宽度，或选中图片，在右键单击出现的下拉菜单中选择“其他布局选项”命令按钮，打开“布局”对话框，在“大小”选项卡中设置图片大小，如图 2-3-10 所示。

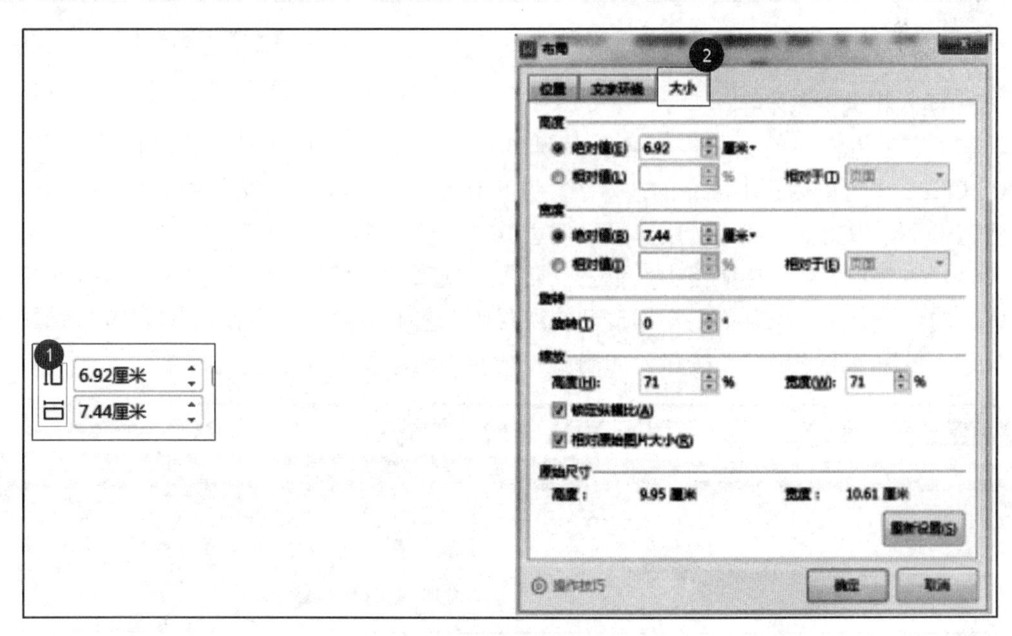

图 2-3-10 调整图片大小

④设置图片效果。WPS Office 文字中图片有“阴影”“倒影”“发光”“柔化边缘”“三维旋转”5种效果，可单击“图片工具”→“效果”下拉菜单中设置所需效果，如图2-3-11所示。

图2-3-11　图片样式

⑤图片的裁剪及旋转图片。WPS Office 文字中可对图片进行裁剪，如图2-3-12所示。WPS Office 文字中可对图片进行旋转，如图2-3-13所示。也可将鼠标移到旋转控制点上，此时鼠标变成形状，按下鼠标左键，此时鼠标变成形状，拖动即可旋转图片。

图2-3-12　裁剪图片

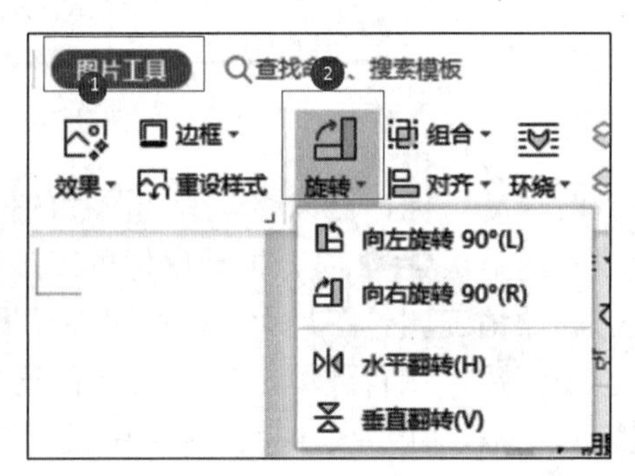

图2-3-13　旋转图片

2. 插入和编辑艺术字

艺术字是指将一般文字经过各种特殊的着色、变形处理得到的艺术化的文字。在WPS Office 中可以创建出漂亮的艺术字，并可作为一个对象插入文档中。WPS Office 文字将艺术字作为文本框插入，用户可以任意编辑文字。

(1) 插入艺术字。在文档中，单击“插入”选项卡，然后点击“艺术字”命令按钮，在弹出的预设样式下拉菜单中根据自己的需要选择艺术字样式。然后在出现的对话框中输入汉字，最后单击“确定”按钮，如图2-3-14所示。

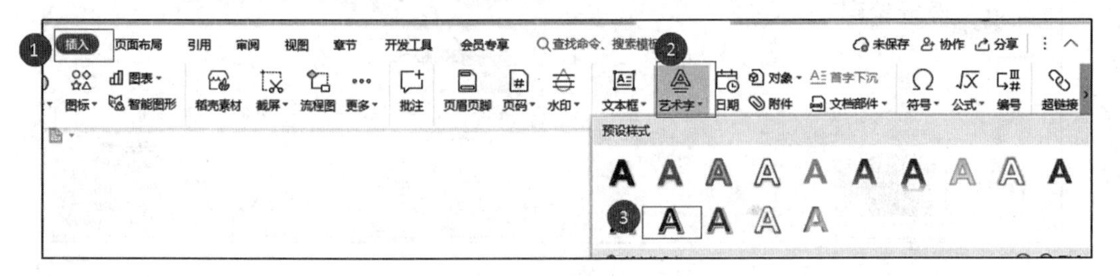

图2-3-14　插入艺术字

（2）编辑艺术字。鼠标单击要编辑的艺术字，功能区出现“文本工具”面板，其中的“预设样式”功能可以实现对艺术字样式的更改，可通过“文本填充”“文本轮廓”“文本效果”等对艺术字进行编辑美化操作，如图2-3-15所示。

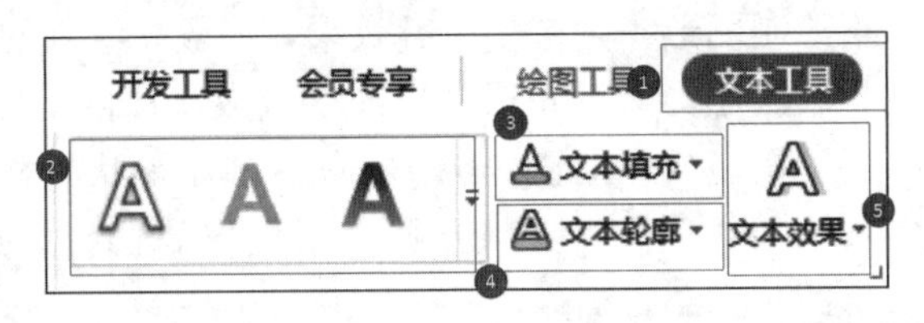

图2-3-15　艺术字样式

3. 插入和编辑图形

WPS Office提供了绘制图形的功能，可以在文档中绘制各种线条、基本图形、箭头、流程图、星、旗帜、标注等。对绘制出来的图形还可以设置线型、线条颜色、文字颜色、图形或文本的填充效果、阴影效果、三维效果线条端点风格。

（1）绘制形状。打开文档，然后在“插入”选项卡中单击“形状”命令按钮，从弹出的下拉菜单中选择所要绘制的形状，在文档中单击图形绘制的起始位置，然后拖动鼠标左键至终止位置，即可绘制所需的图形，如图2-3-16所示。

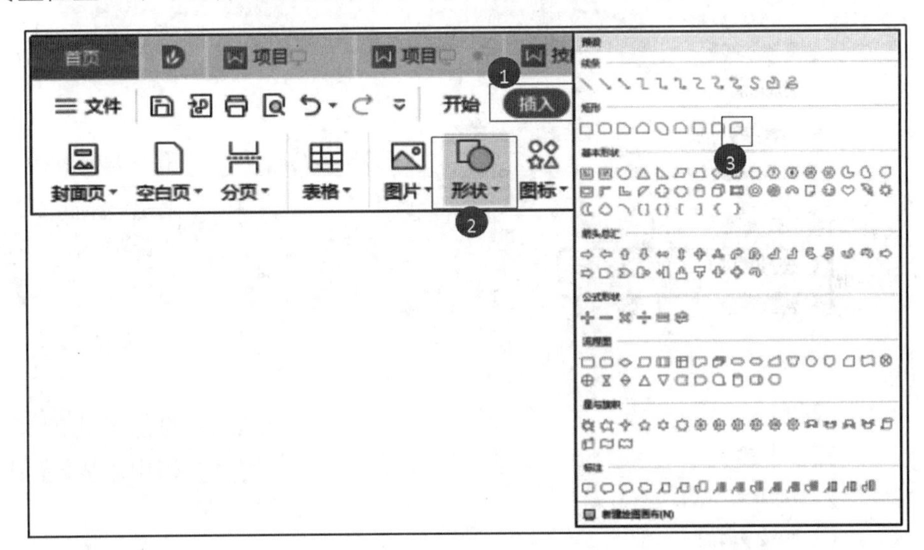

图2-3-16　绘制形状

（2）编辑形状。单击“绘图工具”选项卡，可以对所绘制的形状进行更改样式、更改填充颜色、设置轮廓颜色、设置形状效果等编辑操作，如图2-3-17所示。

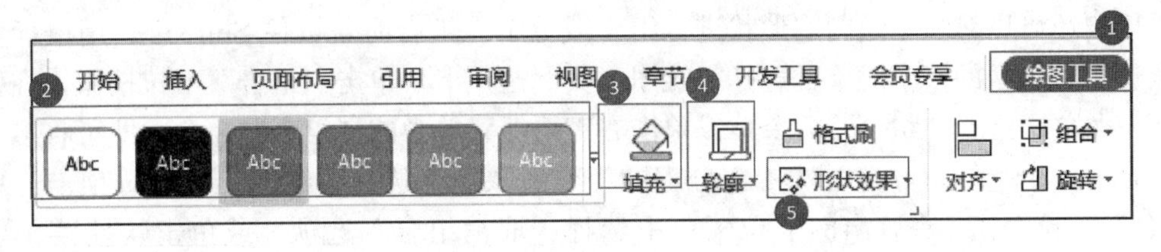

图2-3-17　形状样式

用户可以为封闭的形状添加文字，并设置文字格式。要添加文字，需要选中相应的形状并右击，在弹出的快捷菜单中选择“添加文字”选项，此时，该形状中出现光标，即可以输入文本，输入后，可以对文本格式和文本效果进行设置。

在已绘制的图形上再绘制图形，则产生重叠效果，一般先绘制的图形在下面，后绘制的图形在上面。要更改叠放次序，需要先选择要改变叠放次序的对象，选择“绘图工具”选项卡，单击“上移一层”按钮或“下移一层”按钮选择本形状的叠放位置，或单击快捷菜单中的“上移一层”选项和“下移一层”选项，如图 2-3-18 所示。

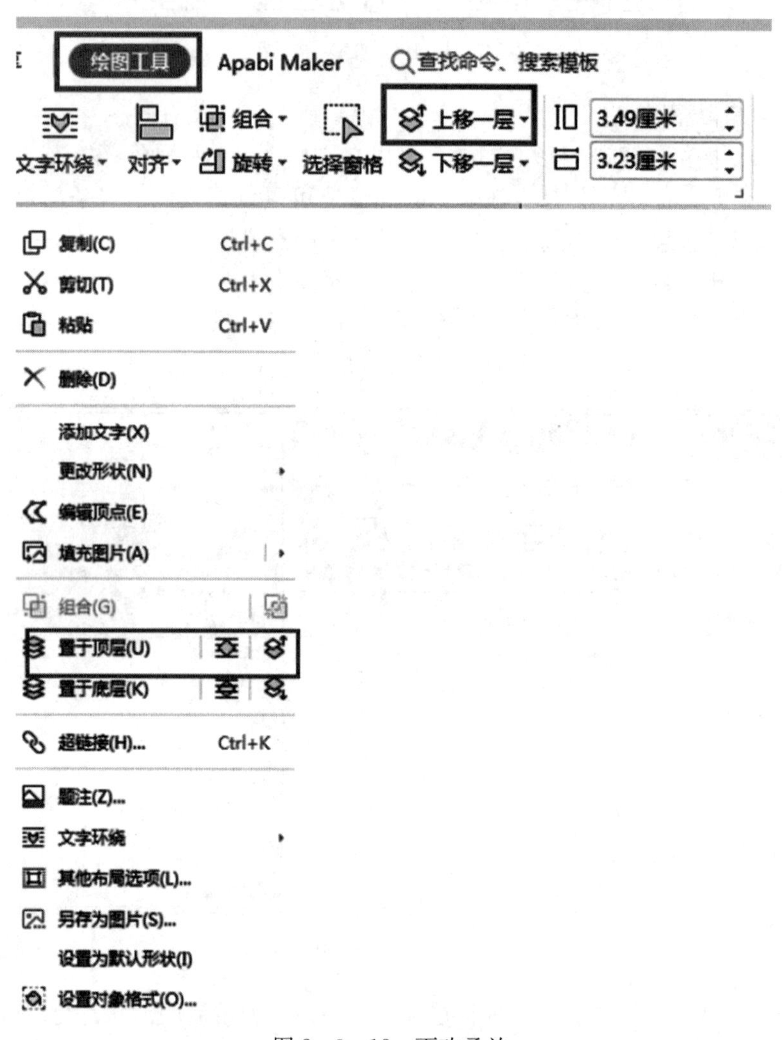

图 2-3-18　更改叠放

用户还可以对多个绘制的形状进行组合或分解。组合时，按住 Shift 键，用鼠标左键依次选中要组合的多个对象；选择“绘图工具”选项卡，单击“组合”下拉按钮，在弹出的下拉菜单中选择“组合”命令，或单击右键快捷菜单中的“组合”命令，即可将多个图形组合为一个整体。分解时选中需分解的组合对象后，选择“绘图工具”选项卡，单击“组合”下拉按钮，在弹出的下拉菜单中选择“取消组合”选项，或单击快捷菜单中的“组合”下的“取消组合”选项。

4. 插入和编辑文本框

文本框是储存文本的图形框，文本框中的文本可以像页面文本一样进行各种编辑和格式设置操作，而同时对整个文本框又可以像图形、图片等对象一样在页面上进行移动、复制、缩放等操作，并可以建立文本框之间的链接关系。

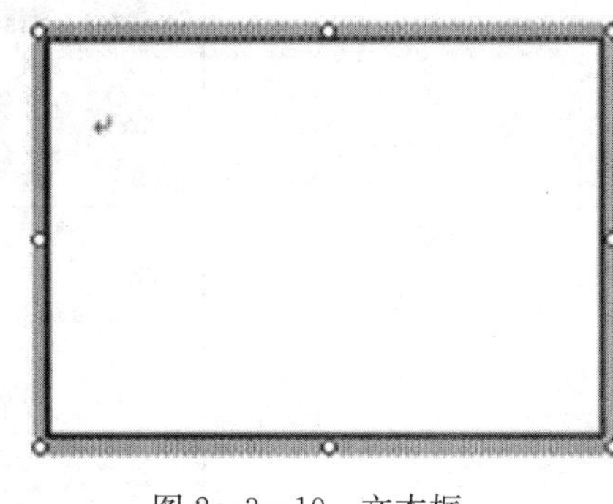

图 2-3-19　文本框

(1) 插入文本框。将光标定位到要插入文本框的位置，选择“插入”选项卡，单击“文本框”下拉按钮，在弹出的下拉面板中选择“横向”“竖向”或“多行文字”，拖动创建合适的文本框，如图 2-3-20 所示。

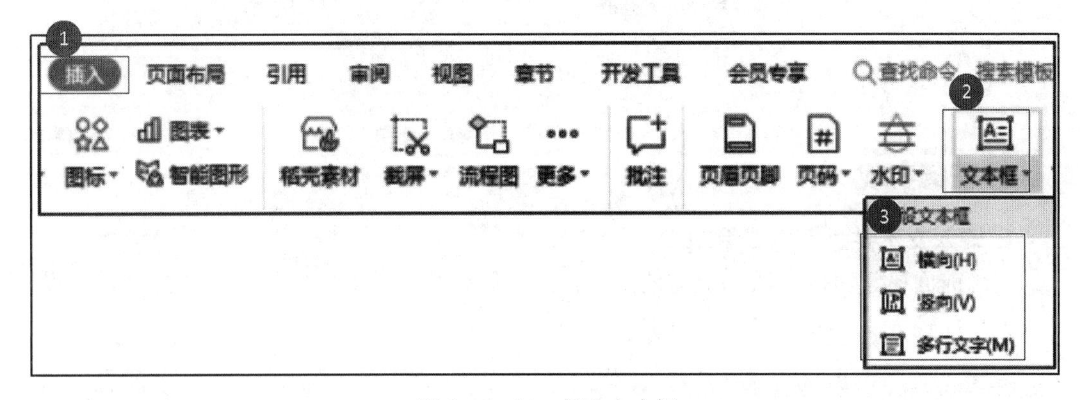

图 2-3-20　插入文本框

(2) 编辑文本框。通过调节文本框周边的控制点，可以改变形状的大小。此时系统自动切换到“文本工具”选项卡，可以设置文本框效果，如图 2-3-21 所示。

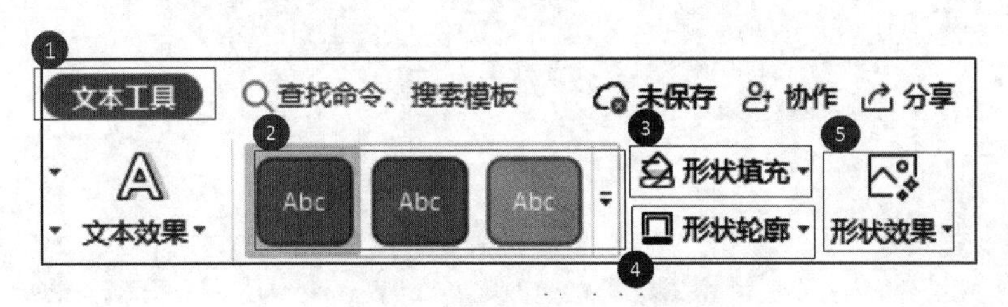

图 2-3-21　编辑文本框

如果一个文本框显示不了过多的内容，可以在文档中创建多个文本框，然后将它们链接在一起，链接后的文本框中的内容是连续的，一篇连续的文章可以依链接顺序排在多个文本框中；在某一个文本框中对文章进行插入、删除等操作时，文章会在各文本框间流动，保持文章的完整性。

5. 插入流程图及公式

WPS Office 除了可以插入和编辑图片、艺术字、自绘图形和文本框，还可以插入表示对象之间从属层次关系的流程图及公式等，如图 2-3-22 所示。

图 2-3-22　插入流程图

任务实现

1. 输入文本并进行格式编辑

利用前面已学习的方法完成前期工作：准备好图片文件和文字资料，创建文档，设置纸张大小，输入文字并对格式进行编辑，如图 2-3-23 所示。

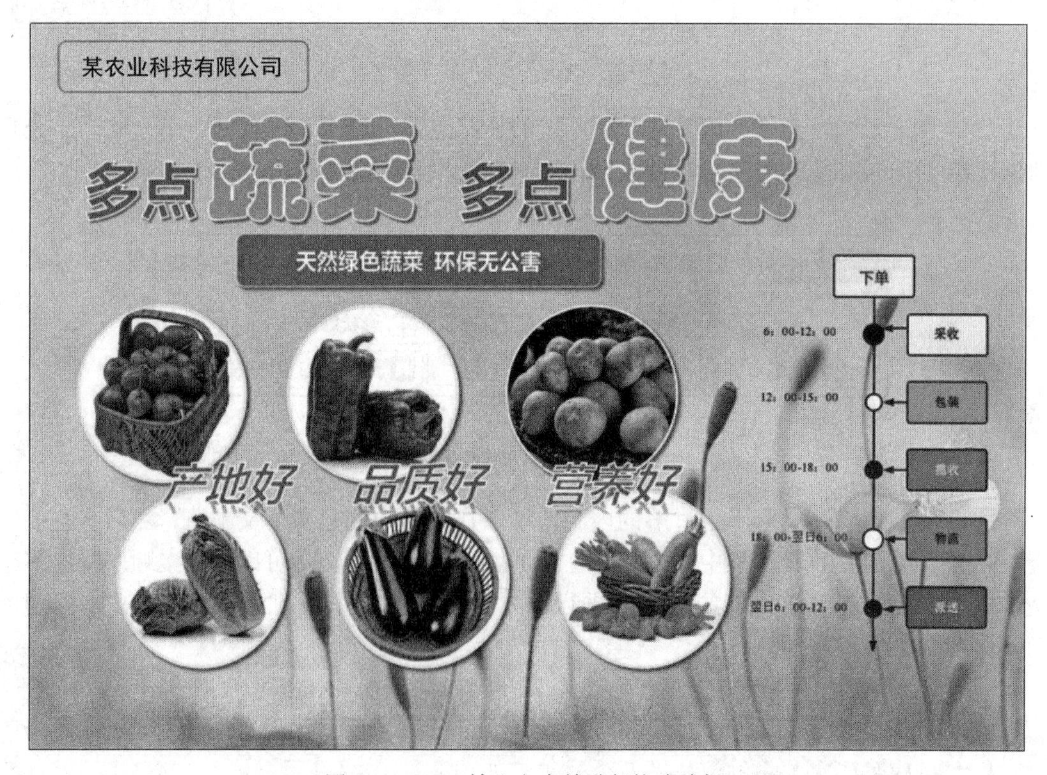

图 2-3-23　输入文本并进行格式编辑

2. 插入并调整图片

①鼠标在文档中单击，确定要插入图片的大致位置，切换到“插入”选项卡，单击“图片”命令按钮，打开“插入图片”对话框，如图2-3-24所示。

②选中要编辑的图片，单击“图片工具”→“环绕”，在弹出的下拉菜单中选择“浮于文字上方”命令，如图2-3-25所示。

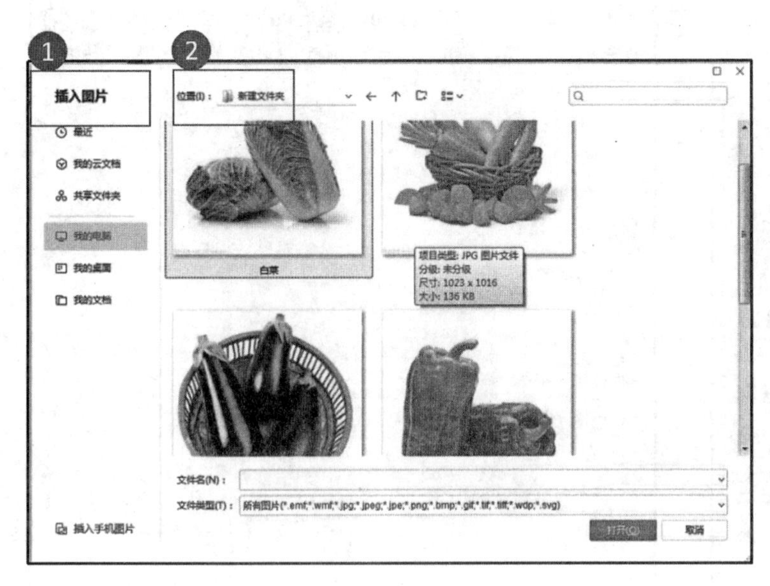

图2-3-24 “插入图片”对话框

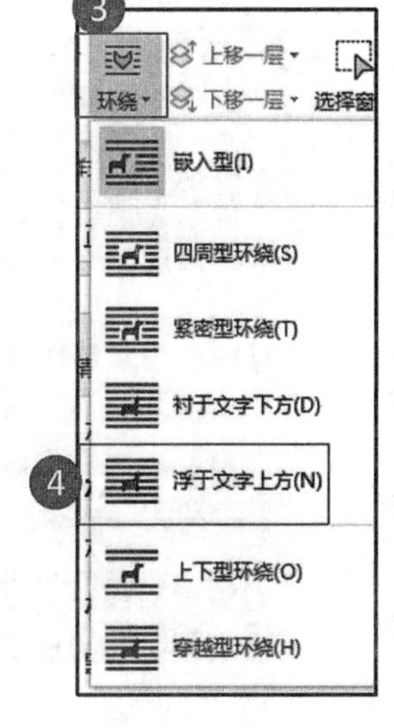

图2-3-25 选择“浮于文字上方”环绕

③将鼠标置于图片之上，看到鼠标显示为四箭头时，把图片拖动到合适的位置，并调整大小，使图文很好地搭配起来。

④选中图片，单击右侧命令按钮，在弹出的快捷菜单中选择“按形状裁剪”→“基本形状”→“椭圆”，将图片裁剪成椭圆形，单击“按比例裁剪”→“1∶1”，图片被调整成圆形，如图2-3-26所示。

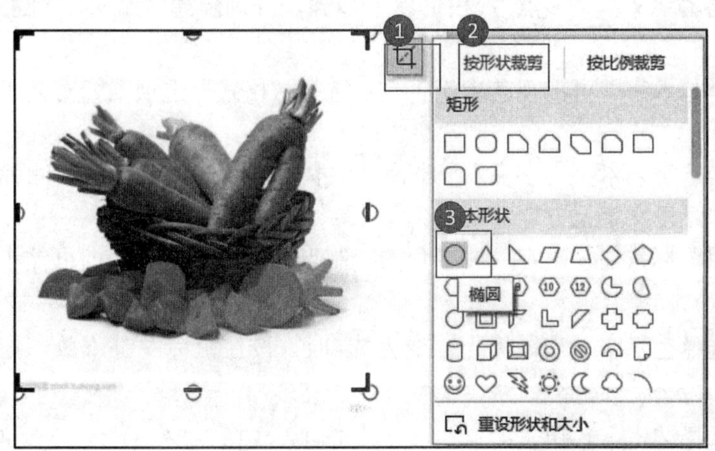

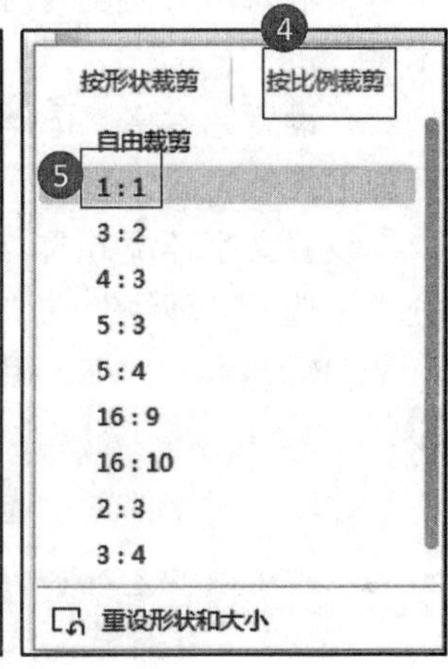

图2-3-26 裁剪图片

⑤设置图片边框及阴影效果，选中图片，单击“图片工具”→“边框”，在下拉列表中选择所需边框颜色；单击“图片工具”→“效果”→“阴影”，选择所需阴影效果，如图 2-3-27 所示。

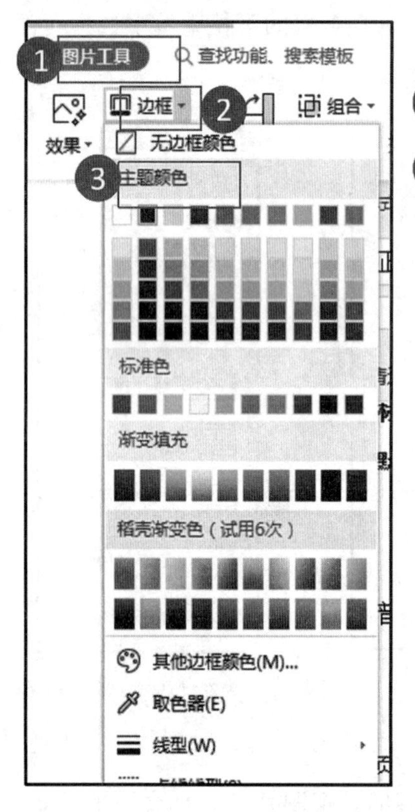

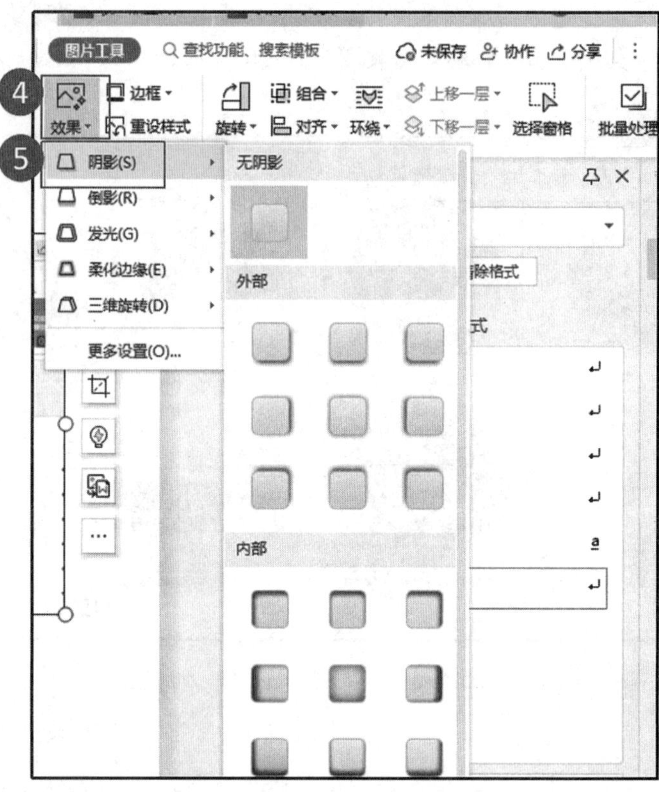

图 2-3-27 美化图片

3. 将题目设计成艺术字效果

（1）将文本插入点定位到文档中要插入艺术字的位置；单击“插入”选项卡，单击“艺术字”按钮，打开“预设样式”列表框，在其中选择需要的艺术字样式；在“文本”文本框中输入需要创建的艺术字文本“多点”，根据以上步骤，分别新建“蔬菜”“健康”艺术字。

（2）设置艺术字。选择艺术字即可出现艺术字工具，选择“格式”选项卡，对艺术字进行如下设置。

①设置文字环绕方式。选中艺术字“多点”，激活“文本工具”选项卡，在右侧弹出的列表中选择“环绕”→“浮于文字上方”命令。

②编辑艺术字大小。用鼠标按住艺术字的右下角的控制点向左上方拖动，即可缩小艺术字。

③编辑艺术字位置。选择艺术字，当鼠标光标变为 ✥ 时，按住鼠标左键不放，拖动到适当位置可改变艺术字的位置。

④改变艺术字样式。选择艺术字，单击“文本工具”选项卡中的“A A A”下拉按钮，在弹出的列表框中选择所需艺术字样式，如图 2-3-30 所示。

图 2-3-28　设置文字环绕方式

图 2-3-29　调整艺术字大小

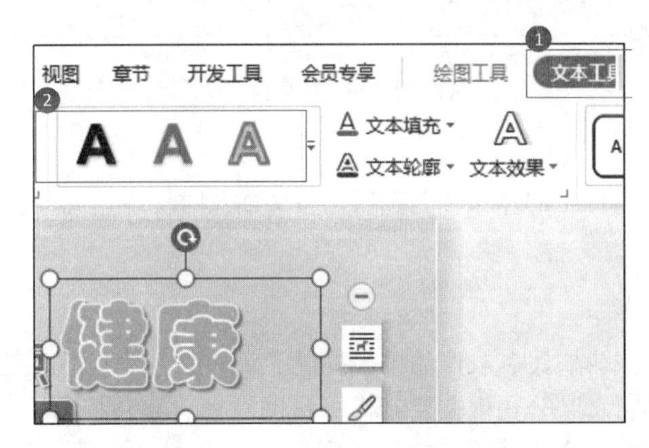

图 2-3-30　改变艺术字形状

⑤设置艺术字的颜色。选择艺术字，单击“文本工具”→“文本填充”，在弹出的列表中可选择颜色选项，即可设置艺术字的填充色彩。单击“文本轮廓”可设置艺术字边框颜色，如图 2-3-31 所示。

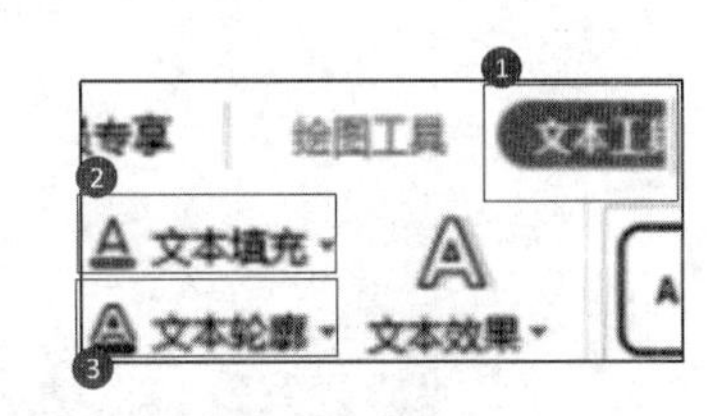

图 2-3-31　设置艺术字颜色

⑥插入文本框。将文本框插入点定位到文档中要插入文本框的位置；单击“插入”选项卡，单击“文本框”命令按钮，单击“横向”命令，用鼠标向右拖动，会出现一个文本框，在文本框内输入“某农业科技有限公司”等文字，选中文本框，设置“环绕”方式为“浮于文字上方”，拖动文本框到相应位置。

4. 制作流程图

在文档中创建流程图，单击“插入”→“流程图”，打开“流程图”对话框，选择“流程图”选项卡，选择所需流程图样式，打开流程图编辑框，在编辑框中将文本输入基础图形中，并进行相应的文本设置，如图 2－2－32 所示。

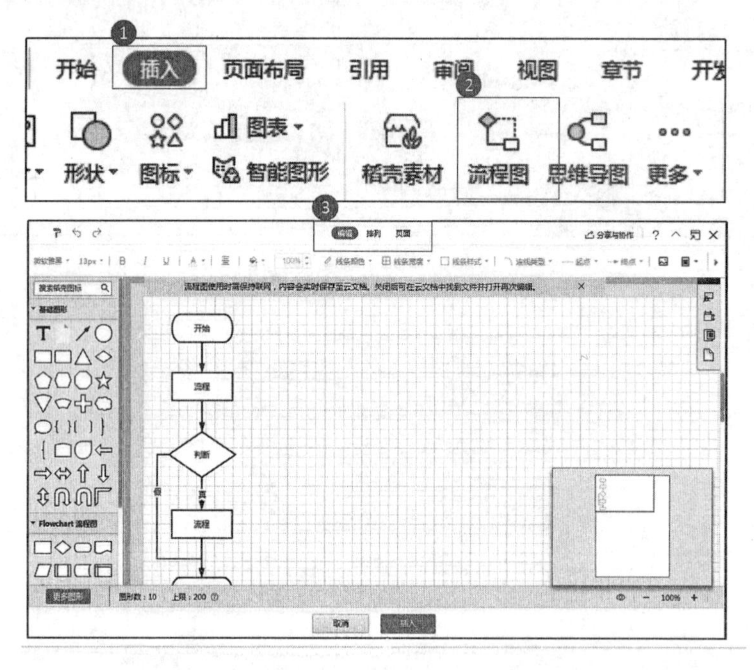

图 2－3－32　制作流程图

5. 保存文档

单击快速访问工具栏中的“保存”按钮，将文档及时保存，完成本任务要求。

训练任务

电子商务销售模式为农民、农产品销售提供了新的销售渠道，提高销售额，实现了增收。为了加强网上销售，某公司现在要制作一份网站首页宣传广告，效果如图 2－3－33 所示，请你应用所学知识完成此项任务。

图 2－3－33　广告宣传页

任务4 制作产品订购单

对于一些分类的信息，我们通常用表格来呈现，WPS Office 提供了强大的制表功能，不仅可以自动制表，也可以手动制表。WPS Office 的表格线自动保护，表格中的数据可以自动计算，表格还可以进行各种修饰。用 WPS Office 文字处理软件制作表格，既轻松又美观，既快捷又方便。

任务描述

某农产品有限责任公司新增了线上农产品订购业务。中秋佳节到来之际，产品订购量加大，公司需要制作一份农产品订购单作为客户购买农产品与公司发货的凭据，如图 2-4-1 所示。

农产品订购单

订购日期：年　月　日					
订购人资料	□会员 □首次	会员编号	姓　名	联系电话	
	姓　名		电子邮箱		
	联系电话		QQ号码		
	家庭地址	省　市　县/区		邮政编码：□□□□□□	
收货人资料	★指定其他送货地址或收货人时请填写				
	姓　名		联系电话		
	送货地址	省　市　县/区（□家庭 □单位）			
	备　注	有特殊送货要求时请说明			
订购商品资料	产品号	产品名称	单价（元）	数量（kg）	金额（元）
	A001	山东大白菜	1.5	500	750.00
	A002	青椒	3.4	600	2,040.00
	A003	马铃薯	0.8	350	280.00
	A004	番茄	2.9	400	1,160.00
	A005	茄子	3.2	300	960.00
付款方式		□银行汇款 □第三方支付 □货到付款（只限北京地区）			
配送方式		□快递配送　□送货上门（只限北京地区）			
注意事项	●请务必详细填写，以便尽快为您服务 ●在收到您的订单后，我们的客服人员将尽快与您联系确认				

图 2-4-1　农产品订购单

任务分析

实现本工作任务，我们需要做到以下几点。

（1）根据订购人资料、收货人资料、订购商品资料、付款方式、配送方式等几个部分划分订购区域。

（2）整个表格的外边框、不同部分之间的边框以双实线来划分；对处于同一区域中的不同内容，可以用虚线等特殊线型来分隔。

（3）重点部分用粗体或者插入特殊符号来注明。

（4）为表明注意事项中提及内容的重要性，用项目符号对其进行组织。

（5）对于选择性的项目，或者填写数字之处，可以通过插入空心的方框作为书写框。

（6）对于重点部分或者不需要填写的单元格可以添加底纹效果。

（7）可以快速计算出每种商品的金额以及订购的总金额。

必备知识

1. 创建表格

（1）使用“插入”→“表格”按钮区域创建表格。首先选定需要创建表格的位置。单击“插入”选项卡下的“表格”按钮，会出现一个表格行数和列数的选择区域，拖动鼠标选择表格的行数和列数，释放鼠标就可在文本档中出现表格，如图 2-4-2 所示。

（2）使用“表格”对话框创建表格首先选定需要创建表格的位置。选择“插入”→“表格”下的倒三角命令，打开“插入表格”对话框。

在“行数”和“列数”微调框中输入需要表格的行列数，并且可以在“列宽选择”中设置表格的列宽来创建表格的格式。单击“确定”按钮即可插入表格了，如图 2-4-3 所示。

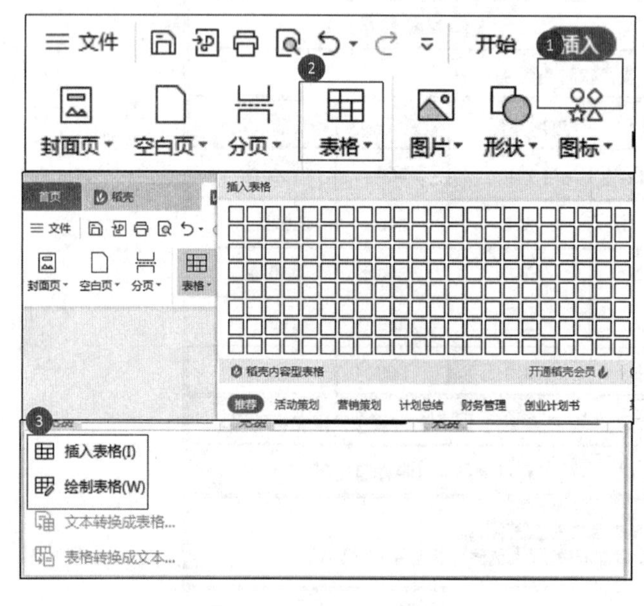

图 2-4-2　插入表格

图 2-4-3　插入表格对话框

2. 绘制斜线表头

选定需要绘制斜线表头的表格单元格，单击“表格样式”→“绘制斜线表头”，弹出“斜线单元格类型”对话框，选择所需斜线表头的样式，单击“确定”按钮即可实现，如图2-4-4所示。

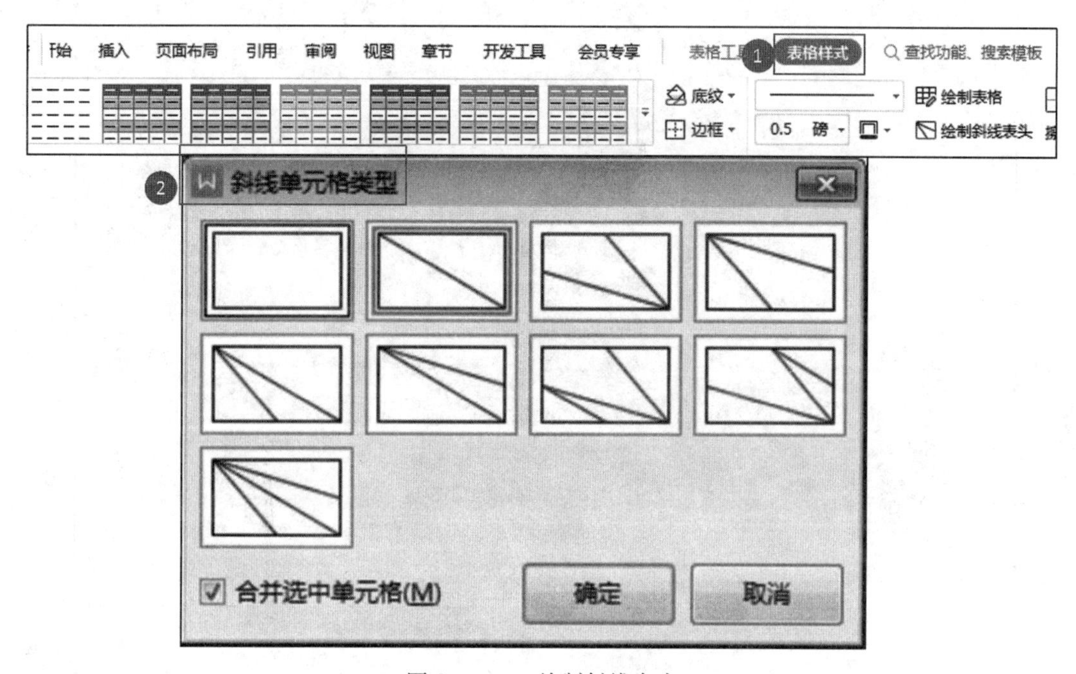

图2-4-4 绘制斜线表头

3. 表格编辑

（1）输入表格数据。创建完表格后，使用鼠标点击表格的单元格即可输入数据。每输入完一个单元格内容，可以按Tab键，插入点将移到下一个单元格。（按“Shift+Tab”组合键，插入点移动到上一个单元格，也可以用鼠标单击单元格定位。）

（2）选中表格中的行和列。选定单元格或一行：在单元格左边，鼠标指针变成向右上的黑箭头时单击鼠标。选定一列或多列：在表格的上方，指针变成黑箭头并按鼠标左键拖动。选定整个表格：表格左上角会出现十字花的方框标记，用鼠标单击它，便可选定整个表格。

（3）在表格中插入行。单击鼠标右键，选择菜单中的“插入”来插入行。首先选定要插入表格新行的位置，单击鼠标右键选择“插入”命令，会弹出子菜单，再选定要插入的“在上方插入行”或“在下方插入行”命令。也可使用Enter键在行末或行中插入新行，将光标移到表格的某一行的最后一列单元格后面，按Enter键，即可在表格的某一行后面插入一个新行。

（4）在表格中插入列。单击鼠标右键，选择菜单中的“插入”来插入列。首先选定要插入表格新列的位置，单击鼠标右键选择“插入”命令，会弹出子菜单，再选择“在左侧插入列”或“在右侧插入列”命令，即可实现在左侧或右侧插入新列，如图2-4-5所示。

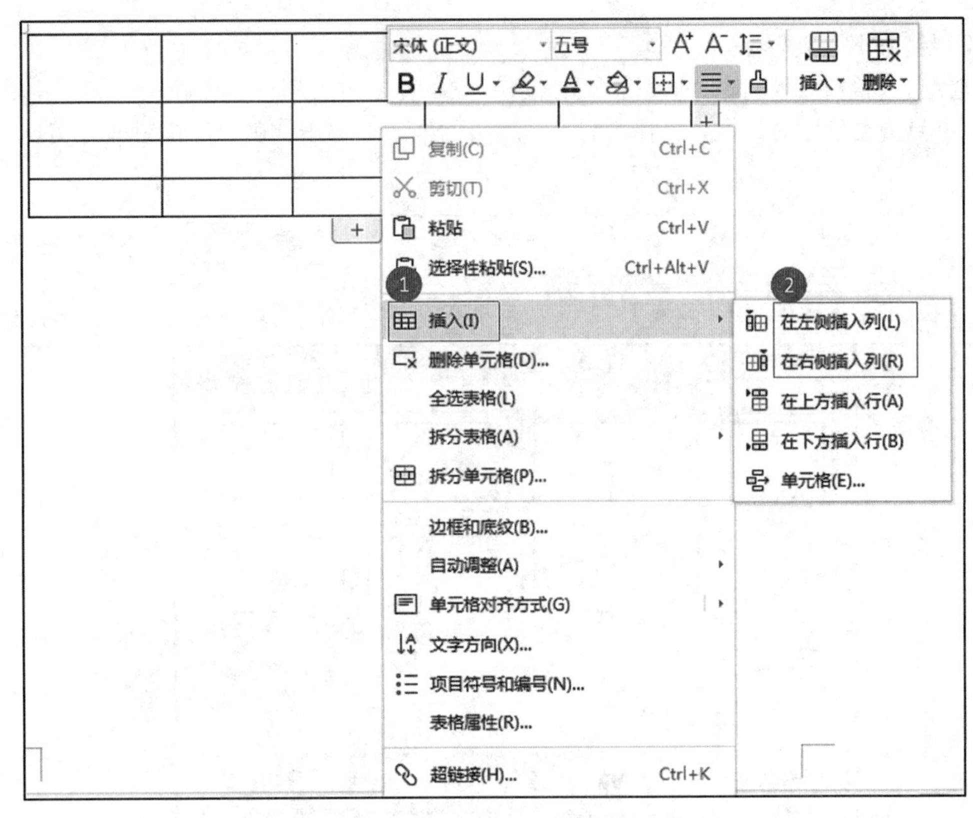

图 2-4-5　插入行或列

（5）插入单元格。首先选定要插入新单元格的位置，单击鼠标右键选择“插入”命令，会弹出子菜单，再选择“单元格”命令即可实现插入单元格。

（6）删除表格。先选定要删除的表格，单击鼠标右键选择“删除”即可删除表格，按退格键也可删除表格。

（7）删除单元格、行、列等。先选中要删除的单元格、行、列，然后单击鼠标右键选择“删除”即可删除，或是按退格键删除。

（8）单元格的拆分和合并。合并单元格是将两个或两个以上的单元格合成一个单元格。只需选定所要合并的单元格，至少两个，单击鼠标右键选择“合并单元格”命令。

拆分单元格是将一个单元格拆成两个或多个单元格。只需选择要拆分的单元格。单击鼠标右键选择“拆分单元格”命令。

（9）表格设置。选定要设置的表格，单击鼠标右键，在弹出的快速菜单中选择“表格属性”命令，在弹出的“表格属性”对话框中选择“表格”选项卡，在“尺寸”框中，指定表格总的宽度；在“对齐方式”框中，可以设置表格居中、右对齐和左对齐及左缩进的尺寸；在“文字环绕”框中，设置环绕形式；单击“确定”按钮，即可实现表格位置设置，如图 2-4-6 所示。

在“表格属性”对话框中选定“行”或“列”选项卡，就可设置表格各行的高度和各列的宽度。选定“单元格”选项卡，可以设置单元格的大小及单元格中数据的垂直对齐方式，如图 2-4-6 所示。

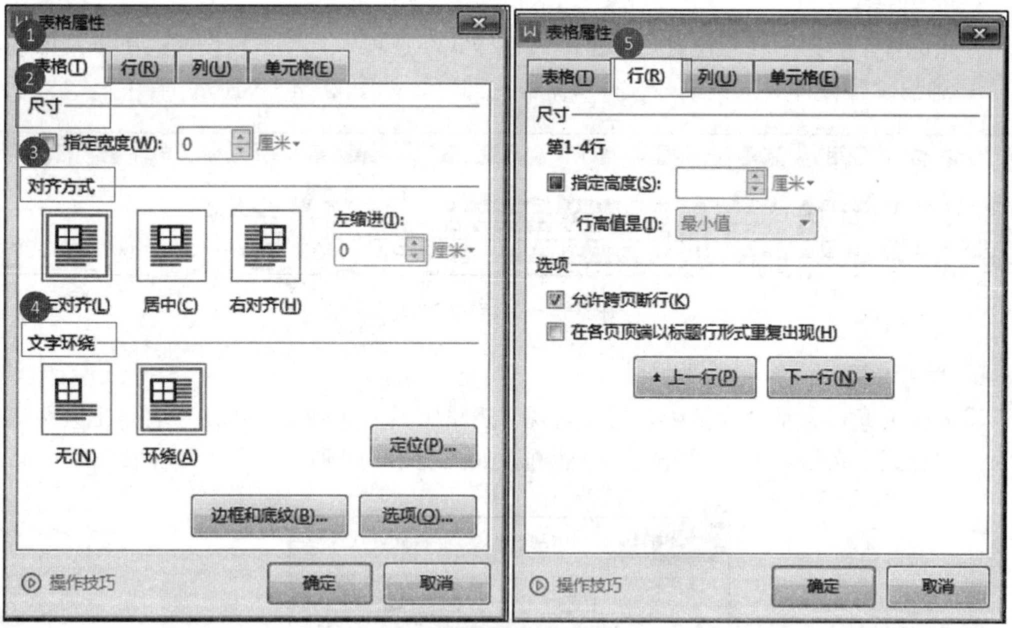

图 2-4-6　表格属性

4. 设置边框和底纹

选定要添加边框和底纹的表格或单元格，单击“表格样式”→“边框”命令按钮右下角的斜箭头按钮，在弹出的下拉菜单中选择“边框和底纹”命令，弹出“边框和底纹”对话框。在“边框和底纹”对话框中可选择表格边框的线型、颜色和宽度等。单击“确定”按钮，即可实现，如图 2-4-7 所示。

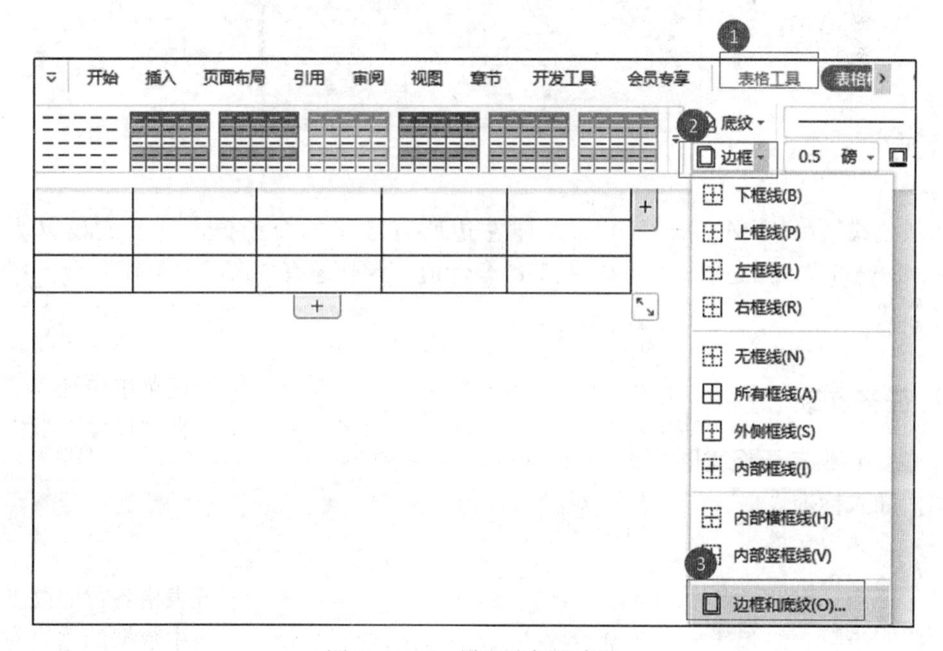

图 2-4-7　设置边框和底纹

5. 套用表格样式

将光标置于表格中任意位置，单击“表格样式”选项卡，单击预设样式下拉菜单按钮“ ”，弹出“预设样式”菜单，选择所需样式即可，如图 2-4-8 所示。

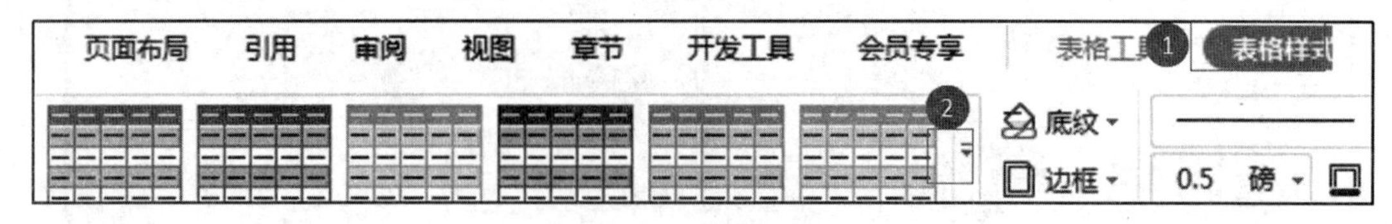

图 2-4-8　表格计算

6. 表格计算

将鼠标的光标移动到表格中，就会出现“表格工具”选项卡，单击“表格工具”选项卡下的“公式”按钮，弹出“公式”对话框，如图 2-4-9 所示。

图 2-4-9　表格计算

默认公式“＝SUM（LEFT)”，是取左边所有数字的合计值，将公式设置为“＝SUM（B2：B6)”，则是取 B2 至 B6 数字的合计值，此外还有“AVERAGE”（计算均值）等其他公式。

任务实现

1. 创建订购单表格雏形（图 2-4-10）

（1）插入标准表格。

（2）合并单元格。

（3）绘制表格斜线表头。

（4）确定行宽、列宽。

图书订购单

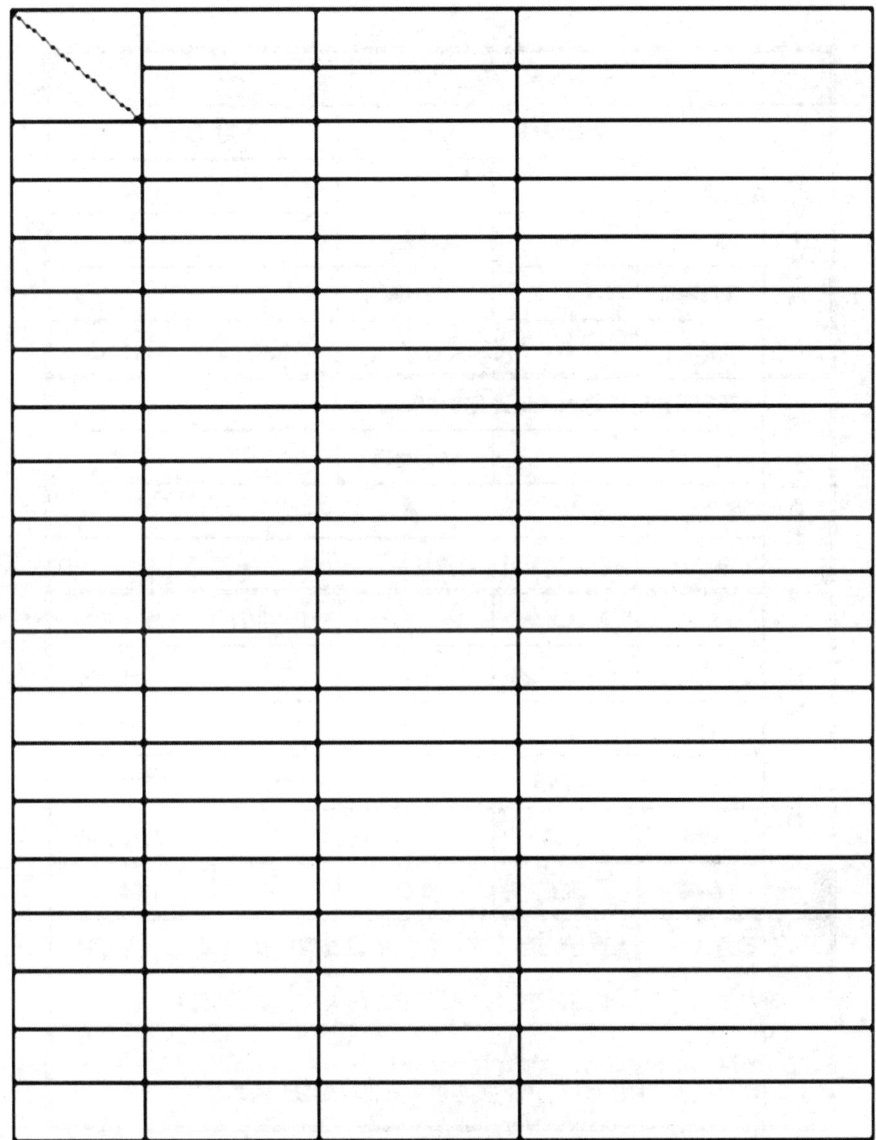

图 2-4-10　订购单雏形

2. 编辑订购单表格

(1) 插入表格行和列。

(2) 清除不需要的边框线。

(3) 合并与拆分单元格。

3. 输入与编辑订购单内容（图 2-4-11）

(1) 输入表格内容。

(2) 设置单元格对齐方式。

(3) 设置文字方向与分散对齐。

农产品订购单

<table>
<tr><td colspan="6">订购日期：年 月 日</td></tr>
<tr><td rowspan="5">订购人资料</td><td rowspan="2">□会员
□首次</td><td>会员编号</td><td>姓 名</td><td colspan="2">联系电话</td></tr>
<tr><td></td><td></td><td colspan="2"></td></tr>
<tr><td>姓 名</td><td></td><td>电子邮箱</td><td colspan="2"></td></tr>
<tr><td>联系电话</td><td></td><td>QQ号码</td><td colspan="2"></td></tr>
<tr><td>家庭地址</td><td colspan="2">省 市 县/区</td><td colspan="2">邮政编码：□□□□□□</td></tr>
<tr><td rowspan="4">收货人资料</td><td colspan="5">★指定其他送货地址或收货人时请填写</td></tr>
<tr><td>姓 名</td><td></td><td>联系电话</td><td colspan="2"></td></tr>
<tr><td>送货地址</td><td colspan="4">省 市 县/区（□家庭 □单位）</td></tr>
<tr><td>备 注</td><td colspan="4">有特殊送货要求时请说明</td></tr>
<tr><td rowspan="6">订购商品资料</td><td>产品号</td><td>产品名称</td><td>单价（元）</td><td>数量（kg）</td><td>金额（元）</td></tr>
<tr><td>A001</td><td>山东大白菜</td><td>1.5</td><td>500</td><td>750.00</td></tr>
<tr><td>A002</td><td>青椒</td><td>3.4</td><td>600</td><td>2,040.00</td></tr>
<tr><td>A003</td><td>马铃薯</td><td>0.8</td><td>350</td><td>280.00</td></tr>
<tr><td>A004</td><td>番茄</td><td>2.9</td><td>400</td><td>1,160.00</td></tr>
<tr><td>A005</td><td>茄子</td><td>3.2</td><td>300</td><td>960.00</td></tr>
<tr><td colspan="2">付款方式</td><td colspan="4">□银行汇款 □第三方支付 □货到付款（只限北京地区）</td></tr>
<tr><td colspan="2">配送方式</td><td colspan="4">□快递配送 □送货上门（只限北京地区）</td></tr>
<tr><td>注意事项</td><td colspan="5">●请务必详细填写，以便尽快为您服务
●在收到您的订单后，我们的客服人员将尽快与您联系确认</td></tr>
</table>

图 2-4-11 输入与编辑订购单内容

4. 设置与美化订购单表格

设置表格边框线。选中表格，单击“表格样式”→“边框”命令按钮右侧倒三角形图标，在弹出的下拉菜单中选择“边框和底纹”命令，弹出“边框和底纹”对话框。在“边框和底纹”对话框中，选择“边框”→“设置”→“方框”→“线型”→“════”→“应用于”→“表格”。单击“确定”按钮，即可完成，如图 2-4-12、图 2-4-13 所示。

5. 计算订购单表格中的数据（图 2-4-14）

（1）输入农产品订购信息。

（2）计算农产品的订购金额（使用 PRODUCT 函数做乘积）。

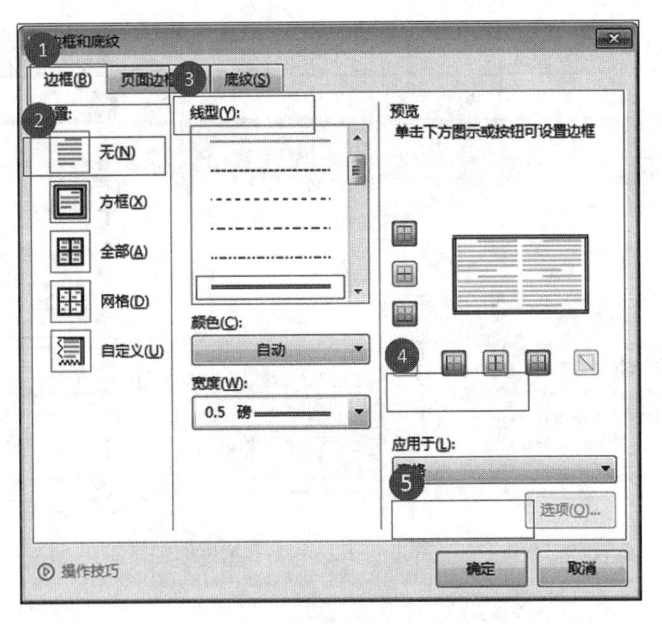

图 2-4-12　设置与美化订购单表格

农产品订购单

订购日期：年　月　日					
订购人资料	□会员 □首次	会员编号	姓　名	联系电话	
	姓　名		电子邮箱		
	联系电话		QQ号码		
	家庭地址	省　市	县/区	邮政编码：□□□□□□	
收货人资料	★指定其他送货地址或收货人时请填写				
	姓　名		联系电话		
	送货地址	省　市　县/区（□家庭 □单位）			
	备　注	有特殊送货要求时请说明			
订购商品资料	产品号	产品名称	单价（元）	数量（kg）	金额（元）
	A001	山东大白菜	1.5	500	750.00
	A002	青椒	3.4	600	2,040.00
	A003	马铃薯	0.8	350	280.00
	A004	番茄	2.9	400	1,160.00
	A005	茄子	3.2	300	960.00
付款方式		□银行汇款 □第三方支付 □货到付款（只限北京地区）			
配送方式		□快递配送　□送货上门（只限北京地区）			
注意事项	●请务必详细填写，以便尽快为您服务 ●在收到您的订单后，我们的客服人员将尽快与您联系确认				

图 2-4-13　设置与美化订购单表格

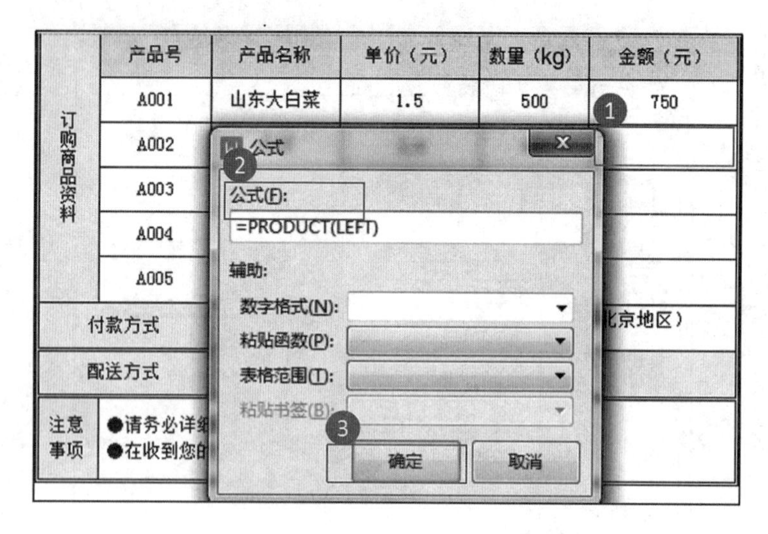

图 2-4-14 计算订购单表格中的数据

6. 保存文档

单击快速访问工具栏中的“保存”按钮，将文档及时保存。

训练任务

某公司要制作一份“采购询价单”，效果如图 2-4-15 所示，请应用所学知识在 WPS Office 中完成此项任务。

某公司采购询价单

采购申请单号	DS-52	询价单号	DS-52-12	申请采用商品名称		笔记本电脑
供应商		电话	厂家报价（单位：元）			
			出厂价	批发价	零售价	备注
IBM		010-85634774	8800	9150	9900	缺货
戴尔		010-66557333	7300	7500	8250	现货
惠普		010-86541455	7100	7400	8000	现货
联想		010-86584156	6300	6650	7250	缺货
神州		010-66583451	5600	5900	6600	现货
		平均价	7020	7320	8000	
采购员	王金荣	采购员员工号	CGB023	询价日期	2021-10-13	

图 2-4-15 采购询价单

任务 5 产品市场调研报告

在日常的工作和学习中，用户有时会遇到长文档的编辑，由于长文档内容多，目录结构复杂，如果不使用正确的方法，整篇文档的编辑就不能达到满意的效果。

在本任务中，通过学习制作“农产品市场调研报告”的排版，掌握 WPS Office 文字中文档的编辑排版，主要包括制作文档目录、插入分页符、分节符、页眉、页脚等。

任务描述

春节即将来临，×××农产品的需求发生变化。为了更好地了解市场并做好充分准备，公司对市场进行调研，并要小张制作市场调研报告，完成后的效果如图 2-5-1 所示。

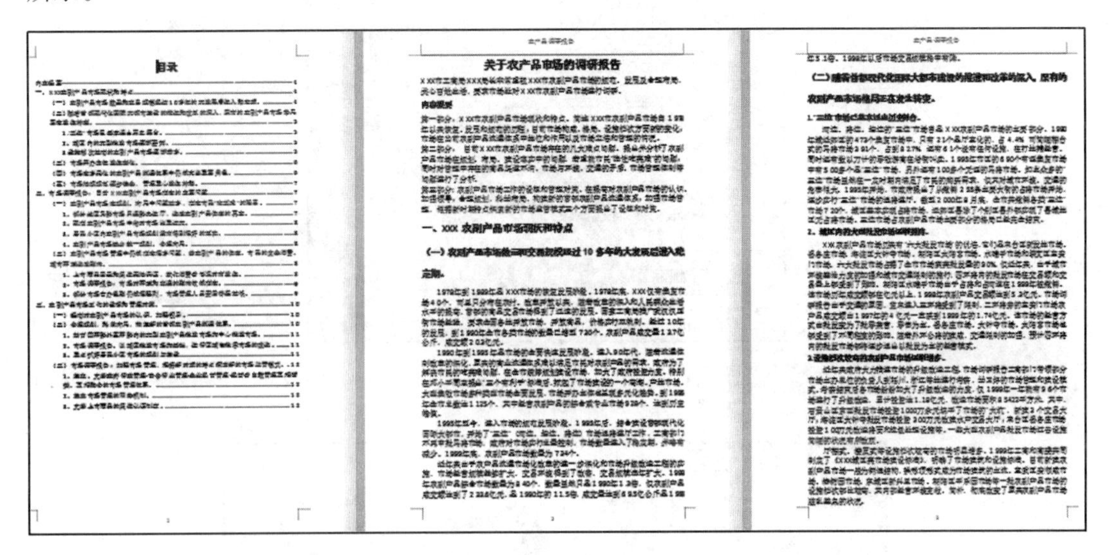
目录

关于农产品市场的调研报告

图 2-5-1　市场调研报告

任务分析

实现本工作任务首先要进行文本录入，包括特殊字符的输入，其次要新建样式并进行修改应用，再次生成目录，最后进行插入分页符、分节符、页眉、页码等操作，从而实现长文档的编辑排版。

必备知识

1. 新建样式

单击“开始”选项卡，选择样式面板右边的“ ”命令按钮，打开“预设样式”下拉菜单，弹出如图 2-5-2 所示的“预设样式”窗格，选择“新建样式”命令，弹出“新建样式”对话框，在“名称”文本框中输入样式名称，在“格式”中设置该样式所需的字符及段落格式，单击“确定”即可。

2. 创建模板

将设置各种样式（如：标题样式、文字样式、段落样式等）的文档以模板格式“. wpt”或“. dot”存储，以便后期相同文件套用模板。

3. 生成目录

(1) 将光标定位在标题之前，依次单击“页面布局”→“分隔符”→“分页符”，添

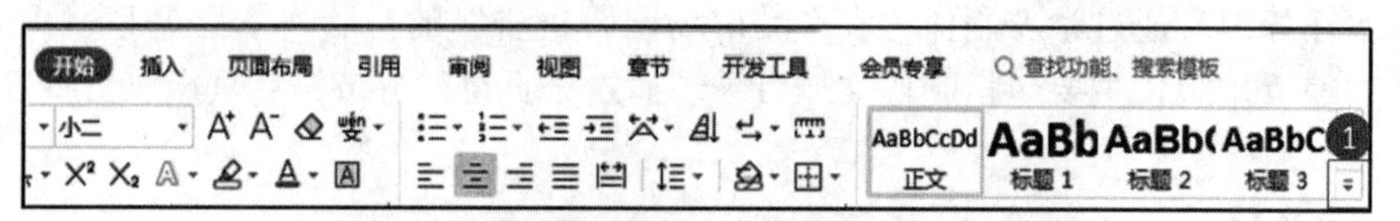

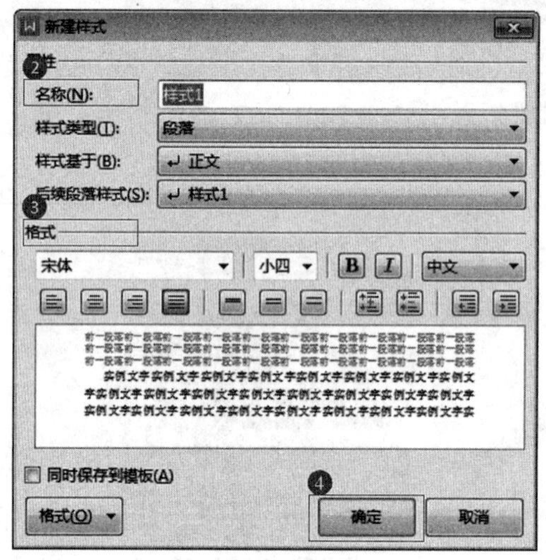

图 2-5-2 新建样式

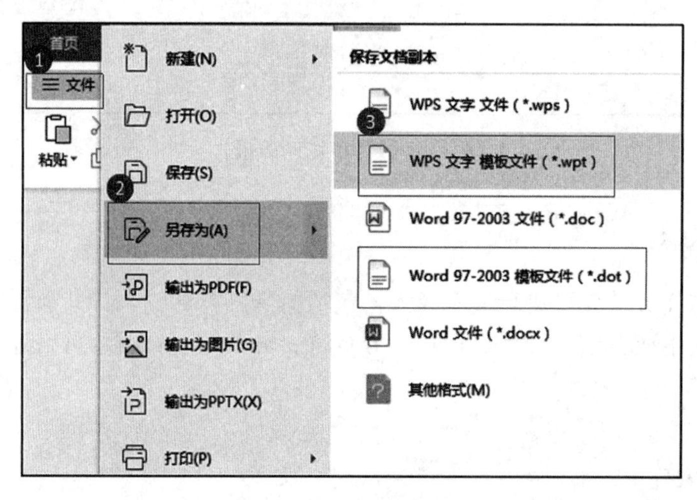

图 2-5-3 另存为模板

加一个空白页，输入“目录”，字号自定。

（2）依次单击“引用”→“目录”下拉按钮→“自定义目录”，弹出“目录”对话框。

（3）选中“显示页码”和“页码右对齐”复选框，在“制表符前导符”下拉列表中选择“……”（小圆点）样式的前导符；在“显示级别”中，选择“3”。

（4）单击“目录”对话框左下角“选项”按钮，打开“目录选项”对话框，如图 2-4-3 所示。选中“样式”复选框，在“有效样式”列表框对应的“目录级别”中，将“标题 1”“标题 2”“标题 3”的目录级别设置为“1”“2”“3”级，并选择“大纲级别”复选框，如图 2-5-4 所示，单击“确定”按钮。

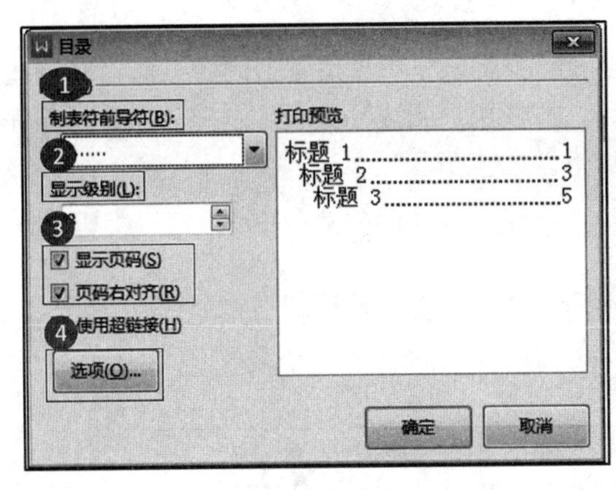

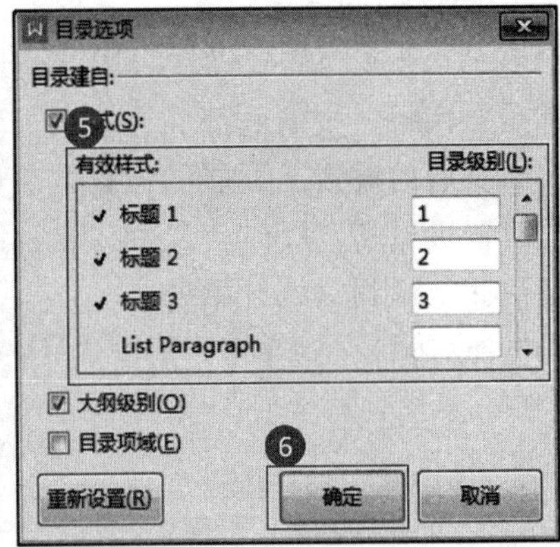

图2-5-4　目录设置

(5) 更新目录，如果目录制作完成后又对文档进行了修改，需要对目录进行更新，具体操作方法如下：单击“引用”→“更新目录”，在弹出的“更新目录”对话框中选择“只更新页码”/“更新整个目录”单选按钮，单击“确定”，完成更新，如图2-5-5所示。

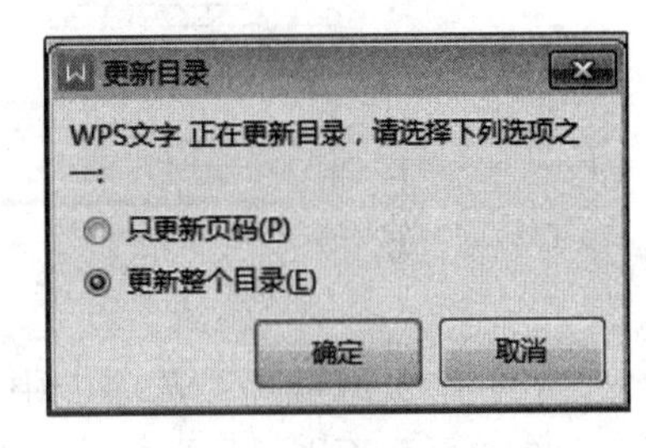

图2-5-5　更新目录

4. 分隔符设置

分页符：当文字或图形填满一页时，WPS Office会插入一个自动分页符（分页符：上一页结束以及下一页开始的位置）。WPS Office可插入一个“自动”分页符（或软分页符），或者通过插入“手动”分页符（或硬分页符）在指定位置强制分页。

分节符：为表示节的结尾插入的标记。分节符包含节的格式设置元素，如页边距、页面方向、页眉和页脚等，如要在一页之内或两页之间改变文档的布局，只需插入分节符。

(1) 插入分页符。将光标定位在需要分页的文本后，单击“页面布局”→“分隔符”命令下拉菜单，在下拉列表中选择“分页符”，如图2-5-6所示。

(2) 插入分节符。将光标定位在需要分节的文本后，单击“页面布局”→“分隔符”命令下拉菜单，在下拉列表中选择“下一页分节符”，如图2-5-6所示。

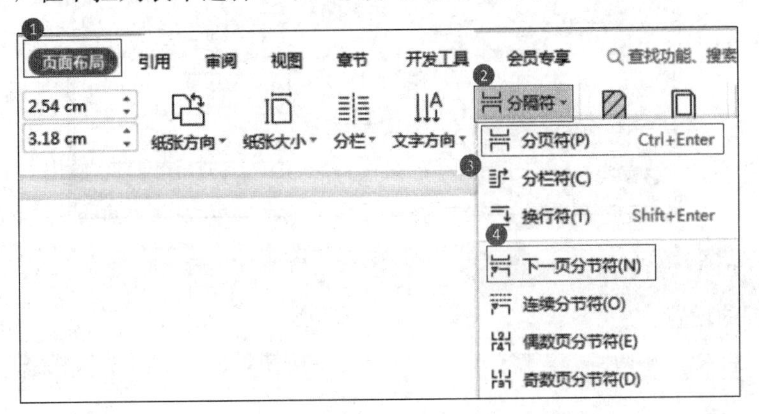

图2-5-6　分隔符设置

5. 页眉页脚的设置

很多 Word 文档需要设置页眉，甚至有时会要求每一页设置不同的页眉，而一些长文档通常需要在每一页的底部插入该页页码，方便用户阅读和查阅，这应该怎么操作呢？

（1）页眉的设置。页眉的设置方法如下。

①设置页眉和页脚时，最好从文档第一页开始，这样不容易混乱。按“Ctrl＋Home”组合键快速定位到文档开始处。

②选择“插入”选项卡，单击“页眉页脚”命令按钮，进入页眉编辑状态，如图 2-5-7 所示。

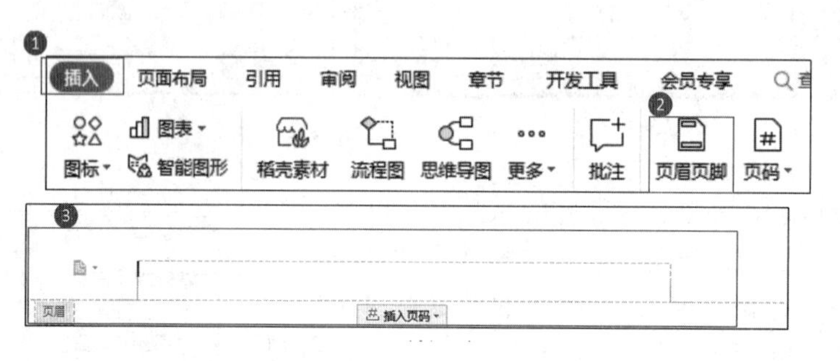

图 2-5-7　插入页眉

③在“页眉页脚”选项卡中，单击“页眉页脚选项”，打开“页眉/页脚设置”对话框，在“页面不同设置”栏中可根据需要选中“首页不同”和“奇偶页不同”复选框，如图 2-5-8 所示。

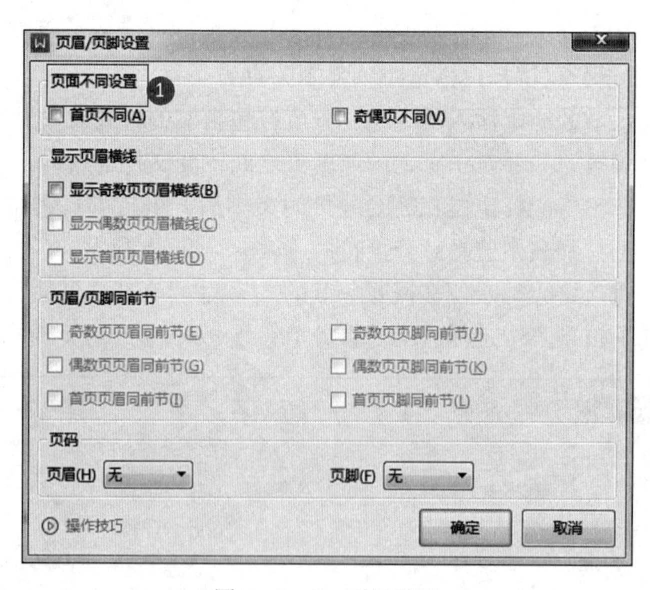

图 2-5-8　页眉设置

（2）页脚的设置。

①选择“插入”选项卡，单击“页眉页脚”命令按钮，进入页脚编辑状态，如图 2-5-9 所示。

②页码是页脚的一种特殊形式，可选择“插入”选项卡，单击“页码”命令按钮，弹

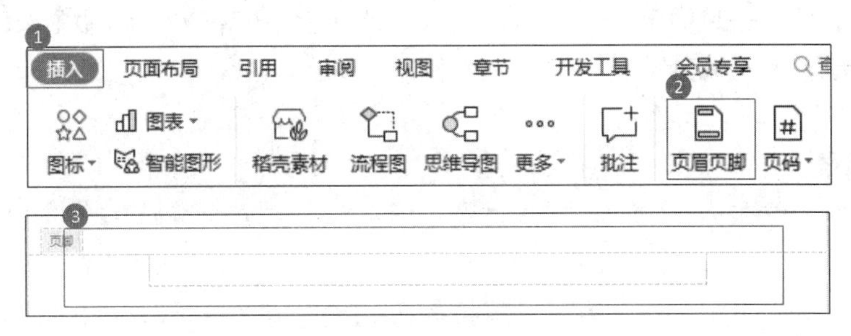

图 2-5-9 插入页脚

出“预设样式”菜单，选择想要样式或者单击“页码”命令，弹出“页码”对话框，根据要求进行样式、位置、包含章节符号、页码编号、应用范围等设置，如图 2-5-10 所示。

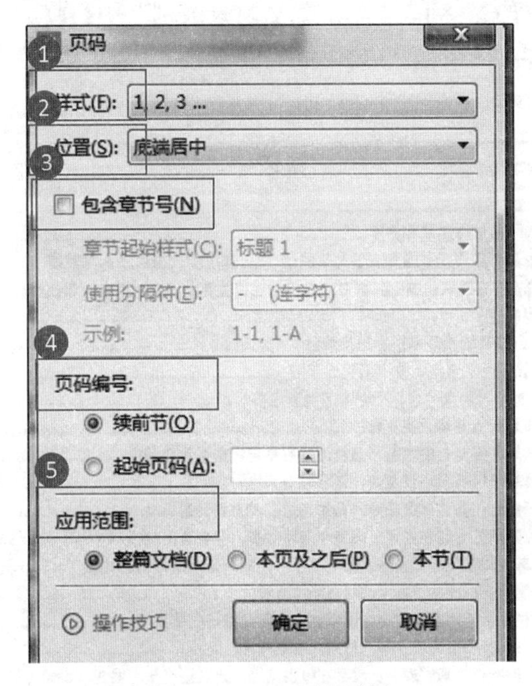

图 2-5-10 页脚设置

任务实现

1. 页面设置

打开“农产品市场调研报告”文档，设置纸张方向为“纵向”、页边距“适中”、纸张大小为“A4”。

2. 制作调研报告封面

①在文档首页，单击“页面布局”→“纸张方向”→“横向”命令。

②输入封面标题“农产品市场调研报告”，设置字体为“黑体”、字号“二号”、字形“加粗”等。

③设置封面标题样式，选中标题“农产品市场调研报告”，单击“开始”选项卡，应用“标题 1”样式，选中正文，应用“正文”样式，设置文本居中。

④插入分节符，在封面末端，单击“插入”选项卡中的“分页”命令按钮，在弹出的下拉菜单中单击“下一页分节符”命令，光标跳转到下一页，设置“页面布局” ➝“纸张方向”→“竖向”。

3. 插入目录

（1）将光标定位在标题之前，插入目录，依次单击“页面布局”→“分隔符”→“分页符”，生成一个空白页，输入“目录”，字号“三号”，字形“加粗”。

（2）依次单击“引用”→“目录”下拉按钮→“自定义目录”，弹出“目录”对话框。

（3）选中“显示页码”和“页码右对齐”复选框，在“制表符前导符”下拉列表中选择“………”（小圆点）样式的前导符；在“显示级别”中，选择“3”。

（4）单击“目录”对话框左下角“选项”按钮，打开“目录选项”对话框，选中“样式”复选框，在“有效样式”列表框对应的“目录级别”中，将“标题1”“标题2”“标题3”的目录级别设置为“1”“2”“3”级，并选择“大纲级别”复选框，单击“确定”按钮，如图2-5-11所示。

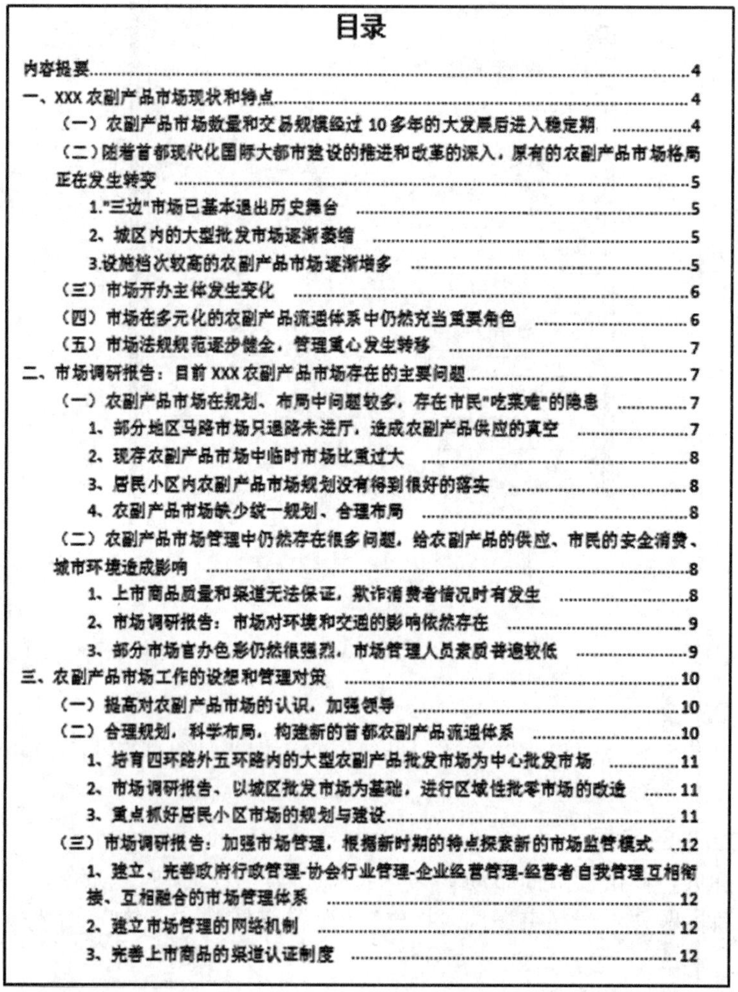

目录

内容提要……………………………………………………4
一、XXX农副产品市场现状和特点……………………………4
（一）农副产品市场数量和交易规模经过10多年的大发展后进入稳定期……………4
（二）随着首都现代化国际大都市建设的推进和改革的深入，原有的农副产品市场格局正在发生转变……………5
1."三边"市场已基本退出历史舞台……………5
2、城区内的大型批发市场逐渐萎缩……………5
3.设施档次较高的农副产品市场逐渐增多……………5
（三）市场开办主体发生变化……………6
（四）市场在多元化的农副产品流通体系中仍然充当重要角色……………6
（五）市场法规规范逐步健全，管理重心发生转移……………7
二、市场调研报告：目前XXX农副产品市场存在的主要问题……………7
（一）农副产品市场在规划、布局中问题较多，存在市民"吃菜难"的隐患……………7
1、部分地区马路市场只退路未进厅，造成农副产品供应的真空……………7
2、现存农副产品市场中临时市场比重过大……………8
3、居民小区内农副产品市场规划没有得到很好的落实……………8
4、农副产品市场缺少统一规划、合理布局……………8
（二）农副产品市场管理中仍然存在很多问题，给农副产品的供应、市民的安全消费、城市环境造成影响……………8
1、上市商品质量和渠道无法保证，欺诈消费者情况时有发生……………8
2、市场调研报告：市场对环境和交通的影响依然存在……………9
3、部分市场官办色彩仍然很强烈，市场管理人员素质普遍较低……………9
三、农副产品市场工作的设想和管理对策……………10
（一）提高对农副产品市场的认识，加强领导……………10
（二）合理规划，科学布局，构建新的首都农副产品流通体系……………10
1、培育四环路外五环路内的大型农副产品批发市场为中心批发市场……………11
2、市场调研报告、以城区批发市场为基础，进行区域性批零市场的改造……………11
3、重点抓好居民小区市场的规划与建设……………11
（三）市场调研报告：加强市场管理，根据新时期的特点探索新的市场监管模式……………12
1、建立、完善政府行政管理-协会行业管理-企业经营管理-经营者自我管理互相衔接、互相融合的市场管理体系……………12
2、建立市场管理的网络机制……………12
3、完善上市商品的渠道认证制度……………12

图2-5-11　插入目录

4. 插入页眉和页脚

（1）按“Ctrl＋Home”组合键快速定位到文档开始处。

（2）选择“插入”选项卡，单击“页眉页脚”命令按钮，打开“页眉页脚”选项卡，单击“页眉横线”命令按钮下拉菜单，选择“单实线”，进入页眉编辑状态，在页眉处输入“农产品市场调研报告”，设置字号为“五”号，居中对齐。

（3）在“页眉页脚”选项卡中，单击“页眉页脚选项”，“打开页眉/页脚设置”对话框，在“页面不同”栏中可选中“首页不同”复选框。

（4）插入页码，单击“插入”选项卡中的“页码”命令按钮，在弹出的“页码”对话框中设置页码位置为“底端居中”，效果如图 2-5-12 所示。

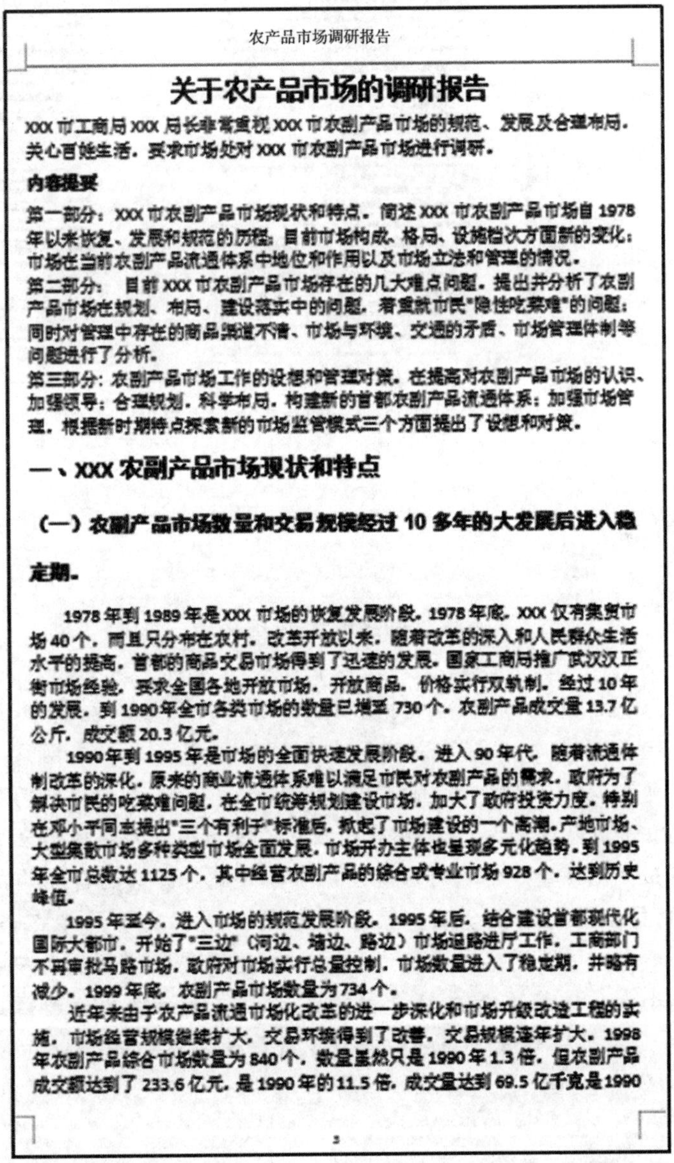

农产品市场调研报告

关于农产品市场的调研报告

XXX市工商局XXX局长非常重视XXX市农副产品市场的规范、发展及合理布局，关心百姓生活，要求市场处对XXX市农副产品市场进行调研。

内容提要

第一部分：XXX市农副产品市场现状和特点。简述XXX市农副产品市场自1978年以来恢复、发展和规范的历程；目前市场构成、格局、设施档次方面新的变化；市场在当前农副产品流通体系中地位和作用以及市场立法和管理的情况。

第二部分： 目前XXX市农副产品市场存在的几大难点问题。提出并分析了农副产品市场在规划、布局、建设落实中的问题，着重就市民"隐性吃菜难"的问题；同时对管理中存在的商品渠道不清、市场与环境、交通的矛盾、市场管理体制等问题进行了分析。

第三部分：农副产品市场工作的设想和管理对策。在提高对农副产品市场的认识、加强领导；合理规划、科学布局、构建新的首都农副产品流通体系；加强市场管理、根据新时期特点探索新的市场监管模式三个方面提出了设想和对策。

一、XXX农副产品市场现状和特点

（一）农副产品市场数量和交易规模经过10多年的大发展后进入稳定期。

1978年到1989年是XXX市场的恢复发展阶段。1978年底，XXX仅有集贸市场40个，而且只分布在农村。改革开放以来，随着改革的深入和人民群众生活水平的提高，首都的商品交易市场得到了迅速的发展。国家工商局推广武汉汉正街市场经验，要求全国各地开放市场，开放商品，价格实行双轨制，经过10年的发展，到1990年全市各类市场的数量已增至730个，农副产品成交量13.7亿公斤，成交额20.3亿元。

1990年到1995年是市场的全面快速发展阶段。进入90年代，随着流通体制改革的深化，原来的商业流通体系难以满足市民对农副产品的需求，政府为了解决市民的吃菜难问题，在全市统筹规划建设市场，加大了政府投资力度，特别在邓小平同志提出"三个有利于"标准后，掀起了市场建设的一个高潮。产地市场、大型集散市场多种类型市场全面发展，市场开办主体也呈现多元化趋势。到1995年全市总数达1125个，其中经营农副产品的综合或专业市场928个，达到历史峰值。

1995年至今，进入市场的规范发展阶段。1995年后，结合建设首都现代化国际大都市，开始了"三边"（河边、墙边、路边）市场退路进厅工作，工商部门不再审批马路市场，政府对市场实行总量控制，市场数量进入了稳定期，并略有减少。1999年底，农副产品市场数量为734个。

近年来由于农产品流通市场化改革的进一步深化和市场升级改造工程的实施，市场经营规模继续扩大，交易环境得到了改善，交易规模逐年扩大。1998年农副产品综合市场数量为840个，数量虽然只是1990年1.3倍，但农副产品成交额达到了233.6亿元，是1990年的11.5倍，成交量达到69.5亿千克是1990

3

图 2-5-12　插入页眉页脚

5. 保存文档

单击快速访问工具栏中的“保存”按钮，将文档及时保存。

训练任务

农产品直供直销未来发展潜力大，前景良好，现在请大家应用所学知识制作一份关于农产品直供直销调查报告，以了解目前农产品直供直销情况，效果如图 2－5－13 所示。

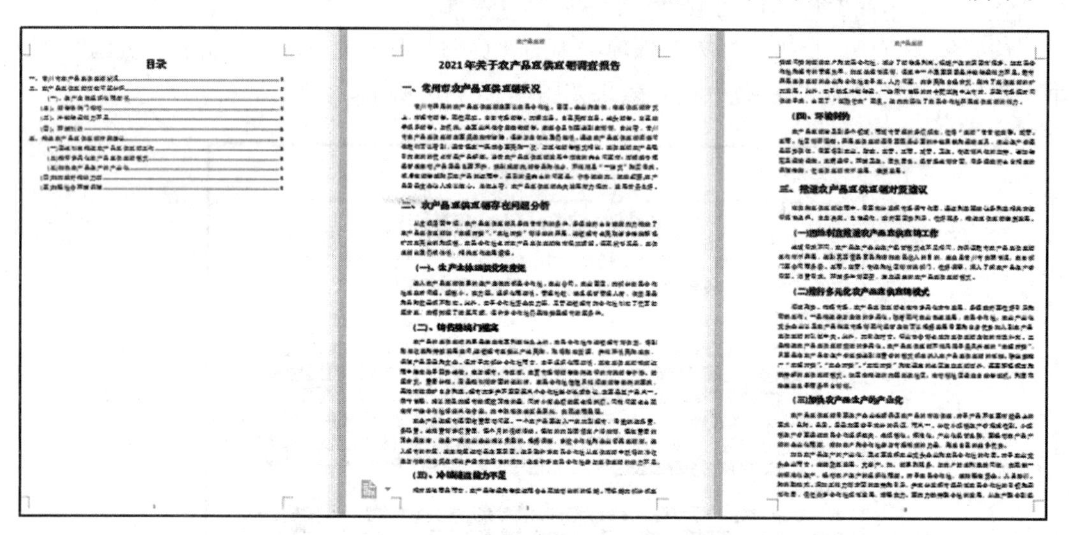

目录

2021年关于农产品直供直销调查报告

二、农产品直供直销存在问题分析

图 2－5－13　农产品直供直销调查报告

身边有法

不履行网络安全保护义务

2021 年 6 月，泸州某医院遭受网络攻击，造成全院系统瘫痪。泸州公安机关迅速调集技术力量赶赴现场，指导相关单位开展事件调查和应急处置工作。经调查发现，该医院未制定内部安全管理制度和操作流程，未确定网络安全负责人，未采取防范计算机病毒和网络攻击、网络侵入等危害网络安全行为的技术措施，导致被黑客攻击造成系统瘫痪。泸州公安机关根据《中华人民共和国网络安全法》第二十一条和五十九条之规定，对该院处以责令改正并警告的行政处罚。

《中华人民共和国网络安全法》第二十一条　国家实行网络安全等级保护制度。网络运营者应当按照网络安全等级保护制度的要求，履行下列安全保护义务，保障网络免受干扰、破坏或者未经授权的访问，防止网络数据泄露或者被窃取、篡改：（一）制定内部安全管理制度和操作规程，确定网络安全负责人，落实网络安全保护责任；（二）采取防范计算机病毒和网络攻击、网络侵入等危害网络安全行为的技术措施；（三）采取监测、记录网络运行状态、网络安全事件的技术措施，并按照规定留存相关的网络日志不少于六个月；（四）采取数据分类、重要数据备份和加密等措施；（五）法律、行政法规规定的其他义务。

《中华人民共和国网络安全法》第五十九条 网络运营者不履行本法第二十一条、第二十五条规定的网络安全保护义务的，由有关主管部门责令改正，给予警告；拒不改正或者导致危害网络安全等后果的，处一万元以上十万元以下罚款，对直接负责的主管人员处五千元以上五万元以下罚款。

任务6 需求分析说明书

任务描述

为了更好地了解市场形势，并为下一年的工作做好安排，某农业公司决定对生鲜农产品进行一次市场调查。因此现需要各部门及分公司协同完成“生鲜农产品需求分析说明书”，效果如图 2－6－1 所示。

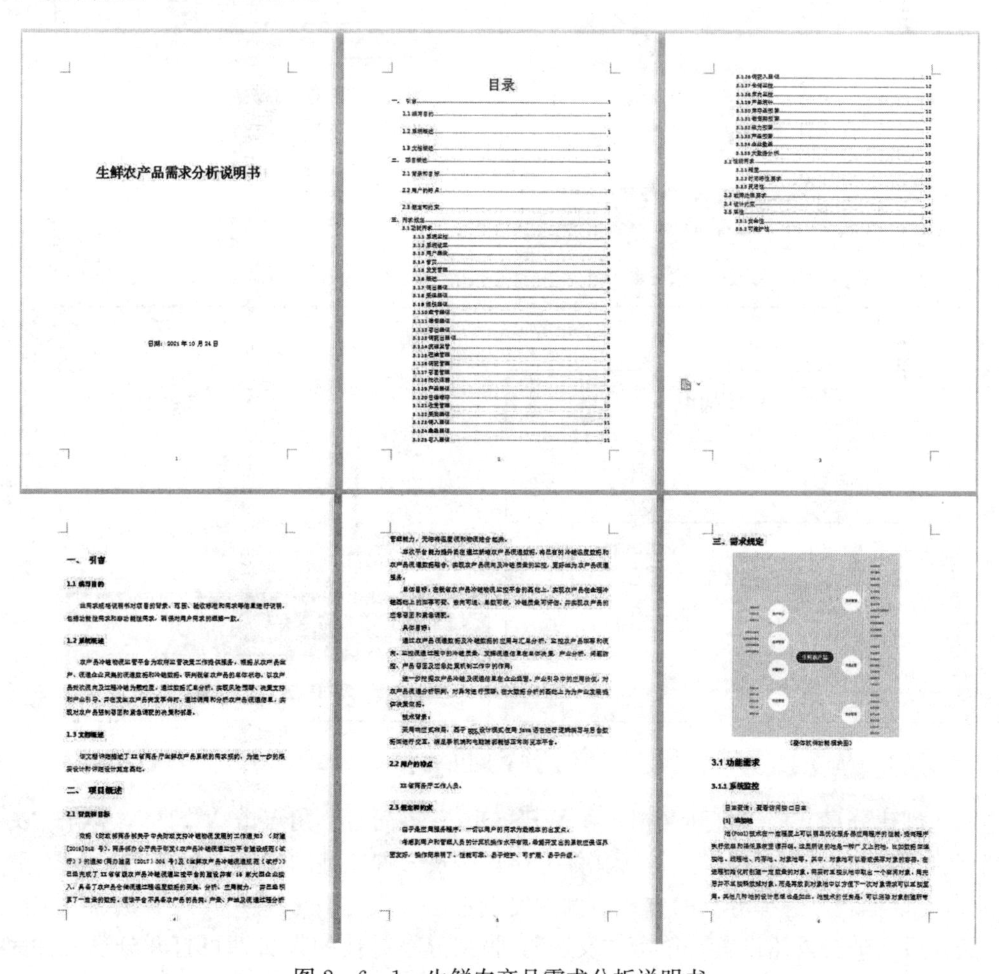

图 2－6－1 生鲜农产品需求分析说明书

任务分析

由于需要各部门及分公司协同完成，因此本任务要进行多人协同操作同一文档，这就需要我们学会多人协同处理同一文档，以及快速汇总多个子文档等有效的文档管理方式。

必备知识

1. 文档分享与协作

WPS Office 文字处理软件支持快速分享、多人实时协作、云端自动保存、丰富场景模板。无需转换格式，完全兼容 Office。需要进行远程协助、多人编辑时，可一键开启 WPS 的协作模式。协作文档需要上传至云端才可被其他成员访问、编辑。

（1）登录 WPS Office。在 WPS Office 界面右上角单击“访客登录”→“WPS 账号登录”对话框，选择登录方式，弹出“设置受信任设备”对话框，选择“受信任设备”或“临时登录设备”，完成登录，如图 2－6－2 所示。

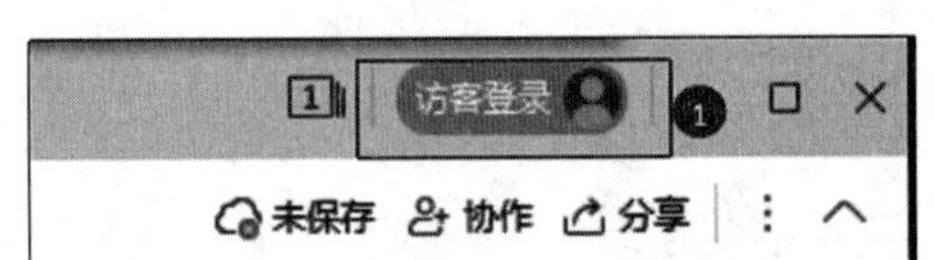

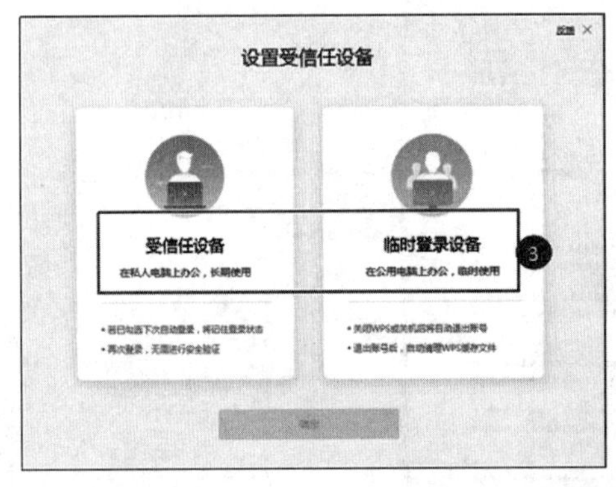

图 2－6－2　WPS Office 登录步骤

（2）创建分享文档。打开文档，在 WPS Office 界面右上角点击“分享”，弹出“另存云端开启‘云同步’”对话框，进行文件上传，以及云端地址的选择，单击“上传”，弹出“分享”对话框，可选择分享的方式，例如复制链接、发送联系人、发至手机、以文件发送，选择后，进行具体设置，单击“发送”。收到分享链接的人员即可打开分享文件完成设定的权限操作（图 2－6－3、图 2－6－4）。

图2-6-3　文档上传云端

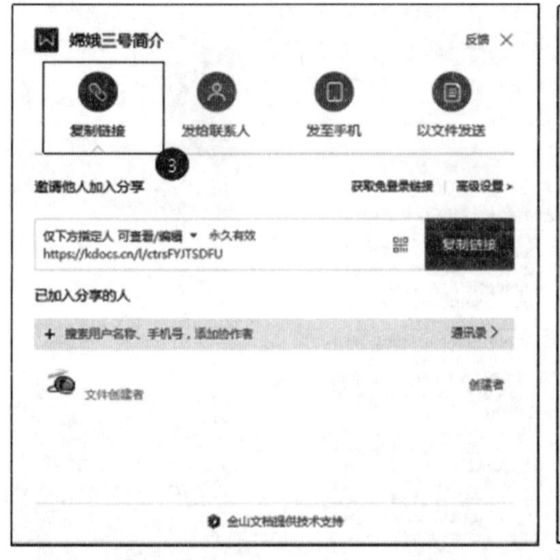

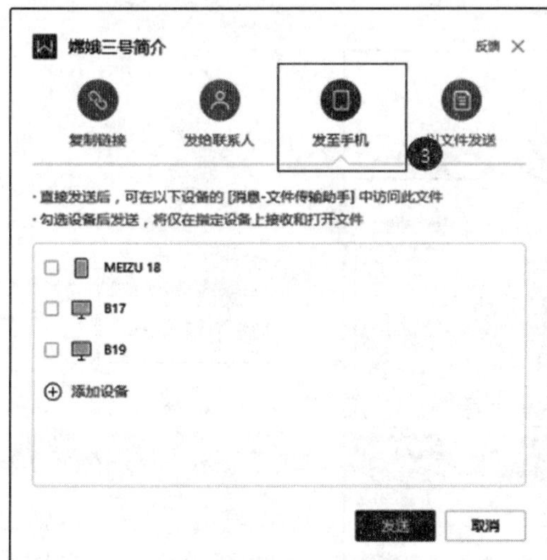

图2-6-4　文档分享的4种方式

（3）创建协作文档。打开文档，在 WPS Office 界面右上角单击“协作”，弹出下拉菜单，选择“进入多人编辑”命令，将弹出网页界面上的该文档，单击“分享”命令，弹出“分享”对话框，进行分享方式、权限和人员的设置，完成协作分享（图 2－6－5）。

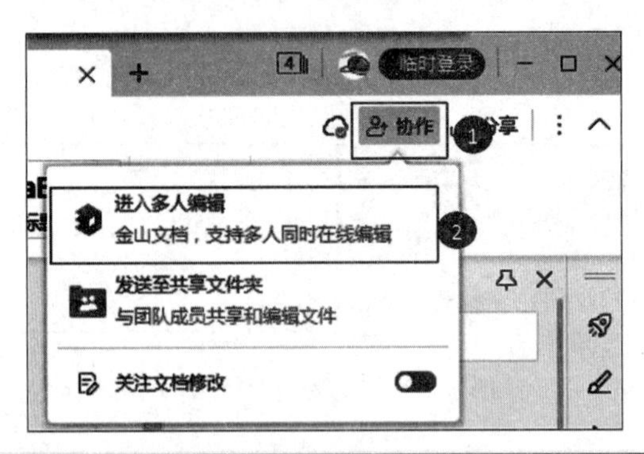

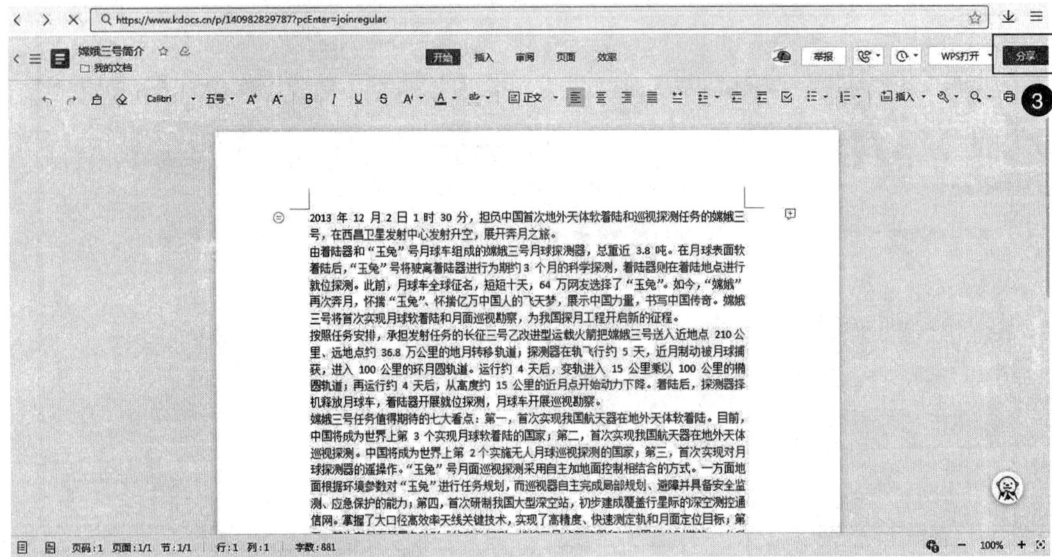

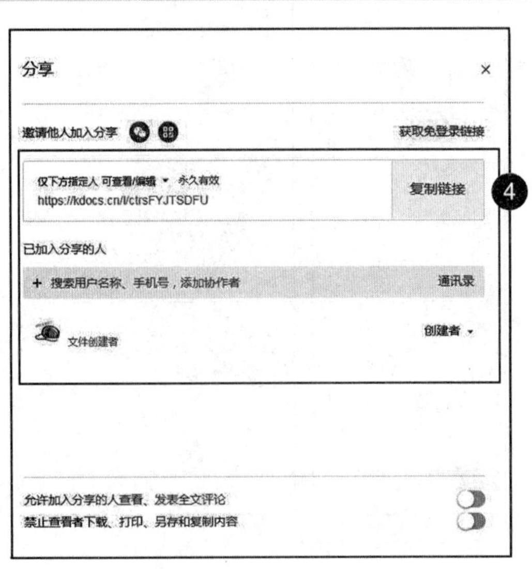

图 2－6－5　创建协作文档

（4）多人协作文件。单击创建者发送的“分享链接”，弹出“办公助手”对话框，单击“协作编辑通知”，弹出“邀请加入协作”对话框，单击“确认加入”，即进入网页状态下编辑页面，在此页面下，可以看到正在编辑的人员头像和操作（图2－6－6）。

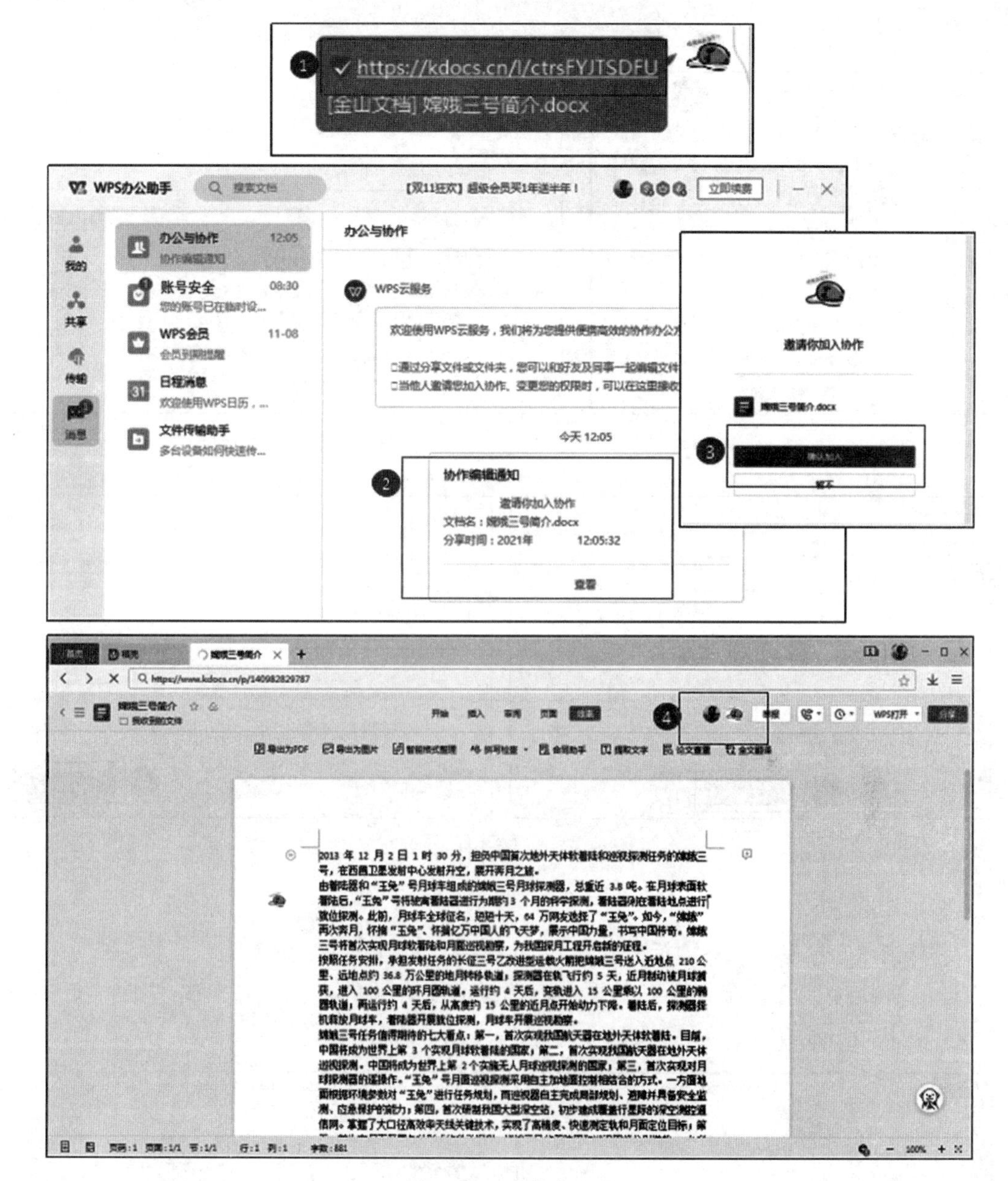

图2－6－6　协作文档

2. 文档拆分与合并

在使用文档时，很多时候由于工作需求，需要将一个文档中的内容拆分成多个文档，或者多个文档合并成一个文档，通过如下方法可以实现文档的拆分与合并。

（1）文档拆分。

①打开需要拆分的文档，将光标移动到需要拆分的部分。

②依次单击“插入”→“分页”→“分页符”，如图 2-6-7 所示。

③单击“会员专享”→“拆分合并”，并选择“文档拆分”选项，如图 2-6-8 所示。

④在弹出的“文档拆分”对话框中，选择需要拆分的文档，并单击“下一步”，如图 2-6-9 所示。

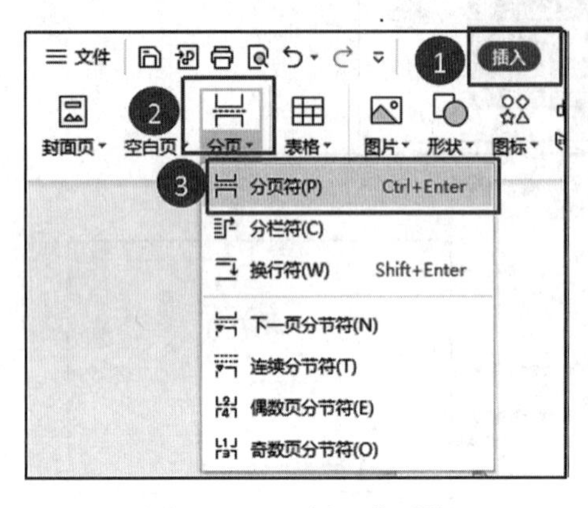

图 2-6-7 插入分页符

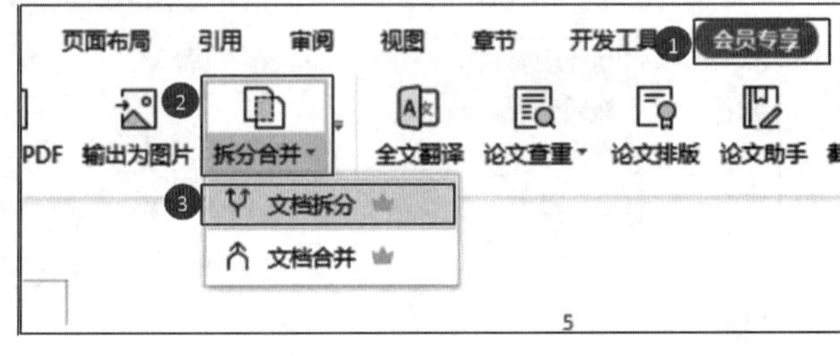

图 2-6-8 文档拆分

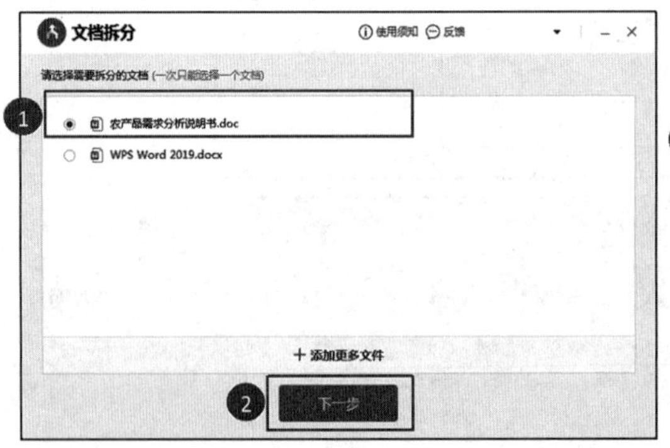

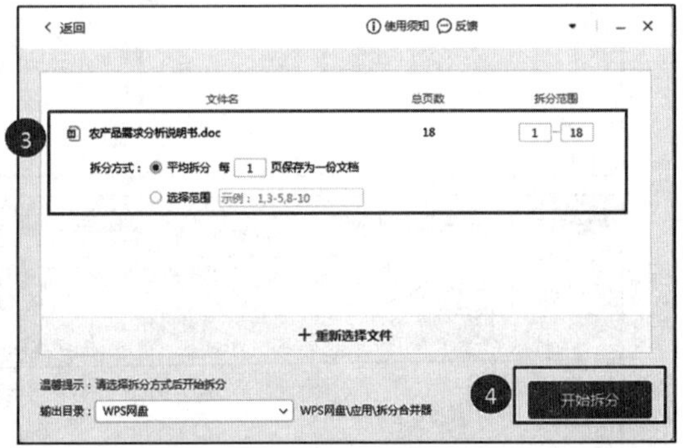

图 2-6-9 文档拆分设置

（2）文档合并。

①单击“会员专享”→“拆分合并”，并选择“文档合并”命令。

②在弹出的“文档合并”对话框中，选择需要合并的文档，并单击“下一步”，如图 2-6-10 所示。

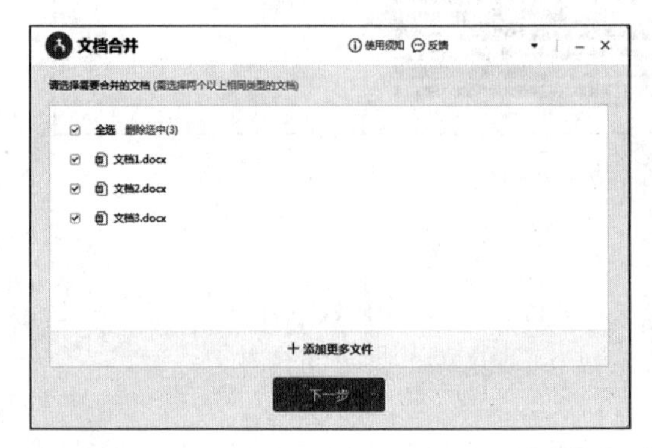

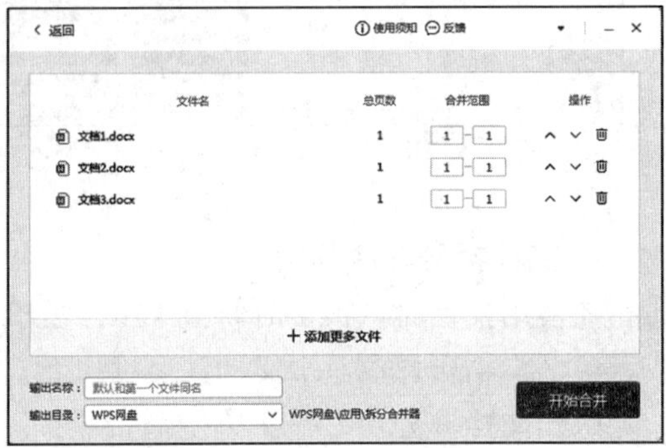

图 2-6-10 文档合并设置

任务实现

1. 创建“生鲜农产品需求分析说明书”

通过“文件”→“新建”→“文本文稿 1”→“另存为”→“生鲜农产品需求分析说明书.docx”，如图 2-6-11 所示。

图 2-6-11 创建文件

2. 设定文件基本格式

(1) 在第一页录入封面内容“生鲜农产品需求分析说明书”和日期，调整格式，如图 2-6-12 所示。

(2) 在第一页后连续插入“下一页分节符”，在第二页录入本次编辑的基本结构以及编制要求，在此基础上设定“标题 1”“标题 2”“标题 3”和“正文”的标准样式，如图2-6-13所示。

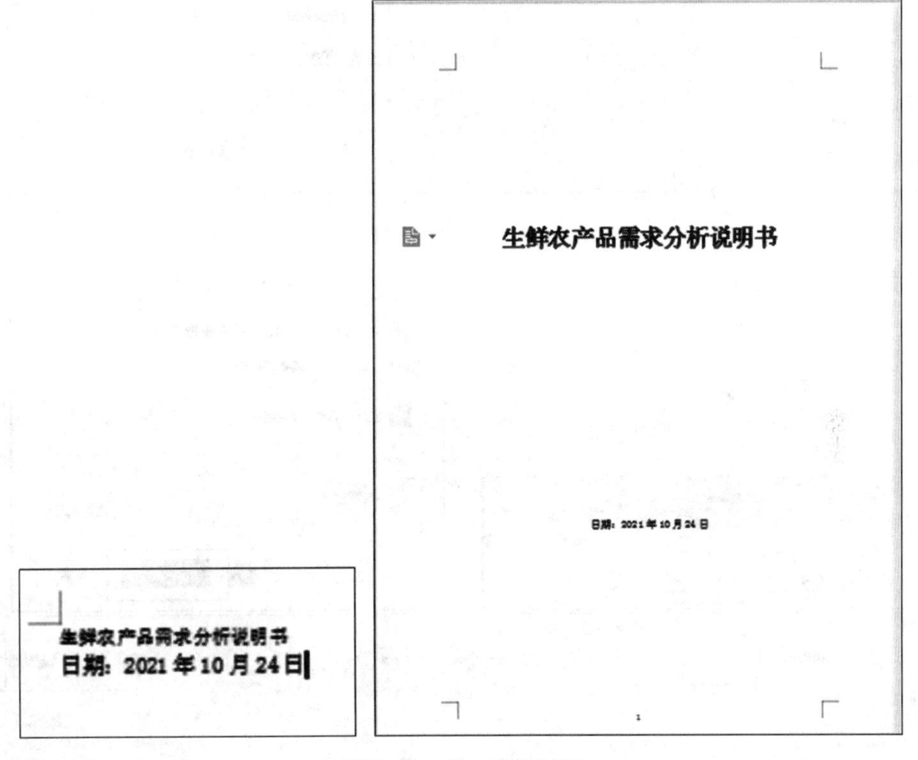

图 2-6-12 编辑封面

3. 协作文档

单击“协作”，弹出下拉菜单，选择“进入多人编辑”命令，将弹出网页界面上的该文档，单击“分享”命令，弹出“分享”对话框，进行分享方式、权限和人员的设置，完成协作分享，如图 2-6-14 所示。

4. 下载协作文档

单击“首页”→“我的云文档”→“文件”，找到“生鲜农产品需求分析说明书”文件后的“⋮”命令按钮，导出文件，并对文档内容进行汇总编辑和整理，如图 2-6-15 所示。

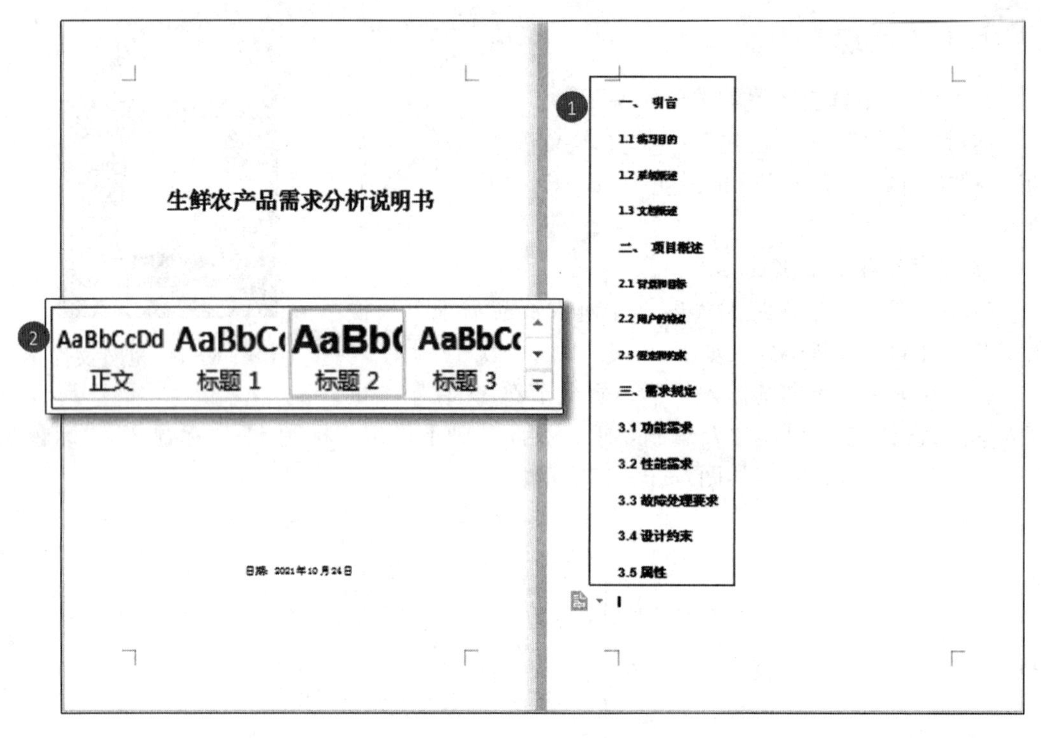

图 2-6-13　编辑文档结构

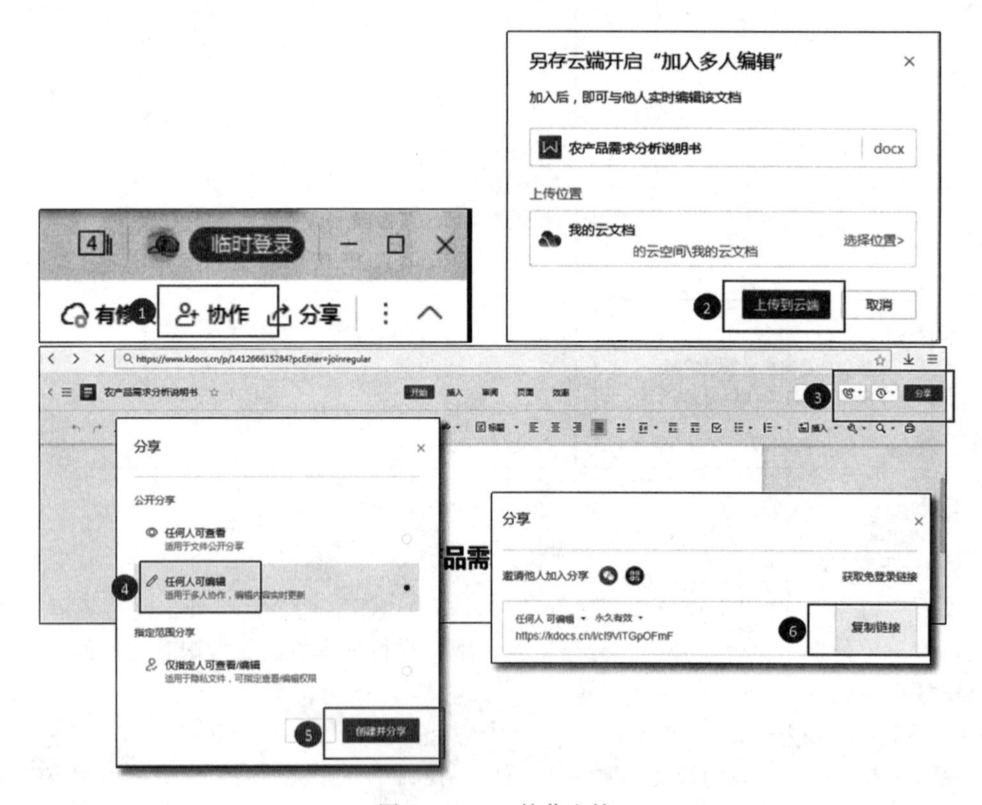

图 2-6-14　协作文档

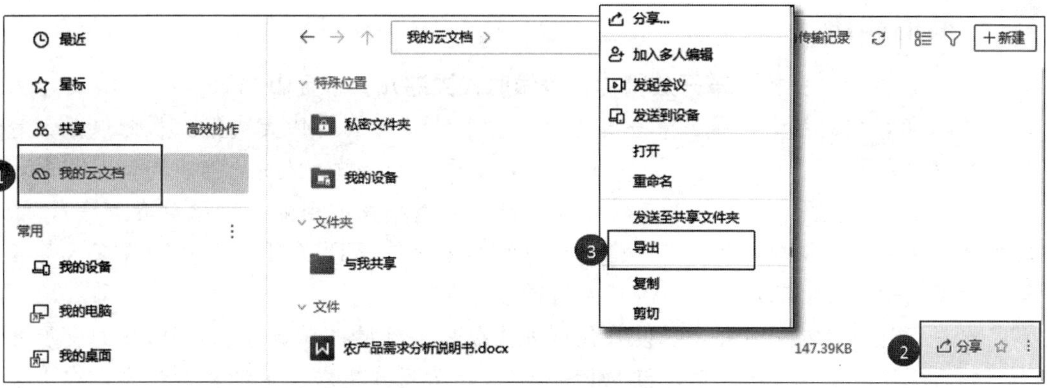

图2-6-15　下载协作文档

训练任务

为实现体温监测常态化管理，学校制作了“×××学校员工健康信息监测统计表”，并上传为班级协作文件，每位同学只需自行填写自测体温即可，完成效果如图2-6-16所示。

×××学校员工健康信息监测统计表

姓名	日期	早晨体温	晚上体温	身体是否有其他不适状况
×××	2021年×月×日			

图2-6-16　×××学校员工健康信息监测统计表

弘扬改革开放精神，争做时代弄潮儿——金山 WPS

1978年，党的第十一届三中全会上，提出了改革开放的伟大决策。从此以后，越来越多的中国人民在时代的浪潮下，锐意进取，砥砺创新，敢为人先，努力与时代接轨，营造出新时期中国人民奋勇争先的精神面貌。与互联网相关的企业也如雨后春笋一般涌现，其中就有金山软件股份有限公司，旗下卓越的办公软件 WPS Office 已成为许多人计算机桌面不可或缺的实用工具，受到了广大消费者的青睐。

作为目前国内唯一拥有大规模替代国外办公软件经验的民族软件，WPS 的发展并不是一帆风顺的，也有过低谷期，但 WPS 始终秉持为用户需求自主创新的信念，在办公赛道上坚定前行，是改革开放以来优秀企业的代表。

开拓创新

1988年5月，24岁的年轻的程序员求伯君夜以继日，在一台386电脑上敲出了122 000行代码，WPS 1.0 由此诞生，填补了中文字处理软件的空白。到了1994年，WPS 用户超过千万，占领了中文文字处理市场的90%。中国要与世界接轨离不开软件等技术的支持，在没有前人大量指导的情况下，金山 WPS 做到了开拓创新，为中国科技发展贡献了自己独特的力量。

勇于担当

1994年，微软 Windows 系统在中国悄然登陆。金山与微软达成协议，通过设置双方都可以互相读取对方的文件，也就是这一纸协议，成了 WPS 由盛到衰的转折点。1996年，随着 Windows 操作系统的普及，通过各种渠道传播的 Word 6.0 和 Word 97 成功地将大部分 WPS 过渡为自己的用户，WPS 的发展进入历史最低点。但是困难与挫折并没有打倒这个企业，他们从未停下创新的脚步，怀着一颗精益求精的心，要将 WPS 做到质量更高，便于更多用户办公。

2002年，WPS 踏上二次创业的征途。百名研发者彻底放弃14年的技术积累，新建产品内核，重写数十万行代码，开始了长达三年的卧薪尝胆。春去秋来，千余个日夜鏖战，终于研发出了拥有完全自主知识产权的 WPS Office 2005。

开放包容、兼容并蓄

2001年5月，WPS 正式采取国际办公软件通用定名方式，更名为 WPS Office。在产品功能上，WPS Office 从单模块的文字处理软件升级为以文字处理、电子表格、演示制作、电子邮件和网页制作等一系列产品为核心的多模块组件式产品。

在用户需求方面，WPS Office 细分为多个版本，其中包括 WPS Office 专业版、WPS Office 教师版和 WPS Office 学生版，力图在多个用户市场里全面出击。为了满足少数民族的办公需求，WPS Office 蒙文版发布。针对香港、台湾和澳门等使用繁体字地区的市场，金山还推出了 WPS 2000 繁体版（香港版、台湾版）。

2007年5月，WPS Office 英文版在越南发布，开始进入英文市场。

……

正是在开放包容、兼收并蓄的精神鼓舞下，金山才能做到让产品功能更加齐全的同时，包容更多地区的用户，或是有特殊需求的用户使用。凭借对产品用心的态度和产品本身过硬的品质，2001 年，WPS 2000 获国家科技进步二等奖（一等奖空缺），2007 年，WPS Office 再次获得国家科技进步二等奖。

与新时代共成长的金山 WPS

目前，全球办公服务市场正经历从“软件时代”向“云办公时代”的历史性转变，这意味着办公正在从以产品功能为主，转为以“跨多端、实时在线、多人协作、智能化”为特征的新阶段。2018 年，金山办公在其举办的“未来办公”大会上正式宣布，正在加速落地以“云、多屏、内容、AI”为核心的战略布局，将办公从传统的以产品和功能为主导形态，升级到“全终端+云服务，覆盖所有需求场景”的新型智能化办公形态，这一极具中国特色的办公服务模式，正在全世界范围内引领下一代办公软件产业发展。

截至 2020 年 9 月 30 日，WPS 月度活跃用户达到 4.47 亿，每天有超过 5 亿个文件在 WPS 平台上被创建、编辑和分享。WPS 移动版覆盖超过 220 个国家和地区，在谷歌和苹果的办公软件应用商店中排名前列，向全球输出中国创新。

值得一提的是，根据 2020 年 12 月 10 日计算机考试官网公告，自 2021 年 3 月考试起，新增二级 WPS Office 高级应用与设计。计算机考试不在只有 MS Office 科目，这意味着 WPS Office 受到了更广泛的认可。

金山办公是中国拥有“关键核心技术”的硬科技公司，持续多年投入核心技术的研发，帮助金山办公形成了自主知识产权、技术壁垒和品牌优势。作为一家源自中国的科技公司，秉持“绽放智慧的力量”这一品牌理念，金山办公在过去 33 年持续深耕办公赛道，从开创计算机“中文字处理时代”，到引领未来办公新方式，始终致力于为人们提供高效可靠、轻松愉悦的办公体验，为智慧的表达与传递创建高效平台。

综合练习2

一、选择题

1. WPS Office 文字是（　　）。

A. 字处理软件　　B. 系统软件

C. 硬件　　D. 操作系统

2. 在 WPS Office 文字处理软件的文档窗口进行最小化操作（　　）。

A. 会将指定的文档关闭

B. 会关闭文档及其窗口

C. 文档的窗口和文档都没关闭

D. 会将指定的文档从外存中读入，并显示出来

3. 若想在快速访问工具栏上添加命令按钮，应当使用（　　）。

A. “文件”选项卡中的命令　　B. “页面布局”选项卡中的命令

C. “插入”选项卡中的命令　　D. “引用”选项卡中的命令

4. 在工具栏中 ↶ 按钮的功能是（　　）。

A. 撤销上次操作　　B. 加粗

C. 设置下画线　　D. 改变所选择内容的字体颜色

5. 用 WPS Office 文字处理软件进行编辑时，若要将选定区域的内容放到剪贴板上，

可单击剪贴板中（　　）。

A. 剪切或替换　　　　B. 剪切或清除

C. 剪切或复制　　　　D. 剪切或粘贴

6. 在 WPS Office 文字处理软件中，如果要使图片周围环绕文字应选择（　　）操作。

A. “视图”选项卡中“导航窗格”列表中的“四周环绕”

B. “图片工具”选项卡中“环绕”列表中的“四周环绕”

C. “开始”选项卡中“文字排版”列表中的“文字环绕”

D. “页面布局”选项卡中“对齐”列表中的“文字环绕”

7. WPS Office 文字处理软件的页边距可以通过（　　）进行设置。

A. “页面”视图中的“标尺”

B. “视图”选项卡中的“导航窗格”

C. “页面布局”选项卡中的“页边距”

D. “插入”选项卡中的“纸张大小”

8. 在 WPS Office 文字处理软件中，对表格添加边框应执行（　　）操作。

A. “页面布局”选项卡中的“边框和底纹”对话框中的“边框”命令

B. “表格工具”选项卡中的“边框和底纹”对话框中的“边框”命令

C. “表格样式”选项卡中的“边框”命令

D. “表格工具”选项卡中的“边框”命令

9. 要删除单元格正确的是（　　）。

A. 选中要删除的单元格，按 Delte 键

B. 选中要删除的单元格，按剪切按钮

C. 选中要删除的单元格，按“Shift+Delete”键

D. 选中要删除的单元格，右击选择“删除单元格”命令

10. 在 WPS Office 文字处理软件中要对某一单元格进行拆分，应执行（　　）操作。

A. “页面布局”选项卡中的“拆分单元格”命令

B. “格式”选项卡中的“拆分单元格”命令

C. “表格工具”选项卡中的“拆分单元格”命令

D. “表格样式”选项卡中“拆分单元格”命令

二、判断题

1. 在 WPS Office 文字处理软件中，通过“屏幕截图”功能，不但可以插入未最小化到任务栏的可视化窗口图片，还可以通过屏幕剪辑插入屏幕任何部分的图片。（　　）

2. 在 WPS Office 文字处理软件中可以插入表格，而且可以对表格进行绘制、擦除、合并和拆分单元格、插入和删除行列等操作。（　　）

3. 在 WPS Office 文字处理软件中，进行表格底纹设置只能设置整个表格底纹，不能对单个单元格进行底纹设置。（　　）

4. 在 WPS Office 文字处理软件中，只要插入的表格选取了一种表格样式，就不能更改表格样式和进行表格的修改。（　　）

5. 在 WPS Office 文字处理软件中，不但可以给文本选取各种样式，而且可以更改样式。（　　）

6. 在 WPS Office 文字处理软件中，“行和段落间距”或“段落”中提供了单倍、多倍、固定值、多倍行距等行间距选择。 (　　)

7. 在 WPS Office 文字处理软件中，可以插入“页眉和页脚”，但不能插入“日期和时间”。 (　　)

8. 在 WPS Office 文字处理软件中，能打开“*.dos”扩展名格式的文档，并可以进行格式转换和保存。 (　　)

9. 在 WPS Office 文字处理软件中，通过“文件”按钮中的“打印”选项可以进行文档的页面设置。 (　　)

10. 在 WPS Office 文字处理软件中，插入的艺术字只能选择文本的外观样式，不能进行艺术字颜色、效果等其他的设置。 (　　)

三、思考题

1. 对文本进行分栏操作时，如果两栏文本的长度不一样，该如何操作才能将两栏的长度调整为一样?

2. 在 WPS Office 文字处理软件中该如何操作才能精确旋转图片?

项目3

WPS Office表格处理软件

WPS Office 表格是由我国金山软件股份有限公司自主研发的一款办公软件套装中的一个组件，是一个电子表格软件。它不仅包含基本的表格制作功能、数据处理功能，在公司管理、财务管理、市场与销售、经济统计等方面都有着广泛的应用。它还具有内存占用低、运行速度快、云功能多、强大插件平台支持、免费提供海量在线存储空间及文档模板等优点。

本项目将对 WPS Office 表格进行介绍，其中包括一些基本概念和基本操作。

能力目标：能够制作表格，并对表格进行格式设置及密码保护；能运用公式及函数对表格数据进行运算；掌握数据的排序、筛选、分类汇总、图表、透视表等基本操作，达到熟练处理表格数据的目的。

思政目标：养成严谨的学习态度和提升团队协作能力。

任务1 创建员工信息汇总表

任务描述

为了满足日常管理的需要，某公司决定对所有员工信息进行汇总，需要人事部整理一份集合员工信息表、员工工资表、员工考勤表的工作簿，样表如图 3-1-1 所示。

任务分析

本任务要进行工作簿的新建、打开、关闭与保存；工作表的切换、插入、删除、重命名、移动、复制、冻结、显示、隐藏和保护共享等相关操作，从而掌握常用员工信息表、员工工资表、员工考勤表等多项日常工作表的创建和管理。

必备知识

1. WPS Office 表格的启动和退出

(1) 启动 WPS Office 表格。

方法一：在桌面上双击 WPS Office 的快捷方式图标，如图 3-1-2 所示。

	A	B	C	D	E	F	G	H
1	某公司员工信息表							
2	员工编号	姓名	部门	性别	参加工作日期	身份证号	联系电话	工龄
3	A0001	李波	技术部	男	2002/6/7	41292819790620XXXX	13000000000	14
4	A0002	张长海	人力资源部	男	2008/9/14	41292819850311XXXX	13000000000	8
5	A0003	郭灿	后勤部	男	2006/8/9	41292819811131XXXX	13000000000	10
6	A0004	黎明	市场部	男	2014/6/10	41292819960623XXXX	13000000000	2
7	A0005	林鹏	技术部	男	2008/7/11	41292819860507XXXX	13000000000	8
8	A0006	骆杨明	财务部	男	2002/6/12	41292819781103XXXX	13000000000	14
9	A0007	江长华	财务部	女	2011/8/23	41292819910820XXXX	13000000000	5
10	A0008	张博	业务部	男	2002/8/14	41292819790310XXXX	13000000000	14
11	A0009	陈士玉	市场部	女	2014/8/15	41292819960520XXXX	13000000000	2
12	A0010	李海星	业务部	男	2015/8/22	41292819960623XXXX	13000000000	1
13								
14								
15								

员工信息表 员工工资表 员工考勤表

图 3-1-1 员工信息汇总表

方法二：双击带有“. xlsx”后缀的工作簿（即 WPS Office 表格文件）来启动，这样在打开工作簿文件的同时也启动了 WPS Office 应用程序。

方法三：如果桌面上没有快捷方式图标，可以通过单击 Windows 桌面左下角的“开始”按钮，然后选择“程序”→“WPS Office”打开。

（2）退出 WPS Office 表格。单击右上角的“关闭” × 按钮或者按“Alt ＋ F4”组合键。如果在退出时工作簿尚未被保存，系统就会出现保存文件的提示对话框，此时可以对工作簿进行保存，如图 3-1-3 所示。

图 3-1-2 快捷方式

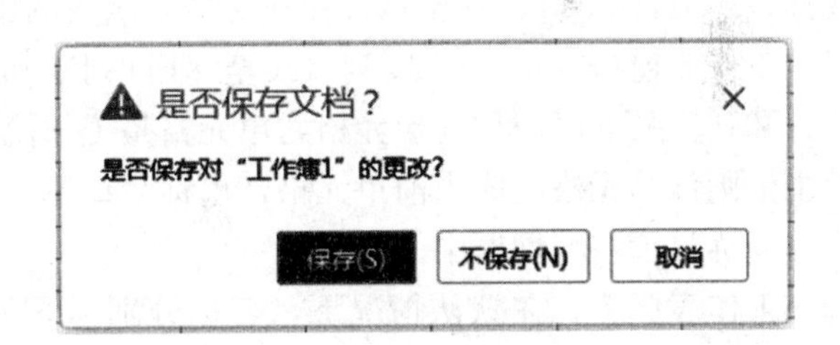

图 3-1-3 提示对话框

2. 认识 WPS Office 表格界面

在启动 WPS Office 表格之后，将出现如图 3-1-4 所示的工作窗口。

（1）标题栏。位于窗口上端，由“首页”选项卡、“稻壳”选项卡、“文件标签”账号信息和 3 个控制按钮组成。

（2）选项卡。在 WPS Office 表格中采用选项卡的形式，其中包括了 WPS Office 表格全部的命令，有“文件”“开始”“插入”“页面布局”“公式”“数据”“审阅”“视图”“开发工具”等选项卡，以及“快速访问工具”“搜索框”“云端工具组”。每个选项卡中又包含了很多功能组，每一个功能组又包含了若干个工具按钮。

（3）名称框。显示当前单元格地址，在公式编辑状态下名称框变为函数框。

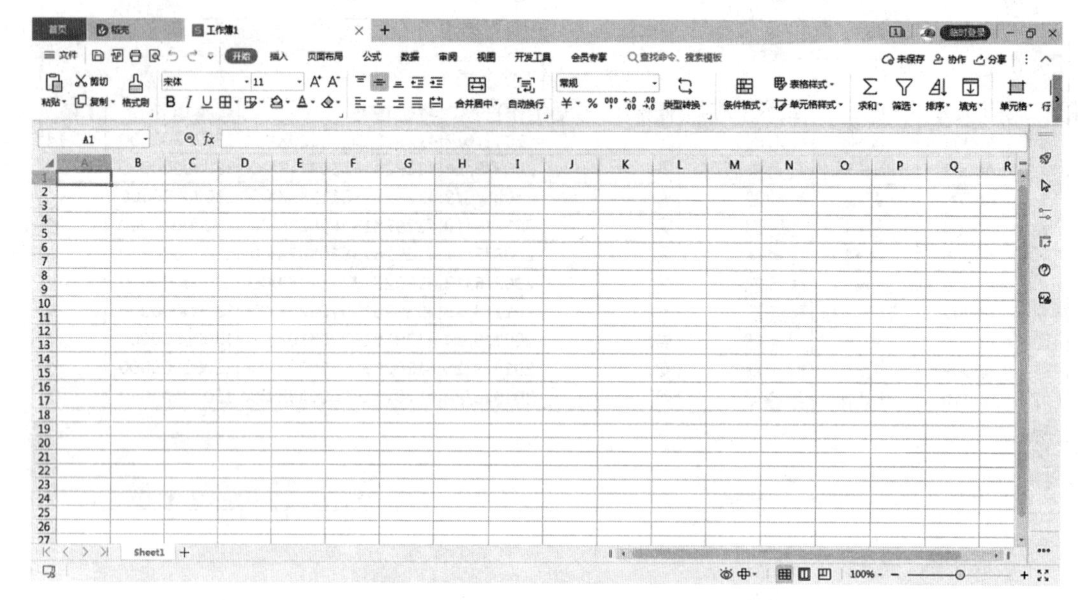

图 3-1-4　WPS Office 表格应用程序窗口界面

（4）编辑栏。编辑栏中可同步显示当前活动单元格中的具体内容。如果单元格中输入的是公式，则单元格显示公式的计算结果，但编辑栏中显示的是具体的公式。有时单元格的内容比较长，无法在单元格中以一行显示，编辑栏中可以看到比较完整的内容。

当把光标定位在编辑栏时，编辑栏前面会显示 3 个按钮，它们的功能分别为：

①取消按钮 ×：单击该按钮取消输入内容。

②输入按钮 ✓：单击该按钮确认输入内容。

③插入函数按钮 fx：单击该按钮执行插入函数的操作。

（5）工作表窗口。由 16 384 列（A 至 XFD 列）和 1 048 576 行（1 至 1 048 576 行）组成。行和列交叉的区域称为单元格，单元格是工作簿的最小组成单位。移动鼠标到某单元格单击，则该单元格变成当前单元格，也称活动单元格。并且单元格框线变成粗线，此时单元格名称显示在名称框中。

（6）工作表标签。在默认情况下，名称分别为 Sheet1。用户可以通过在标签上单击鼠标右键，利用快捷菜单完成插入新工作表、删除工作表、更改工作表标签名称等操作，也可利用拖动的方法完成工作表的移动和复制。

（7）水平、垂直拆分块。将当前工作表拆分成水平和垂直相同的两个窗口，被拆分的窗口都有各自独立的滚动条。

（8）水平、垂直滚动条。滚动条用来改变工作表的可见区域。

（9）状态栏。位于窗口的底部，显示当前命令的执行情况及与其相关的操作信息。

3. 工作簿的基本操作

工作簿是 WPS Office 表格文档的统称，含有至少一个工作表。而一个工作表中可以含有多个单元格。

（1）新建工作簿。方法有以下 5 种。

①双击启动 WPS Office 后，单击“首页”→“新建”→“S 表格”→“新建空白表

格”，自动产生一个新的工作簿，名称为“工作簿 1”，扩展名为“. xlsx”，直到工作簿保存时由用户确定具体的文件名，如图 3-1-5、图 3-1-6 所示。

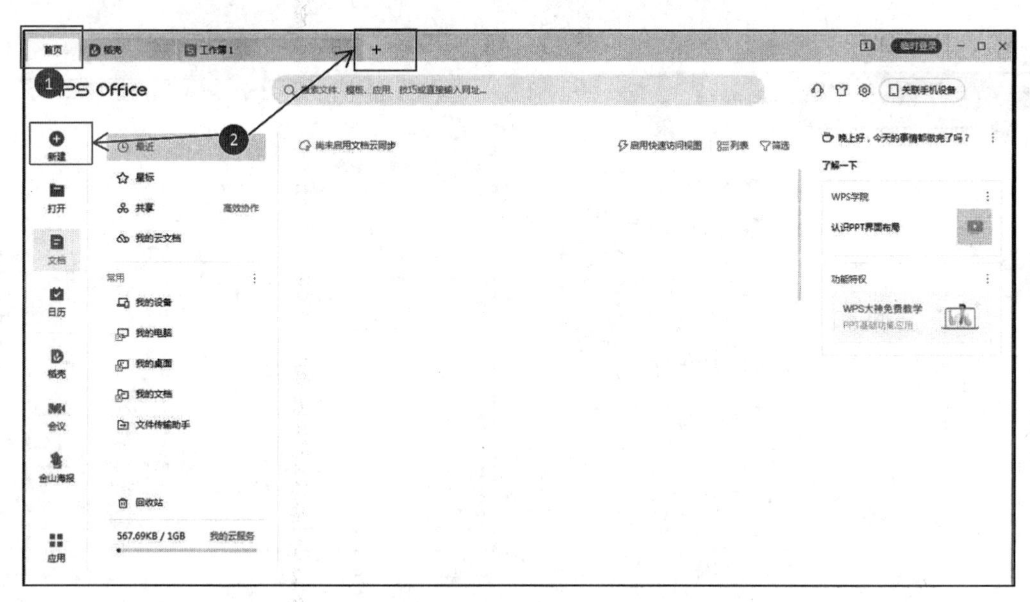

图 3-1-5　新建工作簿界面

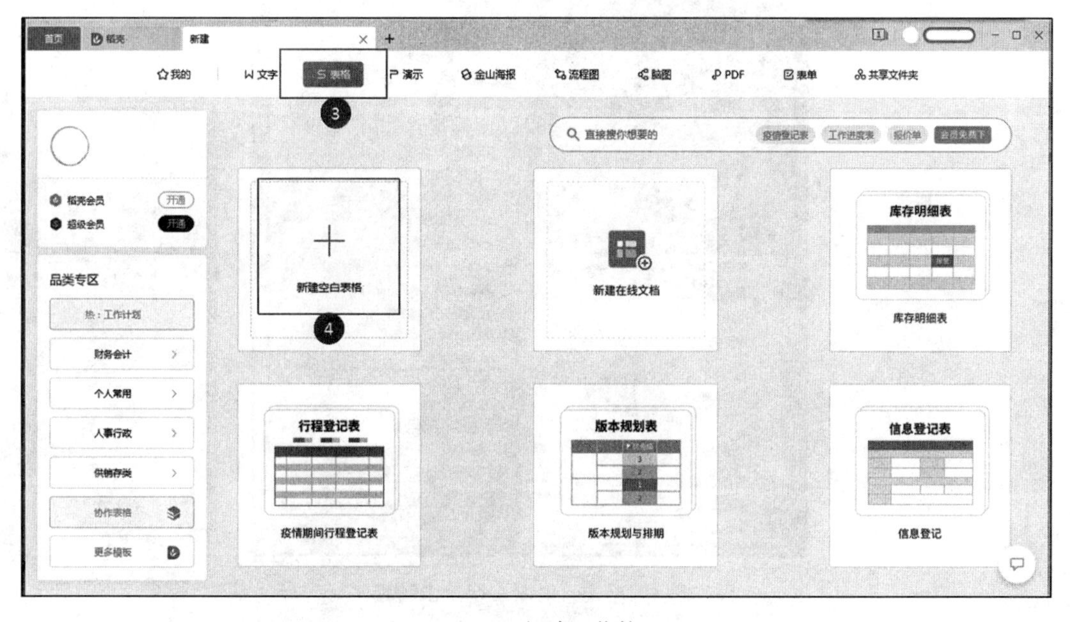

图 3-1-6　新建工作簿界面

在“S 表格”列表中有多种创建工作簿的方式，如空白工作簿、报表、样本模板等方式。任选一种模板，则可创建一个与模板类似的工作簿。

②双击启动 WPS Office 后，单击“文件”→“新建”，如图 3-1-7 所示。

③单击标题栏上的“快速启动工具栏”中的“新建”按钮。可创建一个空白工作簿，如图 3-1-8 所示。

④使用“Ctrl+N”组合键。

⑤在 Windows 桌面右键单击空白处，在弹出的快捷菜单中执行“新建”→“XLSX 工作表”，也可新建一个工作簿，如图 3-1-9 所示。

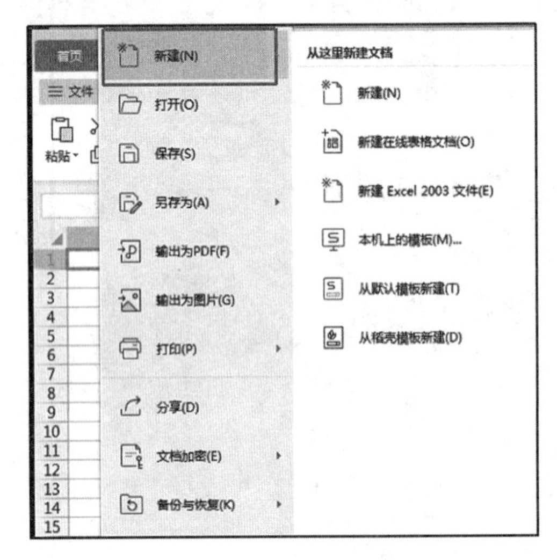

图 3-1-7　文件命令新建

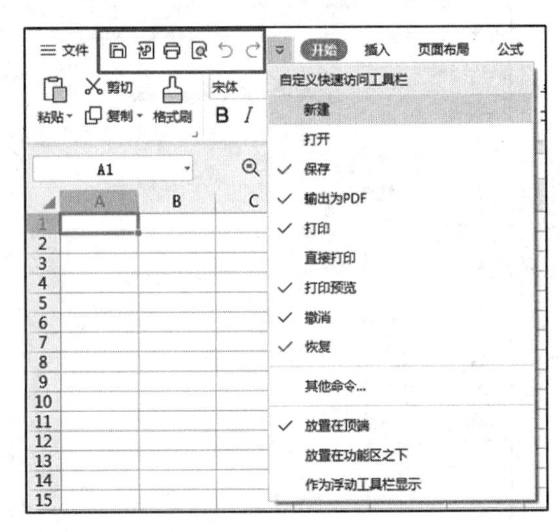

图 3-1-8　快速访问工具栏新建

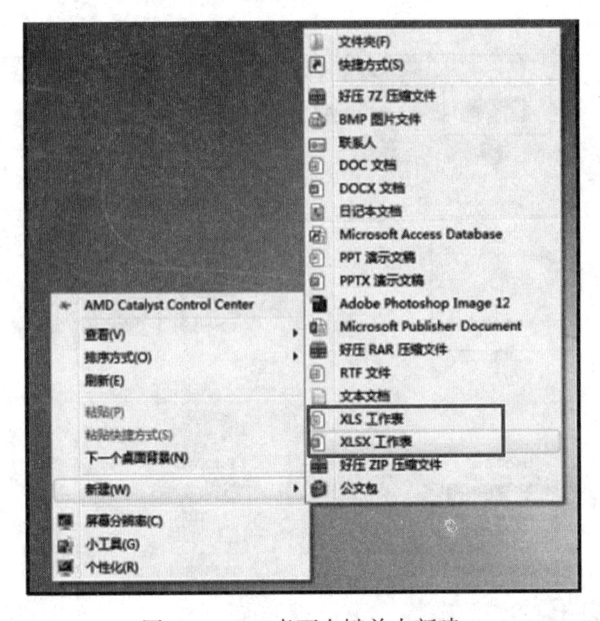

图 3-1-9　桌面右键单击新建

（2）保存工作簿。表格文件的保存方法基本上有以下 4 种。

①单击快速访问工具栏中的“保存”按钮。

②执行“文件”中的“保存”命令。

③使用“Ctrl+S”组合键。

④已经存在的文件需要更换名称，或者更改保存位置时，则执行“文件”→“另存为”，弹出“另存为”对话框，指定保存的位置并输入新的文件名，然后单击“保存”按

钮即可。在“另存为”命令后所做的各种操作都只会对另存后的新文件有效。

（3）打开工作簿。

①执行“首页”→“打开”，在打开的对话框中选择要打开的工作簿，如图3-1-10所示。

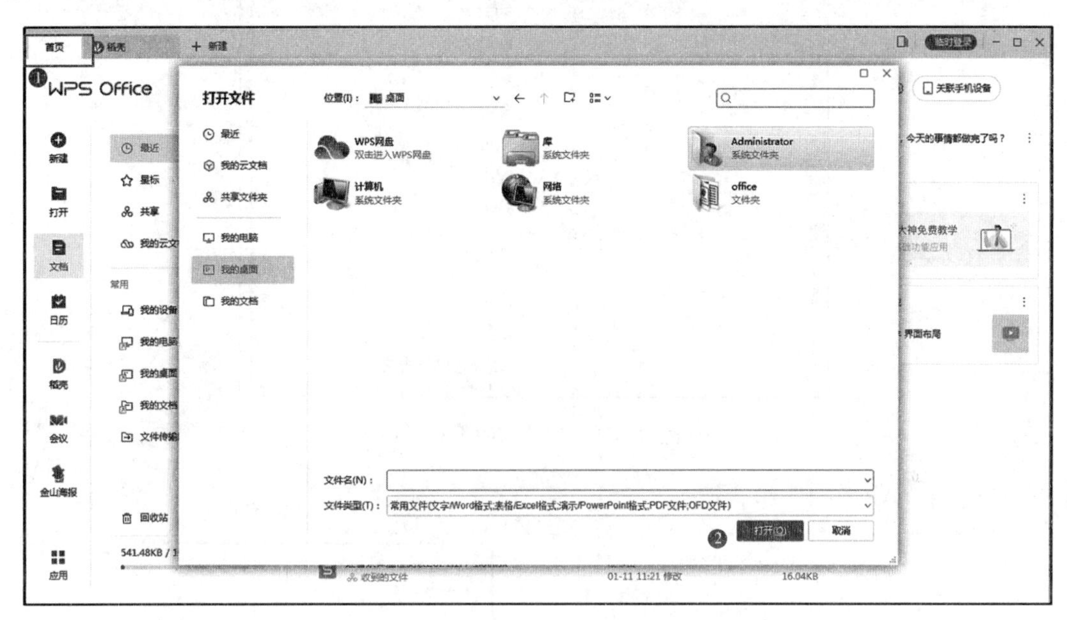

图3-1-10 首页选项卡打开

②执行“文件”→“打开”，在打开的对话框中选择要打开的工作簿。

③使用“Ctrl+O”组合键。

④“文件→最近所用文件”，将显示最近使用过的工作簿名称，单击工作簿的名称，即可打开对应的文件，如图3-1-11所示。

⑤单击快速启动栏的“打开”按钮，在“打开”对话框中选择，如图3-1-12所示。

（4）关闭工作簿。只关闭工作簿而不退出表格程序的方法如下。

①单击当前工作簿文件标签右侧的⊗按钮。

②右击“当前工作簿文件标签”→“控制菜单”→“关闭”，如图3-1-13所示。

③使用“Ctrl+W”组合键。

另外，关闭工作簿的同时退出程序的方法如下。

①执行“文件”中的“退出”命令，如图3-1-14所示。

②单击程序窗口标题栏右上角控制按钮的×。

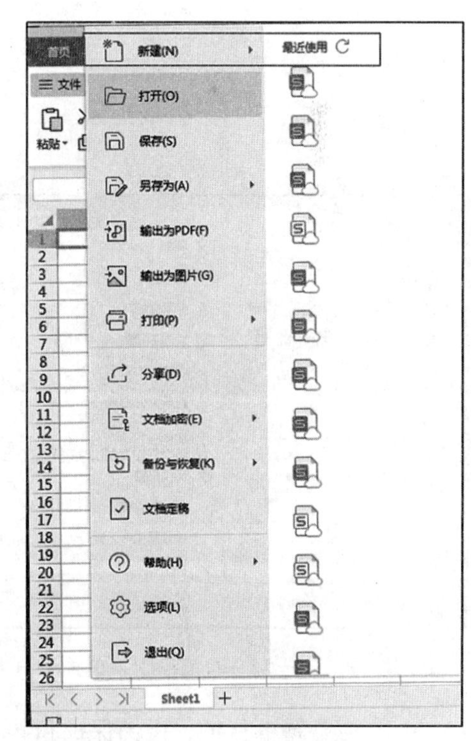

图3-1-11 文件命令打开

图 3-1-12　快速访问工具栏打开

③使用“Alt+F4”组合键。

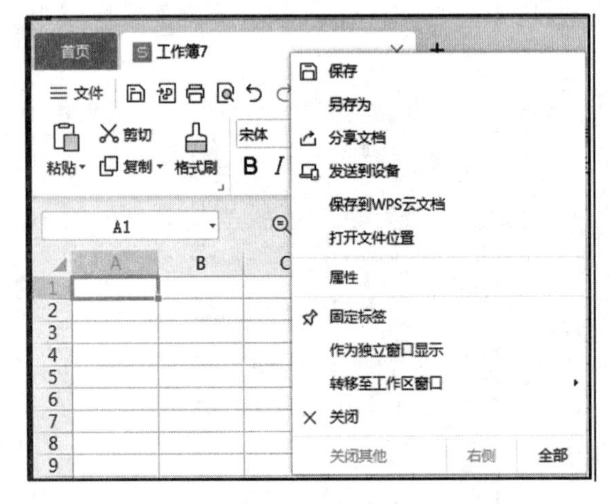

图 3-1-13　右键控制菜单关闭

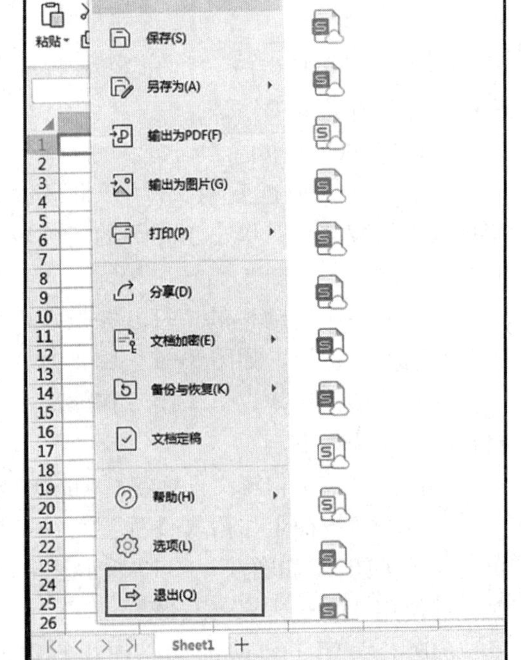

图 3-1-14　程序退出

（5）工作簿的保护、撤销保护和共享。

①保护工作簿。操作方法如下。

方法一：选定工作表，单击“审阅”→“保护工作簿”，打开“保护工作簿”对话框，进行密码设置后弹出“确认密码”对话框，再次输入密码，如图 3-1-15 所示。

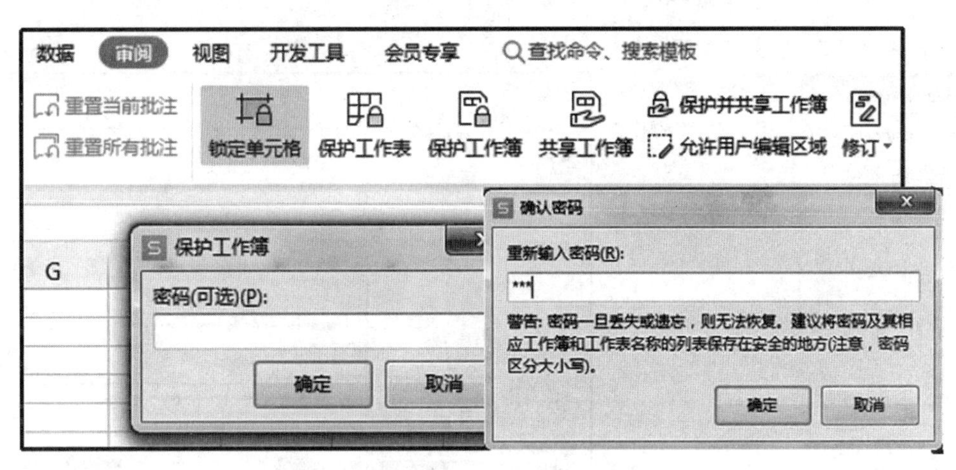

图 3-1-15　保护工作簿

方法二：选定工作表，单击“审阅”→“保护并共享工作簿”，打开“保护共享工作簿”对话框，进行密码设置后弹出“确认密码”对话框，再次输入密码，如图 3-1-16 所示。

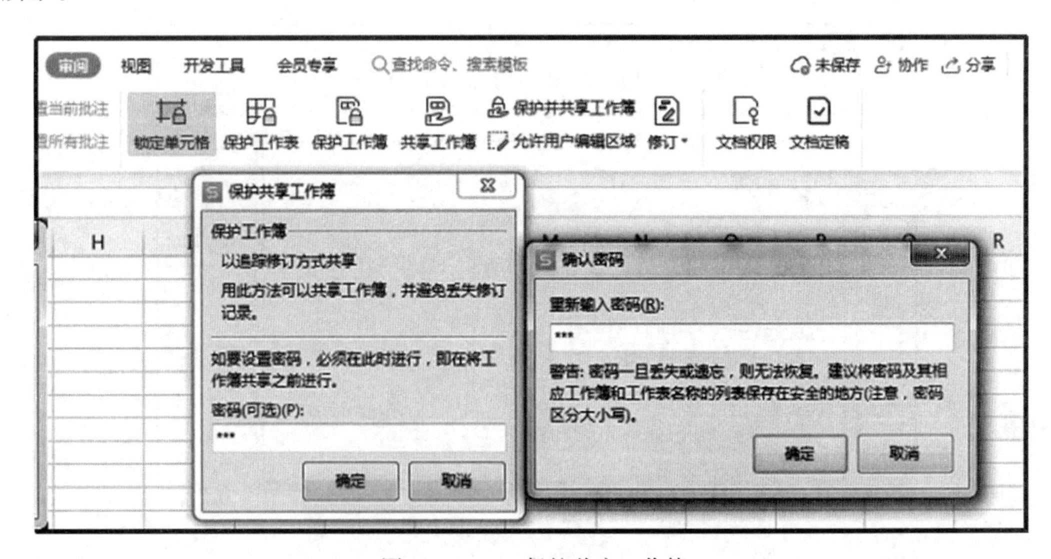

图 3-1-16　保护共享工作簿

方法三：选定工作表，单击“文件”→“另存为”→“Excel 文件”，打开“另存文件”对话框，单击“加密”命令，打开“密码加密”对话框，设置工作簿“打开权限密码”和“编辑权限密码”，如图 3-1-17 所示。

方法四：选定工作表，单击“审阅”→“文档权限”，打开“文档权限”对话框，可以进行“私密文档保护”和“指定人”设置，如图 3-1-18 所示。

②撤销工作簿保护。选定工作表，单击“审阅”→“撤销保护工作簿”，打开“撤销保护工作簿”对话框，录入密码，如图 3-1-19 所示。

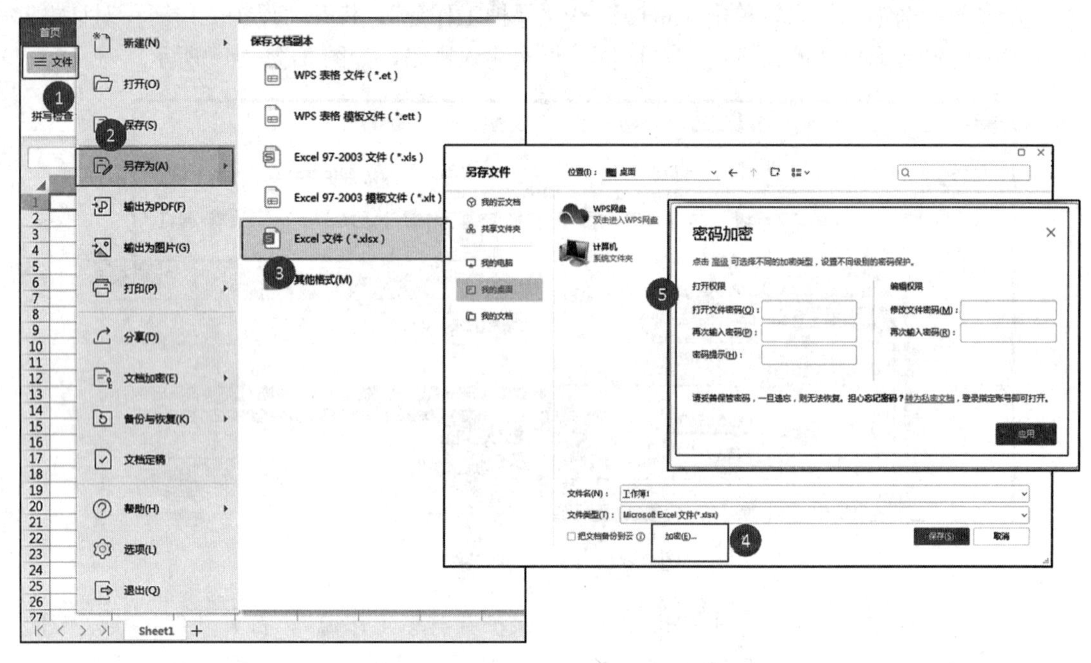

图 3-1-17　“另存为”方式保护共享工作簿

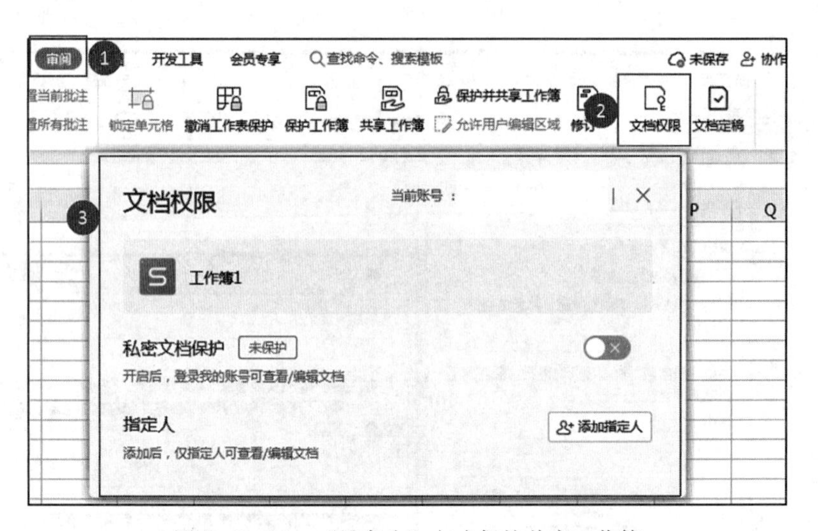

图 3-1-18　“另存为”方式保护共享工作簿

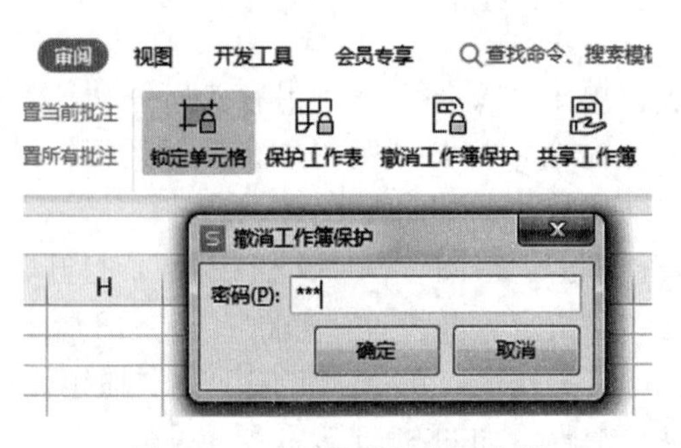

图 3-1-19　撤销保护工作簿

③共享工作簿。操作方法如下。

方法一：选定工作表，单击“审阅”→“共享工作簿”，打开“共享工作簿”对话框，设置共享用户，如图 3-1-20 所示。

方法二：选定工作表，单击“审阅”→“保护并共享工作簿”，打开“保护共享工作簿”对话框，如图 3-1-21 所示。

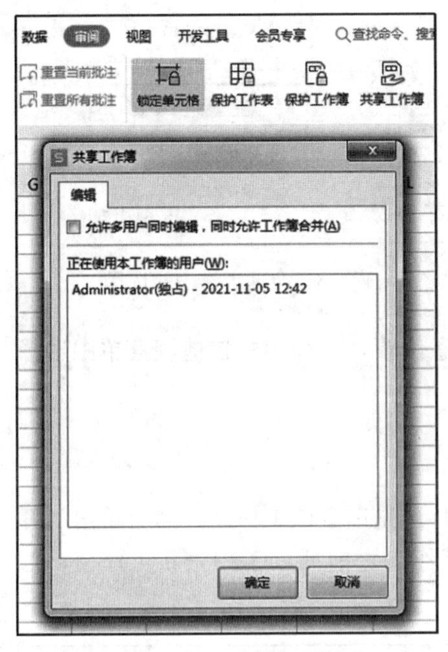

图 3-1-20 共享工作簿

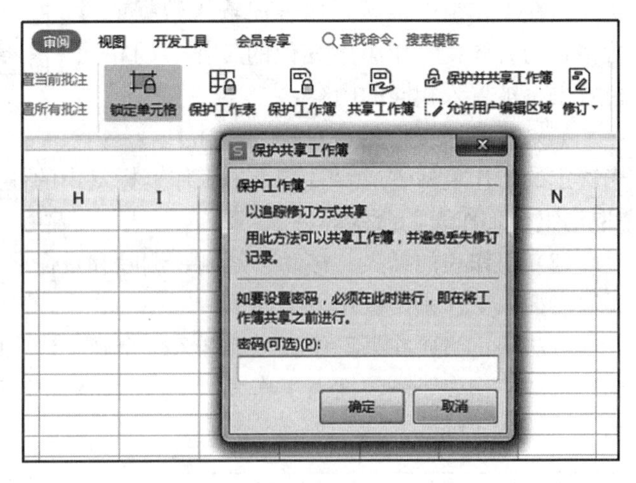

图 3-1-21 保护共享工作簿

4. 工作表的基本操作

空白工作簿创建后，默认有一个工作表，名为 Sheet1。根据需要可以增加工作表、删除工作表和重命名工作表等，当有多张工作表时，可以通过单击工作表标签进行切换。

(1) 工作表的选择。

①单个工作表的选择。单击工作表标签或单击工作表标签最后的“···”按钮，即可弹出工作表名称列表，从中选择一个工作表即可，如图 3-1-22 所示。

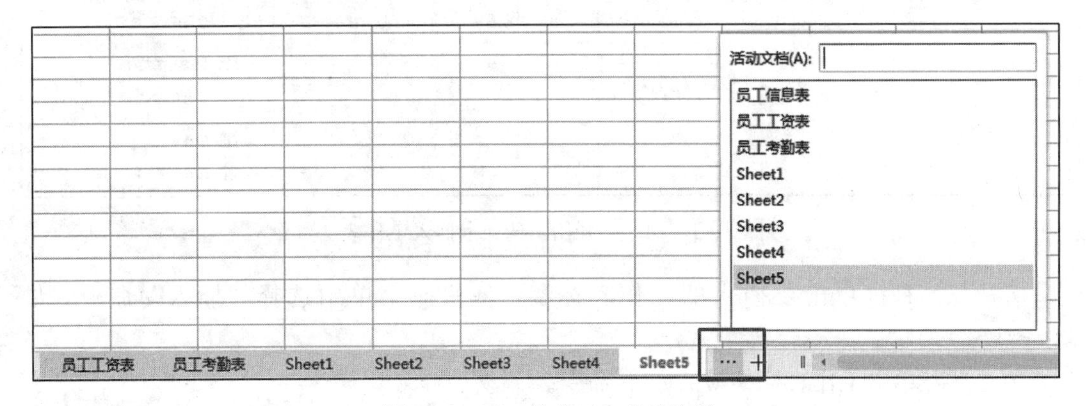

图 3-1-22 单个工作表的选择

②多个工作表的选择。多个连续的工作表的选择方法：单击第一个工作表标签，按住 Shift 键，再单击最后一个工作表标签。

③多个不连续的工作表的选择方法。单击第一个工作表标签，按住 Ctrl 键，然后分别单击其他要选择的工作表标签。

④选择全部工作表的方法。右键单击工作表标签中的任意位置，在弹出的快捷键菜单中选择“选定全部工作表”命令，如图 3－1－23 所示。

图 3－1－23　全部工作表的选择

表格中选定的多个工作表组成一个工作组。当在工作组中某一工作表内输入数据或设置格式的时候，工作组中其他的工作表的相同位置也将被置入相同的内容。

如果要取消工作组，只需要单击任意一个未选定的工作表标签或者右键单击工作表标签中的任意位置，在弹出的快捷键菜单中选择“取消组合工作表”命令即可。

（2）工作表的插入、移动、复制、删除和重命名。

①插入工作表。操作方法如下。

方法一：当要在某工作表之前插入一个新工作表时，先选定该工作表，然后单击“开始”→“工作表”→“插入工作表”。这样就在选定工作表之前插入了一张新工作表，如图 3－1－24 所示。

图 3－1－24　“开始”选项卡插入工作表

方法二：右键单击要插入的工作表标签，从快捷菜单中选择“插入”命令，如图 3－1－25 所示。

方法三：单击工作表标签最后的＋命令。

图 3-1-25　右键插入工作表

②移动工作表。操作方法如下。

方法一：选中需要移动的工作表标签，按住左键进行拖动。

方法二：选定工作表，单击“开始”→“工作表”→“移动或复制工作表”，打开“移动或复制工作表”对话框，如图 3-1-26 所示。

方法三：右击“工作表标签”→单击“移动或复制工作表”，打开“移动或复制工作表”对话框，如图 3-1-27 所示。

图 3-1-26　“开始”选项卡移动工作表

③复制工作表。操作方法如下。

方法一：选定工作表，单击“开始”→“工作表”→“创建副本”。

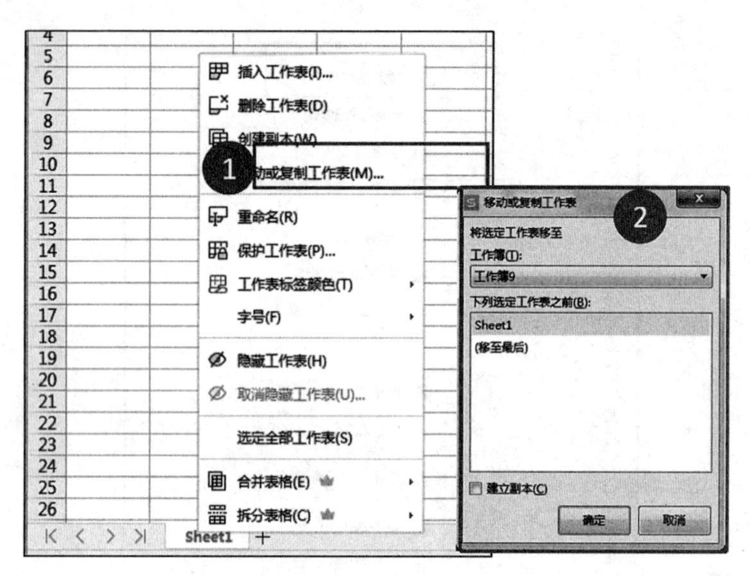

图 3-1-27　右键移动工作表

方法二：选定工作表，单击“开始”→“工作表”→“移动或复制工作表”，打开“移动或复制工作表”对话框→勾选“建立副本”，如图 3-1-28 所示。

方法三：右击“工作表标签”→单击“移动或复制工作表”，打开“移动或复制工作表”对话框。

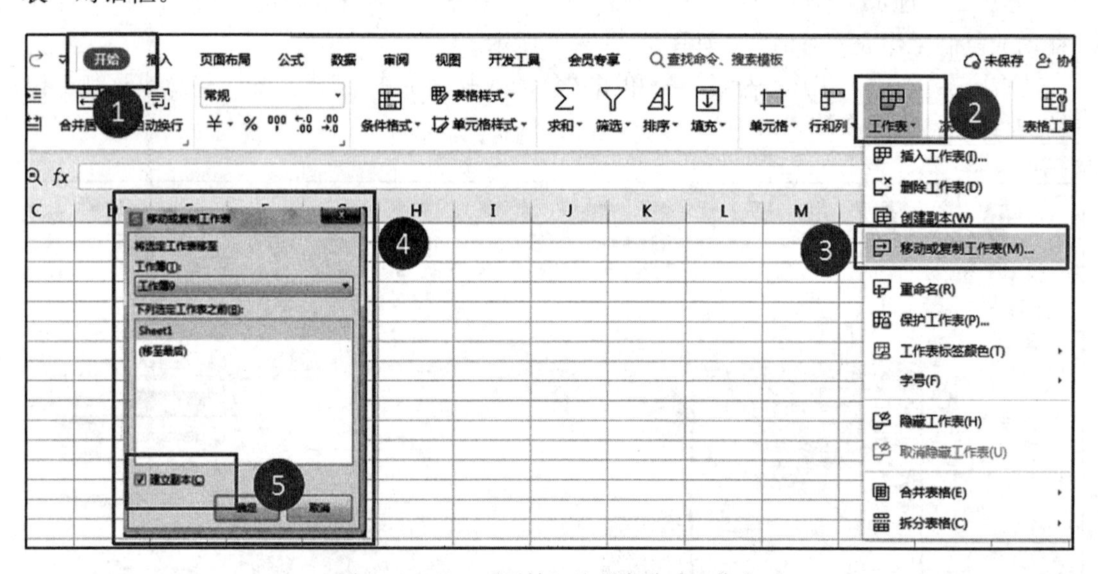

图 3-1-28　“开始”选项卡移动工作表

④删除工作表。操作方法如下。

方法一：选定工作表，单击“开始”→“工作表”→“删除工作表”。

方法二：在选定的工作表标签上右击，选择“删除工作表”。

⑤重命名工作表。操作方法如下。

方法一：选定工作表，单击“开始”→“工作表”→“重命名”，删除原名称，输入新名称即可。

方法二：在选定的工作表标签上右击，选择“重命名”。

方法三：双击要改名的工作表标签，删除原名称，输入新名称即可。

（3）工作表的拆分、冻结、显示和隐藏。如果工作表中的表格内容比较多，通常需要使用滚动条来查看全部内容。在查看时表格的标题、项目名称等也会随着数据一起移出屏幕，造成只能看到内容，而看不到标题、项目名称。此时需要使用 Excel 的“拆分”和“冻结”窗格功能来解决该类问题。

①拆分工作表窗格。打开表格，选择“视图”→“拆分”，显示屏上窗格（单元格）被平均拆分成 4 个部分，如图 3－1－29 所示。

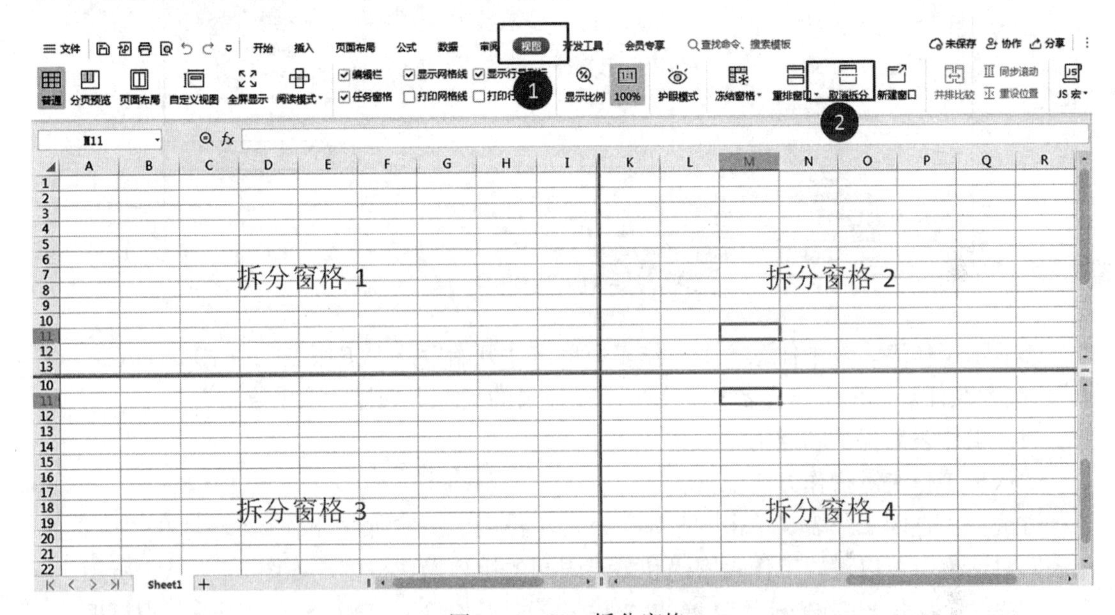

图 3－1－29　拆分窗格

②冻结工作表窗格。选定窗格（单元格）所在的行或列进行冻结后，用户可以任意查看工作表的其他部分而不移动表头所在的行或列，可方便用户查看表格末尾的数据，即冻结线以上或是冻结线以左的数据在进行滚动的时候位置不发生变化。操作方法如下。

方法一：打开表格，选择“视图”→“冻结窗格”，选择冻结的区域，如图 3－1－30 所示。

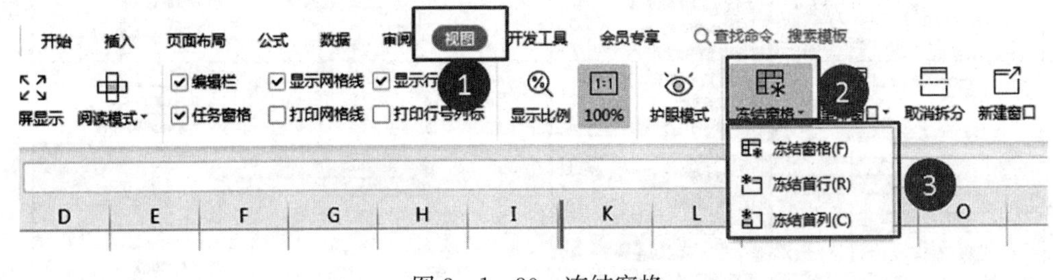

图 3－1－30　冻结窗格

方法二：打开表格，选择“开始”→“冻结窗格”，选择冻结的区域。

③隐藏工作表。WPS Office 软件制表过程中，有时候我们的工作表暂时不使用或者有隐私不想被别人看到，可以把工作表先隐藏起来，待使用时再显示。操作方法如下。

方法一：选中需要隐藏的工作表，单击“开始”→“工作表”→“隐藏工作表”，即可隐藏选定的工作表，如图 3-1-31 所示。

方法二：在工作表标签上右击“隐藏工作表”命令。

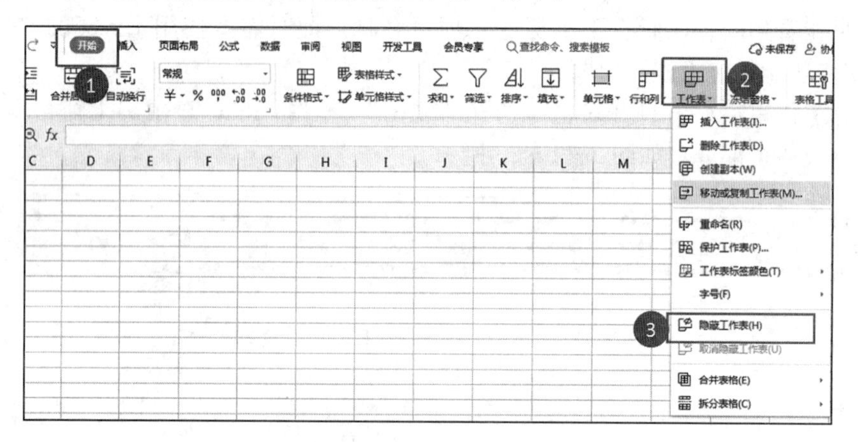

图 3-1-31　隐藏工作表

④显示工作表。选中任意一个工作表，单击“开始”→“工作表”→“取消隐藏工作表”；或者在任意一个工作表名称上右击，在弹出的菜单上选择“取消隐藏”。

（4）工作表的保护和撤销。

①保护工作表。操作方法如下。

方法一：选定工作表，单击“开始”→“工作表”→“保护工作表”，打开“保护工作表”对话框。可以设置工作表密码和需要限制的用户操作范围，如图 3-1-32 所示。

方法二：右击“工作表标签”，单击“保护工作表”命令，打开“保护工作表”对话框。

方法三：选定工作表，单击“审阅”→“保护工作表”，打开“保护工作表”对话框，如图 3-1-33 所示。

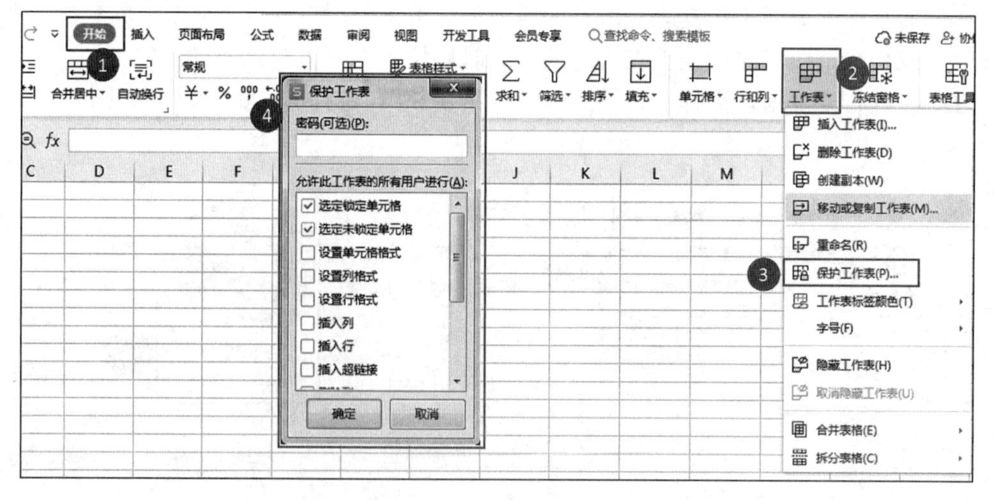

图 3-1-32　“开始”选项卡保护工作表

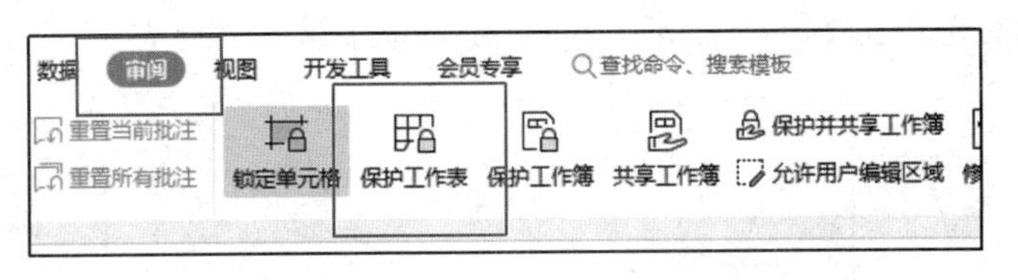

图 3-1-33　“审阅”选项卡保护工作表

②撤销保护工作表。操作方法如下。

方法一：选定工作表，单击“开始”→“工作表”→“撤销保护工作表”，打开“撤销保护工作表”对话框，输入密码，如图 3-1-34 所示。

方法二：右击“工作表标签”，单击“撤销保护工作表”，打开“撤销保护工作表”对话框，输入密码。

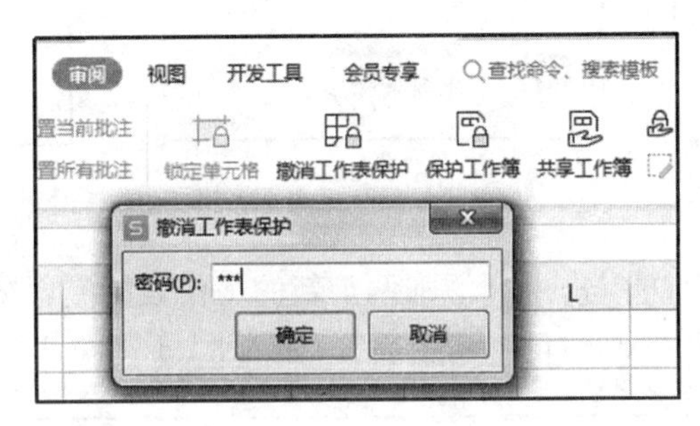

图 3-1-34　撤销保护工作表

任务实现

1. 创建“空白工作簿”

（1）双击启动 WPS Office 后，单击“首页”→“新建”→“S 表格”→“新建空白表格”，产生一个新的工作簿，名称为“工作簿 1”，如图 3-1-35 所示。

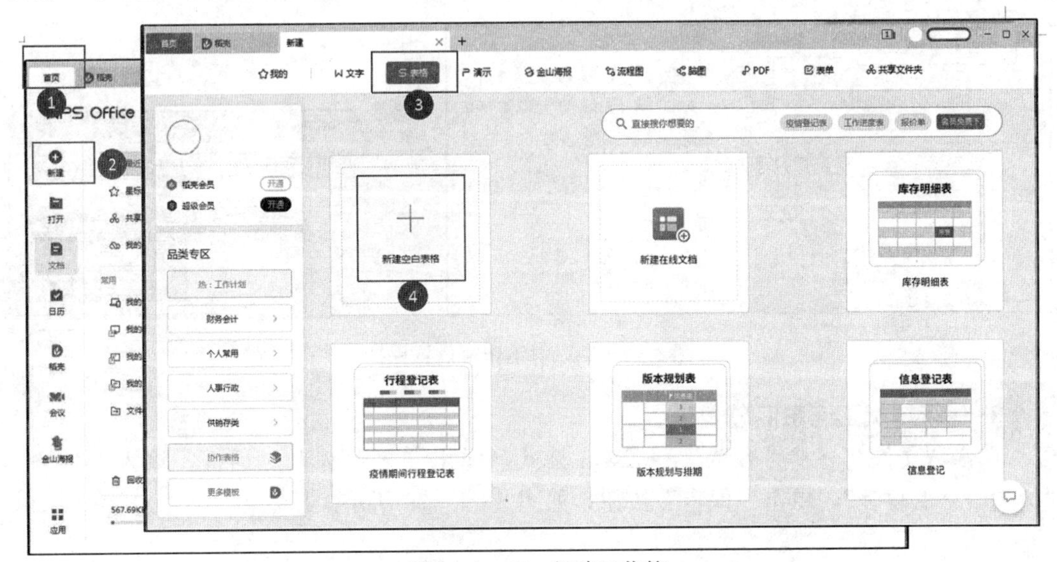

图 3-1-35　新建工作簿

（2）用鼠标右键单击 Sheet1 标签，在快捷菜单中选择“重命名”命令，将“Sheet1”改成“员工信息表”，如图 3-1-36 所示。

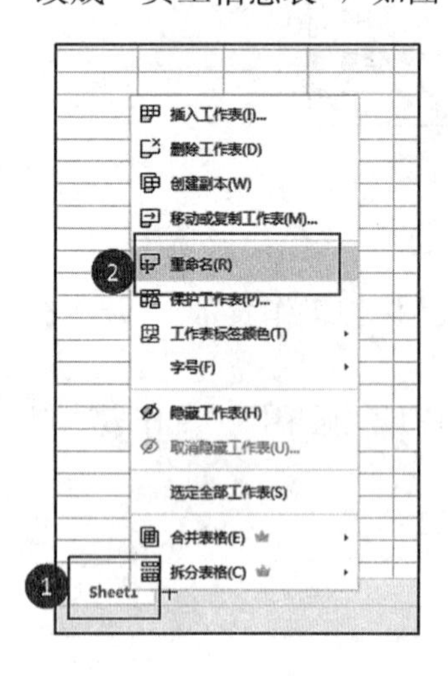

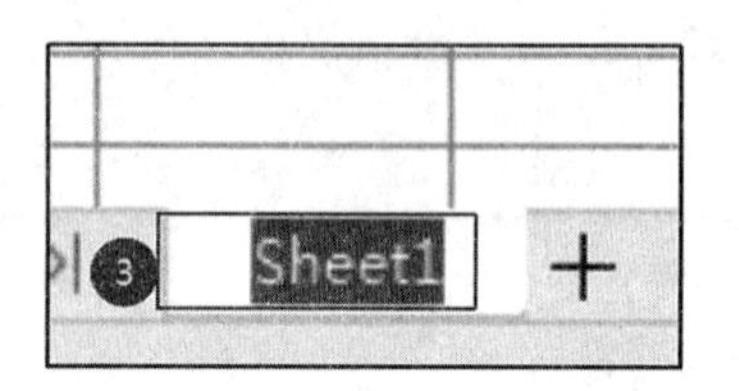

图 3-1-36　重命名工作表

（3）在工作表标签后方点击＋，添加两个新的工作表标签，分别为 Sheet2 和 Sheet3，并重命名为“员工工资表”和“员工考勤表”，如图 3-1-37 所示。

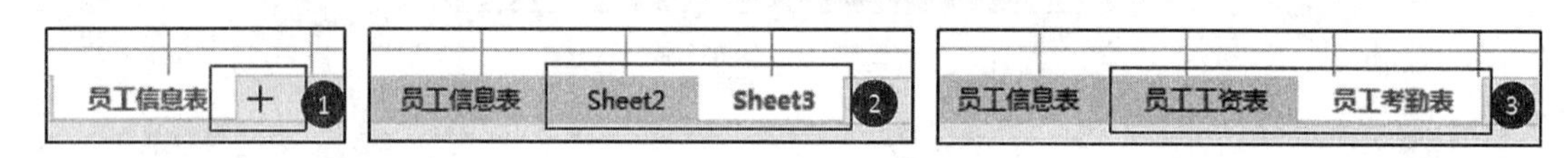

图 3-1-37　创建多个工作表

2. 保护工作簿

选定工作表，单击“审阅”→“保护工作簿”，打开“保护工作簿”对话框，进行密码设置后弹出“确认密码”对话框，再次输入密码，如图 3-1-38 所示。

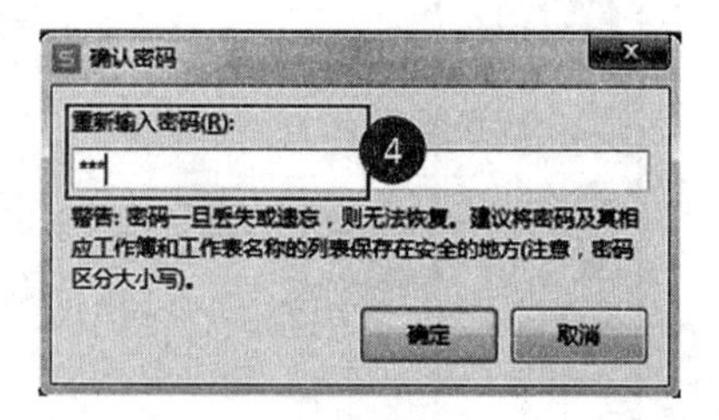

图 3-1-38　对工作簿设置保护

3. 保存“员工信息汇总表”

单击“文件”→“另存为”→Excel 格式，弹出“另存为”对话框，输入文件名为“员工信息汇总表”，单击“保存”按钮，如图 3-1-39 所示。

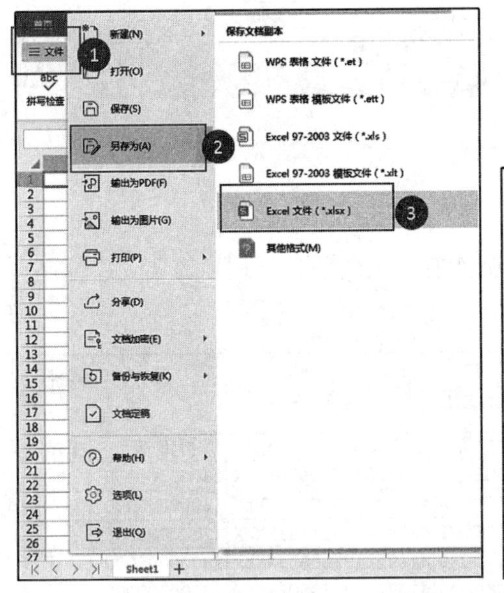
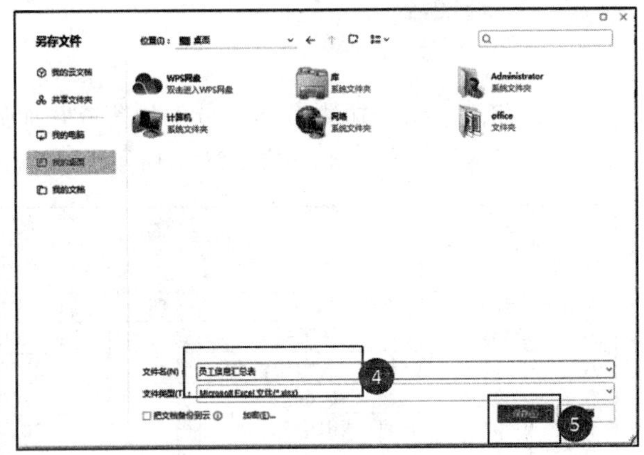

图 3-1-39　保存“员工信息汇总表”

训练任务

为了提高老师们的工作效率，全面了解各班级的学生情况，通过创建共享文件的方式，制作学校各班级“班级信息汇总表”，效果如图 3-1-40 所示。

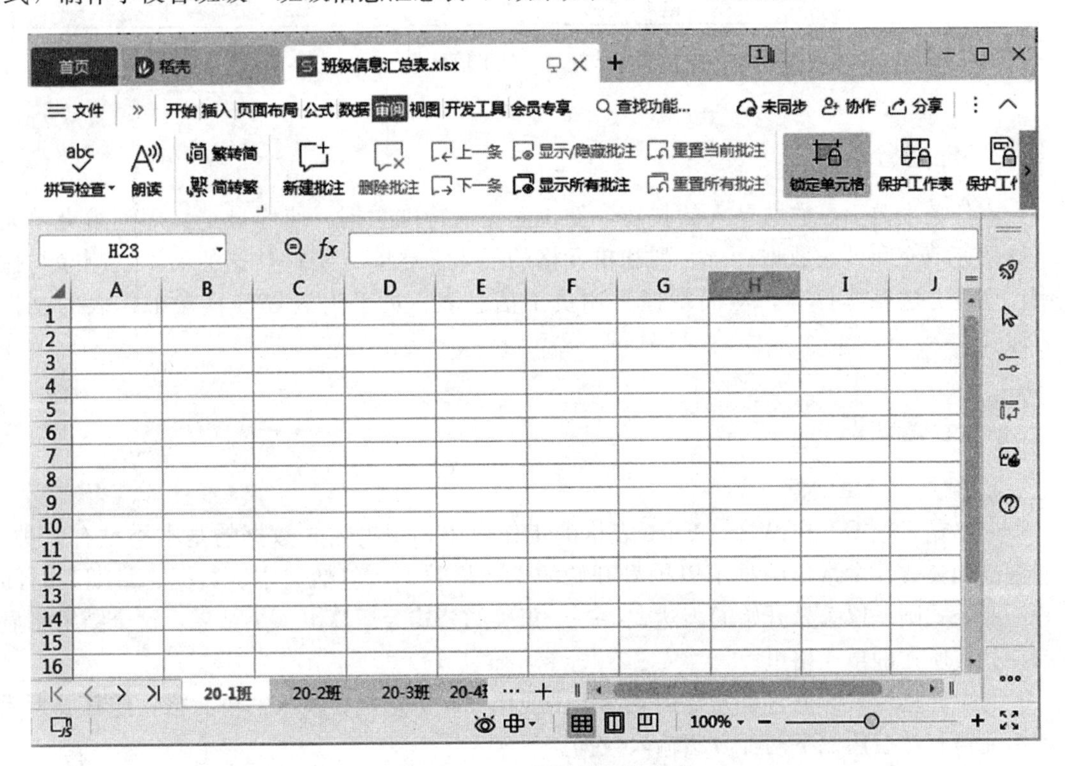

图 3-1-40　班级信息汇总表

任务 2　制作员工信息汇总表

任务描述

年终将至，某公司决定调整员工的薪资并加强所有员工的信息管理，需要人事部制作一个员工信息表，样表如图 3-2-1 所示。

	A	B	C	D	E	F	G	H
1	某公司员工信息表							
2	**员工编号**	**姓名**	**部门**	**性别**	**参加工作日期**	**身份证号**	**联系电话**	**工龄**
3	A0001	李波	技术部	男	2002/6/7	41292819790620XXXX	13000000000	14
4	A0002	张长海	人力资源部	男	2008/9/14	41292819850311XXXX	13000000000	8
5	A0003	郭灿	后勤部	男	2006/8/9	41292819811131XXXX	13000000000	10
6	A0004	黎明	市场部	男	2014/6/10	41292819960623XXXX	13000000000	2
7	A0005	林鹏	技术部	男	2008/7/11	41292819860507XXXX	13000000000	8
8	A0006	骆杨明	财务部	男	2002/6/12	41292819781103XXXX	13000000000	14
9	A0007	江长华	财务部	女	2011/8/23	41292819910820XXXX	13000000000	5
10	A0008	张博	业务部	男	2002/8/14	41292819790310XXXX	13000000000	14
11	A0009	陈士玉	市场部	女	2014/8/15	41292819960520XXXX	13000000000	2
12	A0010	李海星	业务部	男	2015/8/22	41292819960623XXXX	13000000000	1
13								
14								
15								

员工信息表　员工工资表　员工考勤表

图 3-2-1　员工信息表

任务分析

本任务主要学习数据录入的技巧，如快速输入特殊数据、使用自定义序列填充单元格、快速填充和导入数据；行、列和单元格的插入、删除方法；数据的清除、删除与撤销、恢复方法基本操作，从而掌握常用员工信息表、员工工资表等日常工作表的制作方法。

必备知识

1. 输入与编辑数据

（1）输入数据。在 WPS Office 表格的工作表中，用户输入数据的基本类型有 2 种，即常量和公式。常量指的是不以等号开始的单元格数据，包括文本、数据、日期和时间等；而公式则是以等号开始的表达式，一个正确的公式会运算出一个结果，这个结果将显示在公式所在的单元格里。

为单元格输入数据，首先要用鼠标单击或用方向键选定要输入的单元格，使其成为活动单元格，然后用以下两种方法输入数据。

方法一：在活动单元中直接输入数据，输入好后按 Enter 键确认（按 Esc 键撤销）。

方法二：在编辑栏中输入数据，输入好后按Enter键或点击确认（按Esc键或点击×按钮撤销）。

若要修改某个单元格里已有的数据，有以下两种常用的方法。

方法一：先用鼠标单击或用方向键使该单元格成为活动单元格，然后再到编辑栏里进行修改。

方法二：用鼠标双击该单元格，光标会在单元格里闪烁，此时可在该单元格里直接进行修改。

WPS Office表格中输入的常量分为数值、文本、日期及时间3种数据类型。以下介绍这3种数据类型的输入。

①数值输入。在WPS Office表格中组成数值数据所允许的字符有：数字0～9、正负号、圆括号（表示负数）、分数线（除号）、$、%、E、e。

对于数值型数据输入，有以下几点需要说明。

A. 默认情况下，数值类型数据在单元格中靠右对齐。

B. 默认的通用数字格式一般采用整数（如3 578）或小数（34.12）。

C. 数值的输入与数值的显示未必相同。如：单元格宽度不够时，数值数据自动显示为科学计数法或几个“#”。

D. 输入负数时，即可以用“－”号，也可以用圆括号，如－100也可以录成“（100）”。

E. 输入分数时，先要输入0和空格，然后再输入分数，否则系统将按日期对待。如1/4，要输成“0 1/4”。

F. 若要限定小数点的位数，可以在该单元格上单击右键，单击“设置单元格格式”命令，在弹出的对话框中选择“数字”选项卡，然后再“分类”列表框里选择“数值”，在窗口右侧设定小数的位数（还可以设定千位分隔符和负数的显示格式），如图3-2-2所示。

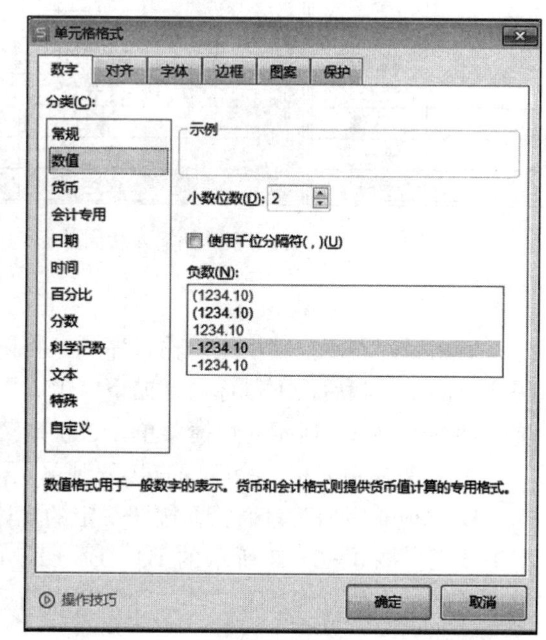

图3-2-2 设置数值型数据的小数位

②文本输入。WPS Office表格文本包括汉字、英文字母、数字、空格及其他键盘上能输入的符号。文本数据在单元格中默认左对齐。WPS Office表格会将邮政编码、电话号码、身份证号等数据默认为数字类型，因此需要手工将它们转变为文本型数据，一般有两种方法。

方法一：在数字序列前加单引号。

方法二：在该单元格上单击右键，单击“设置单元格格式”命令，然后在弹出的对话框中选择“数字”选项卡，在“分类”列表框里选择“文本”。

③日期及时间输入。WPS Office表格内置了一些日期时间的格式，当输入数据与这

些格式相匹配时，WPS Office 表格将识别它们为日期或时间型。常见的日期或时间格式有“mm/dd/yy”“dd - mm - yy”“hh：mm（am/pm）”，其中“am/pm”前应有一个空格，它们不区分大小写。

若要同时输入日期和时间，需要在日期和时间之间至少留一个空格。若要输入当前日期，按组合键“Ctrl＋；”即可。若要输入当前时间，按组合键“Ctrl＋shift＋；”。

（2）智能填充数据。WPS Office 能将相邻单元格按某种规律自动填入数据，称为自动填充。选定单元格后，将鼠标移动到当前单元格的填充柄上，鼠标变成“十”字形，此时为自动填充状态，拖动鼠标，就会在相邻的单元格中填入数据。

①使用鼠标左键拖动填充柄输入序列。如果在第一个单元格输入数据（称为原单元格），将鼠标指针指向原单元格的填充柄，待指针变成黑色实心的十字状后按下鼠标左键向下（上、下、左、右）拖动，则指针经过的单元格就会以原单元格中相同的数据或公式进行填充，如图 3 - 2 - 3 所示；如果先在两个单元格中输入有规律的数据，当选定了这两个有规律数据的单元格后，再按住鼠标左键进行拖动，则鼠标经过的单元格数据也具有相同的规律，如图 3 - 2 - 4 所示：

员工编号	姓名
A0001	李波
	张长海
	郭灿
	黎明
	林鹏
	骆杨明
	江长华
	张博
	陈士玉
	李海星

2	员工编号	姓名	部门
3	A0001	李波	技术部
4	A0001	张长海	人力资源部
5	A0001	郭灿	后勤部
6	A0001	黎明	市场部
7	A0001	林鹏	市场部
8	A0001	骆杨明	财务部
9	A0001	江长华	财务部
10	A0001	张博	业务部
11	A0001	陈士玉	业务部
12	A0001	李海星	业务部

图 3 - 2 - 3　利用填充柄输入相同数据

2	员工编号	姓名	部门
3	A0001	李波	技术部
4	A0002	张长海	人力资源部
5	A0003	郭灿	后勤部
6	A0004	黎明	市场部
7	A0005	林鹏	市场部
8	A0006	骆杨明	财务部
9	A0007	江长华	财务部
10	A0008	张博	业务部
11	A0009	陈士玉	业务部
12	A0010	李海星	业务部

图 3 - 2 - 4　利用填充柄输入有规律的数字序列

②用鼠标右键拖动填充柄输入序列。将鼠标指针指向原单元格的填充柄，待指针变成黑实心的十字状后按下鼠标右键向下（上、下、左、右）拖动若干单元格后松开，此时会弹出如图 3 - 2 - 5 所示的快捷菜单，该快捷菜单中其他各项填充方式说明如下。

A. “复制单元格”命令。直接复制单元格内容，使目的单元格与原单元格内容一致。

B. “填充序列”命令。即按照一定的规律进行填充。如原单元格中是数据 1，则选中此方式后，图 3 - 2 - 5 所示的 B3、B4、B5 单元格分别是 2、3、4；如原单元格是汉字“一”，则填充的分别是汉字“二”“三”“四”；如原单元格中是无规律的普通文本，则该选项变成灰色的不可用状态。

C. “仅填充格式”命令。此选项的功能类似于 WPS Office 文档中的格式刷，即被填充的单元格中并不会出现序列数据，而只复制原单元格中的格式。

D. “以日填充”“以月填充”“以年填充”命令，可按日期天数、工作日、月份或年份进行填充。

E. “等差序列”“等比序列”命令。这种填充方式要求首先要选中两个以上的带有规律的数据单元格，再按住右键进行拖动松开，在弹出的快捷菜单中选择相应的命令，则鼠标经过单元格中的数据就是等差序列或者等比序列。

F. “序列”命令。当原单元格数据为数值型数据时，用鼠标右键拖动松开，在弹出的快捷菜单中选择“序列”命令，则打开如图 3-2-6 所示的“序列”对话框，应用此对话框可以灵活方便地选择多种序列填充方式。

图 3-2-5　右键拖动输入序列

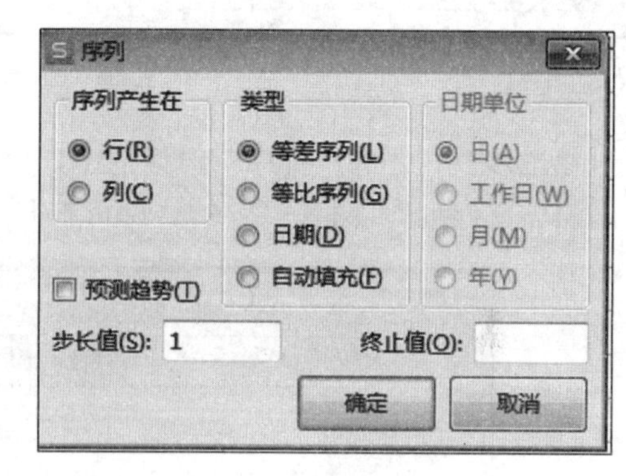

图 3-2-6　“序列”对话框

③使用“开始”选项卡中的“填充”命令输入序列。首先在原单元格中输入数据，然后选中需要填充数据段的单元格，单击“开始”→“填充”，根据目的单元格相对原单元格的位置选择“向上”“向下”“向左”“向右”填充或选择“系列”打开“序列”对话框，如图 3-2-7 所示。

图 3-2-7　“填充”命令

④自定义序列。WPS Office 表格中已经预定义好了一些序列，如“星期日、星期一、星期二……”“甲、乙、丙……”等，在实际应用中有些数据需要自定义为序列，如“教

授、副教授、讲师……”。操作方法如下。

第一步：单击“开始”→“排序”，在下拉菜单中选择“自定义排序”命令，如图3-2-8所示。

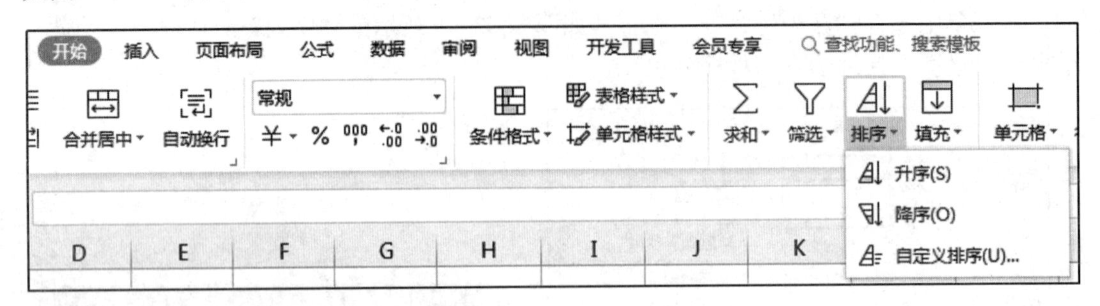

图3-2-8　打开“自定义排序”

第二步：打开的“排序”对话框中，单击“次序”下方的箭头，从弹出的下拉列表选择“自定义序列”（图3-2-9），即可打开“自定义序列”对话框。

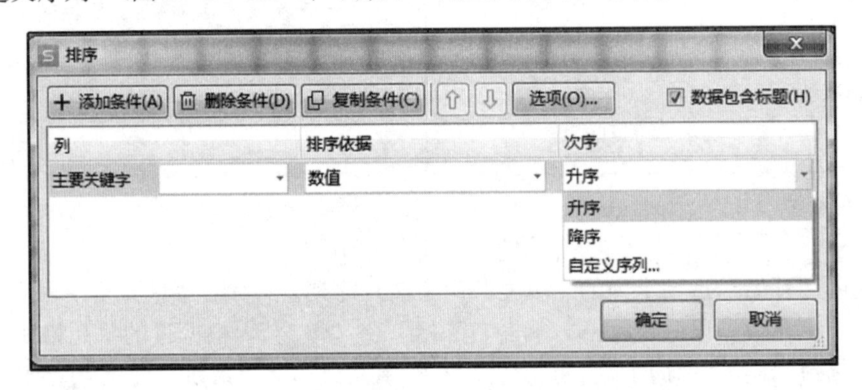

图3-2-9　在排序对话框中设置“自定义序列”

第三步：在打开的对话框中选择“自定义序列”列表框第一项“新序列”，在“输入序列”列表框中输入新序列（例如：教授，副教授，讲师，助讲），然后点击“添加”按钮，将其添加到“自定义序列”列表框中，最后单击“确定”按钮完成操作，如图3-2-10所示。注意：中间的逗号用英文标点符号。

（3）验证数据输入的有效性。向工作表中输入数据信息时，由于数据较多，有可能会出现错误，为了保证数据输入无误，WPS Office表格提供了验证数据内容的方法，防止输入数据时发生不必要的错误。

假设规定员工的工龄在8～12年，则可以根据“数据有效性”命令来设置该列的数据有效规则。具体的操作步骤如下。

①选中“工龄”列中的单元格，单击“数据”选项卡中“有效性”下拉按钮，在弹出的菜单中选择“有效性”命令，打开如图3-2-11所示的“数据有效性”对话框。

②选择“设置”选项卡，分别在“允许”和“数据”下拉列表框中选择相应的信息。

③当鼠标指向该列的某个单元格时，如果希望显示提示信息，可选择“输入信息”选项卡，选中“选定单元格时显示输入信息”复选框，在“输入信息”文本框中输入要显示的提示信息，输入完成后出现的效果如图3-2-12所示；如果某个单元格数据输入错误，

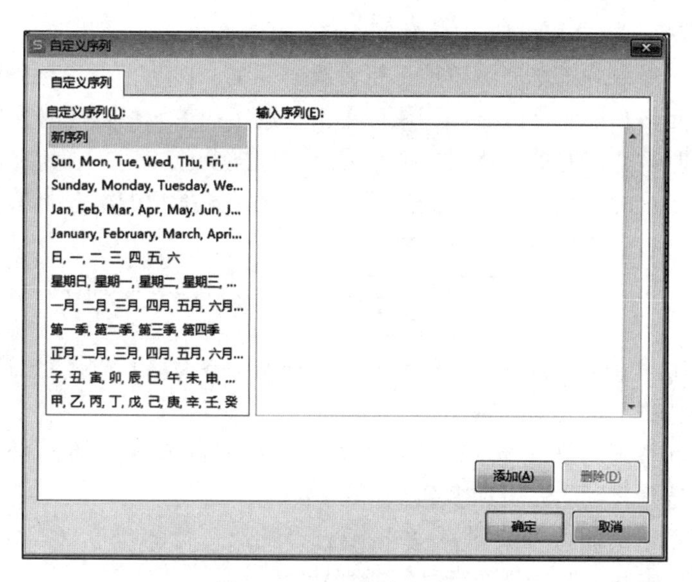

图 3-2-10 自定义序列

希望显示出错信息，可选择“出错警告”选项卡，在“样式”下拉列表框中选择一种错误报警方式，在“错误信息”文本框中输入出错时显示信息，这样当某个单元格输入数据错误时，将弹出提示框（图 3-2-13）。

图 3-2-11 “数据有效性”对话框的“设置”选项卡

姓名	工龄
李波	
张长海	8-12之间
郭灿	
黎明	

图 3-2-12 输入数据时显示提示信息

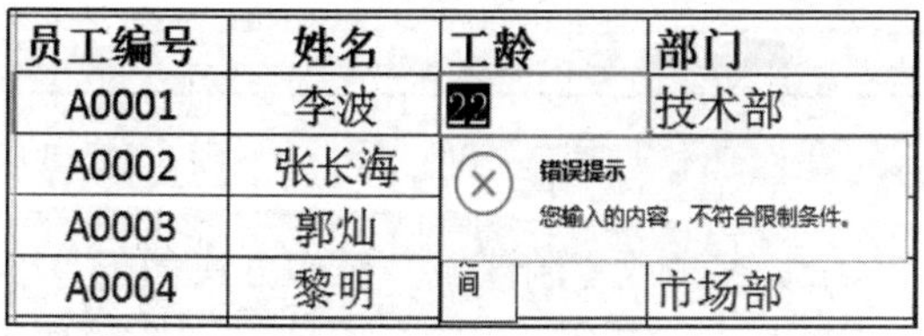

员工编号	姓名	工龄	部门
A0001	李波	22	技术部
A0002	张长海	错误提示 您输入的内容，不符合限制条件。	
A0003	郭灿		
A0004	黎明	间	市场部

图 3-2-13 出错警告

2. 编辑工作表

编辑工作表一般指对工作表的数据进行修改、复制、移动、查找与替换等操作。

(1) 选定单元格和单元格区域。用鼠标单击要选定的单元格，此时该单元格会被加粗的黑线框住，同时被选定的单元格对应的行号会变成橘黄色。

①选择多个连续的单元格区域。先选择单元格区域左上角的第一个单元格，按住鼠标左键不放，拖曳到右下角最后一个单元格。

②选择多个不相邻的单元格区域。先选择一个单元格或单元格区域，按住 Ctrl 键选择不相邻的区域。

③全选。单击“全选”按钮（即行号和列标交叉的空白格）或按 Ctrl+A 组合键。

(2) 行列的选择、插入与删除。

①选定整行和整列。单击行号和列标，即可选择一行或一列。在行号或列标上按住鼠标左键拖曳即可选择连续的多行和多列。

②选定多个不连续的行（或列）。单击要选择的第一行的行号（或列的列标），按住 Ctrl 键不放，再单击其他要选择的行号（或列标）。

③插入行或列。右键单击行号（列标），从弹出的快捷菜单中选择“插入”命令，即可在选定行的上方或选定列的左侧插入新行或新列；或者单击“开始”→“插入”→“插入工作表行”或“插入工作表列”。

④删除行或列。先选择要删除的行或列，单击右键，从弹出的快捷键菜单中选择“删除”命令；或者单击“开始”→“删除”→“删除工作表行”或“删除工作表列”。

(3) 清除数据。当工作表中的数据输入错误或不需要该数据时，可将其清除。选择要清除内容的单元格后，清除单元格的内容一般有以下几种方法。

方法一：按 Delete 键。

方法二：单击鼠标右键，从弹出的快捷菜单中选择“清除内容”。

方法三：单击“开始”→“单元格”→“清除”→“清除内容”，如图 3-2-14 所示。

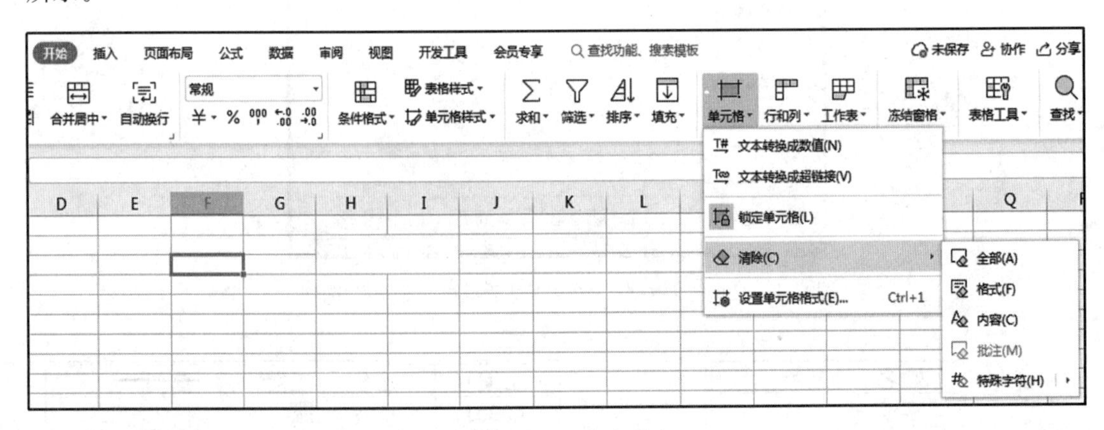

图 3-2-14　清除内容

(4) 移动或复制区域。操作方法如下。

方法一：使用“开始”选项卡。选定要移动或复制的单元格，单击“开始”选项卡

“剪贴板”组中的“剪切”或者“复制”按钮，此时单元格被一个闪动的虚线包围，然后选择目标单元格，再单击“开始”选项卡“剪贴板”功能组中的“粘贴”按钮完成移动或复制，如图 3-2-15 所示。按 ESC 键可以取消闪烁的虚线。

图 3-2-15　剪贴板

方法二：使用快捷键。选定要移动或复制的单元格，然后按“Ctrl+X”组合键剪切或按“Ctrl+C”组合键复制，然后选择目标单元格，按“Ctrl+V”组合键即可粘贴成功。

方法三：使用鼠标拖动。选定要移动或复制的单元格，将鼠标移到单元格的边框上，当鼠标成为十字箭头形状时，按住鼠标左键将内容拖拽到目标单元格后放开鼠标即可完成移动。如果是复制，拖动的时候按住 Ctrl 键。

方法四：使用快捷菜单。选定要移动或复制的单元格，单击右键，从弹出的快捷菜单中选择“剪切”或“复制”，然后选择目标单元格，单击右键，从弹出的快捷菜单中选择“粘贴”即可。

(5) 插入与编辑批注。对数据进行编辑时，有时需要在数据旁做注释，标注与数据相关的内容，这时可以通过添加“批注”来实现。

①插入批注。操作方法如下。

方法一：选择要添加批注的单元格，单击右键，在弹出的快捷菜单中选择“插入批注”命令后弹出一个文本框，用户在其中输入注释的文本，输入完毕后单击该文本框外工作表区域即可完成插入。添加批注后该单元格的右上角会出现一个红色的小三角形，提示该单元格已被添加了批注，如图 3-2-16 所示。

方法二：选择要添加批注的单元格，单击“审阅”→“新建批注”添加批注。

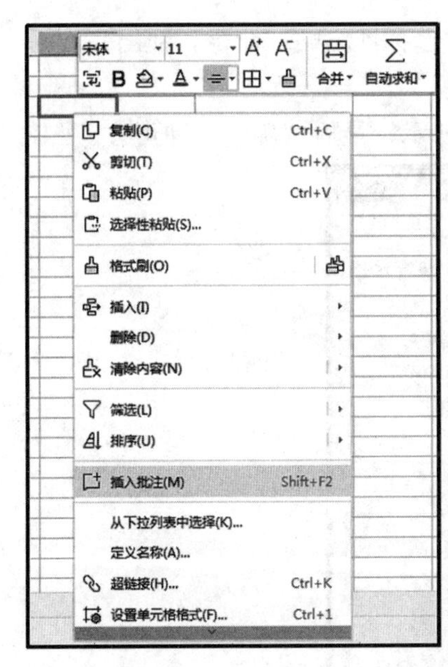

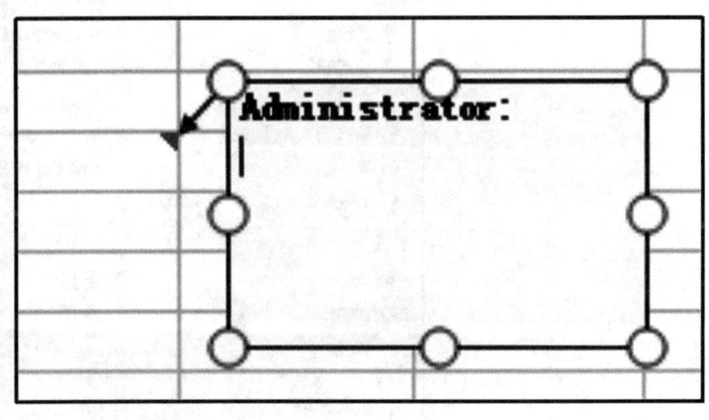

图 3-2-16　插入批注

②修改批注。操作方法如下。

方法一：选中要修改批注的单元格，单击右键，在弹出的快捷菜单中选择执行“编辑批注”命令即可，如图 3-2-17 所示。

方法二：选中要修改批注的单元格，单击“审阅”选项卡，选择单击“编辑批注”“显示/隐藏批注”“显示所有批注”“删除”等按钮完成对应的操作。

图 3-2-17　插入批注

（6）选择性粘贴。单元格内容除了有具体数据以外，还包含公式、格式、批注等，有时只需要复制其中的具体数据、公式和格式等，可使用“选择性粘贴”命令来操作。操作具体步骤如下。

①选定需要复制的单元格，单击“开始”选项卡的“剪贴板”功能组中的“复制”或“剪切”按钮。

②选定目标单元格，单击右键，从快捷菜单中选择“选择性粘贴”命令，弹出“选择性粘贴”对话框。

③单击“粘贴”类别中相应的选项，如图 3-2-18 所示，最后“确定”即可。

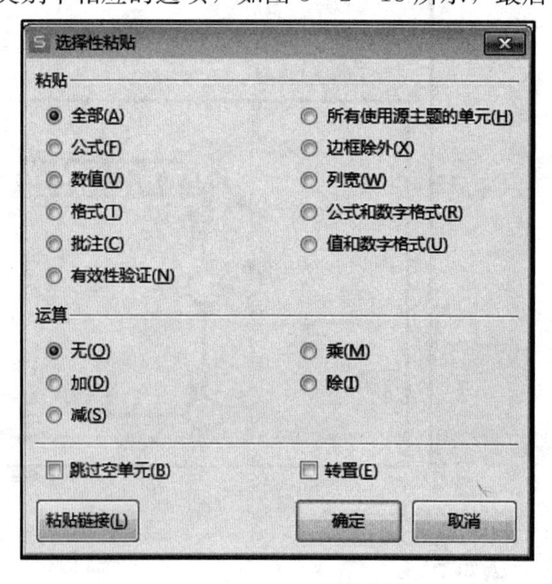

图 3-2-18　选择性粘贴

3. 单元格的合并与拆分

合并单元格有以下两种方法。

（1）选定要合并的单元格区域，单击“开始”选项卡中“合并后居中”按钮，将所选择的多个单元格合并为一个单元格，文字居中显示。

（2）选定要合并的单元格区域，单击右键，从弹出的快捷菜单中选择“设置单元格格式”命令，打开“设置单元格格式”对话框，在“对齐”选项卡的“文本控制”选项中选择“合并单元格”复选框，单击“确定”。

若要将合并后的单元格拆分，选定合并后的单元格，再次选择“合并后居中”按钮即可。也可在“设置单元格格式”对话框中，在“对齐”选项卡的“文本控制”选项中将“合并”单元格复选框前的√去掉即可。

任务实现

1. 打开“员工信息汇总表”

双击启动 WPS Office 后，单击“文件”→“打开”，在打开对话框中选择任务1创建的“员工信息汇总表”，点击“确定”，打开工作簿。

2. 数据输入

（1）“员工编号”列输入。选定要录入数据的单元格，从键盘录入。按下 Enter 键或 Tab 键或方向键移动至下一个需要录入的单元格。对于员工代码一栏，可以采用填充柄快速填充。

（2）“性别”列与“学历”列内容有一定的范围，且范围不大（性别只有“男”“女”2种，而学历只有“研究生”“本科”“专科”“中专”及“中专以下”5种），为避免表格在录入过程中出现不规范数据，可以在这些列设置数据有效性，以采用下拉列表的形式进行数据选择，不允许用户录入非法数据。

小提示 下拉列表选择数据的使用范围：项目个数少而规范的数据，如职称、工种、学历、单位及产品类型等适宜采用“数据有效性”的校验方式，以下拉列表的方式输入。

（3）输入“出生日期”。使用数字型日期，须按照格式“年/月/日”或“年-月-日”。年份可以只输入后两位，系统自动添加前两位。月份不得超过12，日不得超过31，否则系统默认为文字型数据。例如：输入2009年08月15日，可输入“09/08/15”或“09-08-15”，会自动显示为“2009-08-15”。若采用“日/月/年”的格式，月份只能用相应月份的英文字母的前三个字母来代替，不能使用数字。例如：想输入“2009年08月15日”，可输入“15/aug/2009”或“15/aug/09”或“15-aug-09”，完成后显示“15-aug-09”。任何情况下都不能采用“月/日/年”或“月-日-年”的格式输入，否则系统将视其为文字型数据。如果采用当前系统年份，只输入月和日，用数字表示则只能用“月/日”或“月-日”的格式。如果月份用相应英文字母来代替，格式则比较灵活。例如：要输出“8月15日”，则可输入“8/15”“8-15”。

（4）输入“身份证号”列数据。在输入身份证号时先打一个单引号“'”，然后输入数据；或者先改变单元格的数据类型为文本型，然后再进行输入就可以了。

3. 输入表中其他数据

4. 字体、字号设置

参照图3-2-19所示，设置宋体、字号11。

5. 格式设置

可参照图 3－2－19 所示的方式，设置单元格对齐方式。

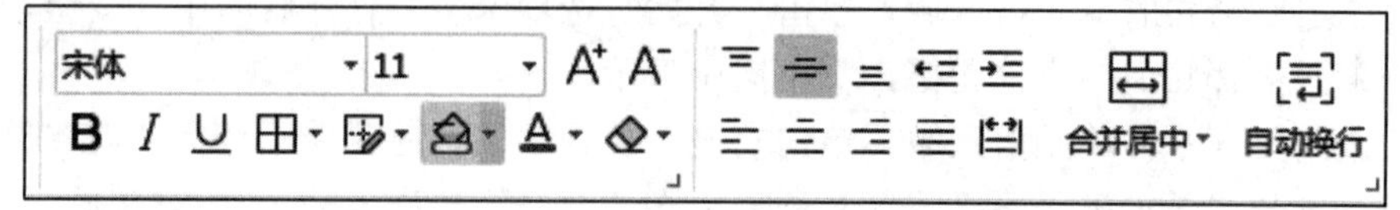

图 3－2－19　字体及单元格对齐方式设置

6. 根据实际需要对页面、打印参数进行设置，保存工作表

训练任务

为了便于上课，需要制作班级课程表，如图 3－2－20 所示。

	A	B	C	D	E	F
1	课程表					
2	节次	星期一	星期二	星期三	星期四	星期五
3	1	语文	数学	英语	计算机	政治
4	2					
5	3	物理	化学	物理	化学	英语
6	4					
7	5	音乐	体育	政治	计算机	语文
8	6					

图 3－2－20　课程表

身边有法

党的二十大报告指出，全面依法治国是国家治理的一场深刻革命，关系党执政兴国，关系人民幸福安康，关系党和国家长治久安。必须更好发挥法治固根本、稳预期、利长远的保障作用，在法治轨道上全面建设社会主义现代化国家。2018 年 1 月至 2019 年 3 月，蔡某在未获得新浪微博授权的前提下，自行开发“星援”App，有偿为他人提供不需要登录微博客户端即可转发微博博文及自动批量转发微博博文的功能。后大量软件用户以向“星援”App 充值的形式有偿使用该软件，“星援”App 通过截取新浪微博服务器中对应账号的相关数据后，使用与其截取数据相同的网络数据格式向该服务器提交数据，完成与该服务器的交互，以实现在不登录微博客户端的情况下，可转发新浪微博博文的功能，并实现自动批量转发新浪微博博文的功能。

经统计，至案发时该软件已有 19 万余个控制端微博账号，这 19 万用户绑定了 3 000 余万个小号。蔡某从中获取充值金额 600 余万元人民币。法院判定蔡某的行为构成提供侵入、非法控制计算机信息系统程序、工具罪，且情节特别严重，判处有期徒刑五年，并处罚金人民币 10 万元，追缴违法所得人民币 625 万元。

刑法第二百八十五条 第三款【提供侵入、非法控制计算机信息系统程序、工具罪】提供专门用于侵入、非法控制计算机信息系统的程序、工具，或者明知他人实施侵入、非法控制计算机信息系统的违法犯罪行为而为其提供程序、工具，情节严重的，依照前款的规定处罚。

任务3 美化工作表

任务描述

工作表的内容输入完成以后，如果毫无修饰，必然会影响其可读性、美观性。通常我们需要对工作表进行修饰，使其更加美观并适合用户的需要，如文本的对齐、单元格大小统一、边框设置及表格套用格式等。

打开“员工信息汇总表”，对工作表“员工信息表”的格式进行设置，以方便阅读。样表如图 3-3-1 所示。

	A	B	C	D	E	F	G	H
1	员工编号	姓名	部门	性别	参加工作日期	身份证号	联系电话	工龄
2	A0001	李波	技术部	男	2002-6-7	412928197906202823	13000000000	14
3	A0002	张长海	人力资源部	男	2008-9-14	412928197906202823	13000000000	8
4	A0003	郭灿	后勤部	男	2006-8-9	412928197906202823	13000000000	10
5	A0004	黎明	市场部	男	2014-6-10	412928197906202823	13000000000	2
6	A0005	林鹏	技术部	男	2008-7-11	412928197906202823	13000000000	8
7	A0006	骆杨明	财务部	男	2002-6-12	412928197906202823	13000000000	14
8	A0007	江长华	财务部	女	2011-8-23	412928199108202824	13000000000	5
9	A0008	张博	业务部	男	2002-8-14	412928197906202823	13000000000	14
10	A0009	陈士玉	市场部	女	2014-8-15	412928199605202824	13000000000	2
11	A0010	李海星	业务部	男	2015-8-22	412928199606202823	13000000000	1

图 3-3-1 员工信息表

任务分析

此任务需要掌握表格中单元格区域格式设置、条件格式的使用方法及套用表格格式的设置方法。

必备知识

1. 设置工作表的行高或列宽

（1）精确调整。选定要调整的列，单击“开始”→“行和列”→下拉菜单“行高”→输入高度→“确定”。列宽的设置方法和行高的设置方法基本相同，区别在选择的对象是列，命令是“列宽”，如图 3－3－2 所示。

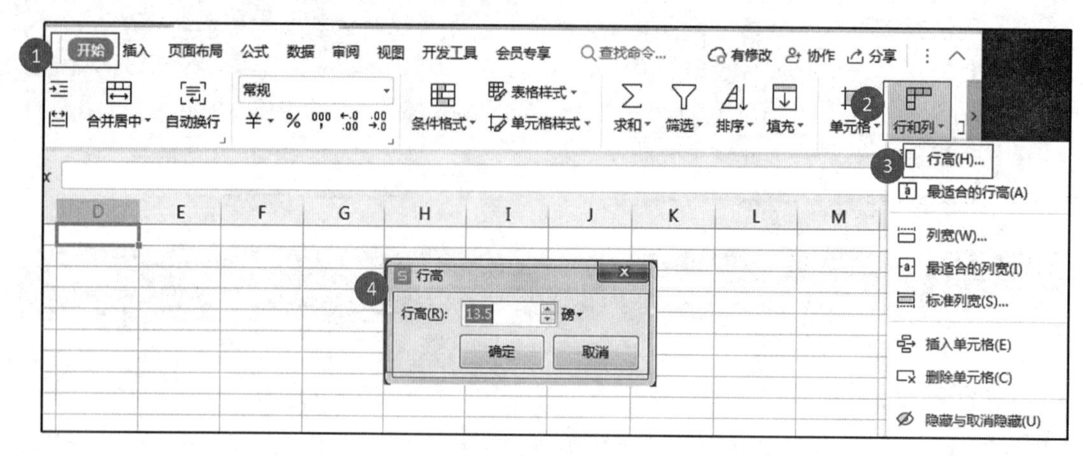

图 3－3－2　“格式”子菜单

（2）鼠标调整。如果要更改单列或多列的宽度，可先选定所有需要更改的列，然后将鼠标指针移到选定列标的右边界，鼠标指针成“✛”形状时左右拖动，即可实现列宽的调整。行高的调整方法与列宽的调整方法类似。

（3）自动调整。用鼠标双击行号之间的分隔线，WPS Office 表格会根据分隔线左列的内容，自动调整该行到最适合的行高；用鼠标双击列标之间的分隔线，WPS Office 表格会根据分隔线左列的内容，自动调整该列到最适合的列宽，或者单击“开始”选项卡中“行和列”按钮，从弹出的菜单中选择“最适合的行高”或“最适合的列宽”。

2. 数据的对齐方式

默认状态下，单元格中输入的数据，在水平方向文本行数据自动靠左对齐，数字、日期和时间自动靠右对齐，根据需要可以设置居中等其他对齐方式，有以下两种方法。

方法一：可以利用“开始”选项卡中“对齐方式”功能组上的“左对齐”“居中”“右对齐”等按钮设置数据的水平对齐方式。

方法二：选定要对齐的单元格或单元格区域，单击“开始”→“单元格”，在弹出的菜单中选择“设置单元格格式”，打开“设置单元格格式”对话框，在“对齐”选项卡中设置数据的水平对齐和垂直对齐方式，也可以设置文字的旋转角度，如图 3－3－3 所示。

3. 文字设置格式

单元格中输入的数据，默认格式为宋体、11 号，在 WPS Office 表格中字体的设置有以下两种方式。

方法一：利用“开始”选项卡的“字体设置”功能组中的命令按钮对单元格中的数据进行字体、字号、字形、字体颜色、下画线等格式的设置。

方法二：单击“开始”→“单元格”，在弹出的菜单中选择“设置单元格格式”，打开“设置单元格格式”对话框，选择“字体”选项卡，进行字体、字号、字形、字体颜色、下画线、上标、下标的设置，如图 3－3－4 所示。

4. 设置单元格边框和底纹

给电子表格设置边框和底纹，会使表格变得美观，更具有表现力，一般可以使用以下两种方法。

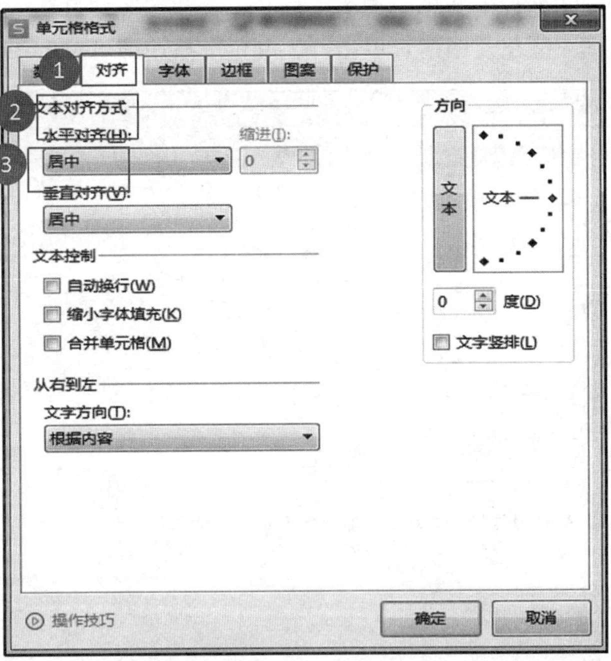

图 3-3-3 “设置单元格格式”对话框的“对齐”选项卡

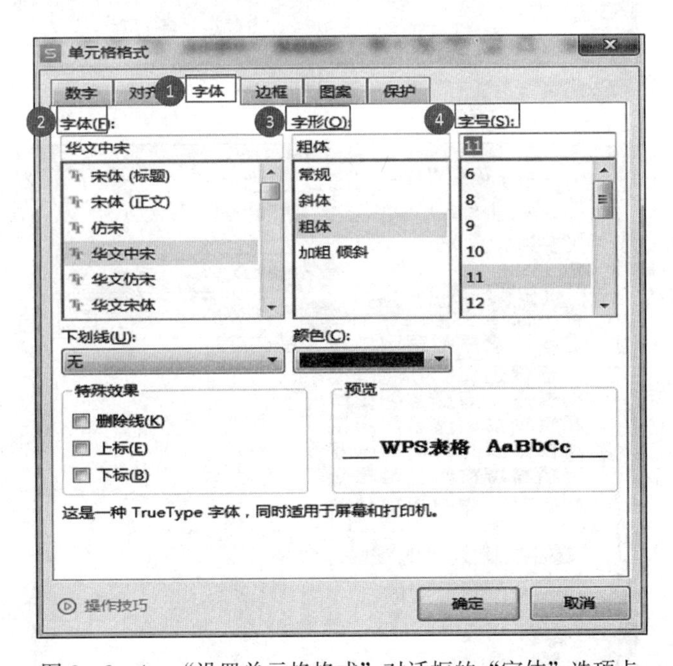

图 3-3-4 “设置单元格格式”对话框的“字体”选项卡

方法一：选择要添加边框和底纹的单元格区域，单击“开始”→“单元格”，在弹出的菜单中选择“设置单元格格式”，打开“设置单元格格式”对话框，单击“边框”选项卡，选择线条样式，线条颜色和边框样式（图 3-3-5）。单击“图案”选项卡，在“颜色”区域选择一种颜色作为填充颜色，如图 3-3-6 所示；也可以单击“图案样式”下拉列表框，在打开的图案列表中选择一种图案样式，在“图案颜色”下拉列表中设置图案的颜色，如果要取消填充颜色及图案，单击“无颜色”按钮即可。

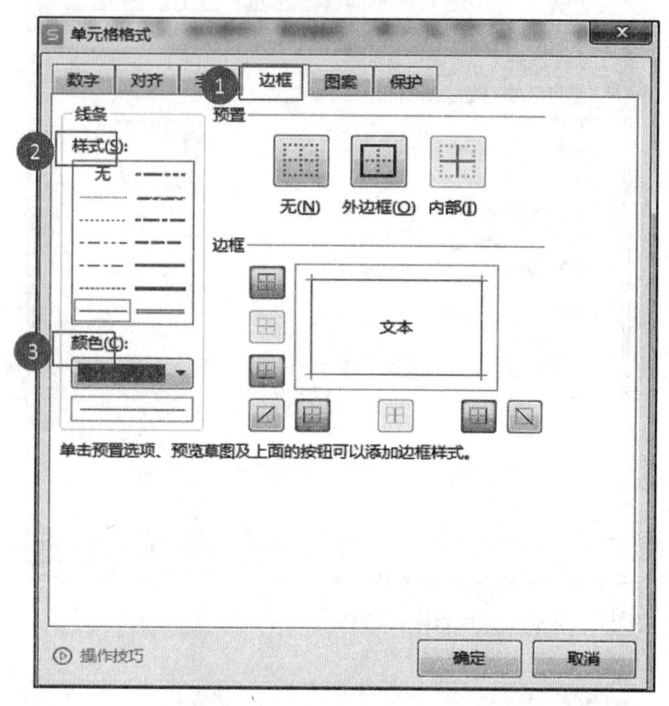

图 3-3-5　“边框”选项卡

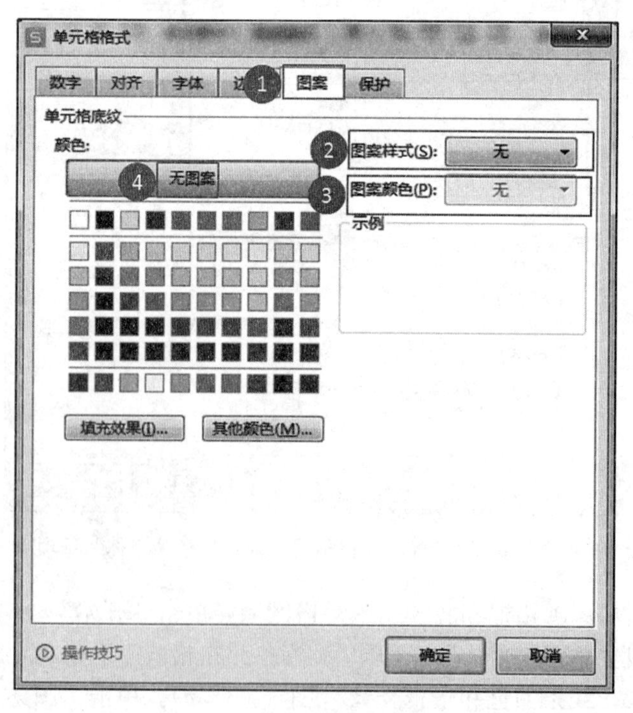

图 3-3-6　“图案”选项卡

方法二：通过“开始”选项卡上的按钮设置。

设置表格框线：选定要添加边框的单元格区域，单击“开始”→“字体”→“所有框线”旁边向下的箭头，进行选择，如图 3-3-7 所示。

设置表格底纹：选择要填充颜色的单元格区域，单击“开始”→“字体”→“填充颜色”旁边向下的箭头，在出现的调色板中单击选择一种填充颜色，如图 3-3-8 所示。

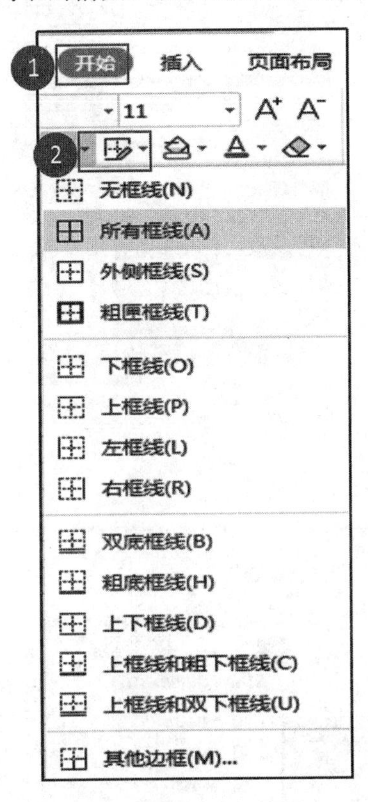

图 3-3-7 边框按钮

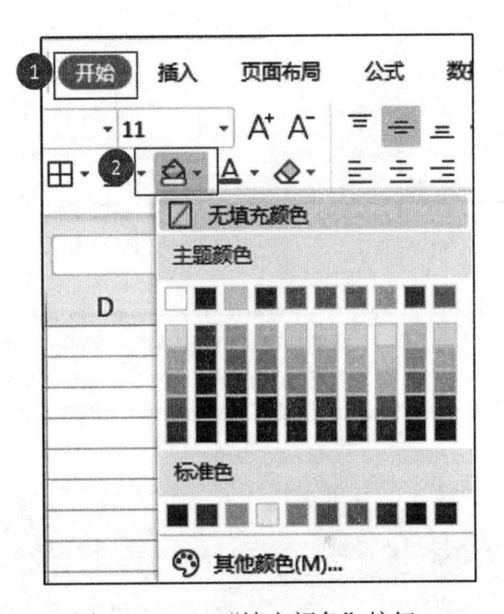

图 3-3-8 “填充颜色”按钮

5. 套用表格样式

套用表格格式是指用户直接使用 WPS Office 表格提供的工作表格中的一种表格样式模板来修饰自己的工作表。操作步骤如下。

先选定要套用格式的单元格区域，单击“开始”→“样式”→“表格样式”，弹出“预设样式”菜单，根据需要选择一种合适的样式即可，如图 3-3-9 所示。

6. 条件格式设置

在 WPS Office 表格中可以利用“条件格式”来突出显示某些单元格的内容。例如：在处理“工龄”时，可以对工龄高于 10 年的单元格设置彩色底纹，以便突出显示，操作步骤如下。

选定要设置的单元格区域单击“开始”→“条件格式”三角标，在弹出的如图 3-3-10 的菜单中选择一种突出显示的方式，假设选中的是“突出显示单元格规则”中的“大于”命令，在弹出的“大于”对话框中设置数值，并在“设置为”后下拉列表框中选择突出显示方式或者单击“自定义格式”设置对应的格式，单击“确定”，设置完成。

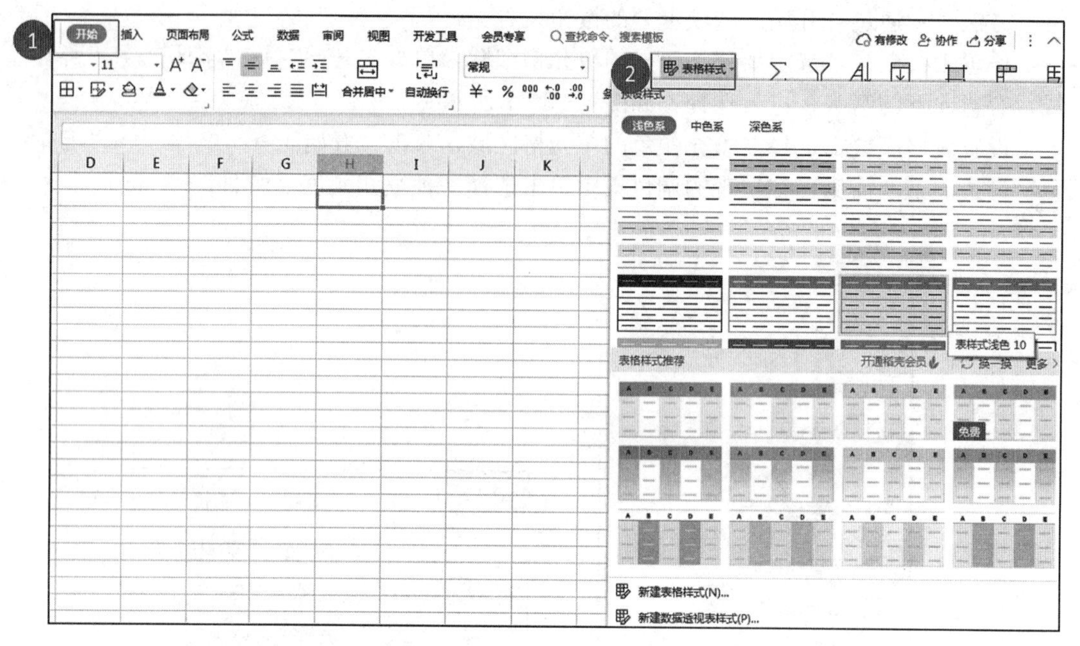

图 3－3－9　表格样式

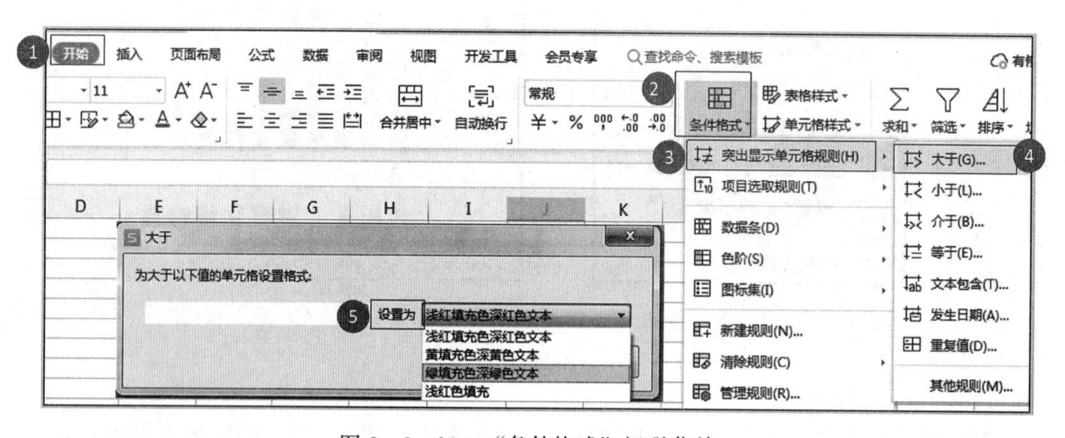

图 3－3－10　“条件格式”级联菜单

7. 格式的复制

在实际的工作中，如果有多处单元格区域的格式要求是一样的，则可以复制格式。

（1）使用“格式刷”复制格式。与文档一样，表格也提供了一个方便易用的格式刷，其使用方式也一样。

（2）使用“选择性粘贴”复制。操作步骤如下。

先选定已经设置了某些格式的单元格。这些选定的单元格即为原单元格。然后按单击右键后执行快捷菜单中的“复制”命令，将原单元格的内容及格式复制到剪贴板中。

选定要应用这些格式的单元格（目标单元格），单击右键后执行菜单中的“选择性粘贴”对话框。选中粘贴区域的某个按钮，如“格式”单选按钮，则目标单元格与原单元格的格式一致，如图 3－3－11 所示。

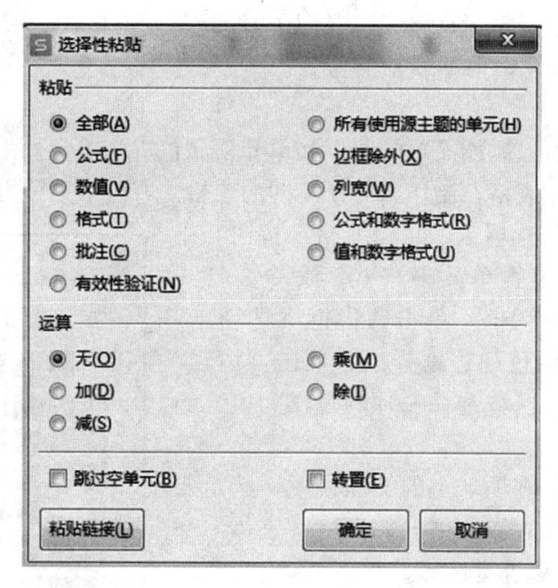

图 3-3-11　利用选择性粘贴进行格式复制

任务实现

1. 设置字体

有以下两种方法设置字体。

（1）单击“开始”选项卡的“字体”功能组中的命令按钮设置字体为宋体、11 号，并设置字形、字体颜色、下画线等。

（2）单击“开始”中的“单元格”按钮，在弹出的菜单中选择“设置单元格格式”，打开“设置单元格格式”对话框，选择“字体”选项卡，进行字体、字号、字形、字体颜色、下画线、上标、下标的设置，如图 3-3-4 所示。

在字体的选择上要考虑表格的用途，选择与表格用途相协调的字体。统观表格内其他字体风格，选择外观、风格彼此协调的字体，使表格看起来更专业。

字号应考虑各字号大小之间是否协调，应整体和谐，不能过大，也不能过小，可参照图 3-3-12 进行设置。

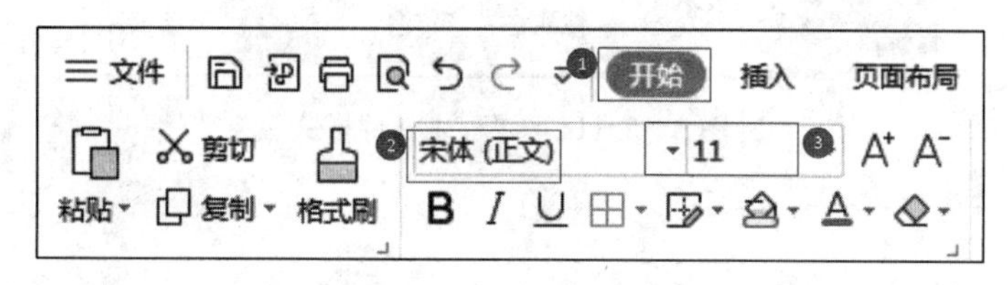

图 3-3-12　字体设置

2. 单元格对齐方式设置

数据输入完毕后，需要设置单元格对齐方式，有以下两种方法。

（1）单击“开始”选项卡中的“对齐方式”功能组上的“居中”对齐方式。

（2）选定要对齐的单元格或单元格区域，单击“开始”选项卡的“单元格”按钮，在打开的菜单中选择“设置单元格格式”，打开“设置单元格格式”对话框，在“对齐”选项卡中设置数据的水平对齐和垂直对齐方式。

3. 表格边框设置

表格的美化除了可以添加简单的边框和单元格底色进行美化外，还可以将边框和底色相结合，以进一步美化表格，制作出与众不同的表格。有以下两种方法。

（1）单击“开始”选项卡的“单元格”按钮，在打开的菜单中选择“设置单元格格式”命令，打开“设置单元格格式”对话框，单击“边框”选项卡，选择线条样式、线条颜色和边框样式。单击“填充”选项卡，在“背景色”区域选择一种颜色作为填充颜色（图 3-3-13）。

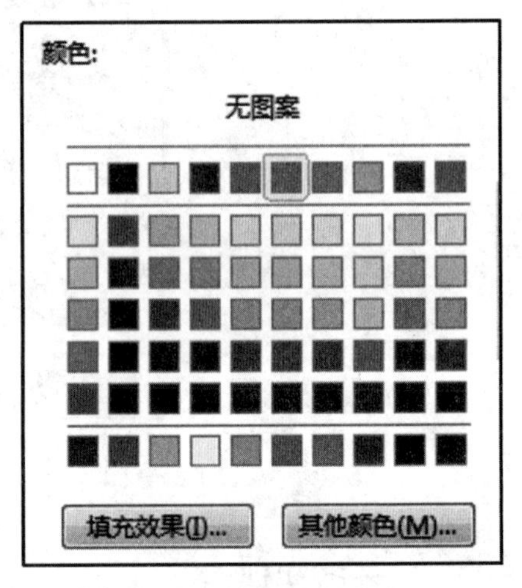

图 3-3-13　边框颜色设置

（2）通过“开始”选项卡上的按钮设置。选定要添加边框的单元格区域，单击“开始”→“字体”→“边框”旁边向下的箭头进行选择。

4. 保存表格

单击快速工具栏中的“保存”按钮，及时保存文档。

训练任务

为了使课程表更突出醒目，对“班级课程表”做图 3-3-14 的样式修饰并以粉红色显示“计算机”课程。

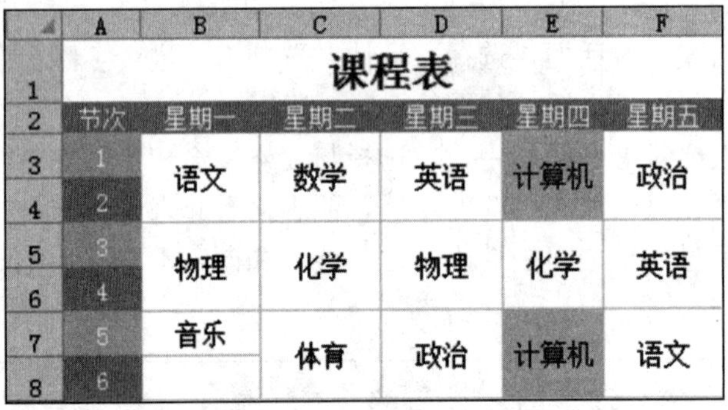

	A	B	C	D	E	F
1	课程表					
2	节次	星期一	星期二	星期三	星期四	星期五
3	1	语文	数学	英语	计算机	政治
4	2					
5	3	物理	化学	物理	化学	英语
6	4					
7	5	音乐	体育	政治	计算机	语文
8	6					

图 3-3-14　课程表条件样式

任务 4　制作工资管理报表

WPS Office 表格中除了能进行一般的表格处理外，还具有较强的数据计算能力，可以在单元格中利用公式或函数进行各种复杂运算。本任务主要利用 WPS Office 表格实现工资管理的自动化，包括工资单的浏览、工资报表的自动生成等。

任务描述

某公司决定对公司员工工资进行统计，主要包括基本工资、生活补贴、出勤天数、全勤奖、社保和实发工资等，如图 3－4－1 所示。

	A	B	C	D	E	F	G	H	I	J
1	员工工资表									
2	员工代码	姓名	部门	基本工资（元）	生活补贴（元）	出勤天数	全勤奖	社保	实发工资	备注
3	A0001	李波	人力资源部	1760	840	22	0	208	2392	
4	A0002	张长海	人力资源部	1780	850	25	500	250.4	2879.6	
5	A0003	郭灿	人力资源部	1700	840	24	480	241.6	2778.4	
6	A0004	黎明	市场部	1200	2200	26	520	313.6	3606.4	
7	A0005	林鹏	市场部	1200	2400	24	480	326.4	3753.6	
8	A0006	骆杨明	财务部	2100	1200	22	0	264	3036	
9	A0007	江长华	财务部	2010	1300	22	0	264.8	3045.2	
10	A0008	张博	业务部	1200	2200	23	460	308.8	3551.2	
11	A0009	陈士玉	业务部	1250	2400	24	480	330.4	3799.6	
12	A0010	李海星	业务部	1260	2200	28	560	321.6	3698.4	

图 3－4－1　员工工资表

任务分析

新建员工工资表，对基本工资、生活补贴、出勤天数、社保等进行统计，学会使用公式、函数对表中涉及的数据进行计算和统计。

必备知识

1. 单元格的地址引用

公式中使用其他单元格的方式称为单元格引用，在公式中一般不写单元格中的数值，而写数值所在单元格的地址，以便公式复制，在公式中可以引用本工作表中的单元格，也可以引用同一个工作簿中其他工作表的单元格，以及不同工作簿中的单元格，当被引用的单元格数值被修改时，公式的运算结果也会随之变化。WPS Office 表格中单元格的引用有相对引用、绝对引用、混合引用、跨工作表引用和跨工作簿引用等 5 种方式。

（1）相对引用。相对引用是在公式中引用了“A1”形式的相对地址，复制单元格公式时，目标单元格公式中的地址会随着引用单元格的位置变化而变化。

（2）绝对引用。绝对引用是在公式中使用了“A1”形式的绝对地址。复制单元格公式时，公式中的单元格地址不会产生变化。

（3）混合引用。如果单元格引用地址一部分为绝对引用，另一部分为相对引用，如“$A1”或者“A$1”，这类地址称为混合引用地址，如果“$”符号在列标前，则表明该列的位置是绝对不变的，而行位置会随着目的位置的变化而变化；如果“$”符号在行号前，则表明该行位置是绝对不变的，而列位置会随着目的位置的变化而变化。

（4）跨工作表引用。跨工作表引用是指引用同一个工作簿中其他工作表单元格地址，表示单元格时，单元格名称前必须加单元格所在的工作表标签名称和感叹号。

引用的格式为：工作表！单元格，例如：“sheet1！A4”表示相对引用工作表 sheet1 的 A4 单元格。“sheet1A4：D8”表示相对引用工作表 sheet1 的 A4 到 D8 的一个矩形区域。“sheet1！＄A＄4”：绝对引用工作表 sheet1 的 A4 单元格。

（5）跨工作簿引用。跨工作簿的引用是指引用其他工作簿中的单元格，表示单元格时，单元格名称前除了要加上工作表标签以外，还要加上所在的工作簿的名称。

引用的格式为：［工作簿名］工作表名！单元格，例如：“［ABC. xlsx］Sheet1！＄A＄4”表示绝对引用 ABC. xlsx 工作簿中 sheet1 工作表的 A4 单元格。

2. 公式

公式的形式为“＝表达式”，表达式由运算符、常量、单元格地址、函数及括号组成，但是表达式中不一定全部具备这些项，例如：“＝102＋10＋8”“＝A1＊0.4＋B1＊0.6”“＝SUM（B2：B10）”。

3. 运算符

运算符（图 3－4－2）在 Excel 中可以分为以下 4 种类型。

（1）算术运算符。算术运算符可以完成基本的数学运算，如加、减、乘、除。

（2）比较运算符。比较运算符可以比较两个数据或表达式的大小，并且产生的结果是 TRUE 或者 FALSE 的逻辑值。

（3）文本运算符。文本运算符可以将两端文本连接为一段连续的文本。

（4）引用运算符。引用运算符可以将单元格区域合并计算。

类型	运算符	含义	示例
算术运算符	+(加号)	加	1+3
	—（减号）	减	4—1
	—（负号）	负数	—10
	*（星号）	乘	6*5
	/（斜杠）	除	9/3
	%（百分号）	百分比	25%
	^（乘方）	求幂	2^3=8
比较运算符	=(等于号)	等于	A1=B1
	>（大于号）	大于	A1>B1
	<（小于号）	小于	A1<B1
	>=（大于等于号）	大于等于	A1>=B1
	<=（小于等于号）	小于等于	A1<=B1
	<>（不等于号）	不等于	A1<>B1
文本运算符	&（连字符）	将两段字符连成一段字符	“Hello”&“Kitty” =“Hello·Kitty”
引用运算符	:（冒号）区域运算符	包括两个引用在内的所有单元格引用	A1:A8
	,（逗号）联合运算符	将多个引用合并为一个引用	SUM（A1:A8，B1:B8）
	（空格）交叉运算符	对同时隶属于两个引用的单元格区域的引用	SUM（B1:C8··B6:D8）引用B6:C8单元格

图 3－4－2　Excel 中使用的全部运算符

4. 运算顺序

在数学运算中，如果遇到如“b5＋d3＊a1/b2^2”所示的公式，其中包含了加法、乘法、除法和乘方。这里就涉及运算符的优先级别，如果是同一级运算，则从等号开始从左到右逐步计算，对于不同级别的运算，则参照图 3－4－3 中列出的先后顺序进行计算。

优先顺序	运算符	说明
由高到低	：（冒号）	引用运算符
	（单个空格）	
	，（逗号）	
	—	负号
	%	百分比
	^	求幂
	*和/	乘和除
	+和—	加和减
	&	文本运算符（串连）
	=、>、<、>=、<=、<>	比较运算符

图 3－4－3　运算符的运算优先级别

5. 输入公式

输入公式步骤：在目标单元格中先输入“＝”，再写出公式的表达式，以图 3－4－1 所示的工作表为例，单击选择 H3 单元格，输入公式“＝（D4＋E4＋G4）＊8%”，按 Enter 键确认输入。公式中的单元格地址可以用键盘输入，也可以直接单击相应的单元格。

6. 复制公式

图 3－4－1 所示的工作表中，H3 单元格的社保计算完成后，可以用公式复制的方法，自动填充其他单元格，操作步骤如下。

（1）单击已经输入了公式的 H3 单元格。

（2）移动鼠标到该单元格的填充柄处，鼠标变为细十字状，按住鼠标左键拖动到 H12 单元格，将完成所有员工社保的计算。

7. 公式的错误值

当 Excel 不能正确计算某个单元格中的公式时，便会在单元格中显示一个错误代码，错误代码都是由 # 号开头，图 3－4－4 中列了常见的错误信息及出错原因。

错误代码	出错原因
####	公式产生的结果太长或输入的常数太长，应增加列宽
#DIV/0!	除数为零
#N/A	引用了当前不能使用的值
#NAME?	使用了表格不能识别的名称
#NULL!	指定了无效的“空”值
#NUM!	使用了不正确的参数
#REF!	引用了无效的单元格
#VALUE!	引用了不正确的参数或运算对象

图 3－4－4　常见错误代码和出错原因

8. 函数的形式

WPS Office 表格中提供了 10 类 200 多种函数，合理使用这些函数将大大提高表格计算的效率。

函数以函数名开头，其后是一对圆括号，括号中有若干个参数，如果有多个参数，参数之间用逗号隔开，参数可以是数字、文本、逻辑值、单元格引用或其他函数（嵌套函数）。

9. 函数的使用

（1）选择目标单元格，单击“公式”→“插入函数”，打开“插入函数”对话框，从中选择需要插入的函数，如图 3-4-5 所示。

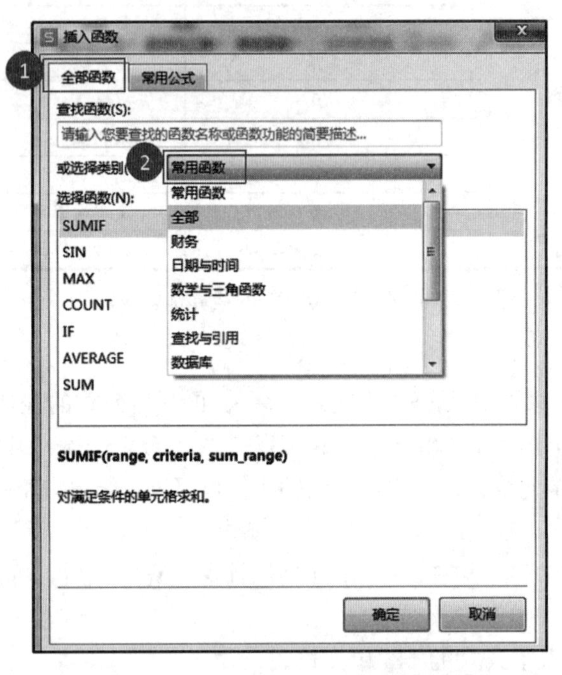

图 3-4-5　“插入函数”对话框

（2）如果对所使用的函数很熟悉，直接在编辑栏或单元格中输入即可。

（3）对于求和、平均值、最大值、最小值等常用的函数，可以单击“开始”→“自动求和”→“最大值”，即可弹出对应的菜单，进行自动计算，如图 3-4-6 所示。

图 3-4-6　“最大值”下拉按钮

（4）单击“开始”选项卡中“常用函数”按钮，在下拉菜单中选择所需函数，如果列表中没有显示所需的函数，可以单击“其他函数”命令，在打开的“插入函数”对话框中选择函数，如图 3-4-7 所示。

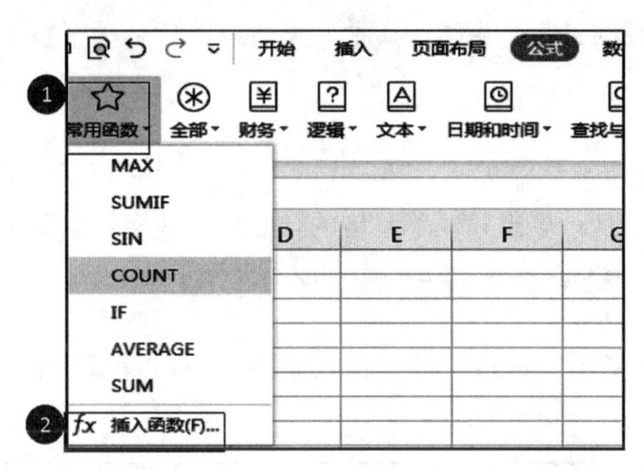

图 3-4-7　函数下拉列表框

（5）单击编辑栏左边的 fx 按钮，弹出“插入函数”对话框，在该对话框中选择要插入的函数。

10. 常用的函数

（1）求和函数：SUM（参数 1，参数 2，…）。求各参数的和，参数可以是数值或含有数值的单元格引用，最多包含 30 个参数。例如：SUM（H2：I2）；SUM（A1，B1，C1）；SUM（A1：A3，B1：B3）。

（2）求平均值函数：AVERAGE（参数 1，参数 2，…）。求各参数的平均值，参数可以是数值或者含有数值的单元格引用。例如：AVERAGE（A2，B2，C2）；AVERAGE（A2：E2）。

（3）求最大值函数：MAX（参数 1，参数 2，…）。求各参数中的最大值。例如：MAX（H2：H10）。

（4）求最小函数值：MIN（参数 1，参数 2，…）。求各参数中的最小值。例如：MIN（B2：B20）。

（5）计数函数：COUNT（参数 1，参数 2，…）。统计各参数中数值型参数和包含数值的单元格个数。例如：COUNT（b1：b10）；COUNT（A1，B1：B5，C1：C3）。

（6）计数函数：COUNTA（参数 1，参数 2，…）。统计各参数中文本型参数和包含文本的单元格个数。例如：COUNTA（C1：C10）。

（7）条件计数函数：COUNTIF（单元格区域，条件式）。统计单元格区域内满足条件的单元格个数。例如：COUNTIF（J3：J12，“>=2500”）。

（8）条件判断函数：IF（条件表达式，值 1，值 2）。如果条件表达式为真，则结果取值 1；否则取值 2。例如：=IF（J3>=2500，“优秀”，“合格”）。

（9）排名次函数：RANK（带排名的数据，数据区域，升降序）。计算数据在数据区域内相对于其他数据的大小排名，“升降序参数”为 0 或忽略不写表示降序，1 表示升序。例如：=RANK（H4＄H＄4：＄H＄17）。

任务实现

1. 输入工资表信息

新建一个空白工作簿，在工作簿默认工作表 sheet1 中输入工资表的相应信息。

2. 计算全勤奖

方法一：公式法。

选择全勤奖 G3 单元格，输入公式“=IF（F3>22，F3＊20，0）”后按回车键，即可以算出奖金，拖曳填充柄计算出其他单元格的全勤奖。注意：出勤天数 22 天以上的，奖金按出勤天数乘以 20 来发放奖金，22 天以下没有奖金。

方法二：函数法。

选择 G3 单元格，单击编辑栏中的“插入函数”按钮 fx 或选择“公式”选项卡中的“插入函数”按钮，如图 3－4－8 所示。

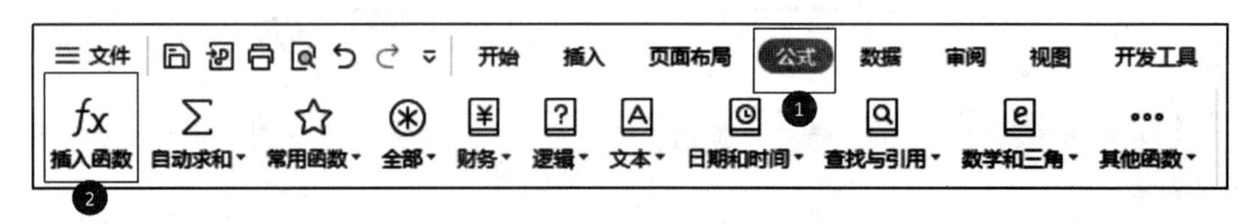

图 3－4－8　插入函数按钮

在“选择函数”列表框中选择“IF”函数，单击“确定”按钮，弹出“函数参数”对话框，输入条件参数，如图 3－4－9 所示。

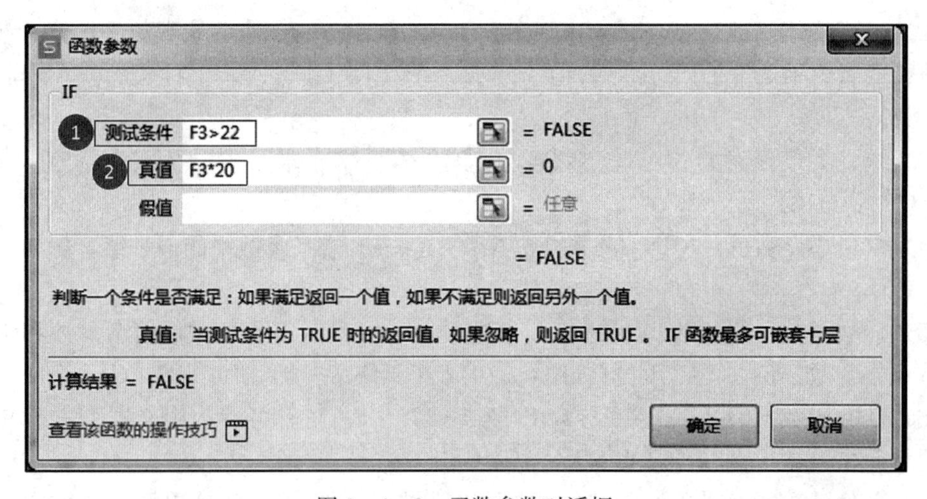

图 3－4－9　函数参数对话框

返回 G3 单元格的值为 0，因为不符合全勤奖的条件，再利用填充柄自动填充其他单元格的全勤奖，结果如图 3－4－10 所示。

3. 计算社保

这里的社保按全部收入的 8％缴纳。

选择 H3 单元格，输入公式“=（D4+E4+G4）＊8％”后按回车键，可以算出本单

	A	B	C	D	E	F	G	H	I
1	员工工资表								
2	员工代码	姓名	部门	基本工资（元）	生活补贴（元）	出勤天数	全勤奖	社保	实发工资
3	A0001	李波	人力资源部	1760	840	22	0		
4	A0002	张长海	人力资源部	1780	850	25	500		
5	A0003	郭灿	人力资源部	1700	840	24	480		
6	A0004	黎明	市场部	1200	2200	26	520		
7	A0005	林鹏	市场部	1200	2400	24	480		
8	A0006	骆杨明	财务部	2100	1200	22	0		
9	A0007	江长华	财务部	2010	1300	22	0		
10	A0008	张博	业务部	1200	2200	23	460		
11	A0009	陈士玉	业务部	1250	2400	24	480		
12	A0010	李海星	业务部	1260	2200	28	560		

图 3－4－10　函数计算全勤奖

元格的社保，拖曳填充柄计算出其他单元格的社保，结果如图 3－4－11 所示。

H3　　fx　=(D3+E3+G3)*8%

	A	B	C	D	E	F	G	H	I
1	员工工资表								
2	员工代码	姓名	部门	基本工资（元）	生活补贴（元）	出勤天数	全勤奖	社保	实发工资
3	A0001	李波	人力资源部	1760	840	22	0	208	
4	A0002	张长海	人力资源部	1780	850	25	500	250.4	
5	A0003	郭灿	人力资源部	1700	840	24	480	241.6	
6	A0004	黎明	市场部	1200	2200	26	520	313.6	
7	A0005	林鹏	市场部	1200	2400	24	480	326.4	
8	A0006	骆杨明	财务部	2100	1200	22	0	264	
9	A0007	江长华	财务部	2010	1300	22	0	264.8	
10	A0008	张博	业务部	1200	2200	23	460	308.8	
11	A0009	陈士玉	业务部	1250	2400	24	480	330.4	
12	A0010	李海星	业务部	1260	2200	28	560	321.6	

图 3－4－11　公式法计算社保

4. 计算实发工资

选择 13 单元格，输入公式“＝D3＋E3＋G3－H3”后按回车键，即可以算出实发工资，拖曳填充柄计算出其他单元格的实发工资，结果如图 3－4－12 所示。

I3　　fx　=D3+E3+G3-H3

	A	B	C	D	E	F	G	H	I
1	员工工资表								
2	员工代码	姓名	部门	基本工资（元）	生活补贴（元）	出勤天数	全勤奖	社保	实发工资
3	A0001	李波	人力资源部	1760	840	22	0	208	2392
4	A0002	张长海	人力资源部	1780	850	25	500	250.4	2879.6
5	A0003	郭灿	人力资源部	1700	840	24	480	241.6	2778.4
6	A0004	黎明	市场部	1200	2200	26	520	313.6	3606.4
7	A0005	林鹏	市场部	1200	2400	24	480	326.4	3753.6
8	A0006	骆杨明	财务部	2100	1200	22	0	264	3036
9	A0007	江长华	财务部	2010	1300	22	0	264.8	3045.2
10	A0008	张博	业务部	1200	2200	23	460	308.8	3551.2
11	A0009	陈士玉	业务部	1250	2400	24	480	330.4	3799.6
12	A0010	李海星	业务部	1260	2200	28	560	321.6	3698.4

图 3－4－12　公式法计算实发工资

训练任务

根据工资表的内容，进行员工等级设置，使用 IF 函数查看员工等级，设置条件为：实发工资大于等于 2500 为优，低于 2500 为良。隐藏“等级”列的内容，或者隐藏此工作表。最终效果如图 3-4-13 所示。

	A	B	C	D	E	F	G	H	I	J
1	员工工资表									
2	员工代码	姓名	部门	基本工资（元）	生活补贴（元）	出勤天数	全勤奖	社保	实发工资	等级
3	A0001	李波	人力资源部	1760	840	22	0	208	2392	良
4	A0002	张长海	人力资源部	1780	850	25	500	250.4	2879.6	优
5	A0003	郭灿	人力资源部	1700	840	24	480	241.6	2778.4	优
6	A0004	黎明	市场部	1200	2200	26	520	313.6	3606.4	优
7	A0005	林鹏	市场部	1200	2400	24	480	326.4	3753.6	优
8	A0006	骆杨明	财务部	2100	1200	22	0	264	3036	优
9	A0007	江长华	财务部	2010	1300	22	0	264.8	3045.2	优
10	A0008	张博	业务部	1200	2200	23	460	308.8	3551.2	优
11	A0009	陈士玉	业务部	1250	2400	24	480	330.4	3799.6	优
12	A0010	李海星	业务部	1260	2200	28	560	321.6	3698.4	优

图 3-4-13　IF 函数计算员工等级

任务 5　销售统计表的处理

任务描述

某公司为了了解计算年度获利情况，决定对鸡场鸡蛋的销售情况进行统计，销售部给部长提供了一份销售统计表，如图 3-5-1 所示。

1	某公司鸡场销售情况统计表						
2	日期	鸡舍	产蛋量（个）	日龄（天）	蛋重（kg/30个）	批发价（元/kg）	销售收入（元）
3	2021-3-1	A号舍	9200	210	1.85	8.70	4,936
4	2021-3-1	B号舍	9520	220	1.85	8.70	5,107
5	2021-3-1	C号舍	9550	230	1.85	8.70	5,124
6	2021-3-2	A号舍	9283	211	1.85	8.60	4,923
7	2021-3-2	B号舍	9608	221	1.85	8.60	5,095
8	2021-3-2	C号舍	9580	231	1.85	8.60	5,081
9	2021-3-3	A号舍	9605	212	1.85	8.65	5,123
10	2021-3-3	B号舍	9532	222	1.85	8.65	5,085
11	2021-3-3	C号舍	9646	232	1.85	8.65	5,145

图 3-5-1　销售统计表

部长要求对销售统计表中的数据做如下处理。

（1）以“销售收入”为关键字，“鸡舍”为次要关键字升序排序。

（2）筛选出“销售收入低于5 000元”的记录，并复制到新工作表中。

（3）高级筛选出“产蛋量低于9 500或者销售收入低于5 000元”的记录，并复制到新工作表中。

（4）以“鸡舍”为分类字段，对“产蛋量”“销售收入”进行“求和”分类汇总。

（5）合并计算出每个鸡舍每天产蛋量的平均值。

任务分析

WPS Office表格中的工作表也称为数据清单。对于数据清单，可能并不仅仅满足于计算，实际工作中还需要对这些数据按照某种规则进行分析处理，如按规则排序、从大量数据中筛选中符合条件的数据、对一类数据进行某种方式的汇总计算等。WPS Office表格就提供了非常强大的数据管理和分析功能。

必备知识

排序是指按一定的规则对数据进行整理和排列。排序分升序和降序两大类型。对于字母，升序是从A到Z排列；对于日期，升序是从最早到最近；对于中文，一般是按照汉语拼音字母的顺序排序，也可指定由文字的笔画来排序。排序可以按照某一字段的值进行排序，用来排序的字段称为关键字，关键字可以有多个，分为主要关键字和次要关键字。当主要关键字相同时可以再按次要关键字排序，以此类推。

数据筛选是将数据清单中符合某种条件的数据显示出来，并将不符合条件的数据隐藏起来，WPS Office表格提供了筛选和高级筛选两种方式。

分类汇总是将数据清单中的每类数据进行汇总，它是建立在已排序的基础上，因此，进行分类汇总前必须将数据清单进行排序，排序的关键字是汇总的字段。

合并计算是对一个或多个源数据区的数据进行合并计算，并将结果放在目标区域中。目标区、一个或多个源数据区可以在一个工作表中，也可以在不同的工作表中，还可以在不同的工作簿中。

1. 数据的排序

方法一：使用“数据”选项卡上的“排序”按钮，单击联级菜单中“升序或降序”命令。

选定排序字段列中需要排序单元格，单击“数据”选项卡的“排序”按钮中弹出的升序或降序命令，即可完成排序。也可以单击“开始”选项卡的“排序”按钮，在联级菜单中选择升序或降序命令。

方法二：使用“排序”对话框。具体操作如下。

（1）简单排序。选定要进行排序的单元格区域，注意一般要同时包含表头字段以及各列的数据，否则排序后可能会破坏记录中各条数据的对应关系；或者选中数据清单中的任意一个单元格，WPS Office表格会自动选定整个数据清单。

（2）自定义排序。单击“数据”选项卡上的“排序”按钮，或单击“开始”选项卡的“排序”按钮，在弹出的菜单中选择“自定义排序”命令，弹出如图3-5-2所示的“排序”对话框；在该对话框右上角选中“数据包含标题”复选框，单击“列”区域中的列表框按钮，显示出所选中区域的所有字段名；用户指定排序的关键字及排序的方式（升序或降序）。如果一个关键字排序出现相同值，用户可以单击“添加条件”按钮来增加次要关键字，以此类推。用户可单击“添加条件”或“删除条件”按钮来增减关键字，最后单击“确定”按钮完成排序。

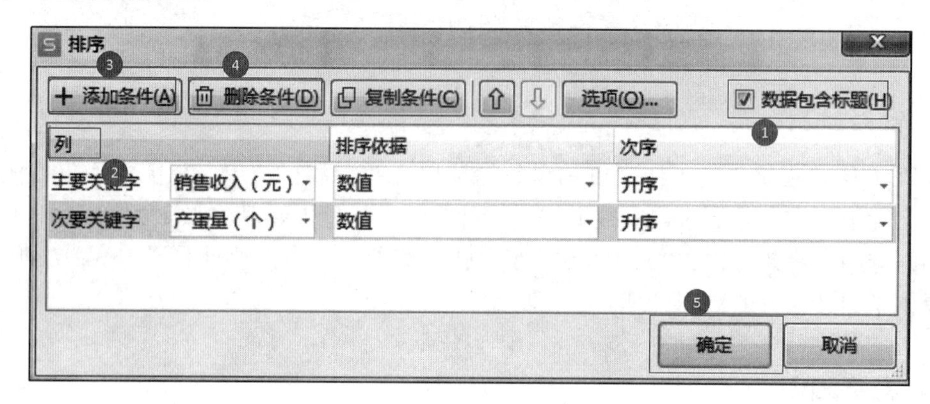

图 3-5-2 “排序”对话框

2. 数据的筛选

筛选是按简单条件进行筛选，条件可以是 WPS Office 表格自动确定的，也可以是用户自定义的。筛选适用于同一字段中的多个条件是“与”“或”，不同字段的条件只能是“与”的关系，即在多字段都有条件的情况下，筛选出来的是同时满足多个字段条件的记录。

具体操作如下。

(1) 将鼠标指针定位到需要筛选的数据清单中的任意一个单元格。

(2) 单击“数据”选项卡的“筛选”按钮，或单击“开始”选项卡上的“筛选”按钮，在弹出的菜单中选择“筛选”命令，此时每个列标题右侧都会出现一个带三角形的按钮，单击它出现下拉菜单，如图 3-5-3 所示。选择菜单上部的三个命令可实现升序、降序、颜色排序；选择中间部分的“内容筛选”“颜色筛选”“文本筛选”可设置更加详细的筛选条件；菜单下部分如果选中了“全选”复选框则列出了当前字段所有值，如果只选中了某个复选框，则数据清单中的内容就会按照指定的条件进行筛选，其他不符合条件的记录就会被隐藏起来。

(3) 当前选定筛选字段如果是数值型的字段，则单击标题右侧时弹出的菜单中出现“数字筛选”命令；如果是文本型的字段，则单击标题右侧时弹出的菜单中出现“文本筛选”命令。单击“数字筛选”或“文本筛选”命令都会弹出子菜单，如图 3-5-4 所示。在这个子菜单中可以进一步设置筛选的条件。

(4) 在该对话框中可以设置一个或两个筛选条件，如有两个条件，则这两个条件只能是“与”或“或”的关系。

取消筛选只需要再次单击“数据”选项卡下的“自动筛选”按钮，或再次单击“开始”选项卡下的“筛选”按钮，在弹出的菜单中选择“筛选”命令即可。

3. 数据的高级筛选

高级筛选是用户自己设定更加复杂条件的筛选方式，使用高级筛选必须首先定义好筛

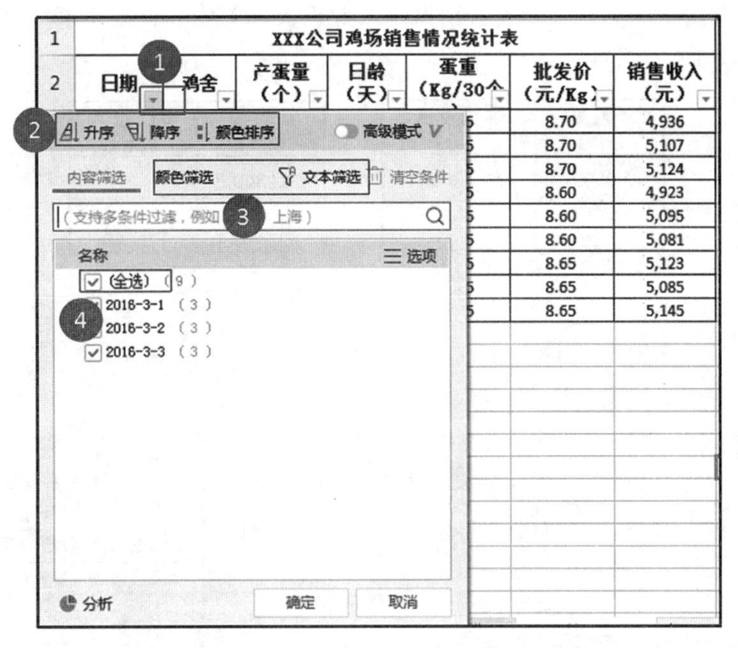

图 3-5-3　进行鸡舍筛选

图 3-5-4　筛选的状态

选条件并建立条件区域。

条件区域一般放在数据清单范围的正上方或正下方，防止条件区域的内容受到数据清单插入或删除记录行的影响。条件区域的第一行是筛选条件中的字段名，其他行为条件行；同一条件行不同单元格中的条件之间是“与”的关系，不同条件行的单元格条件，它们之间是“或”的关系。例如：(1) 条件是产蛋量高于 9 500 个且销售收入高于 5 000 元；

(2) 条件是产蛋量低于 9 300 个或者销售收入低于 5 000 元，如图 3－5－5 所示是上述两种条件的输入方式。

产蛋量（个）	销售收入（元）
>9500	>5000

产蛋量（个）	销售收入（元）
<9300	
	<5000

图 3－5－5　高级筛选的条件输入示例

高级筛选的具体操作如下。

(1) 根据筛选条件建立条件区域。

(2) 单击数据清单中的任意一个单元格，单击“开始”选项卡上的“筛选”按钮，在弹出的对话框中选择“高级筛选”命令，打开“高级筛选”对话框，如图 3－5－6 所示。

(3) 在“方式”选择区选择筛选结果存放的位置(在原有区域显示或复制到其他位置显示)。

(4) “列表区域”中已经出现有效的数据清单范围，如果范围不合适则单击“列表区域”输入框右侧的按钮，然后拖动鼠标选择正确的范围。

(5) 单击“条件区域”输入框右侧的按钮，然后在前面建立的条件区域中拖动鼠标选中区域，此时被选中的区域会自动填充到如图 3－5－7 所示的条件输入框中，再按 Enter 键返回到“高级筛选”对话框中。

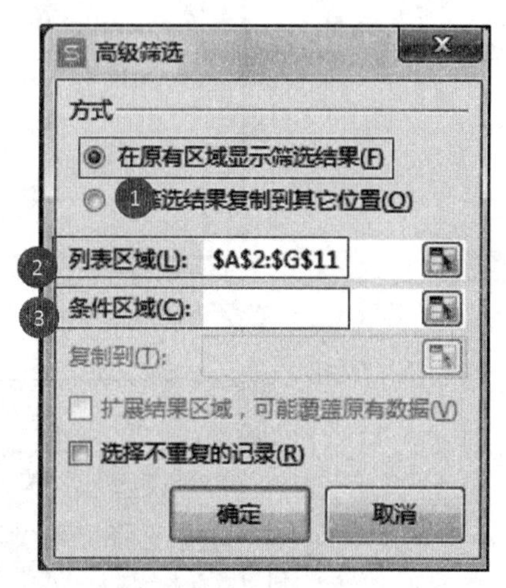

图 3－5－6　“高级筛选”对话框

7	2021-3-2	二号舍	221	9608	1.85	8.60	5,095
8	2021-3-2	三号舍	231	9580	1.85	8.60	5,081
9	2021-3-3	一号舍	212	9605	1.85	8.65	5,123
10	2021-3-3	二号舍	222	9532	1.85	8.65	5,085
11	2021-3-3	三号舍	232	9646	1.85	8.65	5,145
12							
13		产蛋量（个）	销售收入（元）	高级筛选 - 条件区域:			
14		<9300		1			
15			<5000				

图 3－5－7　条件区域的选择

(6) 单击“确定”按钮，则数据清单符合条件区域中所设置的条件的记录就会显示出来。

取消高级筛选状态，只需要单击“数据”选项卡下的“全部显示”按钮即可。

4. 数据的分类汇总

分类汇总就是将数据清单中的每类数据进行汇总，它是建立在排序的基础上，因此，进行分类汇总前必须先将数据进行排序且排序的关键字是汇总的字段。汇总的方式有计数、求和、求平均值、最大值、最小值等。

具体操作如下。

（1）单击数据清单中的任意一个单元格。

（2）按分类字段排序。使用“数据”选项卡下的“排序”按钮，单击联级菜单中“升序”“降序”或“自定义排序”命令，按照指定字段进行排序。

（3）单击“数据”选项卡下的“分类汇总”按钮，弹出如图 3-5-8 所示的“分类汇总”对话框，对话框中分类字段就是进行分类的字段，汇总方式就是对汇总结果的处理方法，如求和，选定汇总项就是选择参与汇总的字段。

（4）单击“确定”按钮。分类汇总完成后，在工作表的左端自动产生分级显示按钮。“1 2 3”为分级显示编号，单击其中的编号可选择分级显示。“+”和“-”为分级分组显示按钮，又称“展开”和“折叠”按钮，单击可以隐藏或显示明细记录。

取消分类汇总，只需要单击“数据”选项卡下的“分类汇总”按钮，打开“分类汇总”对话框，单击其中的“全部删除”按钮即可。

5. 数据的合并计算

合并计算是指通过计算的方式来汇总一个或多个源数据区中的数据，并将汇总的结果放置在目标区域中。目标区和一个或多个源数据区可以在一个工作表中，也可以在不同的工作表中，还可以在不同的工作簿中。

对于单个源数据区进行合并计算，具体操作如下。

（1）选定目标数据区最左上方的第一个单元格。

（2）单击“数据”选项卡下的“合并计算”按钮，打开如图 3-5-9 所示的“合并计算”对话框。

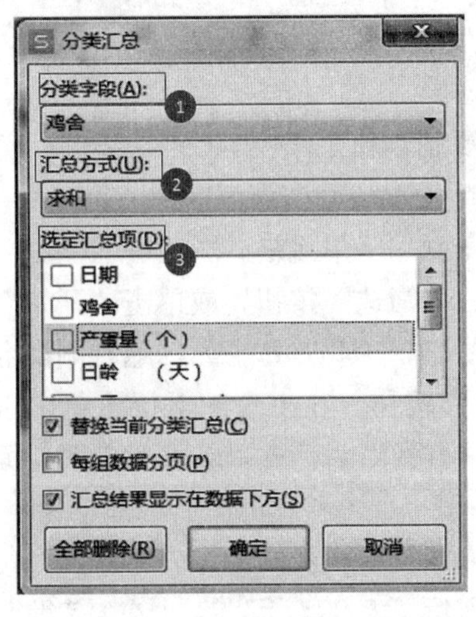

图 3-5-8 “分类汇总”对话框

图 3-5-9 “合并计算”对话框

（3）在“函数”下拉列表中选择合并计算的汇总函数（如求平均值）。

（4）单击“引用位置”文本框右侧的按钮，弹出“合并计算-引用位置”对话框，选定源数据区后，则其地址出现在“合并计算-引用位置”输入框中，再按 Enter 键返回到“合并计算”对话框中。

（5）根据合并数据标签的位置选择“首行”或“最左列”复选框。

（6）单击“确定”按钮，即可完成合并计算。

任务实现

1. 以“销售收入”为关键字，“鸡舍”为次要关键字升序排序

具体操作步骤如下。

（1）选定要进行排序的单元格区域。

（2）单击“数据”选项卡上的“排序”按钮，或单击“开始”选项卡的“排序”按钮，在弹出的菜单中选择“自定义排序”命令，弹出“排序”对话框中，选择主要关键字为“销售收入”、升序；次要关键字为“鸡舍”、升序；勾选数据包含标题复选框。

（3）单击“确定”后完成排序，如图 3-5-10 所示。

	A	B	C	D	E	F	G
1	XXX公司鸡场销售情况统计表						
2	日期	鸡舍	产蛋量（个）	日龄（天）	蛋重（kg/30个）	批发价（元/kg）	销售收入（元）
3	2021-3-2	A号舍	9283	211	1.85	8.60	4,923
4	2021-3-1	A号舍	9200	210	1.85	8.70	4,936
5	2021-3-2	C号舍	9580	231	1.85	8.60	5,081
6	2021-3-3	B号舍	9532	222	1.85	8.65	5,085
7	2021-3-2	B号舍	9608	221	1.85	8.60	5,095
8	2021-3-1	B号舍	9520	220	1.85	8.70	5,107
9	2021-3-3	A号舍	9605	212	1.85	8.65	5,123
10	2021-3-1	C号舍	9550	230	1.85	8.70	5,124
11	2021-3-3	C号舍	9646	232	1.85	8.65	5,145

图 3-5-10　排序后的销售统计表

2. 筛选出“销售收入低于 5 000 元”的记录，并复制到新工作表中

具体操作步骤如下。

（1）将鼠标指针定位到需要筛选的数据清单中的任意一个单元格。

（2）单击“数据”选项卡的“自动筛选”功能组的“筛选”按钮，或单击“开始”选项卡上的“筛选”按钮，在弹出的菜单中选择“筛选”命令，此时每个列标题右侧都会出现一个带三角形的按钮，单击“销售收入”后的三角形按钮，在出现的下拉菜单中选择“数字筛选”条件中的“小于”，出现“自定义自动筛选方式”对话框，在“小于”后面的数值框中输入 5 000，如图 3-5-11 所示。

（3）单击“确定”后完成筛选，选定筛选后的结果并复制到新的工作表中。

3. 高级筛选出“产蛋量低于 9 500 个或者销售收入低于 5 000 元”的记录，并复制到新工作表中

具体操作步骤如下。

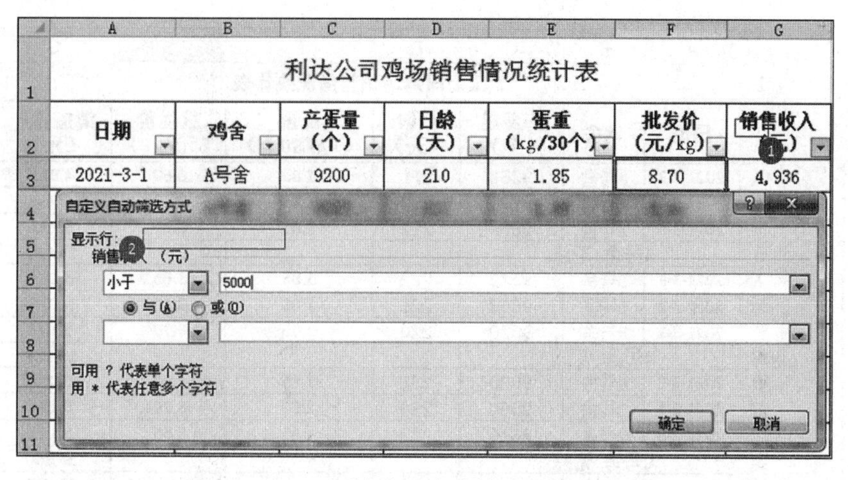

图 3-5-11 “自定义自动筛选方式”对话框

（1）根据筛选条件建立条件区域。

（2）单击数据清单中的任意一个单元格，单击“开始”选项卡上的“筛选”按钮，在弹出的菜单中选择“高级筛选”按钮，打开“高级筛选”对话框，在“方式”选择区选择在原有区域显示；点击“列表区域”输入框右侧的按钮，拖动鼠标选择正确的范围；单击“条件区域”输入框右侧的按钮，然后在前面建立的条件区域中拖动鼠标选中区域，此时被选中的区域会自动填充到条件输入框中，再按 Enter 键返回到“高级筛选”对话框中。

（3）单击“确定”后完成高级筛选，筛选结果如图 3-5-12 所示。选定筛选后的结果并复制到新的工作表中。

1	XXX公司鸡场销售情况统计表						
2	日期	鸡舍	产蛋量（个）	日龄（天）	蛋重（kg/30个）	批发价（元/kg）	销售收入（元）
3	2021-3-2	A号舍	9283	211	1.85	8.60	4,923
4	2021-3-1	A号舍	9200	210	1.85	8.70	4,936
12							
13			产蛋量（个）	销售收入（元）			
14			<9500				
15				<5000			

图 3-5-12 高级筛选后的工作表

4. 以“鸡舍”为分类字段，对“产蛋量”“销售收入”进行“求和”分类汇总

具体操作步骤如下。

（1）单击数据清单中的任意一个单元格。

（2）按分类字段排序，或单击“开始”选项卡下的“排序”按钮，在弹出的菜单中根据需要选择“升序”“降序”或“自定义排序”命令，按照鸡舍字段进行升序排序。

（3）单击“数据”选项卡下的“分类汇总”按钮，弹出“分类汇总”对话框，在对话框中分类字段选“鸡舍”；汇总方式选“求和”；汇总项选“产蛋量”和“销售收入”。

（4）单击“确定”后完成分类汇总，分类汇总结果如图 3-5-13 所示。

5. 合并计算出每个鸡舍每天产蛋量的平均值

具体操作步骤如下。

	A	B	C	D	E	F	G
1	XXX公司鸡场销售情况统计表						
2	日期	鸡舍	产蛋量（个）	日龄（天）	蛋重（kg/30个）	批发价（元/kg）	销售收入（元）
3	2021-3-2	A号舍	9283	211	1.85	8.60	4,923
4	2021-3-1	A号舍	9200	210	1.85	8.70	4,936
5	2021-3-3	A号舍	9605	212	1.85	8.65	5,123
6		A号舍 汇总					14,982
7	2021-3-3	B号舍	9532	222	1.85	8.65	5,085
8	2021-3-2	B号舍	9608	221	1.85	8.60	5,095
9	2021-3-1	B号舍	9520	220	1.85	8.70	5,107
10		B号舍 汇总					15,287
11	2021-3-2	C号舍	9580	231	1.85	8.60	5,081
12	2021-3-1	C号舍	9550	230	1.85	8.70	5,124
13	2021-3-3	C号舍	9646	232	1.85	8.65	5,145
14		C号舍 汇总					15,350
15		总计					45,619

图 3-5-13　分类汇总后的工作表

（1）选定目标数据区最左上方的第一个单元格（图 3-5-14 中是 I8 单元格）。

（2）单击“数据”选项卡上的“合并计算”按钮，打开“合并计算”对话框。在“函数”下拉列表中选择求平均值函数；单击“引用位置”文本框右侧的按钮，弹出“合并计算-引用位置”对话框，选定 B3：C11 源数据区后，按 Enter 键返回到“合并计算”对话框中；根据合并数据标签的位置选择“最左列”复选框。

	A	B	C	D	E	F	G	H	I	J
1	XXX公司鸡场销售情况统计表									
2	日期	鸡舍	产蛋量（个）	日龄（天）	蛋重（kg/30个）	批发价（元/kg）	销售收入（元）			
3	2021-3-2	A号舍	9283	211	1.85	8.60	￥4,923			
4	2021-3-1	A号舍	9200	210	1.85	8.70	￥4,936			
5	2021-3-2	C号舍	9580	231	1.85	8.60	￥5,081			
6	2021-3-3	B号舍	9532	222	1.85	8.65	￥5,085			
7	2021-3-2	B号舍	9608	221	1.85	8.60	￥5,095			
8	2021-3-1	B号舍	9520	220	1.85	8.70	￥5,107		A号舍	9362.666667
9	2021-3-3	A号舍	9605	212	1.85	8.65	￥5,123		C号舍	9592
10	2021-3-1	C号舍	9550	230	1.85	8.70	￥5,124		B号舍	9553.333333
11	2021-3-3	C号舍	9646	232	1.85	8.65	￥5,145			

图 3-5-14　合并计算后的源工作表和结果

（3）单击“确定”后完成合并计算，合并计算结果如图 3-5-14 所示。

训练任务

按要求创建“学生成绩表”，包括字段：班级、学号、姓名、语文、数学、英语、德育、计算机、总分、平均分，如图 3-5-15 所示。

（1）用公式或函数计算总分、平均分，保留两位小数。

（2）复制此工作表，重命名为“排序”，在此工作表中按“计算机”成绩进行递增排序。

（3）复制此工作表，重命名为“分类汇总”，在此工作表中按班级对各科成绩进行平

	A	B	C	D	E	F	G	H	I
1	学生成绩表								
2	班级	姓名	语文	数学	英语	德育	计算机	总分	平均分
3	学前一班	关杰	79	81	76	80	78		
4	学前一班	黄淼	86	66	85	83	79		
5	学前一班	吕海灵	51	52	62	70	66		
6	学前一班	王艳	95	90	92	90	93		
7	学前二班	冯博	84	76	83	81	80		
8	学前二班	王玉	77	81	54	70	83		
9	学前二班	常晓桐	93	93	90	83	94		
10	学前二班	尹一男	82	86	76	88	90		
11	学前三班	阮依依	76	78	80	73	84		
12	学前三班	海小方	62	70	66	55	50		
13	学前三班	韩笑笑	80	84	76	83	90		
14	学前三班	赵冰珂	76	80	86	90	83		

图 3-5-15　学生成绩表

均分的分类汇总。

（4）复制此工作表，重命名为“筛选”，筛选出计算机成绩不及格的学生。

（5）复制此工作表，重命名为“高级筛选”，筛选出语文、数学和英语都在 90 分及以上的学生。

任务 6　销售统计表的图表化

任务描述

某公司在年底需要根据销售收入统计表对各鸡舍 4 个季度的销售收入进行图表化处理，看一下哪个鸡舍的收入最高，销售部给部长提供了一份销售统计表，如图 3-6-1 所示。

	A	B	C	D	E	F
1	某公司鸡舍销售统计表					
2	鸡舍	一季度（元）	二季度（元）	三季度（元）	四季度（元）	年收入（元）
3	A号舍	9500.00	9608.00	9483.00	9467.00	38058.00
4	B号舍	9283.00	9332.00	9345.00	8856.00	36814.00
5	C号舍	9105.00	9550.00	9201.00	8642.00	36498.00
6	D号舍	9320.00	9580.00	9435.00	9256.00	34591.00

图 3-6-1　各鸡舍销售统计表

要求对销售收入统计表中的数据进行图表化处理。

(1) 选择各鸡舍 4 个季度的销售收入生成二维柱形图。

(2) 添加图表标题，添加横坐标和纵坐标标题，在图表底部显示图例。

(3) 在绘图区进行图片或纹理填充。

制作出如图 3-6-2 所示的销售统计图。

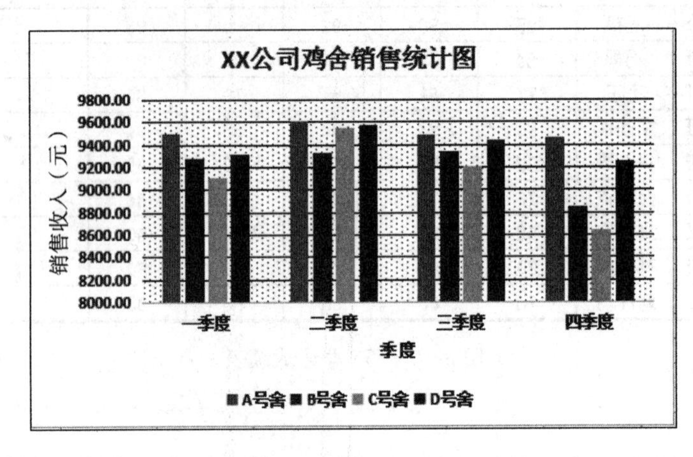

图 3-6-2 各鸡舍销售统计

任务分析

WPS Office 表格除了能进行强大的计算外，还能将数据以图表的形式表现出来，它是依据选定工作表中单元格区域内的数据，按照一定的数据系列生成的，是工作表数据的图形表示方法。图表与数据是相互联系的，当数据发生变化时，图表中对应的数据也自动更新，从而更加直观地反映出数据的变化规律和发展趋势。

必备知识

要正确使用图表，首先要对图表有所了解。图表是由图表区、绘图区、图表标题、数据系列、坐标轴、图例等基本图素组成，如图 3-6-3 所示。

常用的图表中的元素如下。

(1) 图表区。整个图表及其包含的元素。

(2) 绘图区。以坐标轴为界包含全部数据系列的区域。

(3) 图表标题。一般情况下，一个图表应该有一个文本标题，它可以自动与坐标轴对齐或在图表顶端居中。

(4) 数据系列。以不同颜色和图案区别的，对应工作表中的数据。

(5) 坐标轴。为图表提供比较的参考，一般包含 X 轴和 Y 轴。

(6) 图例。用于标识图表中的数据系列。

图表的制作一般分以下几个步骤。

1. 创建图表

在建立图表之前就先建立相关的数据。选择要创建图表的数据区域，单击“插入”选

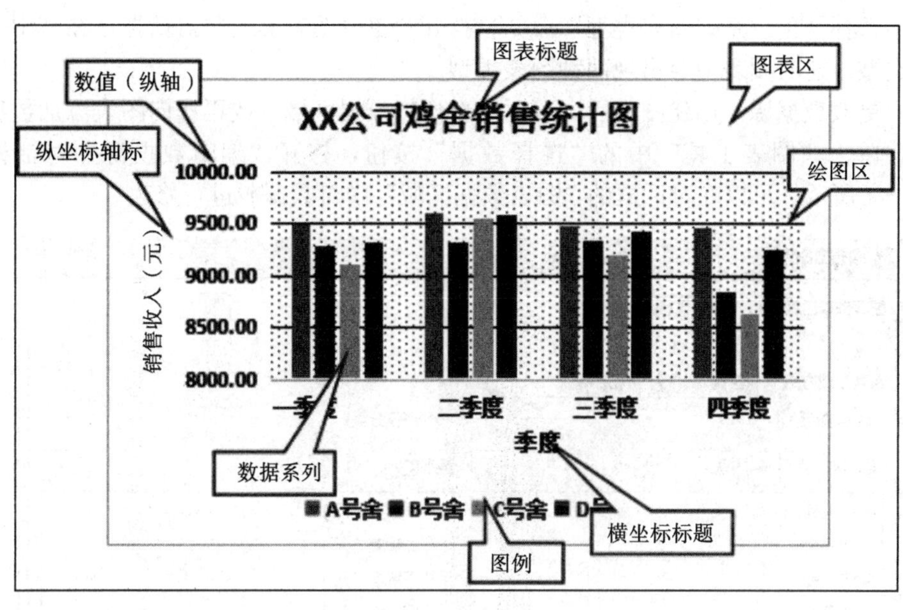

图 3-6-3　图表的组成

项卡的“全部图表”按钮，在弹出的下拉菜单中选择要创建图表的类型。表格提供了 11 种图表类型，每一种都有多种组合和变换，如表 3-6-1 所示。

表 3-6-1　图表类型

图表类型	用　途
柱形图	用于一个或多个数据系列中值的比较
折线图	显示数据之间变化的趋势
饼图	显示数据之间所占比例
条形图	相当于翻转了的柱形图
面积图	显示一段时间内的累计变化
散点图	一般用于科学计算
股价图	显示一段时间内一种股票的最高价、最低价和收盘价
曲面图	可用来找到两组数据之间的最佳组合
圆环图	类似于饼图，但可以包含多个系列
气泡图	类似于散点图，对成组的数值进行比较
雷达图	显示数据如何按中心点或其他数据变动

2. 更改图表

对于一个建好的图表，如果觉得图表类型不合适、数据源不正确等，可以对图表进行修改。

（1）更改图表类型。选定图表，切换到“图表工具”选项卡，单击“更改类型”按钮，在打开的“更改图表类型”对话框中选择合适的图表类型。

如果只想更改一个数据系列的图表类型，可用鼠标右键单击该数据系列，在弹出的快捷菜单中选择“更改系列图表类型”命令，打开“更改图表类型”对话框，在其中选择某种图表类型，这时图表中会出现两种图表类型。

（2）更改数据源。创建图表后，可以重新选择数据区域，或再次向图表添加数据。选定图表，单击“图表工具”中的“选择数据”按钮，打开“编辑数据源”对话框，如图 3-6-4 所示。可以在对话框的“图表数据区域”中对数据源进行修改。

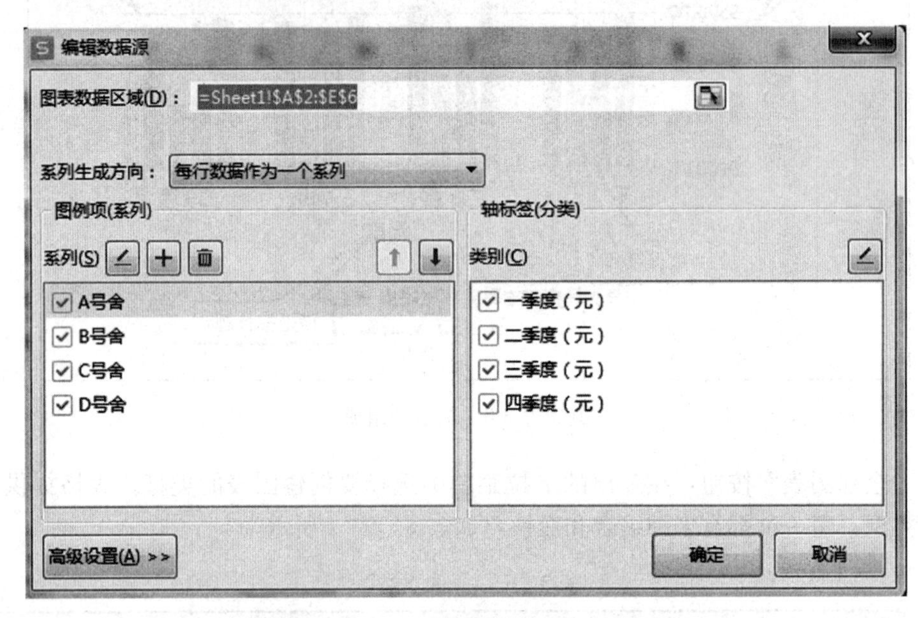

图 3-6-4 “选择数据源”对话框

选定图表，单击“图表工具”中“切换行列”按钮，可以将 X 轴上的数据与 Y 轴上的数据互换。

（3）更改图表布局。创建图表后，可利用图表的预定义布局更改它的外观。选定图表，单击“图表工具”中“快速布局”按钮，从展开的库中选择系统预设的图表布局。在所选图表布局的标题或坐标轴的占位符中输入相应名称即可。

（4）移动图表。默认情况下，插入的图表与数据区域在同一个工作表中，如果有需要可以将图表的位置调整到其他工作表中。

选定图表，单击“图表工具”中的“移动图表”按钮，打开“移动图表”对话框，选择图表位置，如图 3-6-5 所示。

图 3-6-5 “移动图表”对话框

如果选择“新工作表”，即将图表放在一个新建工作表中，需要在后面的文本框中输入新建工作表的名称。如果选择“对象位于”，可在展开的下拉列表中选择所需的工作簿现有工作表标签的名称，即把图表移至所选工作表中。

3. 编辑图表

（1）添加标题、图例和标签。创建的图表如果没有图表标题、坐标轴标题、图例或数据标签等，或者对原有的标题、图例或标签不满意，则可切换到“图表工具”的“布局”选项卡，在“标签”组中选择要添加或更改的标题、图例或标签选项，如图3-6-6所示，在对应的下拉列表中进行设置。

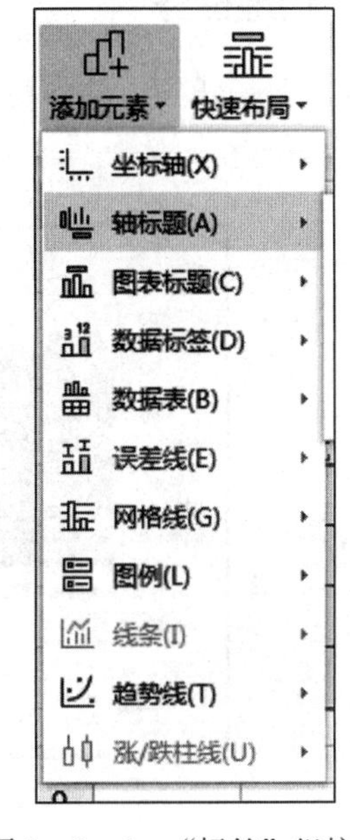

图3-6-6 “标签”组按钮

（2）图表的格式化。

①使用预设图表样式。WPS Office表格为用户提供了很多预设的图表样式，用户可以直接选择样式套用即可。

选定图表，切换到“图表工具”选项卡，单击“图表样式”组中的倒三角形按钮，在展表的库中选择所需的图表样式即可。

②使用形状样式。可利用形状样式对图表中的任意元素进行设置。

选定图表中的元素，切换到“图表工具”选项卡，单击“设置格式”按钮，在图表选项卡中在“填充与线条”和“效果”列表中对样式进行设置。

 任务实现

1. 选择各鸡舍4个季度的销售收入生成二维柱形图

选择数据区域为A2：E6，在“插入”选项卡的“图表”组中选择“柱形图”中的“二维柱形图”，如图3-6-7所示。

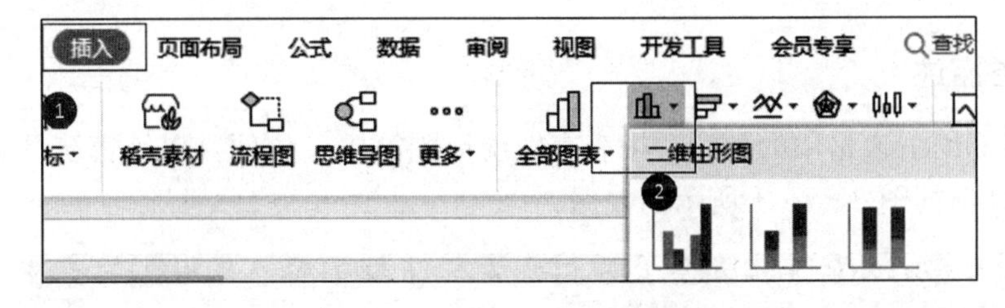

图3-6-7 插入“二维柱形图”

2. 添加图表标题、添加横坐标和纵坐标标题，在图表底部显示图例

在“图表工具”选项卡中的“添加元素”按钮弹出的下拉菜单中选择要添加或更改的标签选项，设置图表标题为“×××公司各鸡舍销售统计图”，在图表上方；横坐标标题为“季度”，纵坐标标题为“销售收入（元）”，图例在底部显示。

3. 在绘图区进行图片或纹理填充

选定图表，单击“图表工具”的选项卡的“设置格式”按钮，在右侧出现“属性状态框”，进行“图案填充”，单击关闭，即可做出图 3－6－2 的图表。

训练任务

根据上一任务中的学生成绩表，制作标题为“学生成绩统计图”的柱形图，结果如图 3－6－8。

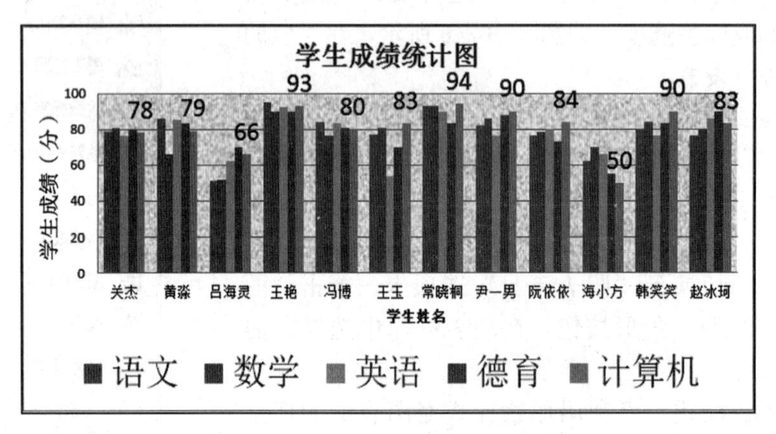

图 3－6－8　“学生成绩统计图”的柱形图

任务 7　数据透视表

数据透视表是一种可以快速汇总、分析大量数据表格的交互式工具。使用数据透视表可以按照数据表格的不同字段从多个角度进行透视，并建立交叉表格，用以查看数据表格不同层面的汇总信息、分析结果以及摘要数据。使用数据透视表可以深入分析数值数据，以帮助用户发现关键数据，并利用关键数据进行决策。

任务描述

用 WPS Office 表格中的数据透视表来做统计既简单又方便，以销售统计表为例来介绍，按月统计出如图 3－7－1 所示的数据。

3	日期	求和项:外套	求和项:裤子	求和项:毛衣	求和项:鞋子	求和项:帽子	求和项:围巾
4	3月	396	468	626	606	66	136
5	4月	296	238	637	356	246	206
6	5月	446	328	577	416	226	116
7	6月	434	467	805	425	224	114
8	总计	1572	1501	2645	1803	762	572

图 3－7－1　数据透视表（按月统计后）

任务分析

已有销售统计表，按月将不同列分别作统计，如求和、求平均值、最大值、最小值等，从而学会数据透视表的使用。

必备知识

1. 创建数据透视表

（1）打开一个已有的销售统计表。

（2）选择“插入”选项卡，单击“数据透视表”命令，如图 3-7-2 所示。

图 3-7-2 “数据透视表”命令

（3）在弹出的“创建数据透视表”对话框中，如图 3-7-3 所示，“请选择要分析的数据”一项已经默认选中了“请选择单元格区域”，也可以选择“使用外部数据源”“使用多重合并使用区域”“使用另一个数据透视表”项，可以在“新工作表”中创建数据透视表，也可以将数据透视表放置在“现有工作表”中。

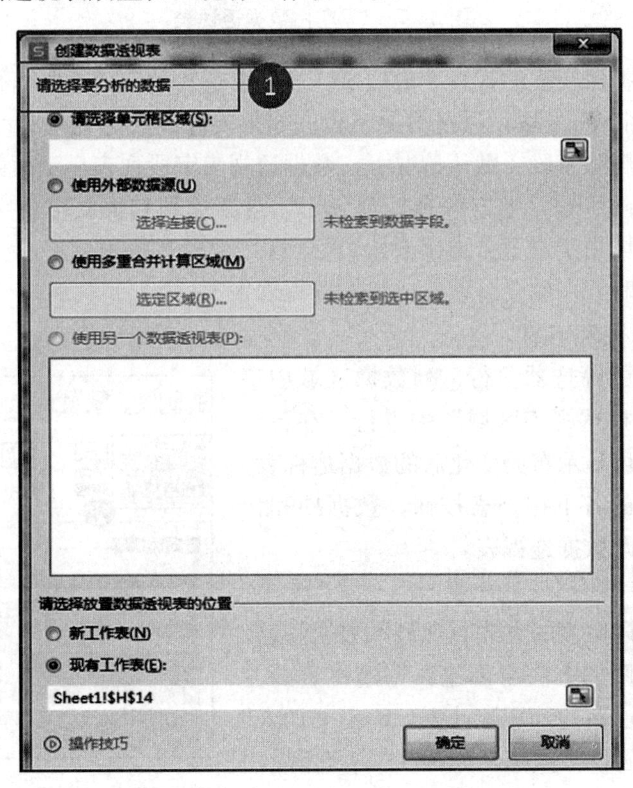

图 3-7-3 “创建数据透视表”对话框

（4）单击确定，自动创建了一个空的数据透视表，如图 3－7－4 所示。

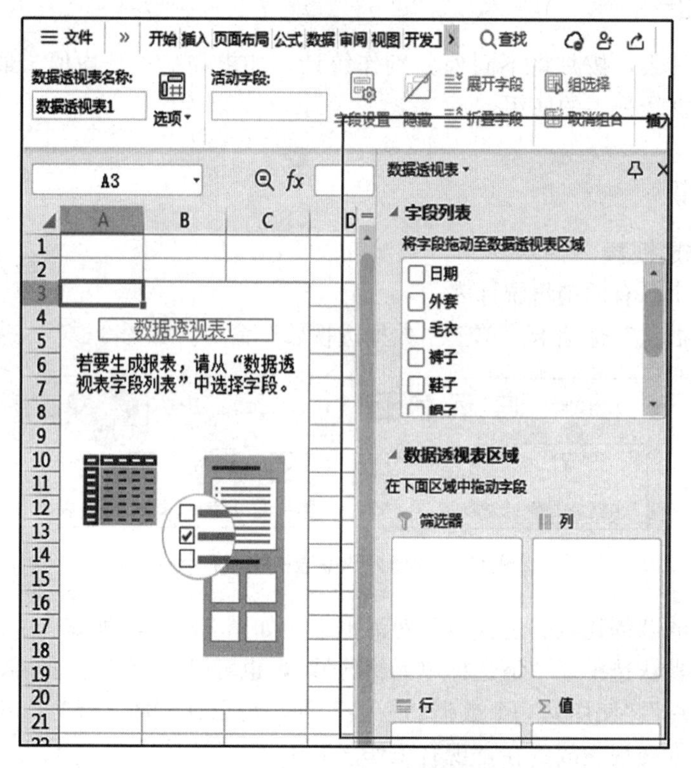

图 3－7－4　空白数据透视表

图中左边为数据透视表的报表生成区域，会随着选择的字段不同而自动更新；右侧为“数据透视表字段列表”区域，可以添加字段。如果要修改数据透视表，可以使用该字段列表来重新排列和删除字段。默认情况下，数据透视表字段列表显示两部分：上方的字段部分用于添加和删除字段，下方的布局部分用于重新排列和重新定位字段，其中“筛选器”“列”“行”区域用于放置分类字段，“值”区域放置数据汇总字段。当将字段拖动到数据透视表区域中时，左侧会自动生成数据透视表报表。

2. 修改数据透视表布局

数据透视表中的筛选器、行、列数据区域中字段的修改可在“数据透视表区域”中进行。在各个区域间拖动字段即可显示布局变化后的数据透视表。

数据透视表中的各下拉列表按钮、数据项和快捷菜单，也可以修改数据透视表。

3. 数据透视图

数据透视图是以图表的方式直观显示数据信息。

创建数据透视图的方法与创建数据透视表的方法基本一样，打开已有的销售统计表，单击“插入”选项卡下“数据透视图”按钮，如图 3－7－5 所示。

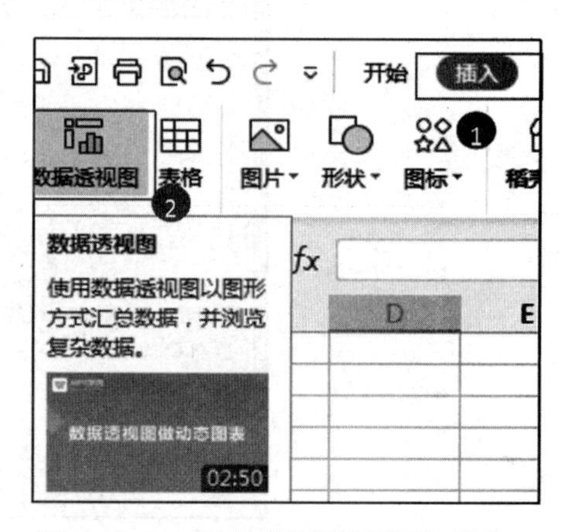

图 3－7－5　创建“数据透视图”菜单

创建的结果是在数据透视表的基础上多了个数

据透视图，如图 3－7－6 所示。

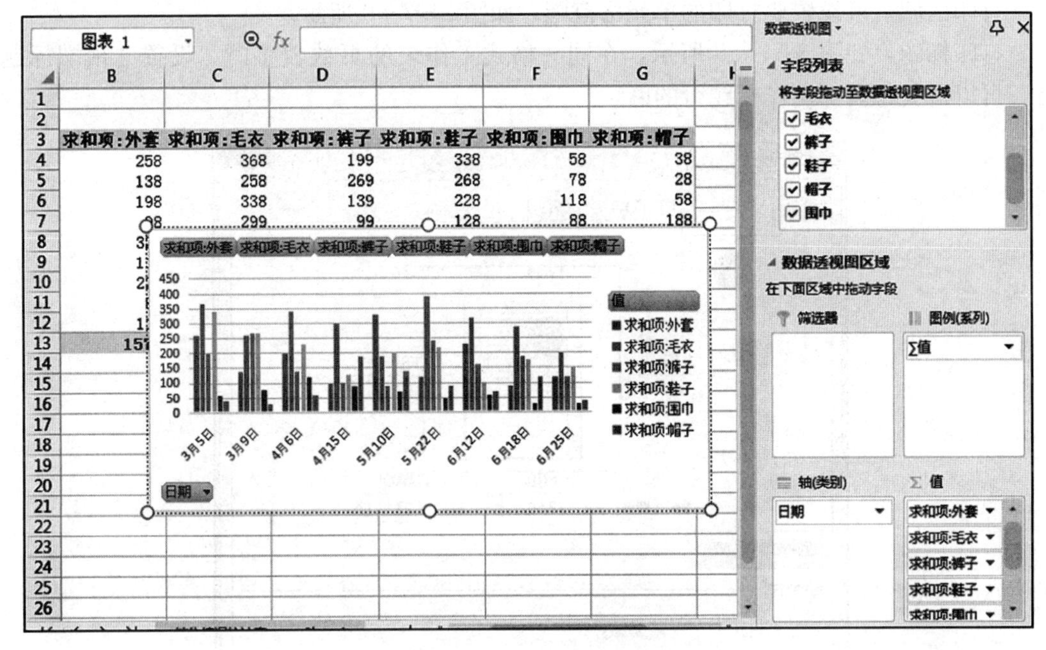

图 3－7－6　数据透视图

4. 图表的编辑与修改

图表建立后，可使用图表工具选项卡中的功能按钮，或在图表任意位置右击弹出快捷菜单对图表进行编辑或修改。

5. 页面设置与打印

在完成对工作表的数据输入、编辑和格式化工作后，就可以打印出工作表了。WPS Office 表格能够打印出美观的报表，但在打印输出之前需先进行页面设置。页面设置包括纸张大小、方向、页边距的设定，也可以根据需要设定缩放比例、选择打印区域及打印标题等。

（1）页面设置。在进行页面设置时，可以针对一个工作表，也可以选择多个工作表。通常只对当前工作表进行页面设置。如果要对多个工作表进行页面设置，按住 Ctrl 键分别单击要设置的工作表，再进行页面设置操作即可。

选择“页面布局”选项卡，如图 3－7－7 所示，“页边距”“纸张大小”“纸张方向”等按钮，在弹出的下拉菜单中进行相关的设置。

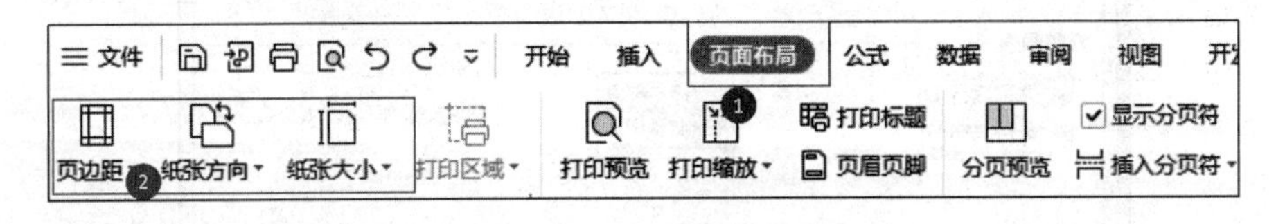

图 3－7－7　页面布局

①“页边距”选项卡。出现如图 3－7－8 所示的对话框。可以设置页边距的大小及页眉/页脚的位置。

②“工作表”选项卡。用于对工作表的打印选项进行设置，如打印区域和打印标题。

打印区域，可设置要打印的单元格范围，如图 3-7-9 所示。

打印标题，如图 3-7-9 所示，在同一格式工作表的页数较多时，设置“顶端标题行”可以避免每页都制作标题行的麻烦。

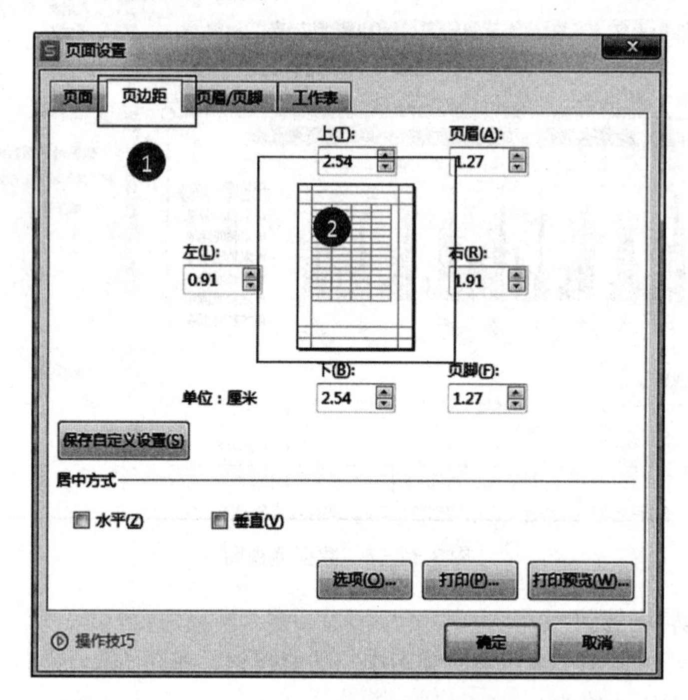

图 3-7-8　“页面设置”对话框“页边距”选项卡

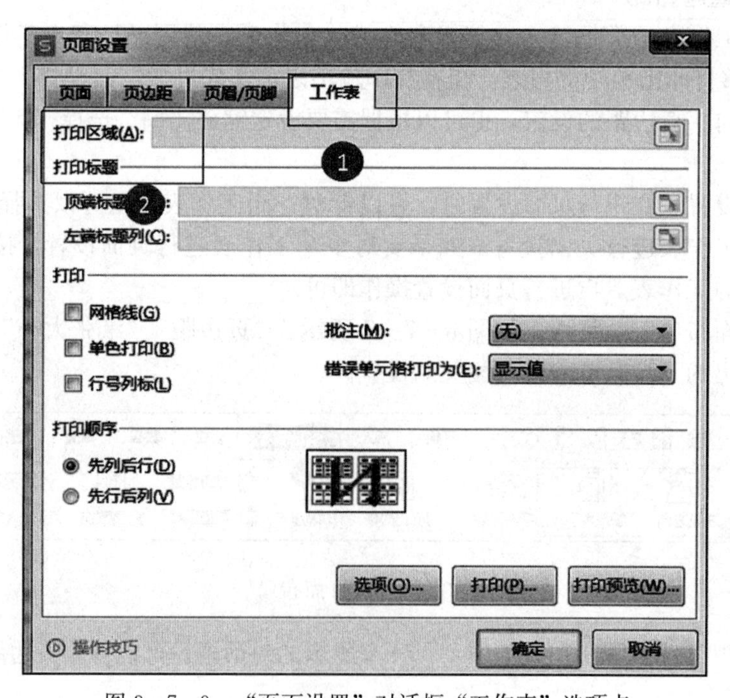

图 3-7-9　“页面设置”对话框“工作表”选项卡

设置完成后，单击“确定”按钮。这时，在工作表中将出现用虚线表示的“分页符”。

③“页眉/页脚”选项卡。页眉/页脚分别位于打印页的顶端和底端，用来表明表格的标题、页码、日期、作者名称等信息。系统为用户提供了十几种预设的页眉和页脚。用户也可自定义页眉/页脚，如图 3-7-10 所示。

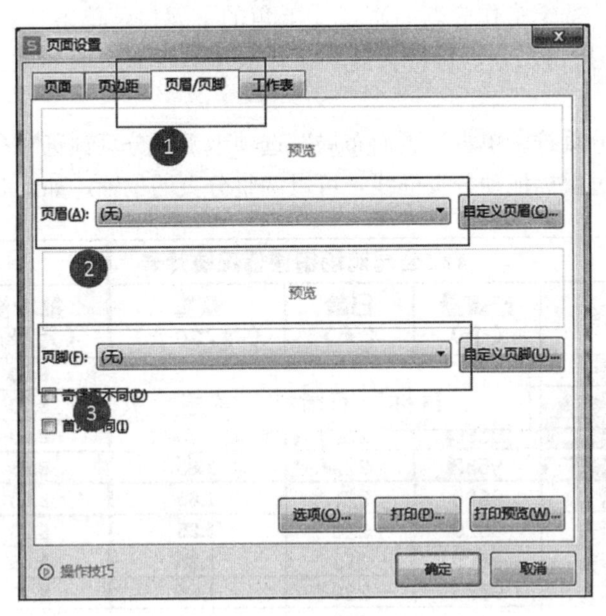

图 3-7-10 “页眉/页脚”选项卡

（2）设置打印区域。在打印工作表时，默认设置是打印整个工作表，但是也可以选择其中的一部分进行打印，这时可以将需要打印的内容设置为打印区域。

选定要打印的区域，单击“页面布局”选项卡下“打印区域”命令按钮，在弹出的菜单中选择“设置打印区域”命令，如图 3-7-11 所示。

XXX公司鸡场销售情况统计表

日期	鸡舍	产蛋量（个）	日龄（天）	蛋重（kg/30个）	批发价（元/kg）	销售收入（元）
2021-3-2	A号舍	9283	211	1.85	8.60	4,923
2021-3-1	A号舍	9200	210	1.85	8.70	4,936
2021-3-2	C号舍	9580	231	1.85	8.60	5,081
2021-3-3	B号舍	9532	222	1.85	8.65	5,085
2021-3-2	B号舍	9608	221	1.85	8.60	5,095
2021-3-1	B号舍	9520	220	1.85	8.70	5,107
2021-3-3	A号舍	9605	212	1.85	8.65	5,123
2021-3-1	C号舍	9550	230	1.85	8.70	5,124
2021-3-3	C号舍	9646	232	1.85	8.65	5,145

图 3-7-11 “页面布局”设置打印区域

如果要删除打印区域，单击“页面布局”选项卡下“打印区域”命令按钮，在弹出的菜单中选择“取消打印区域”命令，就可以删除已经设置的打印区域。

（3）人工分页。当工作表的数据超过设置页面长度时，会自动插入分页符，工作表中的数据将分页打印。用户也可以根据需要任意插入分页符，将工作表强制分页。

①插入分页符。选定工作表新一页最左上角的单元格，单击“页面布局”选项卡下“插入分页符”命令按钮，分页符将会插入工作表中，插入分页符的地方会显示虚线条，以显示分页。

②用鼠标调整分页符。单击“页面布局”选项卡下“分页预览”命令按钮，进入“分页预览”视图。通过鼠标拖动分页框线，可以调整分页的位置，如图 3－7－12 所示。

XXX公司鸡场销售情况统计表						
日期	鸡舍	产蛋量（个）	日龄（天）	蛋重（kg/30个）	批发价（元/kg）	销售收入（元）
2021-3-2	A号舍				8.60	4,923
2021-3-1	A号舍				8.70	4,936
2021-3-2	C号舍	9580	231		8.60	5,081
2021-3-3	B号舍	9532	222	1.85	8.65	5,085
2021-3-2	B号舍	9608	221	1.85	8.60	5,095
2021-3-1	B号舍	9520	220	1.85	8.70	5,107
2021-3-3	A号舍	9605	212	1.85	8.65	5,123
2021-3-1	C号舍	9550	230	1.85	8.70	5,124
2021-3-3	C号舍	9646	232	1.85	8.65	5,145

鼠标左右滑动，调整分页

第1页　第

图 3－7－12　通过鼠标拖动来调整分页符的位置

③删除分页符。若要删除水平分页符，则单击水平分页符下方第一行中的任一单元格，然后单击“页面布局”选项卡下“插入分页符”命令按钮，在弹出的菜单中选择“重置所有分页符”命令即可。

（4）打印预览。在正式打印工作表之前，一般都要先预览效果。选择“快速访问工具栏”上的“打印预览”按钮，即可打开“打印预览”窗口。

（5）打印。当对工作表的编辑效果满意时，就可以打印该工作表了。选择“快速访问工具栏”的“打印”按钮，系统直接从打印机输出表格；或选择“文件”选项卡的“打印”命令，屏幕出现如图 3－7－13 所示的“打印”窗格。

在此窗口中，我们可以选择要使用的打印机型号、设置打印的范围、页数、次序、方向、纸张、页边距、缩放比例和份数等。

任务实现

（1）打开已有的销售统计表，单击“插入”选项卡下的“数据透视表”按钮，如图 3－7－14 所示。

（2）在“创建数据透视表”对话框中，单击“请选择单元格区域”最右边的按钮，选择数据透视表要统计的数字区域（图 3－7－15）；在“请选择放置数据透视表的位置”，选“新工作表”，单击“确定”按钮，如图 3－7－16 所示。

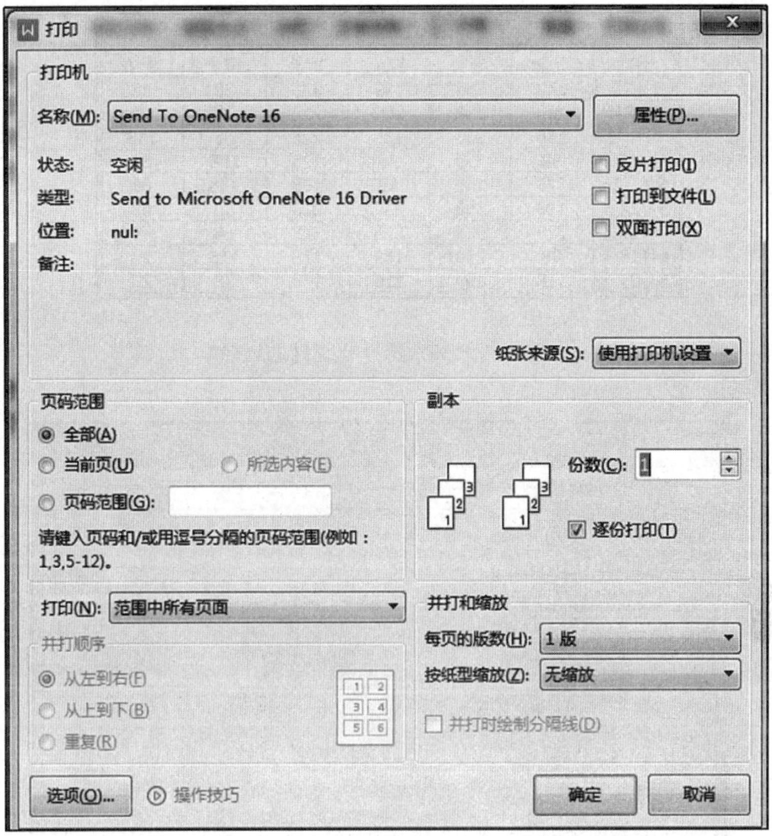

打印

打印机

名称(M): Send To OneNote 16 属性(P)...

状态: 空闲

类型: Send to Microsoft OneNote 16 Driver

位置: nul:

备注:

反片打印(I)

打印到文件(L)

双面打印(X)

纸张来源(S): 使用打印机设置

页码范围

全部(A)

当前页(U) 所选内容(E)

页码范围(G):

请键入页码和/或用逗号分隔的页码范围(例如：1,3,5-12)。

副本

份数(C): 1

逐份打印(T)

打印(N): 范围中所有页面

并打顺序

从左到右(F)

从上到下(B)

重复(R)

并打和缩放

每页的版数(H): 1 版

按纸型缩放(Z): 无缩放

并打时绘制分隔线(D)

选项(O)... 操作技巧 确定 取消

图 3-7-13 “文件”选项卡中的打印窗口

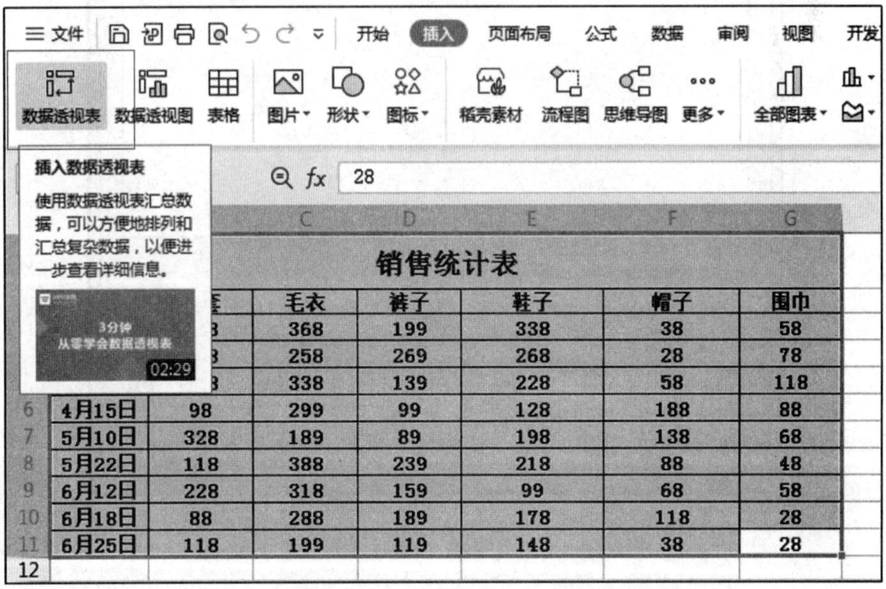

≡ 文件 开始 插入 页面布局 公式 数据 审阅 视图 开发

数据透视表 数据透视图 表格 图片 形状 图标 稻壳素材 流程图 思维导图 更多 全部图表

插入数据透视表

使用数据透视表汇总数据，可以方便地排列和汇总复杂数据，以便进一步查看详细信息。

3分钟 从零学会数据透视表 02:29

fx 28

销售统计表

	[illegible]套	毛衣	裤子	鞋子	帽子	围巾
[illegible]	[illegible]3	368	199	338	38	58
[illegible]	[illegible]3	258	269	268	28	78
[illegible]	[illegible]3	338	139	228	58	118
4月15日	98	299	99	128	188	88
5月10日	328	189	89	198	138	68
5月22日	118	388	239	218	88	48
6月12日	228	318	159	99	68	58
6月18日	88	288	189	178	118	28
6月25日	118	199	119	148	38	28

图 3-7-14 插入“数据透视表”

销售统计表						
日期	外套	毛衣	裤子	鞋子	帽子	围巾
3月5日	258	368	199	338	38	58
3月9日	138	258	269	268	28	78
4月6日	198	338	139	228	58	118
4月15日	98	299	99	128	188	88
5月10日	328	189	89	198	138	68
5月22日	118	388	239	218	88	48
6月12日	228	318	159	99	68	58
6月18日	88	288	189	178	118	28
6月25日	118	199	119	148	38	28

图 3-7-15　选择要统计的区域

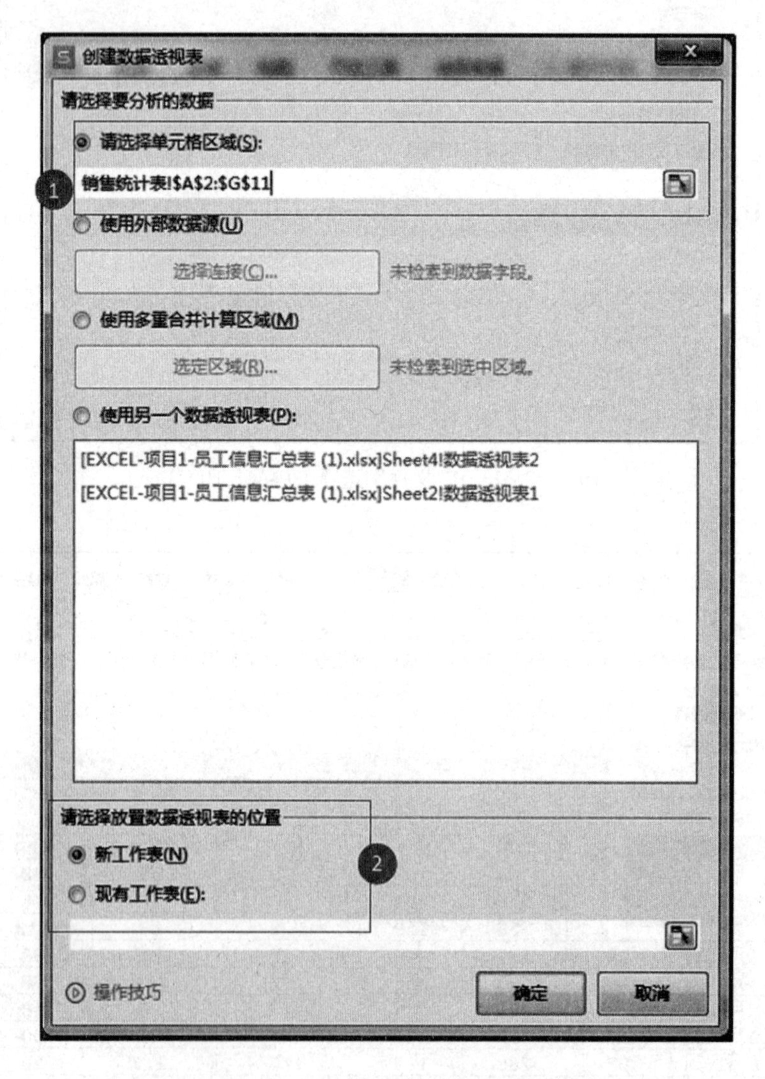

图 3-7-16　“创建数据透视表”对话框

（3）这时在界面的左面就会产生一个空白的数据透视表，在界面的最右面“数据透视表字段列表”区域，有字段名及复选框，可以对需要分析的字段进行勾选。

（4）按日期统计，把“日期”直接拖到“行”里面，把其他几个字段拖到“值”里面；默认第一选择的字段为“行”，随后勾选的其他字段为“列”，结果如图 3－7－17 所示。

日期	求和项:帽子	求和项:围巾	求和项:鞋子	求和项:裤子	求和项:毛衣	求和项:外套
3月5日	38	58	338	199	368	258
3月9日	28	78	268	269	258	138
4月6日	58	118	228	139	338	198
4月15日	188	88	128	99	299	98
5月10日	138	68	198	89	189	328
5月22日	88	48	218	239	388	118
6月12日	68	58	99	159	318	228
6月18日	118	28	178	189	288	88
6月25日	38	28	148	119	199	118
总计	762	572	1803	1501	2645	1572

图 3－7－17　数据透视表

（5）选中“行”里任意一行，单击鼠标右键下“组合”，按月统计，选中“月”，设置“初始于”和“终止于”时间，单击确定，如图 3－7－18 所示。

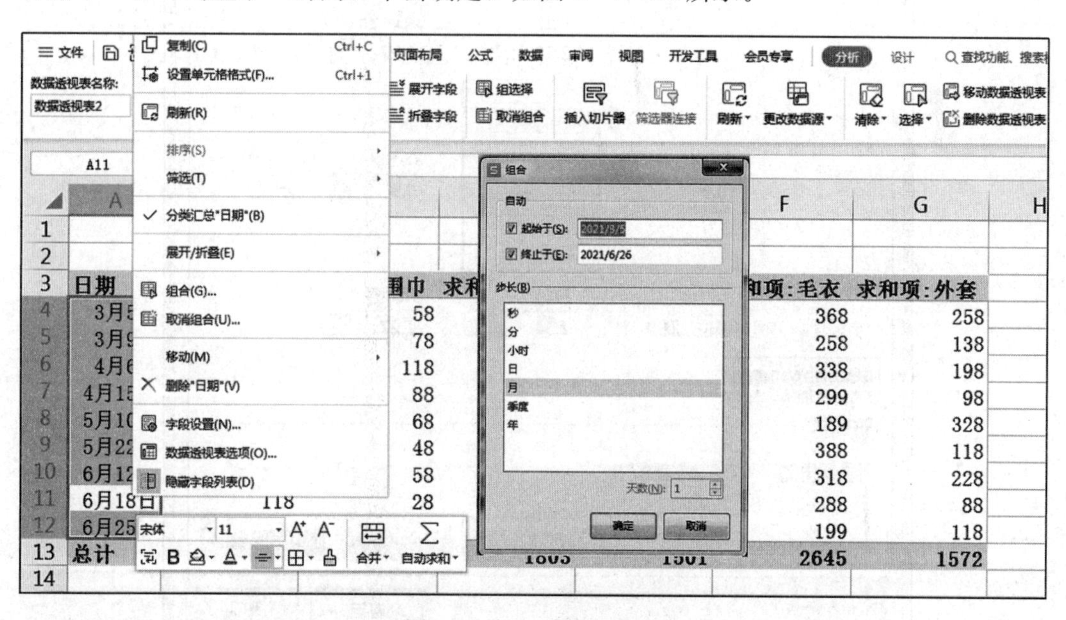

图 3－7－18　数据透视表

（6）本例中是按月求和，如果需要计数或者求平均值，可以双击对应的列，在打开的“值字段设置”对话框中，选择需要的计算类型并确定，如图 3－7－19 所示。

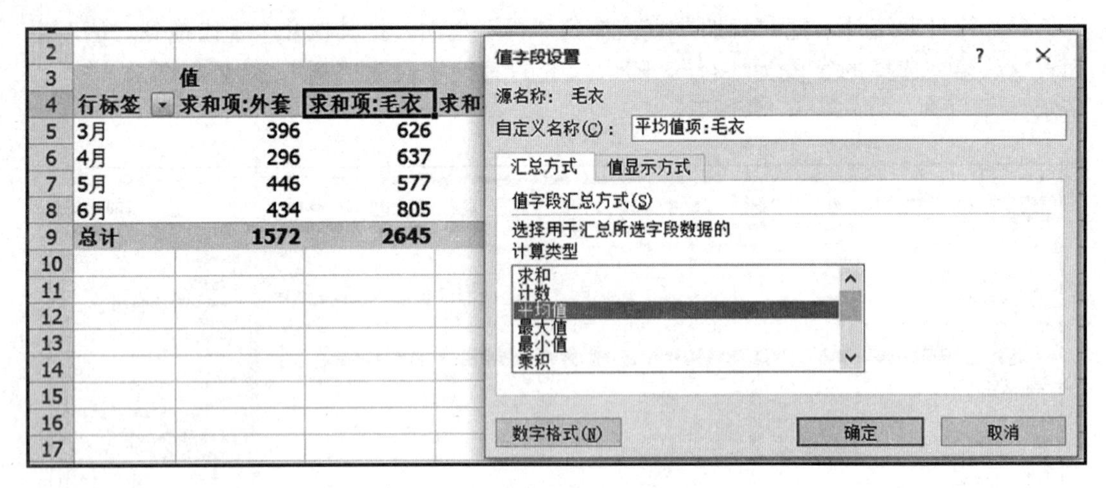

2				
3		值		
4	行标签	求和项:外套	求和项:毛衣	求和
5	3月	396	626	
6	4月	296	637	
7	5月	446	577	
8	6月	434	805	
9	总计	1572	2645	

图 3－7－19　“值字段设置”对话框

（7）设置打印参数，保存做好的数据透视表并打印输出。

训练任务

将做好的数据透视表打印输出，左右边距设置如图 3－7－20 所示：

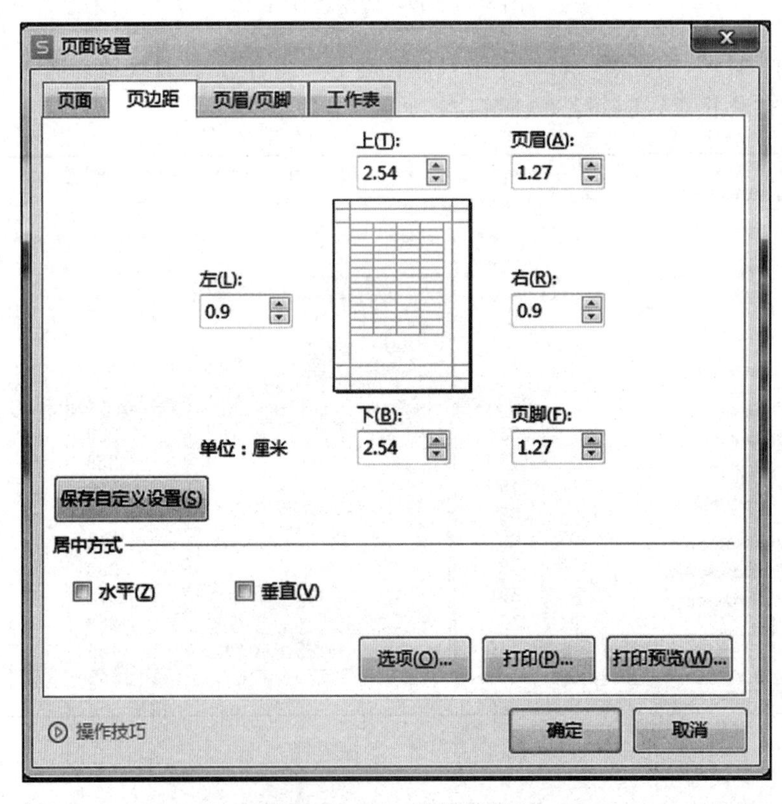

图 3－7－20　页边距设置

中国人自己的卫星导航系统——北斗

党的二十大报告指出，教育、科技、人才是全面建设社会主义现代化国家的基础性、战略性支撑，我们要坚持教育优先发展、科技自主自强、人才引领驱动。

曾几何时，我们的手机和汽车导航不再只有GPS，随着2020年7月31日北斗三号全球卫星导航系统的正式开通，中国人拥有了属于自己的卫星导航系统，这对于人民的日常生活、军事任务的执行以及国家安全等都具有重要意义。

既然已经有了GPS为什么还要建设北斗系统呢？既要花费大量的人力、物力、财力还无法保证一定能成功。北斗卫星导航系统总设计师杨长风认为，核心关键技术必须要自己把它突破，不能受制于人。六七十年代有原子弹，我们“北斗人”一定要有我们自己的原子钟。（原子钟是卫星导航系统必备的核心设备）总而言之，独立自主、自力更生才能实现更好的发展。

中国北斗卫星导航系统（BeiDou Navigation Satellite System，简称BDS）是中国自行研制的全球卫星导航系统，也是继美国GPS、俄罗斯GLONASS之后的第三个成熟的卫星导航系统。北斗卫星导航系统是中国着眼于国家安全和经济社会发展需要，自主建设、独立运行的卫星导航系统，是为全球用户提供全天候、全天时、高精度的定位、导航和授时服务的国家重要空间基础设施。

北斗系统是世界上唯一实现了通导遥一体化的卫星导航系统，也是全球唯一宣布标准位置服务精度优于5米的卫星导航系统。北斗导航卫星单机和关键元器件国产化率更是达到100%。目前，中国已形成完整、自主的北斗产业发展链条，芯片、模块、板块等关键基础产品性价与国际同类产品相当。北斗相关产品已输出到120余个国家和地区，向亿级用户提供服务。《2021中国卫星导航与位置服务产业发展白皮书》指出，北斗正全面迈向综合时空体系发展新阶段，预计到2025年，将带动形成8 000亿～10 000亿元规模的时空信息服务市场。

综合练习3

一、选择题

1. 在新建的 WPS Office 表格中，默认的工作表个数是（　　）。

A. 1　　B. 2　　C. 3　　D. 4

2. 在 WPS Office 表格中，当前单元格输入数值型数据时，默认对齐方式为（　　）。

A. 居中　　B. 右对齐　　C. 左对齐　　D. 随机

3. 关于保存工作簿的方法，叙述不正确的是（　　）。

A. 执行“文件”选项卡下的“保存”命令

B. 按“Ctrl＋S”组合键

C. 单击“快速访问工具栏”中的“保存”按钮

D. “Ctrl＋D”组合键

4. 按（　　）组合键，可以快速创建一个空白工作簿。

A. Ctrl＋G　　B. Ctrl＋F　　C. Ctrl＋C　　D. Ctrl＋N

5. 在 WPS Office 表格中执行存盘操作时，作为文件储存的是（　　）。

A. 工作表　　B. 工作簿　　C. 图表　　D. 报表

6. 在 WPS Office 表格工作表的某个单元格内要输入邮编“010000”，正确的输入方式是（　　）。

A. 010000　　B. " 010000　　C. ＝010000　　D. “01000 ”

7. 在 WPS Office 表格工作表中，单元格区域（C2：F3）所包含的单元格个数是(　　)。

A. 6　　B. 8　　C. 10　　D. 2

8. 在 WPS Office 表格工作表中，不正确的单元格地址是（　　）。

A. D＄88　　B. D88　　C. ＄D＄88　　D. D8＄8

9. 在 WPS Office 表格中，使用合并计算、分类汇总、筛选等功能可通过（　　）选项卡设置。

A. 数据　　B. 开始　　C. 插入　　D. 公式

10. 在 WPS Office 表格中，若要在当前工作表中应用同一个工作簿其他工作表的某个单元格数据，以下表达式中正确的是（　　）。

A. ＝Sheet2!　　B. ＄sheet2》＄D1

C. ＝Sheet2！D1　　D. ＝D1（Sheet2）

11. 如果将 B3 单元格中的公式。“＝C3＋＄D5”复制到同一个工作表的 D7 单元格中，该单元格公式为（　　）。

A. ＝C3＋＄D5　　B. ＝D7＋＄E9　　C. ＝E7＋＄D9　　D. ＝E7＋＄D5

12. 在使用分类汇总命令前，必须先对分类字段进行（　　）操作。

A. 筛选　　B. 排序　　C. 透视　　D. 合并计算

13. 若要删除表格中的 B1 单元格，而使原 C1 单元格变为 B1 单元格，应在“删除”对话框中选择（　　）。

A. 活动单元格右移　　B. 活动单元格下移

C. 右侧单元格左移　　D. 下方单元格上移

14. 在 WPS Office 表格中，如果 A1 单元格内容为“＝A3＊2”，A2 单元格为一个字符串，A3 单元格为数值 22，A4 单元格为空，则函数 COUNT（A1：A4）的值是（　　）。

A. 2　　B. 3　　C. 4　　D. 不予计算

15. 在 WPS Office 表格工作表中，使用“高级筛选”命令对数据进行筛选时，在条件区域不同行中输入两个条件表示（　　）。

A. 或的关系　　B. 与的关系　　C. 非的关系　　D. 异或的关系

16. 在 WPS Office 表格数据系列表中，每一行数据称为一个（　　）。

A. 字段　　B. 数据项　　C. 记录　　D. 系列

17. 对于 WPS Office 表格的工作表中的单元格，下列说法错误的是（　　）。

A. 不能输入字符串　　B. 可以输入数值

C. 可以输入时间　　D. 可以输入日期

18. 在 WPS Office 表格的工作表中，每个单元格都有其固定的地址，如“A5”表示（　　）。

A. A 代表 A 列，5 代表第 5 行　　B. A 代表 A 行。5 代表第 5 列

C. A5 代表单元格的数据　　D. 以上都不是

19. 新建工作簿文件后，默认的第一张工作簿的名称是（　　）。

A. Book　　B. 表　　C. 工作簿 1　　D. 表 1

20. 若在数值单元格中出现一连串的“###”符号，希望正常显示则需要（　　）。

A. 重新输入数据　　B. 调整单元格的宽度

C. 删除这些符号　　D. 删除该单元格

21. 当前工作表的第 7 行、第 4 列，其单元格地址为（　　）。

A. 74　　B. D7　　C. E7　　D. G4

22. 在 WPS Office 表格中，下列（　　）是正确的区域表示法。

A. a1# d4　　B. a1..d5　　C. a1：d4　　D. a1》d4

23. 若在工作表中选取一组单元格，则其中活动单元格的数目是（　　）。

A. 1 行单元格　　B. 一个单元格

C. 一列单元格　　D. 被选中的单元格个数

24. 如果想移动 WPS Office 表格中的分页符，需要（　　）选项卡中操作。

A. 文件　　B. 视图　　C. 开始　　D. 数据

25. 下列序列中，不能直接利用自动填充快速输入的是（　　）。

A. 星期一　星期二　星期三……　　B. 第一类　第二类　第三类……

C. 甲　乙　丙……　　D. mon　tue　wed……

二、填空题

1. WPS Office 表格工作簿默认的扩展名是________。

2. 工作表中每一列的列标是由________表示，每一行行号由________表示。

3. E6 位于第________行第________列，第 4 行、第 5 列单元格的地址是________。

4. 在 WPS Office 表格中，用鼠标________任一工作表标签可将其激活为活动工作

表，用鼠标________任一工作表标签可更改工作表名。

5. 在 WPS Office 表格中，除了在当前单元格编辑数据外，还可以在________中编辑数据。

6. 在 WPS Office 表格中，公式运算的时候必须以________作为开始。

7. 要引用工作表中 B1，B2，…，B10 单元格，其相对引用格式为________。绝对引用格式为________。

三、简答题

1. 简述工作簿、工作表、单元格的概念，它们三者之间有什么关系？

2. WPS Office 表格对单元格的引用有哪几种方式？请简述它们之间的区别。

3. WPS Office 表格中清除单元格和删除单元格有什么区别？

项目 4

WPS Office演示文稿处理软件

用户利用 WPS Office 中的演示文稿功能不仅可以创建演示文稿，在投影仪或者计算机上进行文稿演示，也可以将演示文稿打印出来，以便应用到更广泛的领域中。同时，还可以在互联网上召开面对面会议、远程会议或在网上给观众展示演示文稿等。

能力目标： 能够制作演示文稿，正确放映和导出演示文稿，熟练应用演示文稿的不同视图，能够运用幻灯片母版进行整体设计和修改，掌握幻灯片的创建、复制、设计、切换动画、对象动画设置、插入各类对象、删除、移动等基本操作，达到熟练制作演示文稿的目的。

思政目标： 养成独立思考、主动探究能力，提升审美及设计能力。

任务 1　制作关于乡村振兴战略演示文稿

一个演示文稿通常由若干张幻灯片组成，而每张幻灯片中又包括文字、图片、表格等诸多“元素”，所以学会制作一张幻灯片是制作一个包含多张幻灯片的演示文稿的基础。

任务描述

全面建设社会主义现代化国家，最艰巨最繁重的任务仍然在农村。党的二十大报告指出，要全面推进乡村振兴。乡村兴则国家兴，乡村衰则国家衰。实施乡村振兴战略是解决新时代我国社会主要矛盾、实现“两个一百年”奋斗目标和中华民族伟大复兴中国梦的必然要求，具有重大现实意义和深远历史意义。同学们通过制作关于乡村振兴战略的演示文稿进行学习交流。制作效果如图 4-1-1 所示。

任务分析

实现本工作任务首先要熟悉 WPS Office 2019 工作界面，创建新演示文稿，在演示文稿中进行幻灯片操作、文本操作，能够熟悉演示文稿的各种视图模式等内容。

必备知识

1. 熟悉 WPS Office 演示文稿工作区

（1）打开 WPS Office。启动 WPS Office 演示文稿后，它会在称为“普通”视图的视

图 4-1-1　关于乡村振兴战略演示文稿

图中打开，可以在该视图中创建并处理幻灯片，启动工作界面如图 4-1-2 所示。

图 4-1-2　WPS Office 工作界面

①在“幻灯片”工作区中，您可以直接添加和编辑各个幻灯片元素，文本、图片、图表、形状、艺术字等。

②点击此处，显示虚线边框标识占位符（一种带有虚线或阴影线边缘的框，绝大部分幻灯片版式中都有这种框，在这些框内可以放置标题及正文）。

③大纲与幻灯片预览窗格：用于显示演示文稿的幻灯片数量及位置，在其中可以更加清晰地查看演示文稿的结构。

④在备注窗格中，可以键入关于当前幻灯片的备注，对幻灯片中的内容做补充注释，播放演示文稿时可通过“演示者”视图查看备注。

（2）空白演示文稿。默认情况下，WPS Office对新的演示文稿应用空白演示文稿模板，空白演示文稿是WPS Office中最简单且最普通的模板，适合初学者使用。

新建基于空白演示文稿模板的演示文稿：单击“文件”选项卡，单击“新建”，在“推荐模板”下，单击“新建空白文档”。

（3）命名并保存演示文稿。与使用任何软件程序一样，创建好演示文稿后，最好立即为其命名并加以保存，并在制作演示文稿过程中经常保存所做的更改。

单击“文件”选项卡，单击“另存为”，然后执行下列操作之一。

①对于只能在WPS Office中打开的演示文稿，请在“保存类型”列表中选择“WPS演示文件（*.dps）”。

②对于可在WPS Office或PowerPoint 2007及以上版本中打开的演示文稿，请选择“PowerPoint演示文件（*.pptx）”

③对于可在WPS Office或PowerPoint 2003及早期版本中打开的演示文稿，请选择“PowerPoint 97-2003文件（*.ppt）”。

在“另存为”对话框的左侧窗格中，单击要保存演示文稿的文件夹或其他位置。

在“文件名”框中，键入演示文稿的名称，或者不键入文件名而是接受默认文件名，然后单击“保存”。

保存后，就可以按“Ctrl+S”组合键或单击屏幕左上角“🖫文件”选项卡的“保存”随时快速保存演示文稿。

2. 幻灯片操作

（1）添加幻灯片。打开WPS Office演示文稿时自动出现的单个幻灯片有两个占位符，一个用于标题格式，另一个用于副标题格式。幻灯片上占位符的排列称为幻灯片版式。

向演示文稿中添加幻灯片时，同时执行下列操作可选择新幻灯片的版式。

①大纲与幻灯片预览窗格下空白处右击，在快捷菜单中单击“新建幻灯片”，新建的幻灯片应用“标题和内容”版式。

②在“开始”选项卡上的“新建幻灯片”组中，单击“新建幻灯片”旁边的箭头，可以选择“新建”“封面页”“目录页”“图文”“动画”等不同类型的新幻灯片。或者如果希望新幻灯片具有对应幻灯片以前具有的相同的布局，只需单击“新建幻灯片”即可。

③单击“新建幻灯片”旁边的箭头，将出现一个库，该库显示了各种可用幻灯片版式的缩略图，如图4-1-3所示，单击所需版式即可建立相应版式的幻灯片。

（2）对幻灯片应用新版式。要更改现有幻灯片的布局，执行下列操作：在大纲与幻灯片预览窗格下，单击“幻灯片”选项卡，然后单击要应用新版式的幻灯片，在“开始”选

图 4-1-3　幻灯片版式

项卡上的“版式”组中，单击“版式”旁边的箭头，然后单击所需的新版式即可。

（3）复制幻灯片。如果希望创建两个或多个内容和布局都类似的幻灯片，则可以通过创建一个具有两个幻灯片都共享的所有格式和内容的幻灯片，然后复制该幻灯片来保存工作，最后向每个幻灯片单独添加其他内容。

在大纲与幻灯片预览窗格下，单击“幻灯片”选项卡，右键单击要复制的幻灯片，然后单击“复制”，右键单击要添加幻灯片的新副本的位置，然后单击“粘贴”。

（4）调整幻灯片顺序。在大纲与幻灯片预览窗格下，单击“幻灯片”选项卡，再单击要移动的幻灯片，然后将其拖动到所需的位置。

（5）删除幻灯片。右键单击要删除的幻灯片，然后单击“删除幻灯片”。

3. 文本操作

（1）将文本添加到占位符中。下面的虚线边框表示包含幻灯片标题文本的占位符，如图 4-1-4 所示。

在幻灯片上的文本占位符中添加文本，在占位符中单击，然后键入或粘贴文本。

（2）设置段落格式。首先拖动光标以选择要更改其行间距的一个或多个文本行，然后在“开始”选项卡的“段落”组中，单击“对话框启动器”，如图 4-1-5 所示。

在“段落”对话框中的“缩进和间距”选项卡上，对对齐方式、缩进或间距根据需要进行更改，然后单击“确定”，如图 4-1-6 所示。

（3）设置项目符号。

①添加项目符号。在幻灯片上要添加项目符号或编号的文本占位符或表中，选择文本行，在“开始”选项卡的“段落”组中，单击符号或编号。

图 4-1-4　新建幻灯片

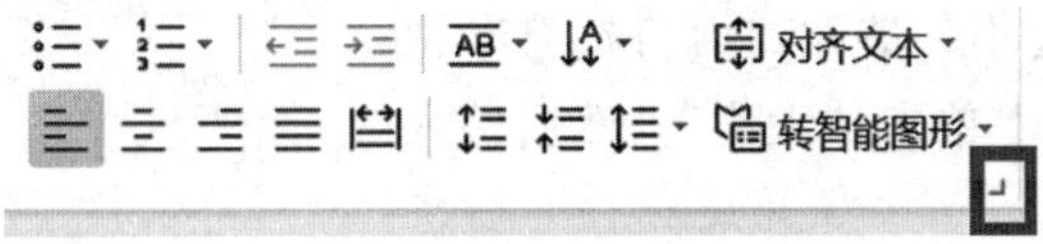

图 4-1-5　对话框启动器

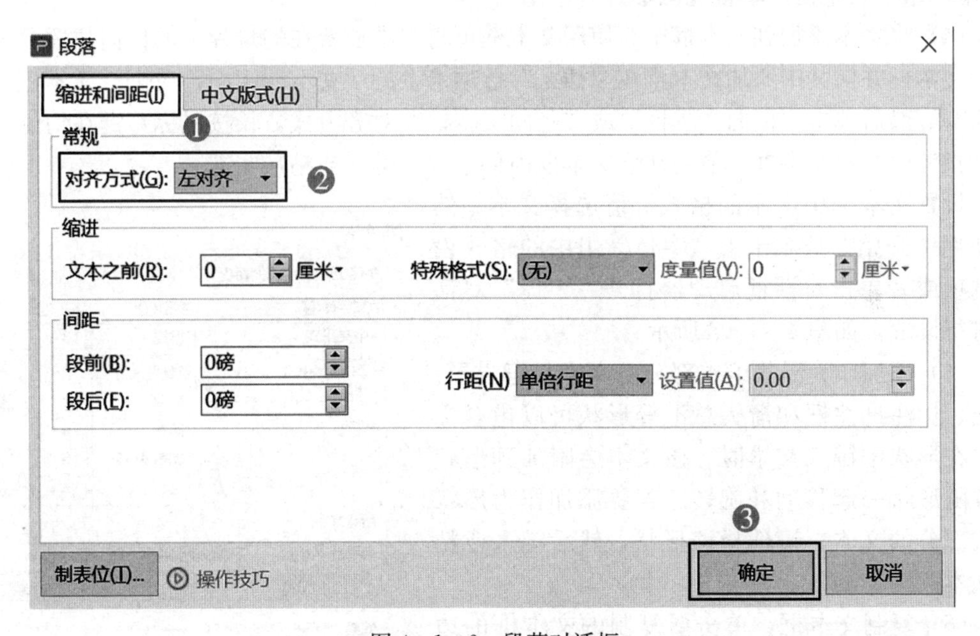

图 4-1-6　段落对话框

②更改项目符号或编号的外观。若要更改一个项目符号或编号，请将光标放在要更改的行的开始位置。若要更改多个项目符号或编号，请选择要更改的所有项目符号或编号中的文本。在“开始”选项卡的“段落”组中，单击“项目符号”或“编号”按钮上的箭头，然后单击“其他项目编号”，在“项目符号和编号”对话框中，要更改项目符号或编号的样式，请在“项目符号”选项卡或“编号”选项卡上单击所需的样式，如图 4-1-7 所示。

③“项目符号和编号”对话框说明。

A. 要使用图片作为项目符号，请在“项目符号”选项卡上单击“图片”，然后通过滚动找到要使用的图片图标。

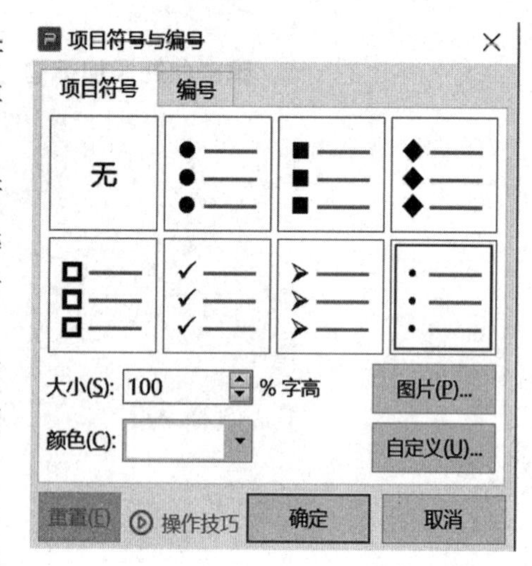

图 4-1-7　项目符号对话框

B. 要将符号列表中的字符添加到“项目符号”或“编号”选项卡上，请在“项目符号”选项卡上单击“自定义”，单击一个符号，然后单击“确定”。可以从样式列表中将符号应用到幻灯片。

C. 要更改项目符号或编号的颜色，请在“项目符号”选项卡或“编号”选项卡上单击“颜色”，然后选择一种颜色。

D. 要更改项目符号或编号的大小，使其大小为相对于文本的特定大小，请在“项目符号”选项卡或“编号”选项卡上单击“大小”，然后输入一个百分数。

E. 要将现有的项目符号列表或编号列表转换为智能图形，请在“开始”选项卡的“段落”组中，单击“转智能图形”。

（4）将文本添加到文本框中。使用文本框可将文本放置在幻灯片上的任何位置，若要添加文本框并向其中添加文本：在“插入”选项卡上的“文本”组中，单击“文本框”下的箭头，然后单击“横向文本框”或“竖向文本框”对齐方式，长按鼠标左键在幻灯片上拖动指针以绘制文本框，最后在该文本框内部单击，键入或粘贴文本。

设置文本框中文本的格式，请选择文本，然后使用“开始”选项卡上“字体”组中的格式设置选项或者单击对话框启动器打开“字体”对话框进行设置，如图 4-1-8 所示。

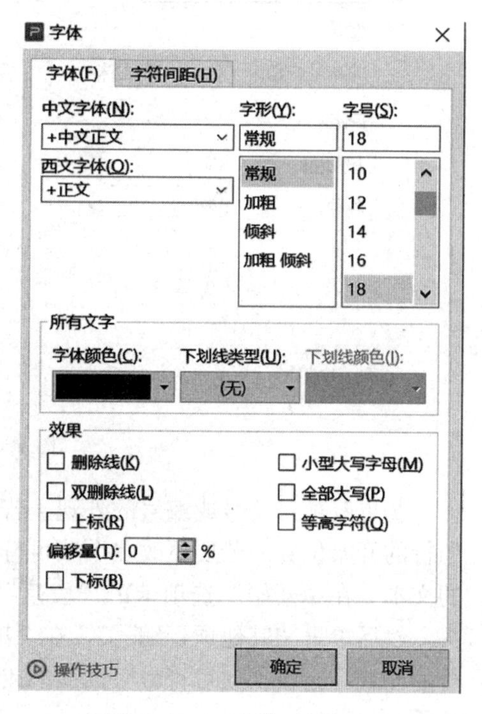

图 4-1-8　字体对话框

（5）添加作为形状组成部分的文本。正方形、圆形、标注批注框和箭头总汇等形状可以包含文本。在形状中键入文本时，该文本会附加到形状中并随形状一起移动和旋转。若要添加作为形状组成部分的文本，请选择该形状，然后键入或粘贴文本。

（6）复制文本框。单击要复制的文本框的边框，在“开始”选项卡上的“剪贴板”组中，单击“复制”，然后在“开始”选项卡上的“剪贴板”组中，单击“粘贴”。

注：请确保指针不在文本框内部，而是在文本框的边框上。如果指针不在边框上，则按“复制”会复制文本框内的文本，而不会复制文本框。

（7）删除文本框。单击要复制的文本框的边框，然后按 Del 键。

4. 视图模式

WPS Office 2019 有“演示文稿视图”组和“母版视图”组两类。在 WPS Office 2019 窗口底部有一个快捷视图切换栏，其中提供了各个主要视图（普通视图、幻灯片浏览视图、阅读视图和幻灯片放映视图），普通视图如图 4-1-9 所示。

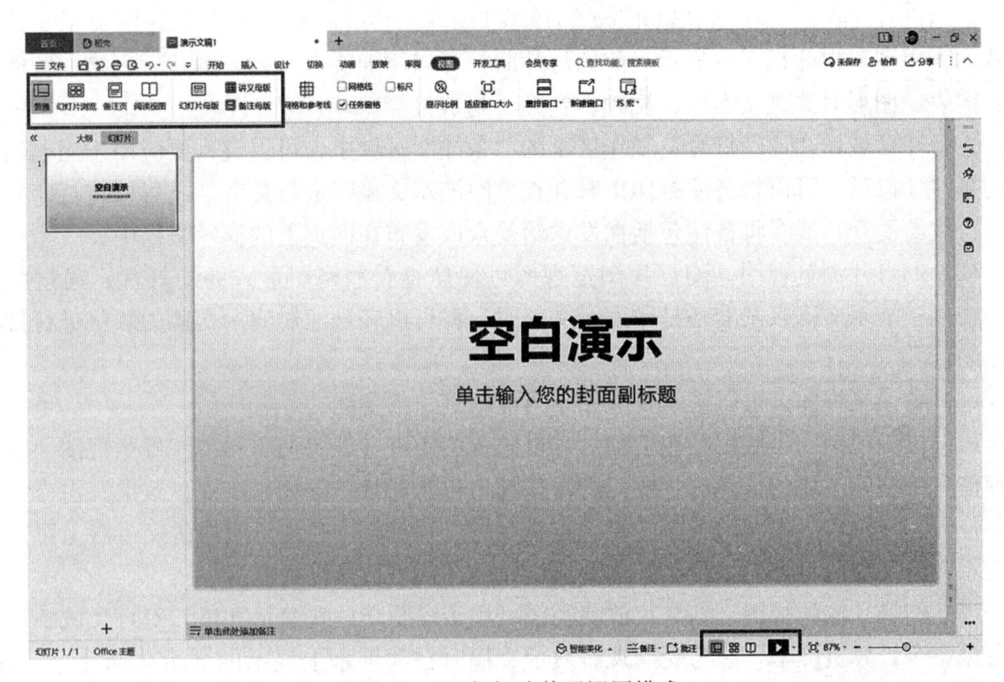

图 4-1-9 幻灯片普通视图模式

(1) 普通视图。普通视图是主要的编辑视图，如图 4-1-10 所示，可用于撰写和设计演示文稿。普通视图有四个工作区域。

图 4-1-10 幻灯片普通视图模式结构

①幻灯片选项卡：在编辑时以缩略图大小的图像在演示文稿中观看幻灯片。使用缩略图能方便地遍历演示文稿，并观看任何设计更改的效果。在这里还可以轻松地重新排列、添加或删除幻灯片。

②大纲选项卡：此区域可以输入和编辑文本，并能移动幻灯片和文本。“大纲”选项卡以大纲形式显示幻灯片文本。

③幻灯片工作区：在 WPS Office 2019 窗口的右上方，“幻灯片”工作区显示当前幻灯片的大视图，在此视图中显示当前幻灯片时，可以添加文本，插入图片、表格、智能图形、图表、图形对象、文本框、视频、音频、超链接等。

④备注区域：在“幻灯片”工作区下的“备注”区域中，可以键入要应用于当前幻灯片的备注。以后，可以将备注打印出来并在放映演示文稿时进行参考，还可以将打印好的备注分发给受众，或者将备注包括在发送给受众或发布在网页上的演示文稿中。

(2) 幻灯片浏览视图。幻灯片浏览视图可使您查看缩略图形式的幻灯片。通过此视图，在创建演示文稿以及准备打印演示文稿时，将可以轻松地对演示文稿的顺序进行排列和组织。

(3) 备注页视图。可以键入要应用于当前幻灯片的备注。

(4) 母版视图。母版视图包括幻灯片母版视图、讲义母版视图和备注母版视图。它们是存储有关演示文稿的信息的主要幻灯片，其中包括背景、颜色、字体、效果、占位符大小和位置。使用母版视图的一个主要优点是在幻灯片母版、备注母版或讲义母版上可以对与演示文稿关联的每个幻灯片、备注页或讲义的样式进行全局更改。

(5) 幻灯片放映视图。幻灯片放映视图可用于向受众放映演示文稿。幻灯片放映视图会占据整个计算机屏幕，这与受众观看演示文稿时在大屏幕上显示的演示文稿完全一样。您可以看到图形、文字、视频、动画效果和切换效果在实际演示中的具体效果，若要退出幻灯片放映视图，请按 Esc 键。

(6) 阅读视图。阅读视图是在一个设有简单控件以方便审阅的窗口中播放幻灯片，以查看动画和切换效果，无需使用全屏的幻灯片放映视图。如果要更改演示文稿，可随时从阅读视图切换至某个其他视图。

任务实现

(1) 单击“开始”→“所有程序”→“WPS Office”，即可启动。

(2) 单击“新建”→“演示”→“新建空白文档”，创建一个新的演示文稿。

(3) 选择“设计”选项卡，单击“更多设计”按钮，选择免费设计方案，也可自行导入模板或设置纯色、配色背景，效果如图 4-1-11 所示。

(4) 单击标题占位符，即“空白演示”区域，显示标题虚线框，输入“乡村振兴战略”，并设置字号为“72”号，字体为“华文行楷”。文本框边缘长按鼠标左键可以移动标题位置。

(5) 单击副标题占位符，输入文字“新时代 新思想 新目标 新征程”，设置字号为“44”号，字体为“楷体”，对齐方式为“居中对齐”。

(6) 选择“插入”选项卡，单击“文本框”旁边箭头，选择“横向文本框”，在副标

图 4-1-11　应用设计的标题幻灯片

题下方合适位置绘制文本框，并在文本框内输入“汇报人：×××”，设置字号为“24”号，字体为“宋体”，同样操作添加“2021 年 11 月 1 日”文本框，效果如图 4-1-12 所示。

图 4-1-12　标题页设计

（7）大纲与幻灯片预览窗格下第一张幻灯片处右击，在快捷菜单中单击“复制幻灯片”，将新幻灯片中的文本框全部删除。选择“插入”选项卡，单击“图片”旁边箭头，选择“本地图片”，将图片添加到幻灯片中，调整到合适大小，如图 4-1-13 所示。

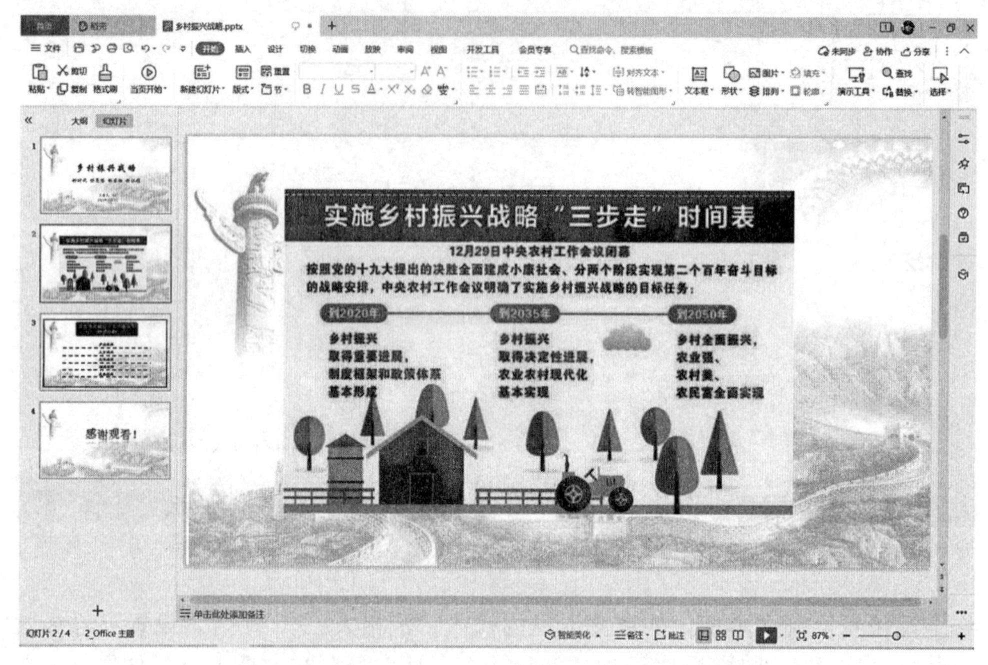

图 4-1-13　复制幻灯片和插入图片

（8）选择“开始”选项卡，单击“版式”旁边箭头，选择“推荐排版”下的“配套排版”，找到合适的版式单击。利用文本框编辑标题和内容，如图 4-1-14 所示。

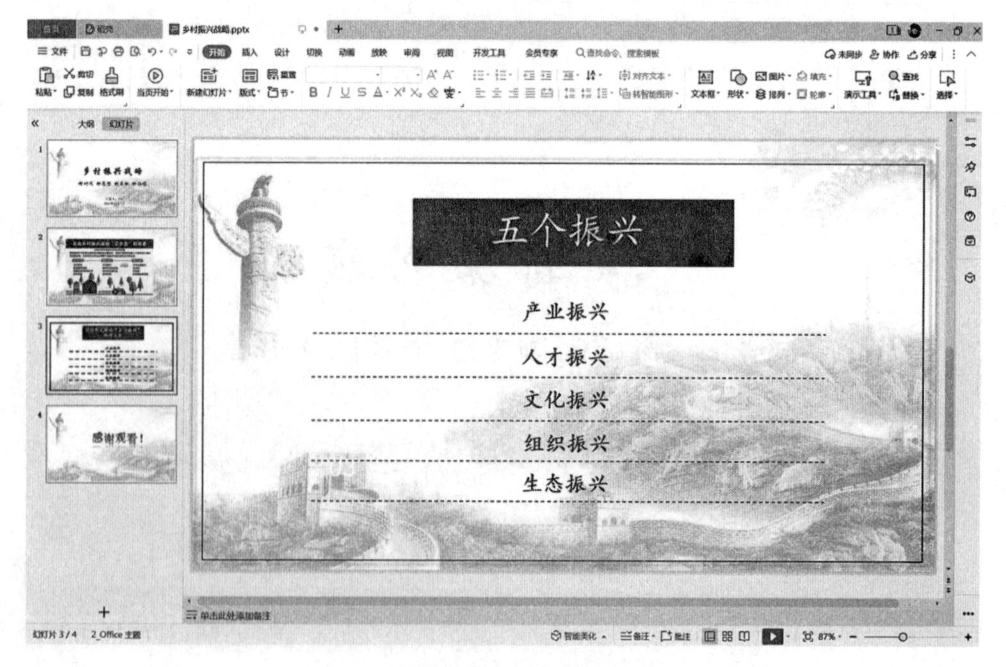

图 4-1-14　版式设计和文本框编辑

（9）单击“插入”→“文本”→“艺术字”，选择一种艺术字，输入文本：“感谢观看！”。

（10）在计算机中选择幻灯片的存储位置，在“文件名”下拉列表框输入文件名“乡村振兴战略”，在“保存类型”下拉列表框中选择“PowerPoint 文件”。完成效果如图 4-1-15 所示。

图 4-1-15　幻灯片效果

（11）按 F5 键，放映演示文稿，观看效果。

（12）选择“文件”选项卡，单击“输出为 PDF”或“输出为图片”。

训练任务

根据提供的素材，按以下要求完成演示文稿的制作。

（1）新建演示文稿的操作。

（2）新建幻灯片的操作。

（3）幻灯片的板式设置。

（4）插入图片、艺术字和文本框。

（5）完成演示文稿制作后，放映和导出演示文稿。

身边有法

2015 年 7 月 1 日，《中华人民共和国国家安全法》正式施行，并规定每年 4 月 15 日为全民国家安全教育日。

国家安全是指国家政权、主权、统一和领土完整、人民福祉、经济社会可持续发展和国家其他重大利益相对处于没有危险和不受内外威胁的状态，以及保障持续安全状态的能力。

为了体现总体国家安全观的要求，《中华人民共和国国家安全法》从政治安全、国土安全、军事安全、经济安全、文化安全、社会安全、科技安全、信息安全、生态安全、资源安全、核安全等 11 个领域对国家安全任务进行了明确。

中华人民共和国公民、一切国家机关和武装力量、各政党和各人民团体、企业事业组织和其他社会组织，都有维护国家安全的责任和义务。应该做到：

（1）维护国家安全，保守所知悉的国家秘密。

（2）遵守宪法、法律法规关于国家安全的有关规定。

（3）及时报告危害国家安全活动的线索。

（4）如实提供所知悉的涉及危害国家安全活动的证据。

（5）为国家安全工作提供便利条件或者其他协助。

（6）向有关国家机关提供必要的支持和协助。

任务 2　制作节日贺卡

要制作一个好的演示文稿，不仅需要内容充实，外表也是很重要的一部分，一个看起来舒适的背景图片，能把演示文稿包装得很好看。

一个演示文稿通常由多张幻灯片组成，而每张幻灯片又可能具有不同的内容和主题。为了使幻灯片中各种内容有序的配合，形成出彩的演示，可以通过样本模板、设计、幻灯片母版、背景样式等来增强演示文稿的感染力。

任务描述

节日是我们表达最深情祝福的时候。如国庆节临近时，同学们可以应用本期所学的演示文稿知识制作节日贺卡，祝福祖国。国庆贺卡效果如图 4－2－1 所示。

任务分析

能够根据幻灯片的内容选择合适的版式，掌握应用主题颜色的设计方法，应用母版统一幻灯片设计风格的方法，应用设计模板和背景样式改变幻灯片风格的方法。

图 4-2-1　国庆贺卡样图

必备知识

1. 幻灯片的组织和格式设置

（1）将幻灯片组织成节。在 WPS Office 中，我们可以使用新增的节功能组织幻灯片，就像使用文件夹组织文件一样，可以使用命名节跟踪幻灯片组。

新增节的方法和节的操作如下。

①在“普通”视图或“幻灯片浏览”视图中，在要新增节的两个幻灯片之间右键单击，选择“新增节”。

②要为节重新命名，请右键单击“无标题节”标记，然后单击“重命名节”。

③输入该节的新名称，然后单击“重命名”。

④在幻灯片中上移或下移节：右键单击要移动的节，再单击“向上移动节”或“向下移动节”。

⑤删除节：右键单击要删除的节，然后单击“删除节”。

（2）在幻灯片中添加编号、日期和时间。

①选中演示文稿中的第一个幻灯片缩略图。

②在“插入”选项卡的“文本”组中，单击“幻灯片编号”。

③在“页眉和页脚”对话框设置，如图 4-2-2 所示。

（3）对幻灯片应用背景图片、颜色。单击要为其添加背景图片的幻灯片（要选择多个幻灯片，请单击某个幻灯片，然后按住 Ctrl 并单击其他幻灯片），在“设计”选项卡上的

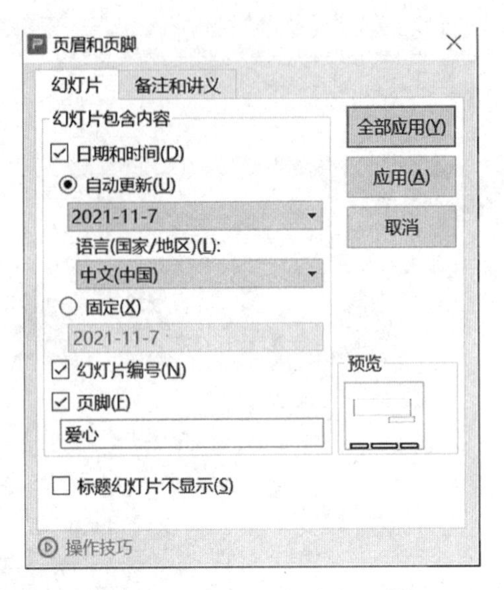

图 4-2-2　幻灯片页眉和页脚

“背景”组中，单击“背景”，演示文稿右侧弹出“对象属性”，如图 4-2-3 所示。然后单击“图片或纹理填充”或者单击“纯色填充”。

图 4-2-3　设置背景

2. 主题

WPS Office 提供了多种设计主题，包含协调配色方案、背景、字体样式和占位符位置。使用预先设计的主题，可以轻松快捷地更改演示文稿的整体外观。在“设计”选项卡上的“主题”组中单击要应用的文档主题，若要预览应用了特定主题的当前幻灯片的外观，请将指针停留在该主题的缩略图上；若要查看更多主题，请在“设计”选项卡上单击“更多设计”进行选择，如图 4－2－4 所示。

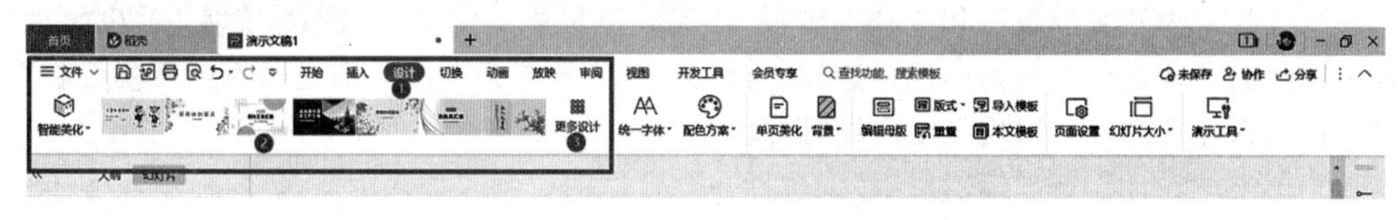

图 4－2－4　设置主题

3. 母版

（1）幻灯片母版是幻灯片层次结构中的顶层幻灯片，用于存储有关演示文稿的主题和幻灯片版式，包括背景、颜色、字体、效果、占位符大小和位置。

每个演示文稿至少包含一个幻灯片母版。修改和使用幻灯片母版的主要优点是可以对演示文稿中的每张幻灯片（包括以后添加到演示文稿中的幻灯片）进行统一的样式更改。使用幻灯片母版时，由于无需在多张幻灯片上键入相同的信息，因此节省了时间。如果演示文稿非常长，其中包含大量幻灯片，则幻灯片母版非常方便。

由于幻灯片母版影响整个演示文稿的外观，因此在创建和编辑幻灯片母版或相应版式时，将在“幻灯片母版”视图下操作。

①创建幻灯片母版。打开一个空演示文稿，然后在“视图”选项卡上的“母版视图”组中，单击“幻灯片母版”会显示一个具有默认相关版式的空幻灯片母版。在幻灯片缩略图窗格中，幻灯片母版是那张较大的幻灯片图像，并且相关版式位于幻灯片母版下方，效果如图 4－2－5 所示。

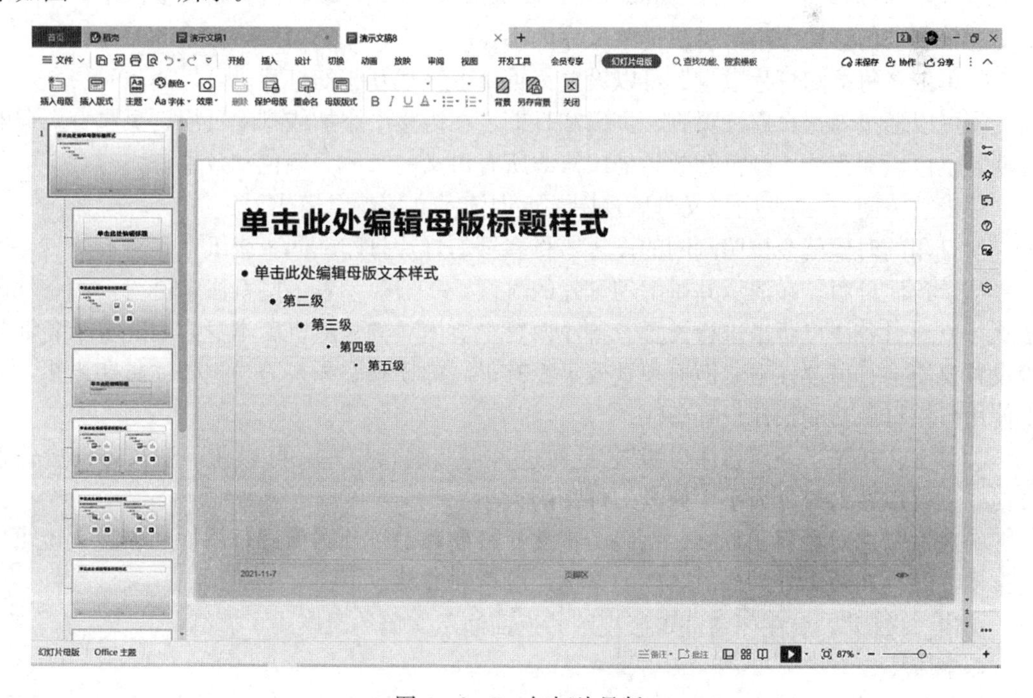

图 4－2－5　幻灯片母版

最好在开始构建各张幻灯片之前创建幻灯片母版，而不要在构建了幻灯片之后再创建母版。如果先创建了幻灯片母版，则添加到演示文稿中的所有幻灯片都会基于该幻灯片母版和相关联的版式。

②母版分为“主母版”和“版式母版”，更改主母版，则所有页面都会发生改变。设置主母版的“背景”颜色为白色，这样所有的幻灯片背景就变成了白色。点击关闭母版编辑，这时新建幻灯片，出现的空白幻灯片也是白色了。

③单击“设计”→“编辑母版”。选择一个合适的位置“插入版式”，这样就新建了一个母版版式。插入一张图片或文字，然后关闭母版视图。点击加号新建幻灯片，就可以在“母版版式”中使用这个背景模板了。此时按 Ctrl＋M 或 Enter 键，可以快速新建这个母版版式的空白幻灯片。

④保存母版。在“文件”选项卡上，单击“另存为”→在“文件名”框中，键入文件名，在“保存类型”列表中单击“Microsoft PowerPoint 模板文件”或“WPS 演示模板文件”，然后单击“保存”。

在“幻灯片母版”选项卡上的“关闭”组中，单击“关闭母版视图”。

⑤应用母版。关闭母版视图，在普通视图下选择第一张幻灯片，在版式下选择设计好的母版版式即可。

（2）讲义母版。讲义母版主要用于制作课件及培训类演示文稿，讲义母版的设置对幻灯片本身没有明显的影响，但可以决定讲义视图下幻灯片显示出来的风格。讲义母版一般是用来打印的，它可以在每页中打印多张幻灯片，并且打印出幻灯片数量、排列方式以及页面和页脚等信息，具体操作如下。

①在“视图”视图选项卡上单击“讲义母版”，可见 5 大板块功能。点击“讲义方向”，可以更改纵横向，选择“横向”→“确保适合”，就可以将讲义变成横向了。

②单击“幻灯片大小”可以更改尺寸大小。

③单击“每页幻灯片数量”可以设置每页纸上呈现几张幻灯片。

④可以通过勾选页眉、页脚、页码和日期，在讲义中添加或删除页眉、页脚、页码和日期。也可以在字体、颜色和效果处，修改所有讲义的字体、颜色和效果。

单击“关闭”，就关闭讲义母版视图并返回演示文稿编辑模式了。

⑤打印的时候就会按照刚刚的设置，将多页幻灯片打印在同一张纸上。

（3）备注母版。在演示并讲解幻灯片的时候，一般要参考一些备注来进行，而备注的格式可以通过备注母版来进行设置。备注内容主要面对的是演讲者本身，因此要求备注母版设置要简洁、可读性强，而对视觉效果没有很高的要求。如果需要把备注打印出来，可以使用备注母版功能快速设置备注。

①单击“视图”→“备注母版”，此时进入母版编辑模式。可以在备注页方向中修改方向，也可以在幻灯片大小中修改幻灯片的大小。

②通过勾选对页眉、页脚、页码、正文、日期和幻灯片图像进行添加和删除，也可以在字体、颜色和效果处，修改备注的字体、颜色和效果。

单击“关闭”，就关闭备注母版视图并返回演示文稿编辑模式了。

4. 模板

（1）WPS Office 模板是另存为模板文件的一张幻灯片或一组幻灯片的图案或蓝图。

模板可以包含版式、主题颜色、主题字体、主题效果和背景样式，甚至还可以包含内容。

可以创建自己的自定义模板，然后存储备用以及与他人共享。此外，也可以获取多种不同类型的内置免费模板。点击新建幻灯片，我们可见有封面、目录、章节等等，种类繁多，可以覆盖演示文稿的所有内容。

（2）应用模板。在“文件”选项卡上单击“新建”→“新建演示”，在品类专区选择一种所需要的模板，并选择合适的目标，如图 4-2-6 所示。也可以单击“新建”→“新建演示”→“新建空白文档”→“新建”→在“设计”选项卡中，单击“导入模板”，在弹出的“应用设计模板”页面选择所需要的模板。

图 4-2-6 应用模板

任务实现

（1）单击“开始”→“所有程序”→“WPS Office”，启动软件，选择“演示”。

（2）单击“新建”→“新建演示”→“新建空白文档”→“新建”，在“设计”选项卡中，单击“导入模板”，在弹出的“应用设计模板”页面选择所需要的模板，自动生成一张幻灯片，如图 4-2-7 所示。

（3）单击“视图”选项卡中“幻灯片母版”进入母版编辑模式，点击“设计”→“编辑母版”。选择一个合适的位置“插入版式”，这样就新建了一个母版版式。插入一张图片或文字，然后关闭母版视图。

（4）选择第一张幻灯片，主标题输入“欢度国庆”，字体“华文行楷、加粗、115号”；副标题位置输入“热烈庆祝中华人民共和国成立 72 周年”，字体“楷体、20 号”；在“设计”选项卡上的“主题”组中→单击“更多设计”进行选择配套进行美化。效果如图 4-2-8 所示。

图 4-2-7　导入模板的幻灯片

图 4-2-8　应用设计美化后的幻灯片

(5) 在“开始”选项卡，点击“新建幻灯片”，选择“配套版式”中所需要的第二张幻灯片；对“中华人民共和国国庆节”一词的由来在文本框中作简单说明；在操作过程中，实时通过“图片工具”调整右侧图片的大小。效果如图 4-2-9 所示。

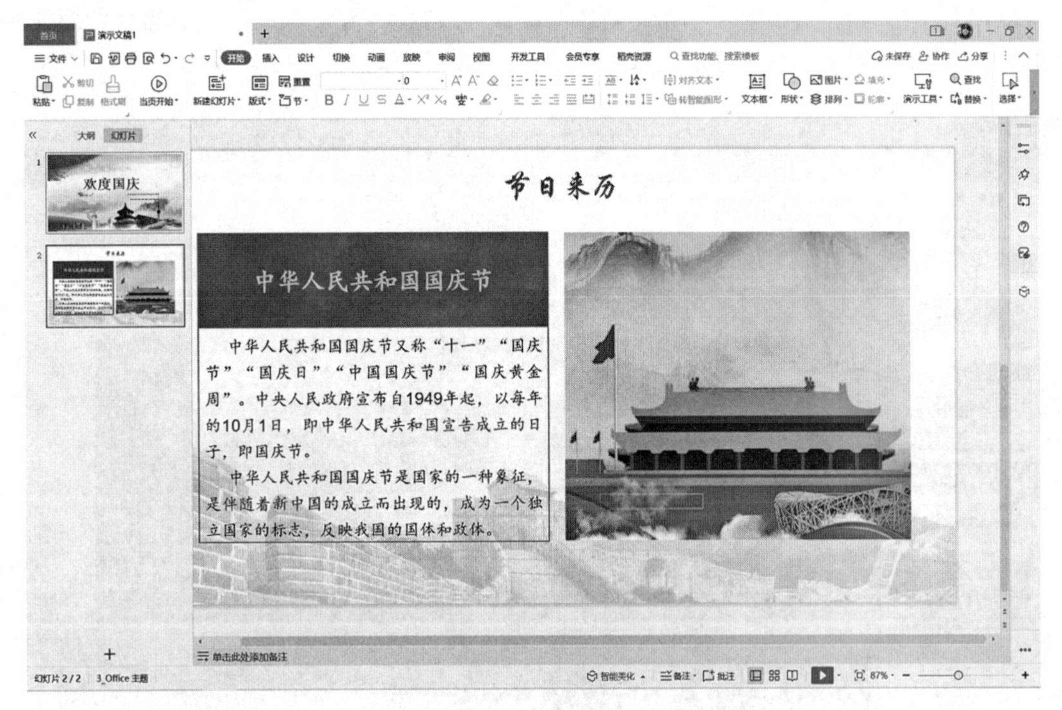

图 4-2-9　内容与图片调整后的幻灯片

（6）在“开始”选项卡，单击“新建幻灯片”，选择“配套版式”中所需要的第三张幻灯片；选择第三张幻灯片，单击“插入”选项卡中“图片”旁边的箭头，搜索“国庆节”在线获取优美图片；更换文本框的文字，如图 4-2-10 所示。

图 4-2-10　更改内容与标题幻灯片

（7）在“开始”选项卡，单击“新建幻灯片”，选择“配套版式”中所需要的第四张幻灯片；选择第四张幻灯片修改中文字和内容，如图 4-2-11 所示。

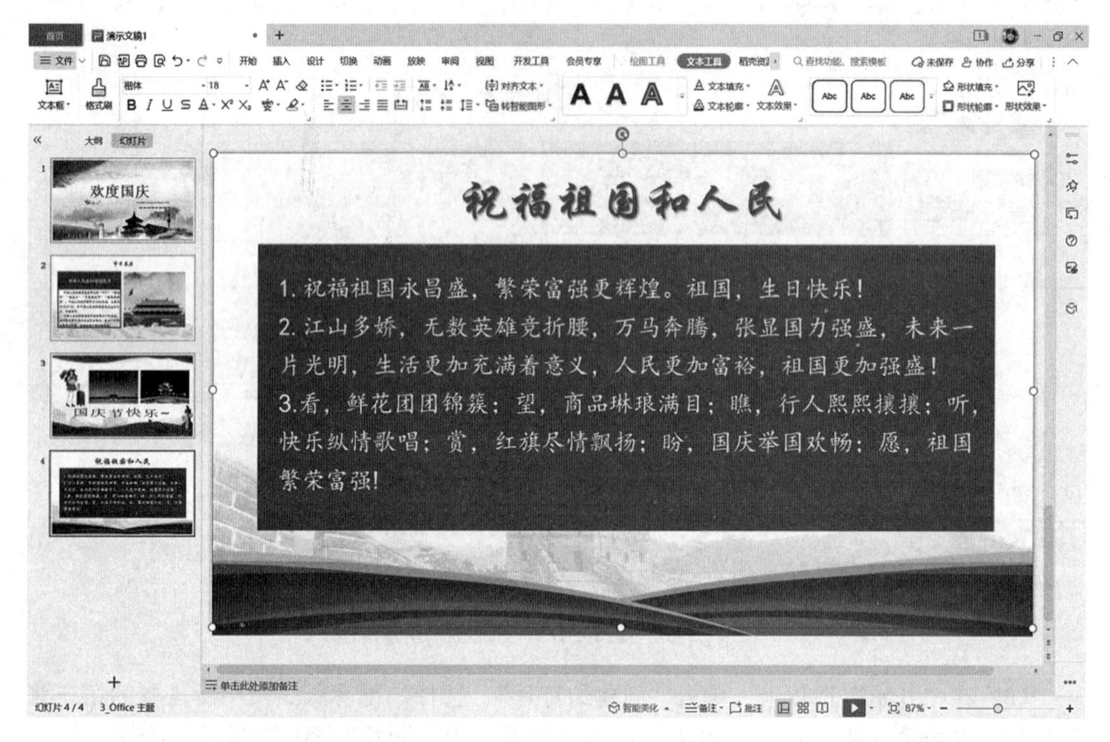

图 4-2-11　更改内容与标题幻灯片

（8）按 F5 键播放制作完成的演示文稿。

（9）单击快速工具栏中的“保存”按钮，在计算机中选择幻灯片的存储位置，在“文件名”下拉列表框输入文件名“节日贺卡”，在“保存类型”下拉列表框中选择“Microsoft PowerPoint 文件”。

训练任务

根据提供的素材，按以下要求完成演示文稿的制作。

（1）能够应用模板新建演示文稿。

（2）设置幻灯片母版。

（3）设置幻灯片主题。

（4）设置幻灯片版式。

任务 3　制作中国空间站介绍演示文稿

为了使制作的演示文稿看起来赏心悦目、图文具备、声色并茂，就需要对制作的幻灯片添加更加丰富多彩的内容，既可以添加图片、表格、文本，也可以插入音频、视频和动画等多媒体对象。

任务描述

党的二十大报告提出，建设现代化产业体系，坚持把发展经济的着力点放在实体经济上，推进新型工业化，加快建设制造强国、质量强国、航天强国、交通强国、网络强国、数字中国。从 2021 年 4 月天和核心舱发射到神舟十五号任务，展现了中国载人航天发展的厚重积淀与强大实力，跑出新时代中国航天发展的加速度。本任务要求制作中国空间站介绍演示文稿，首先要有空间站的图片、文字介绍，要介绍空间站的组成、发展历程等，关键是要对幻灯片进行统一的风格设计。幻灯片浏览效果如图 4－3－1 所示。

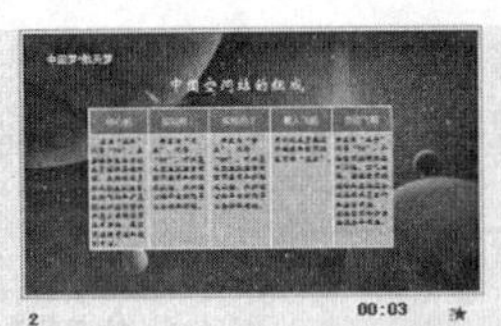
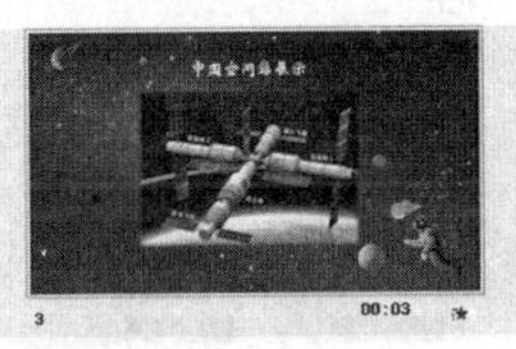
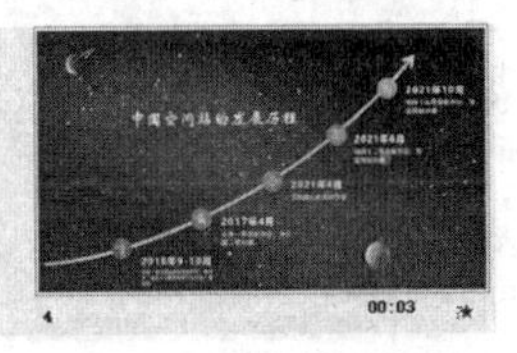

图 4－3－1　中国空间站介绍演示文稿

任务分析

实现本任务，首先要插入图片、文本、表格，并对其进行布局，设置大小、颜色，做得整体和谐美观，为突出视觉效果，还可以增加音频和视频。

必备知识

1. 表格

（1）创建表格及输入文字。

①选择要向其添加表格的幻灯片。

②在“插入”选项卡上的“表格”组中，单击“表格”，可执行以下操作：单击并移动指针以选择所需的行数和列数，然后释放鼠标按钮；或者单击“插入表格”，然后在“列数”和“行数”列表中输入数字。

③要向表格单元格添加文字，请单击某个单元格，然后输入文字，输入文字后，单击该表格外的任意位置。

（2）设置表格格式。

①添加行：单击新行出现的位置上方或下方的行中的一个表格单元格，若要在所选单元格的上方添加一行，请单击“表格工具”下的“在上方插入”；若要在所选单元格的下方添加一行，请单击“表格工具”下的“在下方插入”。

②添加列：单击新列出现的位置的左侧或右侧的列中的一个表格单元格，若要在所选单元格的左侧添加一列，请单击“表格工具”下的“在左侧插入”；要在所选单元格的右侧添加一列，请单击“表格工具”下的“在右侧插入”。

③删除行或列：单击要删除的列或行中的一个表格单元格，单击“表格工具”下的“删除”，选择行或列进行删除。

2. 图片

（1）添加图片。

①选择要向其添加图片的幻灯片。

②在“插入”选项卡上，单击“图片”，打开“插入图片”对话框，选择图片。

（2）调整图片。可调整图片的颜色浓度（饱和度）和色调（色温）、对图片重新着色或者更改图片中某个颜色的透明度，可以将多个颜色效果应用于图片。

（3）消除图片背景。

①单击要从中消除背景的图片。

②在“图片工具”下，单击“抠除背景”旁边的箭头，选择“抠除背景”，弹出智能抠图窗口，可以自动抠图，也可以手动抠图，如图 4-3-2 所示。

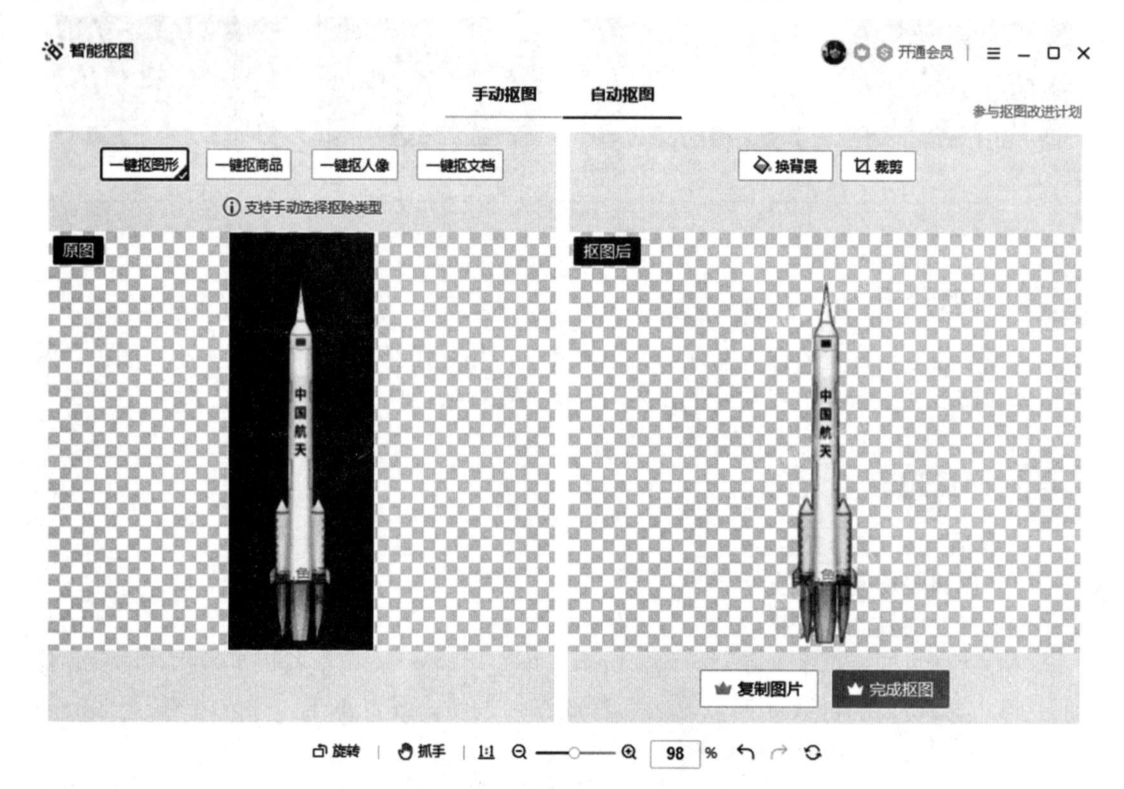

图 4-3-2　消除图片背景

③单击“关闭”组中的“关闭并保留更改”。

（4）添加或更改效果的图片。

①单击要添加或更改效果的图片。

②在“图片工具”下，单击“效果”。

③单击所需的艺术效果，若要更多艺术效果，请单击“更多设置”。

（5）裁剪图片。

①选择要裁剪的图片。

②在“图片工具”下，单击“裁剪”。

③完成后请按 Esc 键完成裁剪。

按照此方法也可以裁剪为特定形状、裁剪为通用纵横比，也可以通过裁剪来填充和调整形状。

(6) 压缩图片与重设图片。

①单击要更改其分辨率的一张或多张图片。

②在“图片工具”下，单击“压缩图片”，弹出“压缩图片”对话框，如图4-3-3所示。

图4-3-3 压缩图片

③在“压缩模式”和“基础选项”下单击所需的分辨率。更改分辨率会影响图像质量。

(7) 插入屏幕截图。

在“插入”选项卡上，单击“更多”，您可以插入整个程序窗口，也可以使用“屏幕剪辑”工具选择屏幕窗口的一部分。只能捕获没有最小化到任务栏的窗口。

3. 艺术字

艺术字是一个文字样式库，您可以将艺术字添加到幻灯片中以制作出装饰性效果，在WPS Office中，您还可以将现有文字转换为艺术字。

(1) 添加艺术字。在“插入”选项卡中，单击“艺术字”，然后单击所需艺术字样式，然后输入文字。

(2) 将现有文字转换为艺术字。

①选定要转换为艺术字的文字。

②单击“设置文本效果格式”选项卡上的“艺术字样式”。

(3) 删除艺术字样式。

①选定要删除其艺术字样式的艺术字。

②在“绘图工具”下，在“格式”选项卡上的“艺术字样式”组中，单击“清除艺

术字”。

4. 智能图形

智能图形是信息的可视表示形式，可以从多种不同布局中进行选择，从而快速轻松地创建所需形式，以便有效地传达信息或观点。

（1）创建智能图形并向其中添加文字。

①在“插入”选项卡中，单击“智能图形”。

②在“智能图形”对话框中，单击所需的类型和布局，如图 4－3－4 所示。

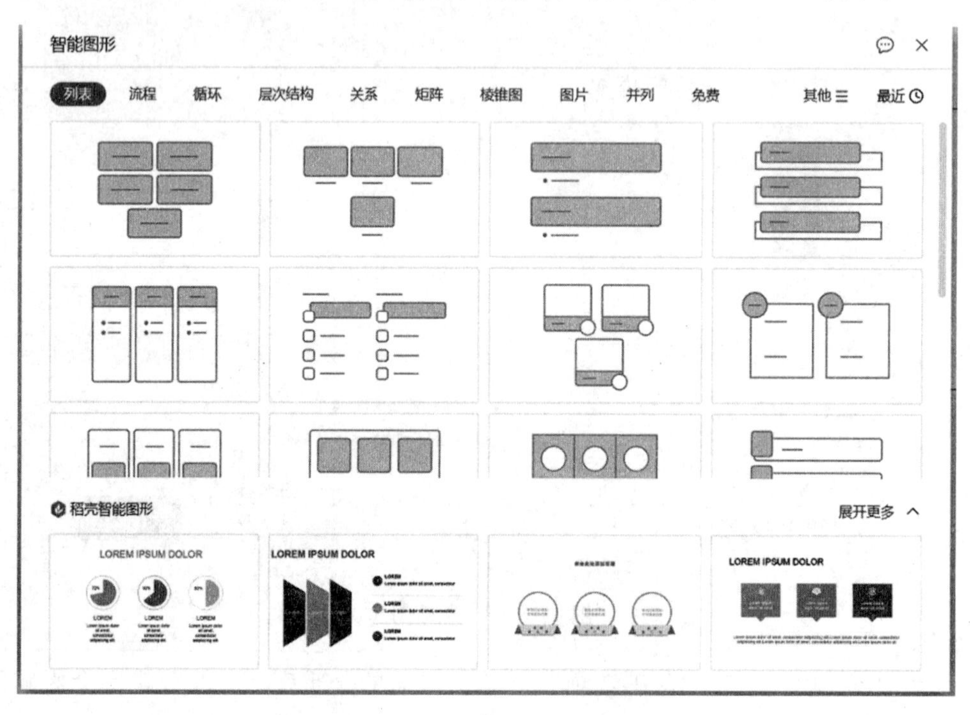

图 4－3－4　选择智能图形

③单击智能图形中的一个框，然后键入文本。为了获得最佳结果，请在添加需要的所有框之后再添加文字。

（2）在智能图形中添加或删除形状。

①单击要向其中添加另一个形状的智能图形。

②单击最接近新形状的添加位置的现有形状。

③在“智能图形工具”下的“设计”选项卡上，单击“添加项目”，若要在所选形状之后插入一个形状，请单击“在后面添加项目”；若要在所选形状之前插入一个形状，请单击“在前面添加项目”。

④若要从智能图形中删除形状，请单击要删除的形状，然后按 Del 键。若要删除整个智能图形，请单击智能图形的边框，然后按 Del 键。

（3）更改整个智能图形的颜色。

①单击智能图形。

②在“智能工具”下的“设计”选项卡上，单击“更改颜色”。

③如果看不到“智能工具”或“设计”选项卡，请确保已选择一个智能图形。双击智

能图形可打开“设计”选项卡。

④单击所需的颜色变体。

5. 形状

可以在幻灯片中添加一个形状，或者合并多个形状以生成一个绘图或一个更为复杂的形状。可用的形状包括线条、基本几何形状、箭头、公式形状、流程图形状、星、旗帜和标注等。添加一个或多个形状后，您可以在其中添加文字、项目符号、编号和快速样式。

（1）添加形状。

①在“插入”选项卡中，单击“形状”。

②单击所需形状，接着单击幻灯片上的任意位置，然后拖动以放置形状。

③若要创建规范的正方形或圆形（或限制其他形状的尺寸），请在拖动的同时按住Shift键。

（2）编辑形状。更改形状边框的样式、颜色、粗细和填充。

6. 图表

可以插入多种数据图表和图形，如柱形图、折线图、饼图、条形图、面积图、散点图、股价图、雷达图和组合图等。添加图表步骤如下。

①在“插入”选项卡中，单击“图表”。

②在“插入图表”对话框中，选择所需图表的类型，然后单击“确定”，如图4－3－5所示。

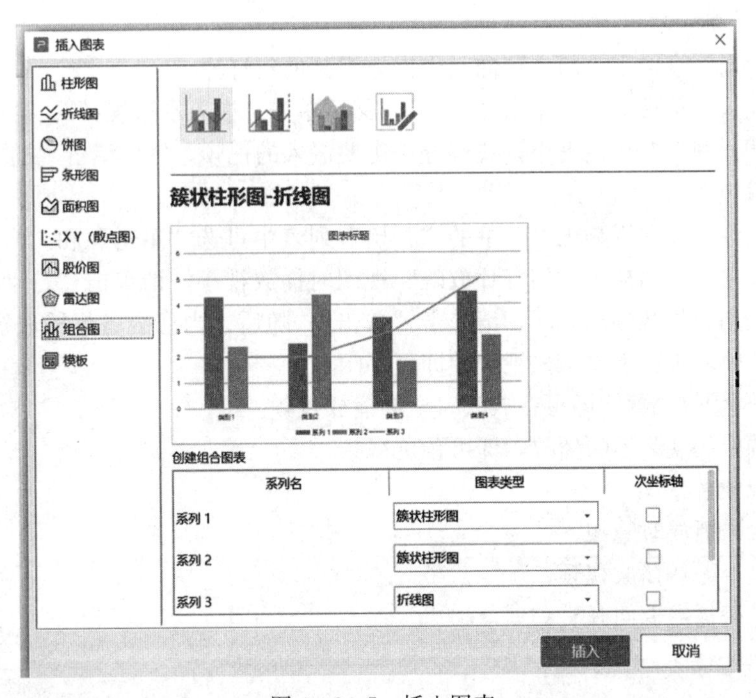

图4－3－5　插入图表

7. 添加音频

为了突出重点，可以在演示文稿中添加音频，如音乐、旁白、原声摘要等。在幻灯片上插入音频时，将显示一个表示音频文件的图标。在进行演讲时，可以将音频设置为在显示幻灯片时自动开始播放，在单击鼠标时开始播放或播放演示文稿中的所有幻灯片，甚至可以循环连续播放媒体直至停止播放。

(1) 添加音频。

①单击要添加音频的幻灯片。

②在“插入”选项卡中，单击“音频”。

③单击“嵌入音频”，找到包含所需文件的文件夹，然后双击要添加的文件。

④在幻灯片中预览音频。

(2) 设置音频的播放选项。

①在幻灯片上，单击音频图标。

②在“音频工具”下，执行下列操作之一。

A. 若要在放映该幻灯片时自动开始播放音频剪辑，请单击“自动”；若要通过在幻灯片上单击音频剪辑来手动播放，请单击“单击”。

B. 若要在演示文稿中单击切换到下几张幻灯片时都播放音频剪辑，请选中“跨幻灯片播放”。

C. 若要连续播放音频剪辑直至停止播放，请选中“循环播放，直到停止”。循环播放时，声音将连续播放，直到转到下一张幻灯片为止，勾选“放映时隐藏”隐藏音频剪辑图标，也可以设置成背景音乐。

8. 添加视频

(1) 插入视频。

①在“普通”视图下，单击要向其中嵌入视频的幻灯片。

②在“插入”选项卡中，单击“视频”，然后单击“嵌入本地视频”。

③在“插入视频”对话框中，找到并单击要嵌入的视频，然后单击“插入”。

(2) 编辑视频。

①播放视频。在“视频工具”下的“开始”列表中可选“单击”和“自动”，若要在幻灯片（包含视频）切换至“幻灯片放映”视图时播放视频，请单击“自动”；若要通过单击鼠标来控制启动视频的时间，请单击“单击”；随后，当您准备好播放视频时，只需在“幻灯片放映”视图下单击该视频帧即可。

②勾选“全屏播放”，即可在放映时全屏播放视频。

③单击选中的视频下的播放，即可预览视频。

④设置视频音量。

⑤可设置未播放时隐藏。

⑥设置是否循环播放视频。

⑦设置是否播完返回开头。

⑧设置视频封面。

任务实现

(1) 单击“开始”→“所有程序”→“WPS Office”，启动软件，选择“演示”。

(2) 单击“新建”→“新建演示”→“新建空白文档”→“新建”，在“设计”选项卡中单击“导入模板”，在弹出的“应用设计模板”页面选择所需要的模板，自动生成幻灯片。

(3) 在第一张幻灯片中，添加标题：“中国空间站”，副标题“中国迈向空间新时代”，插入“空间站”“火箭”“宇航员”图片并对图片进行编辑，如图 4-3-6 所示。

图 4-3-6 第一张幻灯片

(4) 在第二张幻灯片中，添加标题“中国空间站的组成”，副标题“中国梦·航天梦”，插入两行五列的表格。表格样式：中度样式 2-强调 1，设置表格边框线颜色、粗细等，如图 4-3-7 所示。

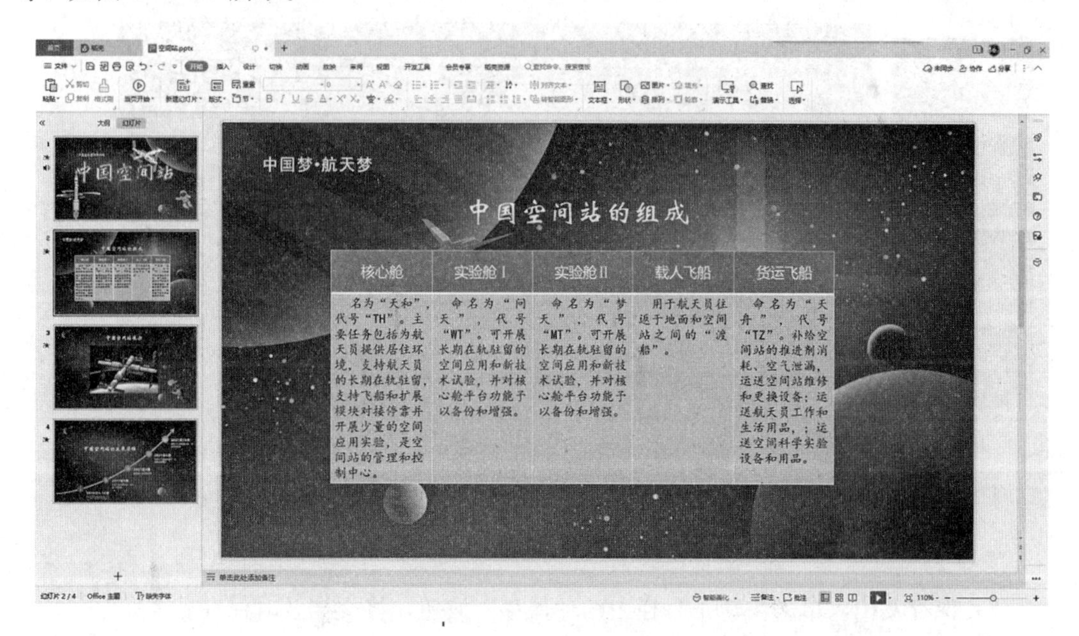

图 4-3-7 第二张幻灯片

（5）在第三张幻灯片中，添加标题“中国空间站展示”，副标题“中国梦·航天梦”，插入图片，并对图片进行编辑，如图 4-3-8 所示。

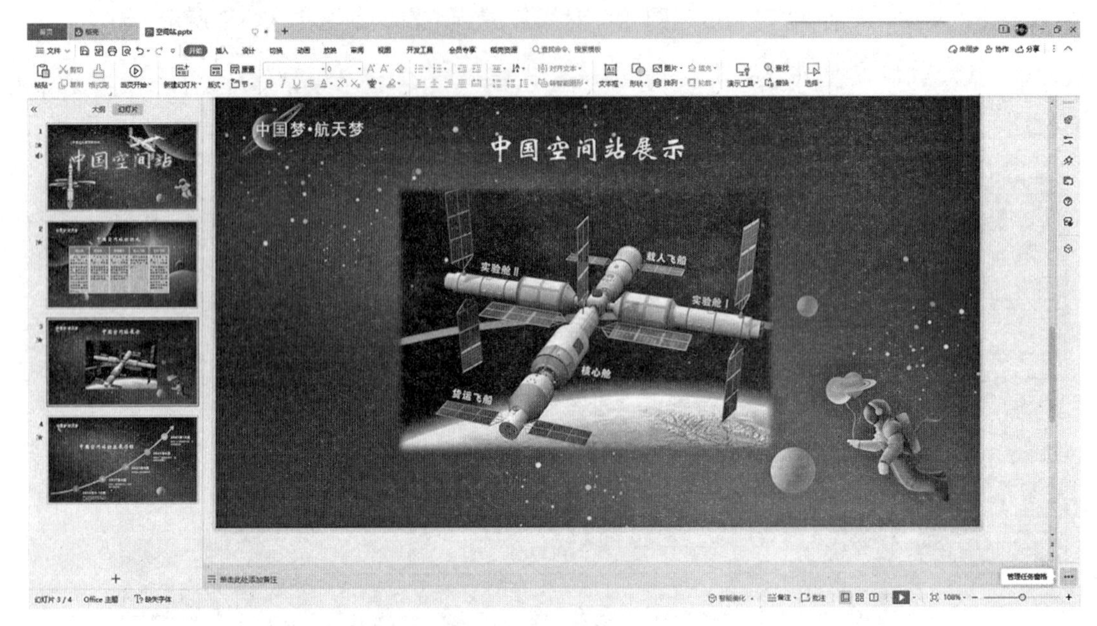

图 4-3-8　第三张幻灯片

（6）在第四张幻灯片中，添加标题“中国空间站的发展历程”，副标题“中国梦·航天梦”，插入智能图形，并进行文字更改，如图 4-3-9 所示。

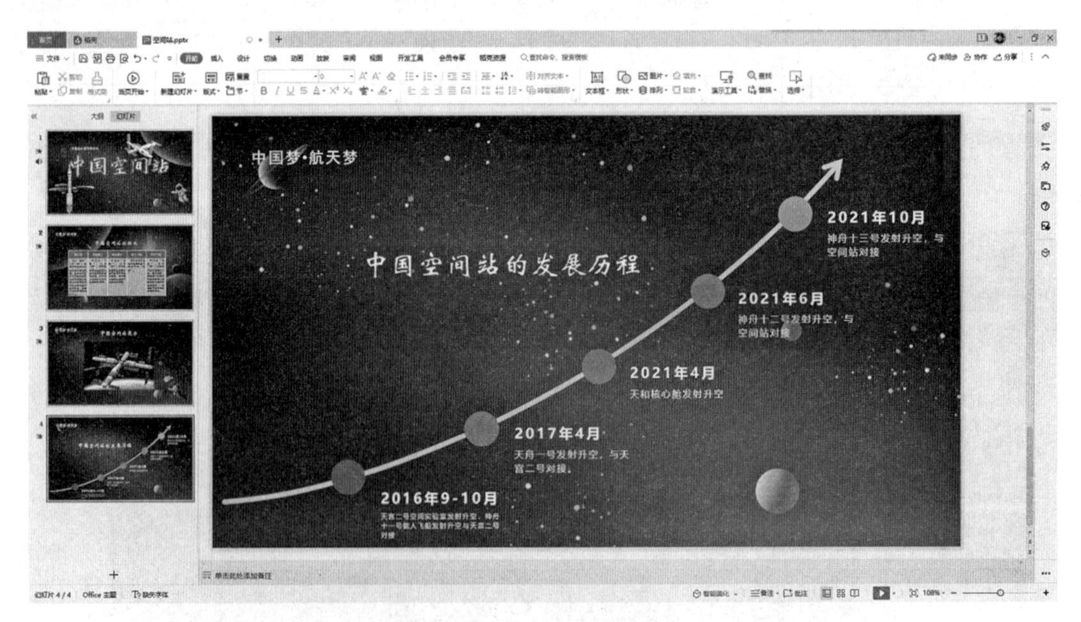

图 4-3-9　第四张幻灯片

（7）保存文档，单击快速工具栏中的“保存”按钮，将文档及时保存。

（8）按 F5 预览幻灯片播放效果。

训练任务

根据提供的素材，按以下要求完成演示文稿的制作。

1. 在幻灯片中添加图像、表格、文本、符号、插图。
2. 在幻灯片中插入音频和视频。
3. 在幻灯片中插入超链接和动作。

任务4 制作毕业论文答辩演示文稿

创建演示文稿的目的是将其展示在观众面前，放映幻灯片是将精心创建的演示文稿展示给观众的过程，设计完美的切换、动画效果和过渡，能使观众产生愉悦的感受，同时，WPS Office 演示文稿可保存为视频文件。

任务描述

保障种源安全和国家粮食安全，把种子牢牢攥在自己手上。党的二十大报告提出，全方位夯实粮食安全根基，牢牢守住十八亿亩耕地红线，深入实施种业振兴行动，确保中国人的饭碗牢牢端在自己手中。小李选择对中国杂交水稻技术的现状进行研究，并在毕业论文答辩中通过演示文稿对自己的成果进行展示。小李要进行毕业论文答辩，毕业论文答辩要包含选题背景、研究现状、研究方法、结果与结论等内容。这样评审专家在观看时才能对论文有初步的了解，也是决定是否给予通过的极重要的依据性材料。毕业论文答辩演示文稿如图 4-4-1 所示。

图 4-4-1 毕业论文答辩

任务分析

为了让制作的演示文稿充满活力，需要添加幻灯片动画效果，包括幻灯片在切换过程中的动画效果和在幻灯片各元素上设置的动画效果。在制作演示文稿时，若设置幻灯片的进入、退出等动画，并加入一些超链接，必将提升放映的视觉效果。

必备知识

1. 幻灯片切换

幻灯片切换效果是在演示期间从一张幻灯片移到下一张幻灯片时在“幻灯片放映”视图中出现的动画效果。可以控制切换效果的速度，添加声音，甚至还可以对切换效果的属性进行自定义。

（1）向幻灯片添加切换效果。

①在左侧“大纲与幻灯片”选项卡的窗格中，单击“幻灯片”选项卡。

②选择要向其应用切换效果的幻灯片缩略图。

③在“切换”选项卡中，单击要应用于该幻灯片的幻灯片切换效果。

（2）设置切换效果的速度、声音。若要设置上一张幻灯片与当前幻灯片之间的切换效果的速度，在“切换”选项卡上的“速度”框中，键入或选择所需的速度。

2. 超链接

在 WPS Office 演示中，超链接可以是从一张幻灯片到同一演示文稿中另一张幻灯片的链接，也可以是从一张幻灯片到不同演示文稿中另一张幻灯片，到电子邮件地址、网页或文件的链接，也可以对文本或对象创建超链接。

（1）创建超链接。

①在“普通”视图中，选择要用作超链接的文本或对象。

②在“插入”选项卡上，单击“超链接”，弹出“插入超链接对话框”，如图 4－4－2 所示。

③在“链接到”下，单击“本文档中的位置”。

（2）删除超链接。

①选择要删除其超链接的文本或对象。

②右击在快捷菜单单击取消链接。

3. 添加动作按钮

动作按钮是预先设置好的一组带有特定动作的图形按钮，这些按钮被预先设置为批量向前一张、后一张、每一张、最后一张幻灯片、播放声音及播放视频等链接，用户可以方便地应用这些预置好的按钮，实现在放映幻灯片时跳转的目的。

动作与超链接有很多相似之处，动作几乎包括了超链接可以指向的所有位置，但动作除了可以设置超链接指向外，还可以设置其他属性。

①“插入”选项卡上的“插图”组中，单击“动作”按钮。

②在弹出的“动作设置”，制作超链接即可，如图 4－4－3 所示。

4. 添加动画效果

动画效果是在演示期间在一张幻灯片各元素上设置的动作效果，可以强调、丰富幻灯

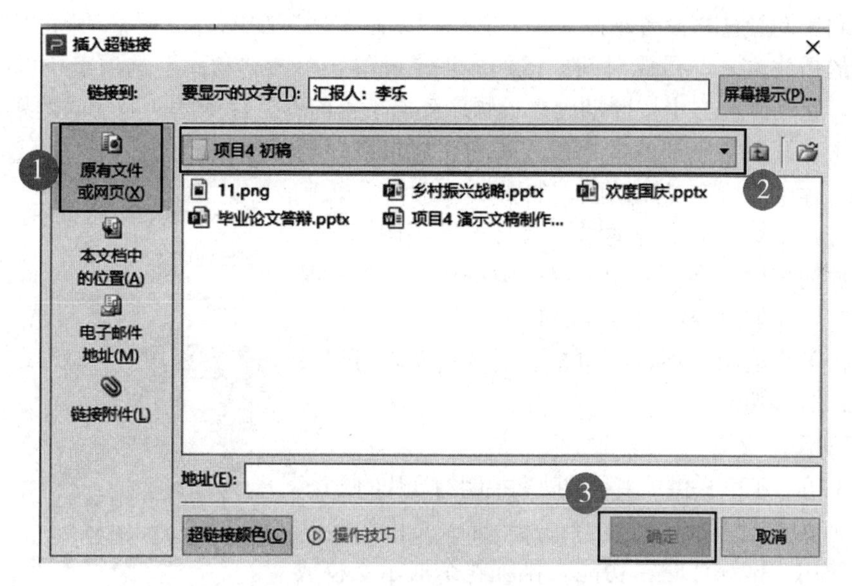

图4-4-2 插入超链接

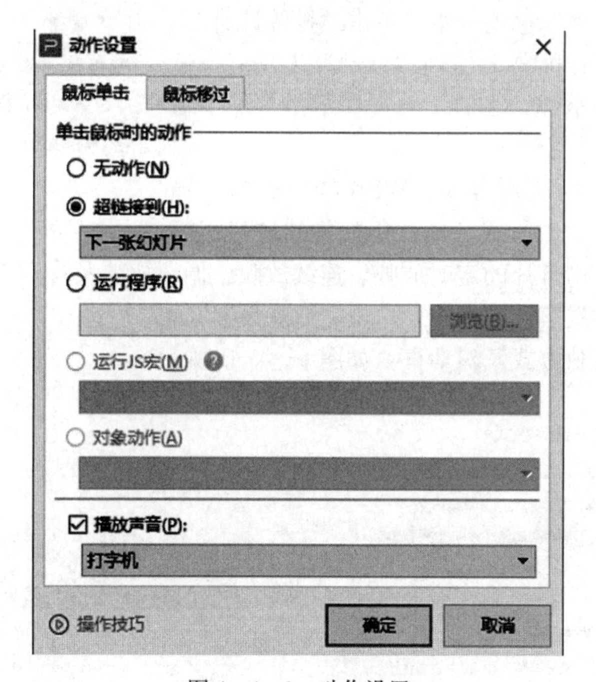

图4-4-3 动作设置

片的内容。

（1）向幻灯片添加动画效果。选中幻灯片中的某个对象，如文本、图片等，单击“动画”选项卡中动画效果库中选择进入、强调或退出选项中的动画效果，在单击“动画属性”按钮，选择动画效果的方向。

（2）预览动画效果。在“动画”选项卡中单击“预览效果”，可以看到设置的动画效果。

（3）删除动画效果。选择需要删除动画的对象，单击“删除动画”按钮。

（4）利用动画窗格设置动画效果。利用“动画窗格”功能可以调整动画的播放顺序、控制动画的播放方式、播放时间、增加多重动画等。单击“动画”选项卡中的“动画窗格”按钮，在动画窗格中按照动画播放顺序列出了当前幻灯片中的所有动画效果。

①单击动画窗格底部的“播放”按钮，将按顺序播放当前幻灯片中的所有对象动画，如图 4-4-4 所示。

②幻灯片中对象上出现的带有编号的动画图标，表示动画播放的先后顺序。在动画窗格中按住鼠标拖动某个动画选项，能够改变动画播放的顺序。

③单击某个动画选项，再单击右边的箭头，可以设置效果、计时等功能。

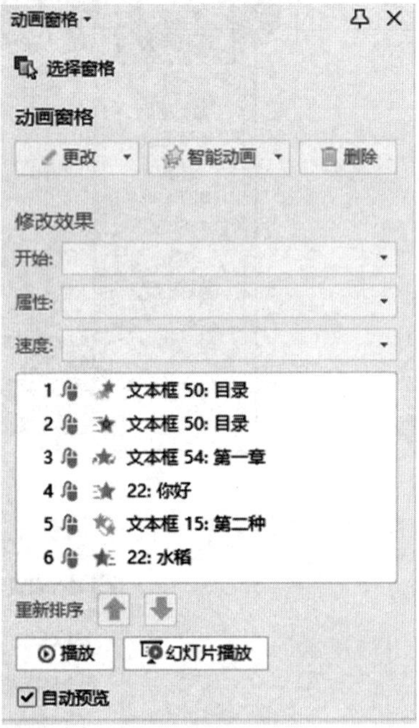

图 4-4-4　动画窗格

5. 放映演示文稿

WPS Office 2019 提供了多种放映和控制幻灯片的方法：

（1）演示文稿排练计时。当完成演示文稿内容之后，可以使用“排练计时”功能来排练整个演示文稿放映的时间。

①在“幻灯片放映”选项卡中，单击“排练计时”。

②排练开始后，在屏幕上出现“录制”工具栏，显示放映时间。当排练全部结束时，出现提示是否保留新的幻灯片排练时间。

（2）设置幻灯片的放映方式。WPS Office 2019 提供了多种演示文稿的放映方式，最常用的是幻灯片页面的演示控制，主要有幻灯片的定时放映、连续放映、循环放映及自定义放映幻灯片。

①在“幻灯片放映”选项卡中，单击“放映设置”。

②弹出“设置放映方式”对话框，如图 4-4-5 所示。

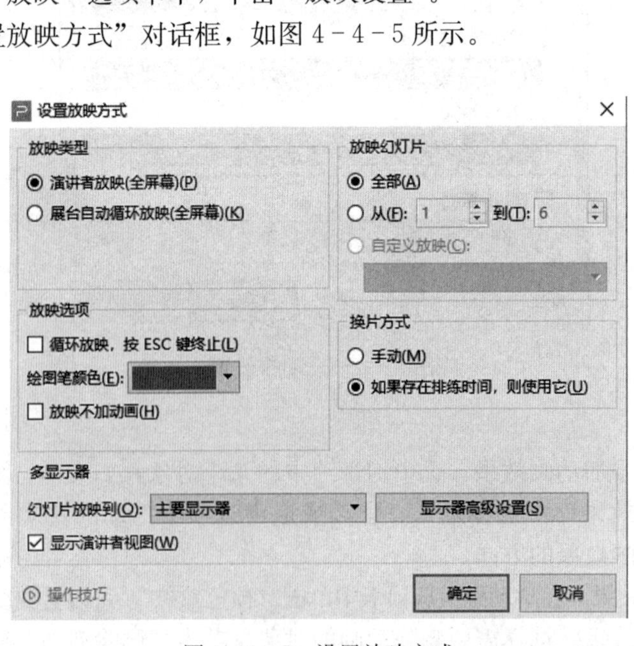

图 4-4-5　设置放映方式

③放映类型。

演讲者放映：采用全屏方式，演讲者现场控制演示节奏，具有放映的完全控制权。

展台自动循环放映：此种不需要专人控制就可以自动运行。

（3）对幻灯片进行墨迹注释。在幻灯片放映过程中，演讲者可以用演示文稿自带的墨迹画笔功能对幻灯片内容进行标注，也可随时擦除笔迹。

在幻灯片放映状态，右键单击，在弹出的快捷菜单中选择“墨迹画点”命令，可在“箭头选项”下设置箭头是否隐藏，也可选择笔形、颜色，对当前正在演示的幻灯片进行标注，当前幻灯片标注完成后，继续播放后面的幻灯片，结束放映时，会弹出对话框，提示是否放弃或保留标注内容。

6. 打包和打印演示文稿

（1）打包演示文稿。当把一个链接有音频、视频等多媒体对象的演示文稿放到其他电脑上放映时，经常会出现有些对象不能正常播放的情况，一般是因为演示文稿中链接对象的路径发生了变化或是演示电脑上没有安装 WPS Office 程序，这些问题都可以通过将演示文稿打包来解决。

打开需要打包的演示文稿，选择“文件”选项卡的“文件导出”选项，单击“将演示文稿打包成文件夹”及“将演示文稿打包成压缩文件”按钮，弹出“演示文件打包”对话框，可以更改文件名和保存路径，单击“确定”按钮。打包完成后，将整个打包文件夹拷贝到其他电脑上进行放映时，就不会再出现有些链接对象不能正常播放的情况。

（2）打印演示文稿。

①幻灯片大小设置。在默认情况下，演示文稿的尺寸是和投影仪等显示设备相匹配的。如果需要将幻灯片打印到纸张上，则需要根据纸张的大小来设置幻灯片的页面。

打开演示文稿，单击“设计”选项卡“自定义”组中的“幻灯片大小”按钮，在打开的列表中选择“自定义幻灯片大小”选项，此时将打开“幻灯片大小”对话框，完成设置后单击“确定”按钮关闭对话框。

如需打印演示文稿，最好在创建演示文稿时就先设置好页面大小，以方便设计版面，避免打印时重新调整。

②设置打印效果。打开演示文稿，单击“文件”→“打印”，在弹出的打印窗格列表中设置打印份数、打印机选择、打印范围、打印版式、单双面打印以及打印颜色设置等，在左下角的窗格中可以预览幻灯片打印效果。

单击中间打印窗格中的“属性”链接，在打开的“打印机属性”对话框中，对打印选项进行更详细的设置，设置完成单击“确定”按钮进行打印。

任务实现

（1）单击“开始”→“所有程序”→“WPS Office”，启动软件，选择“演示”。

（2）单击“新建”→“新建演示”→“新建空白文档”→“新建”，在“设计”选项卡中，单击“导入模板”，在弹出的“应用设计模板”页面选择所需要的模板，生成6张幻灯片，添加标题“中国杂交水稻研究的现状与展望”，字体“黑体、加粗、40号”，副标题“汇报人：××× 导师：×××”，如图4-4-6所示。

图 4－4－6　毕业论文答辩演示文稿

（3）在第二、三、四、五、六张幻灯片中，分别添加标题“目录”“研究的背景和意义”“主要内容”“研究的主要方法”“创新与不足”，并添加相关内容。

（4）制作超级链接。在第二张幻灯片中，选中“研究的背景和意义”文本框，单击“插入”→“超链接”，弹出“插入超链接”对话框，如图 4－4－7 所示，“链接到”选中“本文档中的位置”，“请选择文档中的位置”选中第三张幻灯片，单击“确定”。以此类

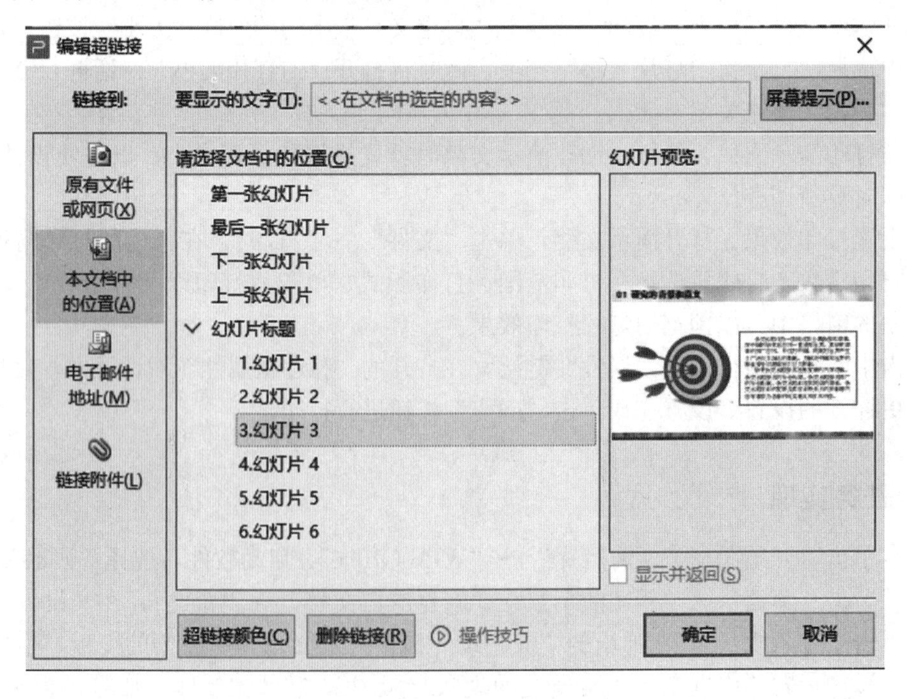

图 4－4－7　“插入超链接”

推，“主要内容”文本框链接第四张幻灯片，“研究的主要方法”文本框链接第五张幻灯片，“创新与不足”文本框链接第六张幻灯片。

(5) 设置动作。在第三张幻灯片中插入“形状”→“左箭头”，调整大小放到幻灯片右下角，选中此箭头，单击“插入”→“动作”→“超链接到”→“第二张幻灯片（即目录页)”。以此类推，在第四至第六张幻灯片中添加同样的箭头，并添加同样的动作。如图4-4-8所示。

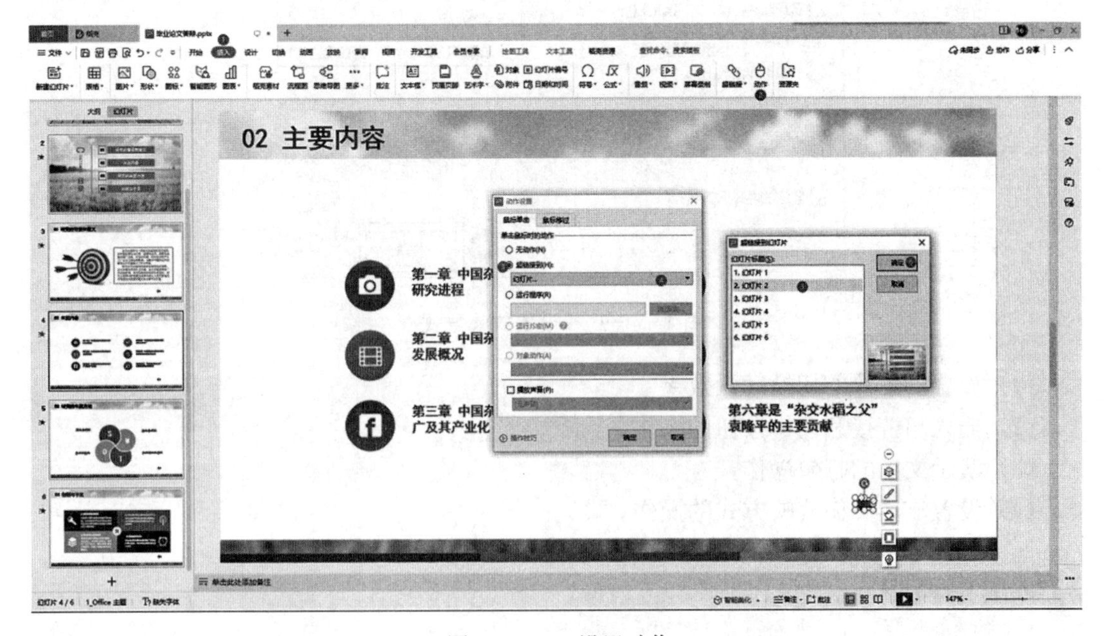

图4-4-8 设置动作

(6) 设置幻灯片切换方式。选择第一张幻灯片，单击“切换”，选择一种切换方式为“推出”，设置声音为“风铃”，设置换片方式为“单击鼠标时”，如图4-4-9所示。按照此步骤依次设置第二、三、四、五、六张幻灯片的切换方式。

图4-4-9 幻灯片切换方式

(7) 放映演示文稿。单击“幻灯片放映”→“设置幻灯片放映”，弹出“设置放映方式”对话框，设置“放映类型”为“演讲者放映”，“放映幻灯片”选择“全部”，“换片方式”选择“手动”，如图4-4-10所示。

(8) 全部修改完成后，以“任务4毕业论文答辩”为文件名保存。

(9) 按F5键播放制作完成的演示文稿。

训练任务

根据提供的素材，按以下要求完成演示文稿的制作。

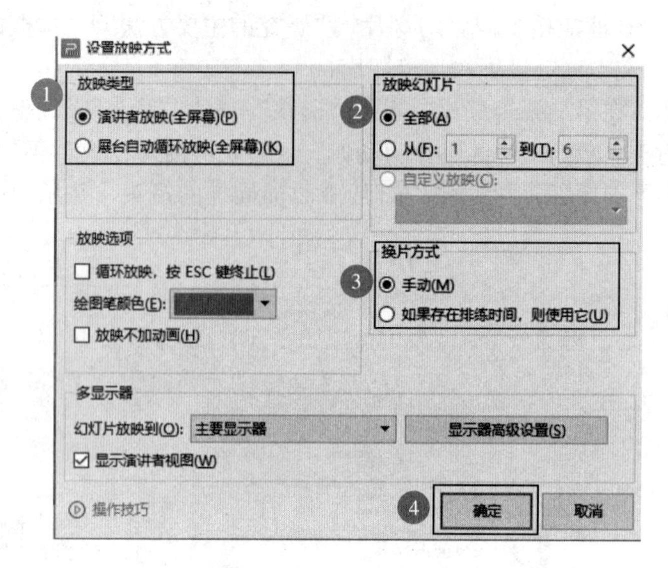

图 4-4-10 设置放映方式

（1）设置幻灯片的切换动画效果。

（2）插入超链接和动作按钮的操作。

（3）演示文稿的打包操作。

（4）设置演示文稿放映方式的操作。

人工智能

科技与产业的结合是一场深刻变革，人工智能是其中不可或缺的组成部分；在社会、经济生活各领域都将迎来蓬勃发展。党的二十大报告指出，要推动战略性新兴产业融合集群发展，构建新一代信息技术、人工智能、生物技术、新能源、新材料、高端装备、绿色环保等一批新的增长引擎。

2021 年 6 月 15 日，清华大学计算机系举行“华智冰”成果发布会。我国首个原创虚拟学生华智冰开启了在清华大学的学习和研究生涯，师从清华大学计算机系唐杰教授。

谈及华智冰的诞生，研发团队成员表示，人工智能正在从感知智能走向认知智能，人工智能算法的关键也变成如何实现人工智能认知的主体。因此团队想打造一个面向认知的人工智能主体。设计虚拟学生华智冰的初衷是希望她最终能像人一样思考、学习，理解人的想法，主动产生符合用户需求的互动，直观、全面地捕捉人类的需求，这也是对下一代人工智能的尝试。

21 世纪以来，世界已经进入大数据发展时代，人工智能的应用与居民生活息息相关。人工智能作为计算机科学的一个重要分支，通常可以将其简单概括成一种智能化的处理能力，能够和人一样感知、认知、决策、执行的人工程序或系统。简单来说，就是机器能做人类智能能做的事情。人工智能有很多分类，现在国际上通常把它分为强人工智能和弱人工智能。强人工智能，也称通用人工智能（General AI），是指达到或者超越人类水平、能够自适应地应对外界环境挑战、具有自我意识的人工智能。

自从1956年Dartmouth会议上首次提出“人工智能”一词后，人工智能便阶段性地往前发展。当前，人工智能的双刃剑属性已经显现出来。一方面，人工智能加速突破、应用驱动的新趋势使经济社会巨大潜力逐步显现，另一方面，人工智能日益凸显的社会属性，将使我们面临安全风险与社会治理新挑战。

人工智能技术带来的主要突破

在智能水平上，感知智能日益成熟，语音识别、人脸识别等感知智能技术在识别精度上已经赶上甚至超过人类水平，我国旷视科技（Face＋＋）人脸识别技术准确率达到99.5%，超过人类肉眼97.52%的水平。

在图像内容理解、语义理解、情感计算等认知智能领域，IBM的“沃森”（Watson）认知系统学习综合了大量医疗专家的经验和知识，可实施针对性的精准诊疗；在阅读理解竞赛里，谷歌发布的BERT模型全面超过人类，并在11种不同自然语言处理测试中创造了最佳成绩。

在自主学习方面，Alpha Go Zero不再需要人为积累棋谱数据，而是自主学习生成对弈策略，自己生成棋谱（约15 000万）数据进行训练。

人工智能容易导致的安全风险及新挑战

最严峻的挑战是国家安全和个人隐私。美国兰德公司发布的报告认为人工智能可能成为新的战略威胁力量，颠覆核威慑战略的基础。英国机构“剑桥分析”通过推送个性化定制的资讯左右和控制公众的认知和判断。自动驾驶汽车、智能机器人等也可能遭黑客入侵，从服务人类的工具变成危害人类的机器，威胁人类社会安全。

最深远的冲击是对社会伦理的影响。智能手机和智能娱乐的快速发展，虚拟现实和增强现实技术的普及应用，人工智能助手、情感陪护机器人、人机混合体等的渗透，可能深刻改变传统的人际关系、家庭理念、道德观念等。

中国人工智能发展现状及相关情况介绍

我国高度重视人工智能发展，2015年，《国务院关于积极推进“互联网＋”行动的指导意见》就提出加快人工智能核心技术突破，促进人工智能在智能家居、智能终端、智能汽车、机器人等领域推广应用。

近年来，我国发布了一系列支持人工智能发展的政策，确定新一代人工智能发展三步走战略目标，并将人工智能发展上升到国家战略层面。

2020年，国家大力推进5G网络、人工智能、数据中心等新型基础设施建设，多部门联合印发《国家新一代人工智能标准体系建设指南》，以加强人工智能领域标准化顶层设计，推动人工智能技术研发和标准制定，促进产业健康可持续发展。

《2021人工智能发展白皮书》数据显示，2020年，我国人工智能核心产业规模达3 251亿元，相关企业数量达6 425家。

与此同时，我国人工智能领域高层次人才培养也受到重视，主要由高校通过成立AI学院、设立AI专业的方式进行培养。相关数据显示，目前国内有200多所高校设立“人工智能”本科专业。教育部于2019年10月发布的《普通高等学校高等职业教育（专科）专业目录（2019年增补专业）》文件中增加了人工智能技术服务专业（专业代码：610217）。2020年全国共计171所高职院校成功申报了人工智能技术服务专业。

国家层面发布实施了《新一代人工智能发展规划》，形成了我国人工智能发展的系统部署。规划发布以后，各部门和地方积极推动落实，相继出台多项举措。北京、上海等近20个省市出台了人工智能规划和行动计划，纷纷加大研发投入，设立研发机构，制定人才引进、财税优惠等配套政策，带动企业加快智能化步伐，产学研推进人工智能发展的格局正在形成。

国家工业信息安全发展研究中心、工信部电子知识产权中心联合发布《中国人工智能高价值专利及创新驱动力分析报告》建议，要充分结合我国的政策体制、市场规模以及数据资源等禀赋优势，大力推动知识产权从追求数量向提高质量的历史转变，以百度、华为、腾讯、阿里等为代表的领军企业，以寒武纪、科大讯飞为代表的“专精特新”企业，以清华大学、中国科学院为代表的研究机构的创新协作和技术突破，推动我国人工智能产业迈向高质量发展新阶段。

综合练习4

一、选择题

1. 演示文稿的扩展名是（　　）。

   A. “. pptx”　　B. “. pwt”　　C. “. xsl”　　D. “. doc”

2. 在演示文稿的（　　）下，可以用拖动方法改变幻灯片的顺序。

   A. 幻灯片视图　　B. 备注页视图

   C. 幻灯片浏览视图　　D. 幻灯片放映

3. 在演示文稿中，对于已创建的多媒体演示文档可以用（　　）命令转移到其他未安装 WPS Office 的机器上放映。

   A. “文件”→“打包”　　B. “文件”→“发送”

   C. 复制　　D. “幻灯片放映”→“设置幻灯片放映”

4. 演示文稿提供的主要视图有（　　）视图、幻灯片浏览视图、备注页视图、幻灯片放映视图。

   A. 普通　　B. 大纲　　C. 页面　　D. 联机版式

5. 在演示文稿的幻灯片浏览视图下，不能完成的操作是（　　）。

   A. 调整个别幻灯片位置　　B. 删除个别幻灯片

   C. 编辑个别幻灯片内容　　D. 复制个别幻灯片

6. 在演示文稿中，设置幻灯片放映时的换页效果为“垂直百叶窗”，应使用“幻灯片放映”菜单下的选项是（　　）。

   A. 动作按钮　　B. 幻灯片切换　　C. 效果选项　　D. 自定义动画

7. 在演示文稿中，不能对个别幻灯片内容进行编辑修改的视图方式是（　　）。

   A. 大纲视图　　B. 幻灯片浏览视图

   C. 幻灯片视图　　D. 以上三项均不能

8. 在演示文稿中，进行幻灯片各种视图快速切换的方法是（　　）。

   A. 选择“视图”菜单对应的视图

   B. 使用快捷键

   C. 单击水平滚动条左边的“视图控制”按钮

D. 选择“文件”菜单

9. 在演示文稿中，在当前演示文稿中要新增一张幻灯片，采用（　　）方式。

A. 选择“文件”→“新建”命令

B. 选择“编辑”→“复制”和“编辑”→“粘贴”命令

C. 选择“插入”→“新幻灯片”命令

D. 选择“插入”→“幻灯片（从文件）”命令

二、判断题

1. WPS Office 中的空演示文稿模板是不允许用户修改的。（　　）

2. 利用 WPS Office 演示文稿可以制作出交互式幻灯片。（　　）

3. 幻灯机放映视图中，可以看到对幻灯机演示设置的各种放映效果。（　　）

4. 在 WPS Office 中，不能插入表格。（　　）

5. 设置幻灯片的“水平百叶窗”“盒状展开”等切换效果时，不能设置切换的速度。（　　）

6. 在 WPS Office 中，占位符和文本框一样，也是一种可插入的对象。（　　）

7. 对演示文稿应用设计模板后，原有的幻灯片母板、标题母板、配色方案不会因此而发生改变。（　　）

8. 在 WPS Office 中，系统提供的幻灯片自动版式共 12 种。（　　）

三、填空题

1. 演示文稿幻灯片有________、________、________、________等视图。

2. 幻灯片的放映有________种方法。

3. 将演示文稿打包的目的是________。

4. 艺术字是一种________对象，它具有________属性，不具备文本的属性。

5. 在幻灯片的视图中，向幻灯片插入图片，选择________菜单的图片命令，然后选择相应的命令。

6. 在放映时，若要中途退出播放状态，应按________功能键。

7. 在 WPS Office 演示文稿中，为每张幻灯片设置切换声音效果的方法是使用“幻灯片放映”菜单下的________。

8. 按行列显示并可以直接在幻灯片上修改其格式和内容的对象是________。

9. 在 WPS Office 中，能够观看演示文稿的整体实际播放效果的视图模式________。

10. 退出演示文稿的快捷键是________。

11. 用 WPS Office 应用程序所创建的用于演示的文件称为____________，其扩展名为________。

12. WPS Office 演示文稿可利用模板来创建________，它提供了两类模板，________和________，模板的扩展名为________。

13. 在 WPS Office 演示文稿中，可以为幻灯片中的文字、形状和图形等对象设置________。设计基本动画的方法是先在________视图中选择好对象，然后选用幻灯片放映菜单中的________。

14. 在“设置放映方式”对话框中，有三种放映类型，分别为________、________、________。

15. 普通视图包含 3 种窗口：________、________和________。

16. 状态栏位于窗口的底部它显示当前演示文档的部分________或________。

17. 创建文稿的方式有________、________、________。

18. 使用 WPS Office 演播演示文稿要通过________或________屏幕展现出来。

19. 创建动画效果要使用到的命令是________。

20. ________就是将幻灯片上的某些对象，设置为特定的索引和标记。

四、简答题

1. WPS Office 演示文稿基本视图是什么？各有什么特点？
2. 在制作演示文稿时，应用模板与应用版式有什么不同？
3. 如何插入和删除幻灯片？
4. 如何在放映幻灯片时使用指针做标记？
5. 要想在一个没有安装 WPS Office 的计算机上放映幻灯片，应如何保存幻灯片？
6. 如何设置自动放映幻灯片？
7. 如何插入录制声音文件？
8. 如何简单放映幻灯片？
9. 如何设置切换或动画效果？
10. 如何打印演示文稿？
11. 如何建立幻灯片上对象的超级链接？
12. 如何插入影像和声音文件？

项目 5

计算机网络与信息检索

随着科学技术的发展，计算机网络已经深入应用到各个领域，上至军事、医疗，下至购物、交通，网络已经成为生活中不可缺少的重要组成部分，从某种意义而言，网络发展水平直接影响着人们的生活质量，同时也是衡量科技发达程度的重要标志之一。

能力目标：理解信息检索的基本概念，了解信息检索的基本流程；掌握常用搜索引擎的自定义搜索方法；掌握使用网页、社交媒体等不同信息平台进行信息检索的方法；掌握使用期刊、论文等专用平台进行信息检索的方法。

思政目标：养成随时随地学习的习惯，提升信息捕捉能力。

任务 1　接入 Internet

任务描述

某公司员工要在办公室内安装无线路由器，并将其接入互联网，使办公室的同事都能够用手机连接 Wi-Fi。

任务分析

首先，需要了解计算机网络的定义、分类及组成，掌握网络协议的基本概念和网络体系结构的基本知识，掌握局域网的特点、组成和拓扑结构。通过学习，掌握计算机网络的基础知识，从而学会搭建基础的计算机网络，学会使用计算机网络。

必备知识

1. 计算机网络基础知识

（1）计算机网络的定义。计算机网络，指的是将处于不同地理位置、具有独立功能的多台计算机及其他设备，通过通信设备和线路进行连接，并在网络操作系统、管理软件及网络通信协议的支持下，实现数据通信和资源共享的计算机集合。计算机网络是计算机技术与通信技术相结合的产物。

（2）计算机网络的分类。计算机网络通常按照以下四类进行划分：

①按地理范围或联网规模划分。局域网（Local Area Network，简称 LAN），是指连接近距离计算机的网络，覆盖范围可以是几米也可达数千米。例如，办公室或实验室的网、同一建筑物内的网、校园网等。城域网（Metropolitan Area Network，简称 MAN），它是介于广域网和局域网之间的一种高速网络，覆盖范围可达几十千米，大约是一个城市的规模。广域网（Wide Area Network，简称 WAN），覆盖面积辽阔，其覆盖的地理范围可达几十千米，甚至几千千米，覆盖一个国家、地区甚至横跨几个洲，形成国际性的远程网络。

②按拓扑结构划分。按照拓扑学的观点，将主机、交换机等网络设备单元抽象化为点，网络中的传输介质抽象化为线，那么计算机网络系统就变成了由点和线组成的几何图形，表现出了通信介质与各结点的物理连接结构，这种结构被称为计算机网络拓扑结构。根据网络中各结点位置和布局的不同，计算机网络可分为总线、星形、环形、树状和网状等网络结构类型。在现今的网络中，Internet 和广域网大多采用网状拓扑结构，而大多数局域网都采用总线和树状拓扑结构，也就是由多个层次的星形网络纵向连接而成。

③按传输介质划分。传输介质就是指用于网络连接的通信线路。按传输介质分，计算机网络分为两类：有线网络和无线网络。其中有线网络目前常用的传输介质有双绞线、同轴电缆、光纤；无线网络主要采用 3 种技术，包括微波通信、红外线通信和激光通信。可相应地将网络分为双绞线网、同轴电缆网、光纤网、卫星网和无线网。

④按信息交换方式分。计算机网络按信息交换方式可分为线路交换网、存储转发网和混合交换网。

（3）计算机网络组成。计算机网络通常由通信子网和资源子网两部分组成。通信子网一般由路由器、交换机和通信线路等组成；资料子网则由计算机、外部设备、网络操作系统和信息资源等组成，主要负责数据的处理。

（4）计算机网络的功能及作用。计算机网络的功能强大，主要包括资源共享、数据通信、集中管理、分布式处理、可靠性高和负载均衡等。其中最主要的功能就是实现资源共享。

资源共享主要包括以下几点。

①软件资源共享。通过网络共享各种程序及数据。

②硬件资源共享。通过网络共享计算机的各种硬件设备。

③数据与信息资源共享。通过网络对数据及信息进行收集、分发等。

计算机网络主要用于办公自动化系统（OA）、管理信息系统（MIS）、电子数据交换（EDI）、电子商务（EC）和分布式控制系统（DCS）等重要环节。

2. 局域网及无线局域网

（1）局域网。局域网顾名思义就是局部区域内的小范围网络，可以理解为一组物理位置上距离不远的计算机或者相关设备的互联集合，这些计算机之间可以实现通信和资源共享。

①局域网的特点。

- 数据传输速率高，一般速率有 100MB/s、1GB/s 和 10GB/s 三种。
- 具有较低的误码率，并且延时低。

• 支持多种传输介质，如同轴电缆、双绞线、光纤和无线等。

• 覆盖范围一般为 10m～10km。

②局域网的组成。一般网络系统组成可分为两个部分，即硬件系统和软件系统。

硬件系统是计算机网络的基础，一般由计算机、通信设备、连接设备及其他辅助设备组成。常见的硬件有：

• 服务器（Server）：也称伺服器，是提供计算服务的设备。根据服务器的需要，响应服务请求，并进行处理。因此，一般来说，服务器应具备承担服务和保障服务的能力。常见的有文件服务器、数据库服务器、邮件服务器和 Web 服务器等。

• 客户机（Client）：客户机在网络中是一个相对的概念，在网络中享受其他计算机提供服务器的设备都可以成为客户机。

• 网卡（NIC）：又称网络适配器，用于将计算机连接至通信设备，负责传送或接收数据，通常可分为有线与无线两种，接口有内置 PCI 接口与外置 USB 接口之分。

• 调制解调器（Modem）：是一个信号转换设备，将计算机传输的数字信号转换成通信线路中传输的信号，或将通信线路中的信号转换成数字信号，通常也被称为“猫”。

• 交换机（Switch）：作为传统设备集线器的升级产品，是局域网的主要连接设备，优点是每个端口独占带宽。

• 路由器（Router）：是连接 Internet 中各局域网、广域网的设备，会根据信道的情况自动选择和设定路由，以最佳路径，按前后顺序发送信号。

软件系统通常由网络操作系统和网络协议等部分组成。常用的网络系统有：

• Microsoft 网络操作系统（Windows NT）：是一款由微软公司发行的操作系统，是面向工作站、网络服务器和大型计算机的网络操作系统。

• UNIX 网络操作系统：安全性高的主流网络操作系统。

• Novell 网络操作系统：Novell 公司发行的操作系统，主要用于建立中小型局域网。

（2）无线局域网。无线局域网络（Wireless Local Area Networks，简称 WLAN）是相当便利的数据传输系统，利用射频（Radio Frequency，简称 RF）的技术，是用电磁波取代旧式双绞铜线（Coaxial）所构成的局域网络。在无线局域网被发明之前，传统模式要想通过网络进行联络和通信，必须先用物理缆线组建一个电子运行的通路，为了提高效率和速度，后来又发明了光纤。当网络发展到一定规模后，发现这种有线网络无论是组建、拆装还是在原有基础上进行重新布局和改建，都非常困难，且成本和代价也非常高。于是，WLAN 的组网方式应运而生。

①无线局域网的优点。

• 灵活性和移动性。在有线网络中，网络设备的安放位置受网络位置的限制，而无线局域网在无线信号覆盖区域内的任何一个位置都可以接入网络。

• 安装便捷。无线局域网可以免去或最大限度地减少网络布线的工作量，一般只要安装一个或多个接入点设备，就可建立覆盖整个区域的局域网络。

• 易于进行网络规划和调整。对于有线网络来说，办公地点或网络拓扑的改变通常意味着重新建网。重新布线是一个昂贵、费时和琐碎的过程，无线局域网可以避免或减少这种情况的发生。

• 故障定位容易。有线网络一旦出现物理故障，尤其是由于线路连接不良而造成的网络中断，往往很难查明，而且检修线路需要付出一定的时间和成本。无线网络则很容易定位故障，有时只需更换故障设备即可恢复网络连接。

• 易于扩展。无线局域网有多种配置方式，可以快速从只有几个用户的小型局域网扩展到上千用户的大型网络。

②无线局域网的缺点。无线局域网虽然解决了一些有线局域网无法克服的困难，拥有很多优势，但与有线局域网相比，仍然有不足之处。无线局域网速率较慢，比较容易受到干扰，功率受限。用户最多只能以 11Mbps 的速度发送和接收信息，移动能力较强的完全分布型无线局域网更是结构复杂、成本高并存在多路径干扰的情况。而且，由于无线网络的传输介质脆弱以及有线等效保密协议（WEP）存在不足，无线局域网除了具有有线网络的不安全因素外，还容易遭受窃听和干扰、冒充、欺骗等形式的攻击。安全性问题一直是无线局域网迫切需要解决的问题。

目前无线网络还不能完全脱离有线网络，两者存在互补的关系。尽管如此，无线局域网发展十分迅速，已经能够通过与广域网相结合的形式提供移动互联网的多媒体业务，在医院、商店、工厂和学校等场合都得到广泛应用。无线局域网以其方便传输和灵活使用等优点成为网络技术中的“新领主”。

3. 网络拓扑结构

网络拓扑结构由点和线组成，“点”一般表示设备终端，“线”则表示网络通信介质，通过结构图，可以看出网络上各个互联设备的物理布局。常见的拓扑结构有总线型、星型、环形、网状和树型等结构。

（1）总线结构。这种结构具有费用低、数据端用户入网灵活、站点或某个端用户失效不影响其他站点或端用户通信的优点。缺点是一次仅能容许一个端用户发送数据，其他端用户必须等待获得发送权；媒体访问获取机制较复杂；维护难，难以查找分支结点故障。尽管有这些缺点，但由于布线要求简单，扩充容易，端用户失效、增删不影响全网工作，所以总线结构是 LAN 技术中使用最普遍的一种，如图 5-1-1 所示。

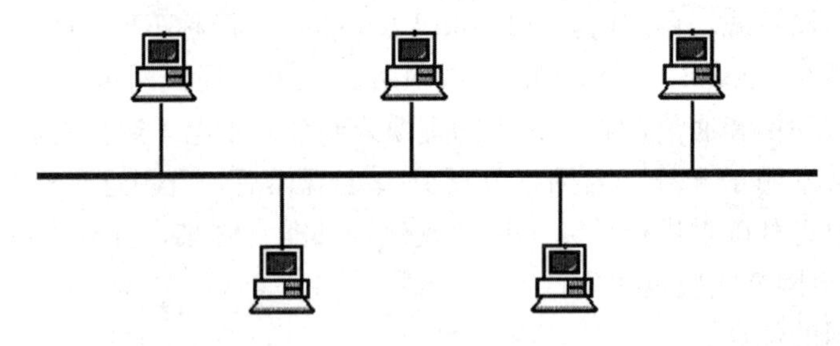

图 5-1-1　总线拓扑结构

（2）星形结构。星形拓扑结构便于集中控制，端用户之间的通信必须经过中心站，如图 5-1-2 所示。由于这一特点，也有着易于维护和安全等优点。端用户设备由于故障而停机时，也不会影响其他端用户间的通信。同时，星形拓扑结构的网络延迟时间较小，系统的可靠性较高。在星形拓扑结构中，网络中的各节点通过点到点的方式连接到一个中央节点上，由该中央节点向目的节点传送信息。中央节点执行集中式通信控制策略，因此，中央节点相当复杂，负担比各节点重得多。在星形网中任何两个节点要进行通信都必须经过中央节点控制。这种结构非常不利的是，中心系统必须具有极高的可靠性，因为中心系统一旦损坏，整个系统便会趋于瘫痪。对此中心系统通常采用双机热备份，以提高系统的可靠性。

（3）环形结构。环形结构的特点是：每个端用户都与两个相邻的端用户相连，因而存在着点到点链路，但总是以单向方式操作，于是便有了上游端用户和下游端用户之分；信息流在网中是沿着固定方向流动的，两个节点之间仅有一条道路，故简化了路径选择的控制；环路上各节点都是自举控制，故控制软件简单；由于信息源在环路中是串行地穿过各个节点，当环中节点过多时，会影响信息传输速率，使网络的响应时间延长；环路是封闭的，不便于扩充；可靠性低，一个节点故障，将会造成全网瘫痪；维护难，难以对分支节点故障进行定位，如图 5-1-3 所示。

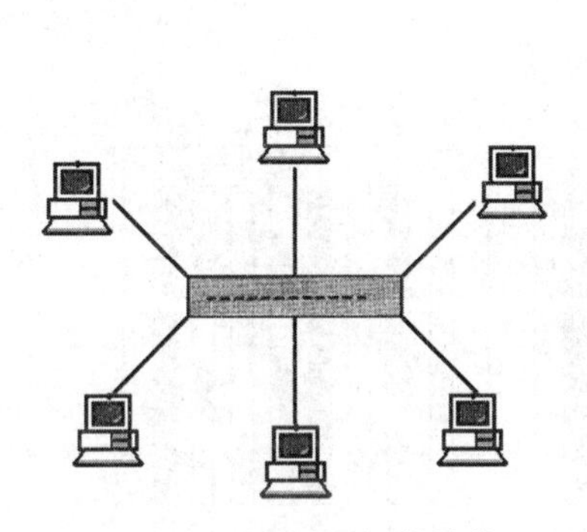

图 5-1-2　星形拓扑结构

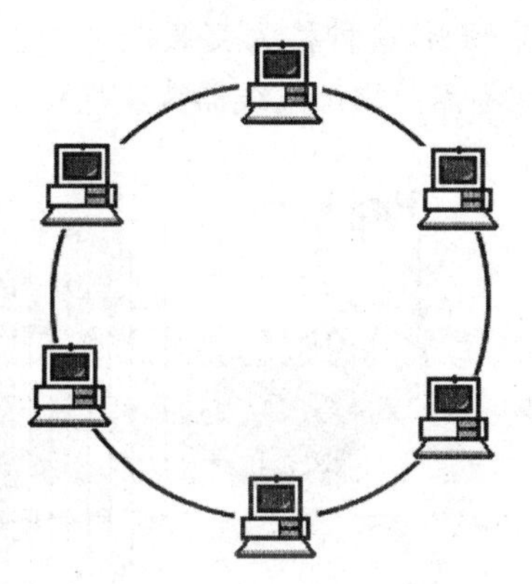

图 5-1-3　环形拓扑结构

（4）网状结构。网状拓扑结构主要指各节点通过传输线互联连接起来，并且每一个节点至少与其他两个节点相连，如图 5-1-4 所示。网状拓扑结构具有较高的可靠性，但其结构复杂，实现起来成本较高，不易管理和维护，不常用于局域网。

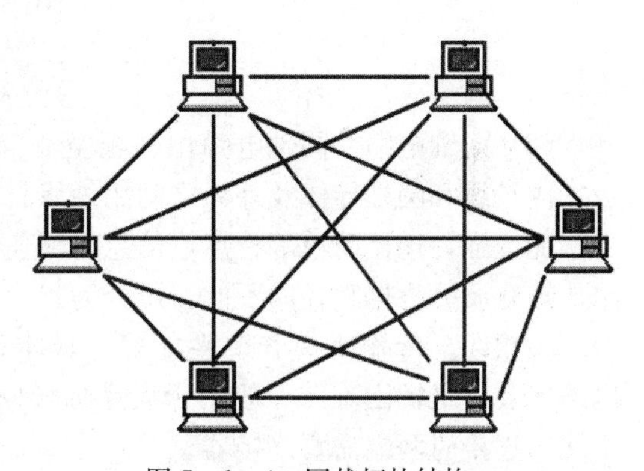

图 5-1-4　网状拓扑结构

4. 有线网络传输介质

有线传输介质是指在两个通讯设备之间实现连接的物理部分，将信号从一方传输到另一方，有线传输介质主要有双绞线、同轴电缆和光纤。双绞线和同轴电缆传输的是电信号，光纤传输的是光信号。选择数据传输介质时必须要考虑几种特性：数据吞吐量、带宽、成本、尺寸和可扩展性、连接器以及抗噪性。

（1）双绞线。双绞线简称 TP，一般是由两根绝缘铜导线相互扭绕而成，如图 5-1-5 所示。将一对以上的双绞线封装在一个绝缘外套中，可以降低信号的干扰程度，双绞线分为非屏蔽双绞线（UTP）和屏蔽双绞线（STP）。非屏蔽双绞线价格较低，传输速度偏低，抗干扰能力较差，屏蔽双绞线抗干扰能力较好，具有更高的传输速度，但价格相对较高。当前使用双绞线进行组网，一般有 5 类和 6 类之分，5 类传输速率支持 10Mbps/100Mbps（即通常所说的百兆网络），6 类传输速率支持 10Mbps/100Mbps/1Gbps（即通常所说的千兆网络)。使用双绞线组成的计算机网络，理论上，信息点之间的距离不能超过 100 米，也就是说双绞线一般适用于短距离的局域网。双绞线的两端使用的接头称为 RJ－45头（水晶头），用于连接网卡、交换机等设备。线序的排列分为 568A（绿白、绿、橙白、蓝、蓝白、橙、棕白、棕）和 568B（橙白、橙、绿白、蓝、蓝白、绿、棕白、棕）两种，如图 5－1－6 所示。现在组建局域网大多采用的都是 568B 的排列，双绞线的两端采用相同线序的方式称为平行线，用于终端和设备之间的连接；双绞线的一端采用 568A 另一端采用 568B 这种称为交叉线，一般用于两台计算机的直联，中间不需要添加集线器或交换机等设备。

图 5－1－5　双绞线

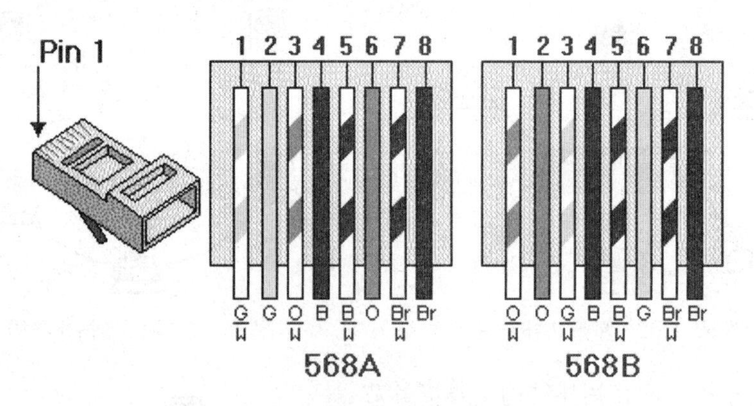

图 5－1－6　568A 和 568B

（2）同轴电缆。同轴电缆由一根空心的外圆柱导体和一根位于中心轴线的内导线组成，内导线和圆柱导体及外界之间用绝缘材料隔开，如图 5－1－7 所示。同轴电缆具有抗干扰能力强，连接简单等特点，信息传输速度可达每秒几百兆位，是中、高档局域网的首选传输介质。根据直径的不同，可分为粗缆和细缆两种。

①粗缆。传输距离长、性能好，成本高，网络安装、维护困难，一般用于大型局域网的干线，连接时两端需要终接器。

②细缆。与 BNC 网卡相连，两端装 50 欧的终端电阻。用 T 型头，T 型头之间最小 0.5 米。细缆网络每段干线长度最大为 185 米，每段干线最多接入 30 个用户。如采用 4 个中继器连接 5 个网段，网络最大距离可达 925 米。

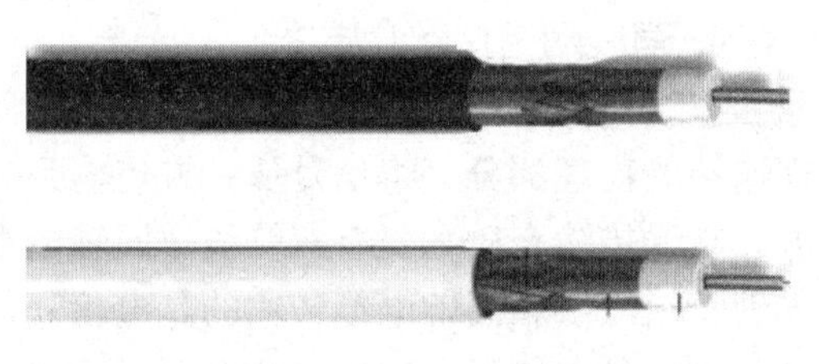

图 5－1－7　同轴电缆

（3）光纤。光纤又称光缆或光导纤维，由光导纤维纤芯、玻璃网层和能吸收光线的外壳组成。是由一组光导纤维组成的、用来传播光束的、细小而柔韧的传输介质，如图 5－1－8 所示。应用光学原理，由光发送机产生光束，将电信号变为光信号，再把光信号导入光纤，在另一端由光接收机接收光纤上传来的光信号，并将其变为电信号，经解码后再处理。与其他传输介质相比，光纤的电磁绝缘性能好、信号衰变小、频带较宽、传输速度快、可传输距离长。主要用于要求传输距离较长、布线条件特殊的主干网连接。具有不受外界电磁场的影响，无限制的带宽等特点，可以实现每秒万兆位的数据传送，尺寸小、重量轻，数据可传送几百千米。光纤分为单模光纤和多模光纤。单模光纤由激光作光源，仅有一条光通路，传输距离长，范围是 20～120km；多模光纤由二极管发光，低速短距离，范围在 2km 以内。

图 5-1-8 光纤

5. 网络通信协议

网络通信协议就是互联通信所建立的规则、标准或操作约定。

（1）网络协议的定义。指通信双方所约定的必须遵循的规则的集合，是一套语法和语义的规则。网络协议规定了通信过程中的操作，定义了数据收发过程中必要的程序，明确了网络中使用的格式、定时方式、顺序和错误检查等内容。

（2）网络协议的组成。网络协议主要由语义、语法和时序组成。语义是解释控制信息每个部分的含义，规定了需要发出什么控制信息，以及要完成什么样的动作和做出什么响应；语法是用户数据与控制信息的结构和格式；时序是对事件发生顺序的详细解释。通俗来讲，语义表示做什么，语法表示怎么做，时序则表示做的顺序。

（3）TCP/IP 协议。传输控制协议或因特网互联协议（Transmission Control Protocol/Internet Protocol，简称 TCP/IP），又名网络通讯协议，是 Internet 最基本的协议、Internet 国际互联网络的基础，由网络层的 IP 协议和传输层的 TCP 协议组成。TCP/IP 定义了电子设备连入 Internet，以及数据在这些设备之间传输的标准。协议采用了 4 层的层级结构，每一层都呼叫其下一层所提供的协议来完成自己的需求。通俗而言，TCP 负责发现传输的问题，一有问题就发出信号，要求重新传输，直到所有数据安全正确地传输到目的地。

（4）UDP 协议。用户数据报协议（User Datagram Protocol，简称 UDP），不属于连接型协议，因而具有资源消耗小、处理速度快的优点，所以，通常音频、视频和普通数据在传送时使用 UDP 较多。

6. 网络 OSI 七层模型

OSI 七层模型，即开放系统互连参考模型（Open System Interconnect，简称 OSI）是国际标准化组织（ISO）和国际电报电话咨询委员会（CCITT）联合制定的开放系统互连参考模型，为开放式互连信息系统提供了一种功能结构的框架。从低到高分别是：物理层、数据链路层、网络层、传输层、会话层、表示层和应用层，如图 5-1-9 所示。

（1）物理层。规定了为建立、维护和拆除物理链路（通信结点之间的物理路径）所需要的机械、电气、功能和规程特性；有关的物理链路上传输非结构的位流以及故障检测指示。

（2）数据链路层。为网络层实体间提供数据发送和接收的功能和过程；提供数据链路的流控。

（3）网络层。控制分组传送系统的操作、路由选择、拥护控制、网络互连等功能，作用是将具体的物理传送对高层透明。

（4）传输层。提供建立、维护和拆除传送连接的功能；选择网络层提供最合适的服

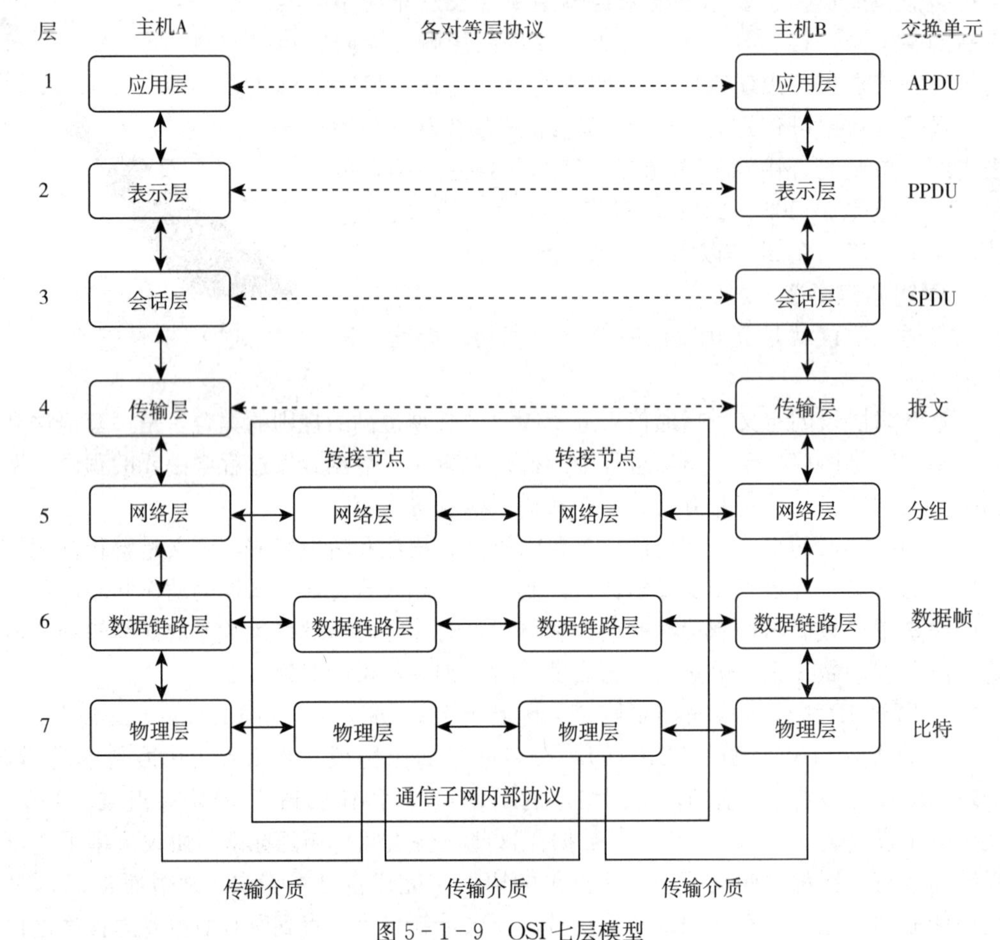

图 5-1-9　OSI 七层模型

务；在系统之间提供可靠的、透明的数据传送，提供端到端的错误恢复和流量控制。

（5）会话层。提供两进程之间建立、维护和结束会话连接的功能；提供交互会话的管理功能，如三种数据流方向的控制，即一路交互、两路交替和两路同时会话模式。

（6）表示层。代表应用进程协商数据表示；完成数据转换、格式化和文本压缩。

（7）应用层。提供 OSI 用户服务，例如事务处理程序、文件传送协议和网络管理等。

7. IP 地址

IP（Internet Protocol），意思是“网络之间互连的协议”，也就是为计算机网络相互连接进行通信而设计的协议。在 Internet 中，能使连接到网上的所有计算机网络实现相互通信的一套规则，规定了计算机在 Internet 上进行通信时应当遵守的规则。任何厂家生产的计算机系统，只有遵守 IP 协议才可以与 Internet 互联互通。

IP 地址是一个 32 位的二进制数，通常被分割为 4 个“8 位二进制数”（即 4 个字节）。IP 地址通常用“点分十进制”表示成（a. b. c. d）的形式，其中，a、b、c、d 都是 0～255 之间的十进制整数。

最初设计互联网络时，为了便于寻址以及层次化构造网络，每个 IP 地址包括两个标识码（ID），即网络 ID 和主机 ID。同一个物理网络上的所有主机都使用同一个网络 ID，网络上的一个主机（包括网络上工作站，服务器和路由器等）有一个主机 ID 与其对应。Internet 委员会定义了 5 种 IP 地址类型以适应不同容量的网络，有 A 类～E 类，其中最常见的是 A 类～C 类，A、B、C 三类地址的类、范围和格式，如表 5-1-1 所示。

表 5-1-1　A、B、C 三类地址的类、范围和格式

类别	最大网络数	IP 地址范围	最大主机数	私有 IP 地址范围
A	126（2^7-2）	0.0.0.0～127.255.255.255	16 777 214	10.0.0.0～10.255.255.255
B	16 384（2^{14}）	128.0.0.0～191.255.255.255	65 534	172.16.0.0～172.31.255.255
C	2 097 152（2^{21}）	192.0.0.0～223.255.255.255	254	192.168.0.0～192.168.255.255

（1）A 类 IP 地址。一个 A 类 IP 地址的四段号码中，第一段号码为网络号码，剩下的三段号码为本地计算机的号码。如果用二进制表示 IP 地址，A 类 IP 地址就由 1 字节的网络地址和 3 字节主机地址组成，且网络地址的最高位必须是“0”。A 类 IP 地址中网络的标识长度为 8 位，主机标识的长度为 24 位，A 类网络地址数量较少，有 126 个网络，每个网络可以容纳主机数达 1 600 多万台。

（2）B 类 IP 地址。一个 B 类 IP 地址的四段号码中，前两段号码为网络号码。如果用二进制表示 IP 地址的话，B 类 IP 地址就由 2 字节的网络地址和 2 字节主机地址组成，且网络地址的最高位必须是“10”。B 类 IP 地址中网络的标识长度为 16 位，主机标识的长度为 16 位，B 类网络地址适用于中等规模的网络，有 16 384 个网络，每个网络所能容纳的计算机数可达 6 万多台。

（3）C 类 IP 地址。一个 C 类 IP 地址的四段号码中，前三段号码为网络号码，剩下的一段号码为本地计算机的号码。如果用二进制表示 IP 地址的话，C 类 IP 地址就由 3 字节的网络地址和 1 字节主机地址组成，且网络地址的最高位必须是“110”。C 类 IP 地址中网络的标识长度为 24 位，主机标识的长度为 8 位，C 类网络地址数量较多，有 209 万余个网络。每个网络最多只能包含 254 台计算机，适用于小规模的局域网络。

（4）D 类 IP 地址。D 类 IP 地址曾被称为多播地址（multicast address），即现在的组播地址。在以太网中，多播地址命名了一组应该在这个网络中应用接收到一个分组的站点。多播地址的最高位必须是“1110”，范围是从 224.0.0.0 到 239.255.255.255。

8. 域名系统

域名系统（Domain Name System，简称 DNS）是 Internet 上解决网上机器命名的一种系统。就像拜访朋友要先知道别人家怎么走一样，当 Internet 上的一台主机要访问另外一台主机时，必须先获知其地址，TCP/IP 中的 IP 地址是四段以“.”分开的数字组，不如名字那么方便记忆，所以，就采用了域名系统来管理名字和 IP 的对应关系。

虽然 Internet 上的节点都可以用 IP 地址作为唯一标识，并且可以通过 IP 地址被访问，但将 32 位的二进制 IP 地址写成 4 个 0～255 的十位数形式记录也比较困难。因此，人们发明了域名（Domain Name），域名可将一个 IP 地址关联到一组有意义的字符上去。用户访问一个网站的时候，既可以输入该网站的 IP 地址，也可以输入其域名，对访问者而言，两者是一样的。如经常访问的百度（域名为 www.baidu.com），经由 DNS 解析后得到的 IP 地址为 61.135.169.125，通过域名或这个 IP 地址都可以直接访问到百度。

（1）名字空间的层次结构。名字空间是指定义了所有可能的名字的集合。域名系统的名字空间是层次结构的，类似 Windows 的文件名。可看作是一个树状结构，域名系统不区分树内节点和叶子节点，而统称为节点，不同节点可以使用相同的标记。所有节点的标记只能由 3 类字符组成：26 个英文字母（a～z）、10 个阿拉伯数字（0～9）和英文连词号（—），并且标记的长度不得超过 22 个字符。一个节点的域名是由从该节点到根的所有节点的标记连接组成的，中间以点分隔。最上层节点的域名称为顶级域名（Top-Level Domain，简称 TLD），第二层节点的域名称为二级域名，依此类推。

（2）域名的分配和管理。域名由 Internet 域名与地址管理机构（Internet Corporation for Assigned Names and Numbers，简称 ICANN）管理，这是为承担域名系统管理、IP 地址分配、协议参数配置，以及主服务器系统管理等职能而设立的非营利机构。ICANN 为不同的国家或地区设置了相应的顶级域名，这些域名通常都由两个英文字母组成。例如：“. uk”代表英国、“. fr”代表法国、“. jp”代表日本。中国的顶级域名是 . cn，. cn 下的域名由中国互联网络信息中心（简称 CNNIC）进行管理。

（3）顶级域名。除了代表各个国家的顶级域名之外，ICANN 最初还定义了 6 个顶级类别域名，分别是“. com”“. edu”“. gov”“. mil”“. net”“. org”。“. com”用于企业；“. edu”用于教育机构；“. gov”用于政府机构；“. mil”用于军事部门；“. net”用于互联网络及信息中心等组织；“. org”用于非营利性组织。

9. Internet 简介及接入方式

Internet，中文正式译名为因特网，又称国际互联网。是由使用公用语言互相通信的计算机连接而成的全球网络。一旦连接到其中任何一个节点上，就意味着计算机已经接入 Internet 了。目前 Internet 的用户已经遍及全球，有数亿人在使用 Internet，并且其用户数正呈现等比级数上升。

（1）Internet 的雏形阶段。1969 年，美国国防部高级研究计划局（Advance Research Projects Agency，简称 ARPA）开始建立一个命名为阿帕网（ARPANET）的网络。当时建立这个网络是出于军事需要，计划建立一个在网络中的一部分被破坏时，其余网络部分会很快建立起新联系的计算机网络。人们普遍认为这就是 Internet 的雏形。

（2）Internet 的发展阶段。美国国家科学基金会（National Science Foundation，简称 NSF）在 1985 开始建立计算机网络 NSFNET。NSF 规划并建立了 15 个超级计算机中心及国家教育科研网，用于支持全国性规模的科研和教育，并以此作为基础，实现同其他网络的连接。NSFNET 成为 Internet 上主要用于科研和教育的重要部分，代替了阿帕网的骨干地位。1989 年 MILNET（自阿帕网分离出来的网络）实现和 NSFNET 连接后，Internet 这个名称开始被采用。

（3）Internet 的商业化阶段。20 世纪 90 年代初，商业机构开始进入 Internet 的领域，使 Internet 开始了商业化的新进程，成为 Internet 大发展的强大推动力。1995 年，NSFNET 停止运作，而 Internet 已彻底商业化。

（4）Internet 的发展。如今的 Internet 已不再只应用于计算机人员和军事部门进行科研的领域，而变成了一个可以开发和使用信息资源的、覆盖全球的信息海洋。在 Internet 上，按从事的业务分类，包括广告公司、航空公司、农业生产公司、艺术、导航设备、书店、化工、通信、计算机、咨询、娱乐、财贸、各类商店、旅馆等 100 多类，覆盖了社会生活的方方面面，构成了一个信息社会的缩影。1995年，Internet开始大规模应用在商业领域。

由于商业应用产生的巨大需求，从调制解调器到诸如Web服务器和浏览器等Internet应用市场都十分红火。在Internet蓬勃发展的同时，其本身随着用户需求的转移也发生了产品结构上的变化。1994年，所有的Internet软件几乎全是遵循TCP/IP协议，那时人们需要的是能兼容TCP/IP协议的网络体系结构；此后，Internet重心逐渐转向具体的应用，Internet也发展成为目前规模最大的国际性计算机网络。

根据互联世界统计（IWS）数据显示，截至2020年5月31日，全球互联网用户数量达到46.48亿人，占世界人口的比重达到59.6%。

（5）Internet接入方式。

①电话线拨号接入（PSTN）。家庭用户接入互联网普遍采用窄带接入方式。即通过电话线，利用当地运营商提供的接入号码，拨号接入互联网，速率不超过56Kbps。特点是使用方便，只需有效的电话线及自带调制解调器（Modem）的个人电脑就可完成接入。运用在一些低速率的网络应用（如网页浏览查询，聊天，发送E-mail等），主要适用于临时性接入或无其他宽带接入场所。缺点是速率低，无法实现一些要求高速率的网络服务，其次是费用较高。

②ISDN接入。俗称“一线通”。采用数字传输和数字交换技术，将电话、传真、数据、图像等多种业务综合在一个统一的数字网络中进行传输和处理。用户利用一条ISDN用户线路，可以在上网的同时拨打电话、收发传真，就像两条电话线一样。ISDN基本速率接口有两条64Kbps的信息通路和一条16Kbps的信令通路，简称2B+D，当有电话拨入时，它会自动释放一个B信道来进行电话接听。主要适合于普通家庭用户。缺点是速率仍然较低，无法实现一些要求高速率的网络服务；其次是费用同样较高。

③ADSL接入。在通过本地环路提供数字服务的技术中，最有效的类型之一是数字用户线（Digital Subscriber Line，简称DSL）技术，是目前运用最广泛的铜线接入方式，其中ADSL（Asymmetric Digital Subscriber Line，非对称数字用户线路）是最流行的一种。ADSL可直接利用现有的电话线路，通过ADSL Modem后进行数字信息传输。理论上，速率可达到8Mbps的下行和1Mbps的上行，传输距离可达4～5km。最新一代的标准ADSL2+速率可达24Mbps下行和1Mbps上行。另外，最新的VDSL2（Second Generation Very-high-bit-rate Digital Subscriber Loop，第二代超高速数字用户线路）技术可以达到上下行各100Mbps的速率。特点是速率稳定、带宽独享、语音数据不干扰等。适用于家庭、个人等不同用户的大多数网络应用需求，满足一些宽带业务包括交互式网络电视IPTV、视频点播（VOD），远程教学，可视电话，多媒体检索，LAN互联，Internet接入等。ADSL技术具有以下一些主要特点：可以充分利用现有的电话线网络，通过在线路两端加装ADSL设备便可为用户提供宽带服务；可以与普通电话线共存于一条电话线上，接听、拨打电话的同时能进行ADSL传输，而又互不影响；进行数据传输时不通过电话交换机，这样上网时就不需要额外缴纳电话费。

④HFC接入。HFC接入是一种基于有线电视网络铜线资源的接入方式。具有专线上网的连接特点，允许用户通过有线电视网实现高速接入互联网。适用于拥有有线电视网的个人、家庭或其他中小团体。其特点是速率较高，接入方便（通过有线电缆传输数据，不

需要布线），可实现各类视频服务、高速下载等。缺点在于基于有线电视网络的架构是属于网络资源分享型的，当用户激增时，速率就会下降且不稳定，扩展性不够。

⑤光纤接入。通过光纤接入到小区节点或楼道，再由网线连接到各个共享点上（一般不超过100米），提供一定区域的高速互联接入。特点是速率高、抗干扰能力强，适用于个人、家庭或各类企事业团体，可以实现各类高速率的互联网应用（视频服务、高速数据传输、远程交互等），缺点是一次性布线成本较高。该接入方式是目前国内比较流行的一种接入方式。

⑥无源光网络（PON）。PON技术是一种点对多点的光纤传输和接入技术，局端到用户端最大距离为20千米，接入系统总的传输容量为上行和下行各155Mbps，由各用户共享，每个用户使用的带宽可以从64Kbps到15Mbps灵活划分。特点是接入速率高，可以实现各类高速率的互联网应用，如视频服务、高速数据传输、远程交互等，缺点是一次性投入较大。

⑦无线网络。一种有线接入的延伸技术，使用无线射频（RF）技术越空收发数据，减少电线的使用。无线网络系统既可达到建设计算机网络系统的目的，又可自由安排和搬动设备。在公共开放的场所或者企业内部，无线网络一般会作为已存在有线网络情况下的一个补充方式，装有无线网卡的计算机通过无线手段方便接入互联网。

⑧电力网络接入（PLC）。电力线通信（Power Line Communication）技术，是指利用电力线传输数据和媒体信号的一种通信方式，也称电力线载波（Power Line Carrier）。把载有信息的高频加载于电流，然后用电线传输到接收信息的适配器，再把高频从电流中分离出来并传送到计算机或电话。PLC属于电力通信网，包括PLC和利用电缆管道和电杆铺设的光纤通讯网等。电力通信网的内部应用，包括电网监控与调度、远程抄表等。面向家庭上网的PLC，俗称电力宽带，属于低压配电网通信。

任务实现

1. 连接线路

用一根网线将运营商的调制解调器和路由器的WAN接口连接起来，再用一根网线将路由器的LAN口和计算机连接起来，如图5-1-10所示。

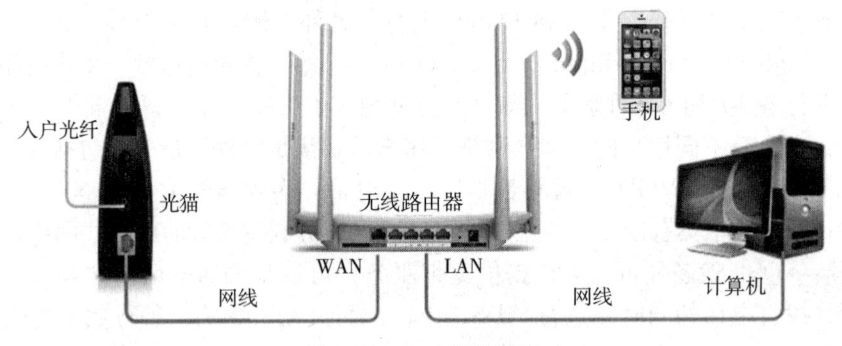

图5-1-10 线路连接

2. 设置路由器

①根据路由器的使用说明，在浏览器地址栏中输入路由器管理Web地址（一般默认

为 192.168.1.1 或者厂商默认地址），点击 Enter 键进入路由器管理界面。

②进入“设置向导”界面，选择上网方式，如图 5-1-11 所示。

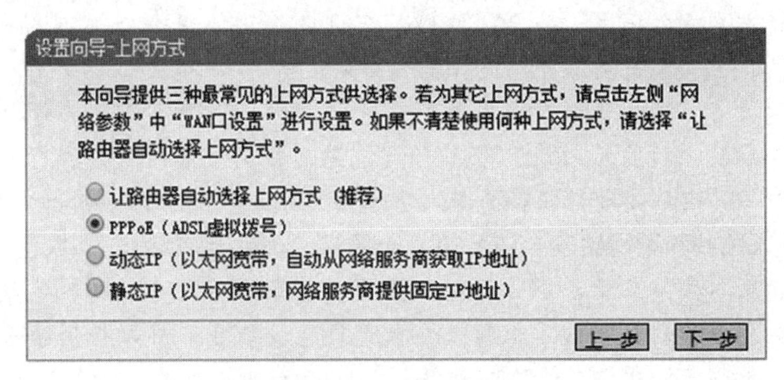

图 5-1-11　设置上网方式

③进一步设置用户名密码和使用频段，如图 5-1-12 所示。

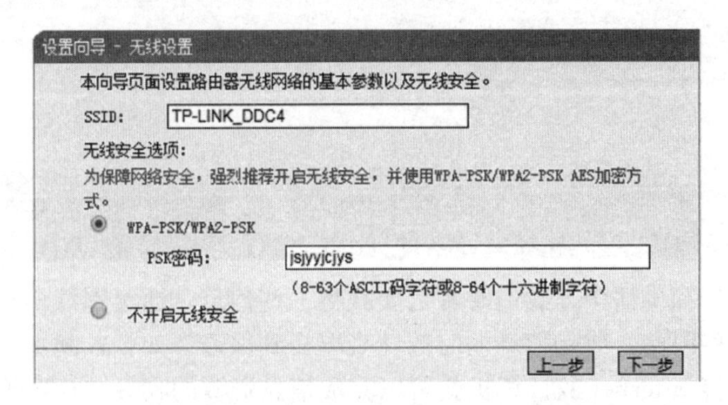

图 5-1-12　设置上网用户名和密码

训练任务

购买一个家用无线路由器，将入户光纤、路由器和计算机进行连接，并设置好无线路由器。

身边有法

2019 年 5 月，警方发现北京淘金者科技有限公司旗下的牛股王 APP，存在超范围采集用户个人信息及以不合理方式获取手机权限的情况。经现场检查确认，牛股王 APP 在获取及读取手机状态和身份、发现已知账户、拦截外拨电话、开机时自动启动四项权限中存在超范围采集用户个人信息的情况。对此，朝阳警方依据《中华人民共和国网络安全法》第四十一条、第六十四条的相关规定，对该公司给予行政警告处罚。此案例为北京市公安局网安部门首次适用《中华人民共和国网络安全法》对涉嫌超范围采集用户个人信息的公司开展行政执法行动。

《中华人民共和国网络安全法》第四十一条　网络运营者收集、使用个人信息，应当遵循合法、正当、必要的原则，公开收集、使用规则，明示收集、使用信息的目的、方式和范围，并经被收集者同意。

网络运营者不得收集与其提供的服务无关的个人信息，不得违反法律、行政法规的规定和双方的约定收集、使用个人信息，并应当依照法律、行政法规的规定和与用户的约定，处理其保存的个人信息。

《中华人民共和国网络安全法》第六十四条　网络运营者、网络产品或者服务的提供者违反本法第二十二条第三款、第四十一条至第四十三条规定，侵害个人信息依法得到保护的权利的，由有关主管部门责令改正，可以根据情节单处或者并处警告、没收违法所得、处违法所得一倍以上十倍以下罚款，没有违法所得的，处一百万元以下罚款，对直接负责的主管人员和其他直接责任人员处一万元以上十万元以下罚款；情节严重的，并可以责令暂停相关业务、停业整顿、关闭网站、吊销相关业务许可证或者吊销营业执照。

任务2　在数据库中检索智能大棚资料

在学习、工作和生活中，我们时常需要获得一些信息。通过阅读书籍等传统方式获取信息往往受到一些限制，或是信息的时效性难以得到保障。如今，随着互联网的发展，人们只要有一台连接 Internet 的计算机就可以完成信息资源的收集、筛选等过程，学习效率或工作效率都得到了很大程度的提高，也节省了人力投入。计算机信息检索源包括各类数据库，网络信息检索通常需要借助搜索引擎。本任务将介绍如何在中文数据库中检索所需的文献资料。

任务描述

某草莓种植企业为了提高草莓产量，打算对种植大棚进行改造，构建智能化生产环境，需要查找智能大棚相关文献资料，了解智能大棚的系统设计和应用前景等。

任务分析

开始此任务前要了解“信息检索”基础知识，包括信息、信息素养和信息伦理的相关概念，以及信息检索过程、信息检索技术、如何选用合适的检索平台等。根据任务要求，使用中国知网完成对智能大棚系统设计和应用前景相关文献的检索。

必备知识

1. 信息与信息素养

（1）信息。信息是以物质介质为载体，传递和反映各种事物存在方式、运动规律及特点的表征。信息反映了物质客体及其相互作用、相互联系过程中表现出来的各种状态和特征。

（2）信息素养。信息素养是一种综合信息能力，即在信息社会中，人们所具备的信息觉悟、信息处理所需的实际技能和对信息进行筛选、鉴别、传播和合理使用的能力。具体包括以下四个方面的内容：

①信息意识。信息意识是指个体对信息的敏感度和对信息价值的判断力。信息意识是人们利用信息检索系统获取所需信息的内在动因，是人的大脑对信息存在的反映，具体表现为具有信息需求的意念、洞察信息的敏感性、寻求信息的兴趣和判断捕捉信息的能力及消化吸收信息的能力等。信息意识是信息素养的前提。

②信息知识。信息知识是指一切与信息有关的知识和方法，既包括信息理论知识，又包括信息技术方面的内容。信息知识是信息素养的基础，不具备一定的信息知识，信息素养也就无从谈起。

③信息能力。信息能力是指人们有效地利用线上线下的信息存储机构，如图书馆、网络数据库平台等系统地获取、分析、评价、处理、创新和传递信息的能力。信息能力是信息素养的核心，没有信息能力，信息素养也就难以培养。

④信息道德。信息道德是指个人在信息活动中的道德情操及行为规范。要求人们学习了解信息与信息技术相关的法律、道德伦理、经济法规，合法、合情、合理地使用信息资源，并遵守一些约定俗成的规则等。

（3）信息伦理。信息伦理指在信息的开发、传播、检索、获取、管理和利用过程中，调整人与人之间、人与社会之间的利益关系，规范人们的行为，指导人们在信息社会中做出正确的或善意的选择和评价的准则。

美国计算机协会在《伦理与职业行为准则》中提到的信息伦理规则包括：为社会和人类的美好生活做出贡献；避免伤害其他人；诚实可信；公正无歧视；尊重版权和专利权等权利；对智力财产赋予必要的信用；尊重他人隐私；保守机密等。

2002年中国互联网协会公布了《中国互联网行业自律公约》，提出互联网行业自律的基本原则是爱国、守法、公平、诚信；提出了遵守国家法律、公平竞争、保护用户秘密、履行不发布有害信息的义务、尊重知识产权、不用计算机侵犯他人权益、加强信息检查监督等自律条款。

2. 信息检索

信息检索表示在将信息按一定的方式组织和存储起来的各种“检索工具和系统”中，根据用户的需要，按照一定的程序，从“检索工具和系统”中找出符合用户所需信息的过程。因此，广义的信息检索包括信息的存储与检索两个过程。

计算机信息检索是指利用计算机及其相关技术存储和检索信息。人们在计算机或其他网络终端上，使用检索词、检索指令和检索策略等，从计算机检索系统的数据库中检索出所需的信息，再由终端设备输出的过程。

计算机信息存储前，需要先对原始信息进行加工，将收集到的原始文献进行主题概念分析，根据一定的检索语言抽取出主题词、分类号以及文献的内容摘要，然后再把这些经过“预处理”的数据按一定格式存储到计算机中。

计算机信息检索过程是一个比较、匹配的过程，用户对检索课题加以分析、明确检索范围、弄清主题概念，然后用系统检索语言来表示主题概念，形成检索标志及检索策略，输入到计算机进行检索。计算机按照用户的要求将检索策略转换成一系列提问，在专用程序的控制下进行高速逻辑运算，选出符合要求的信息并输出结果，如图 5-2-1 所示。

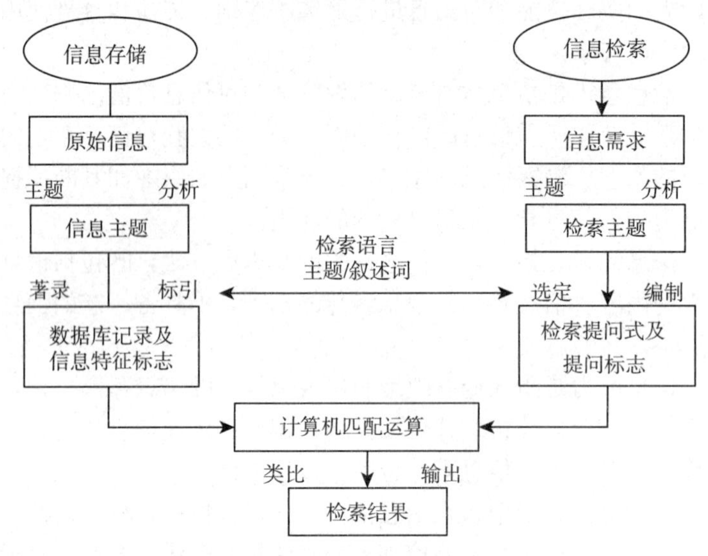

图 5-2-1　计算机信息检索原理

3. 信息检索技术

（1）布尔逻辑检索。布尔逻辑检索，是指采用布尔逻辑表达式来表达用户检索要求，并通过一定的算法和实现手段进行检索的过程。常见布尔逻辑运算符有“与”“或”“非”，如图 5-2-2 所示。

①逻辑“与”。用“与”“并且”“AND”或“*”来表示，检出的记录中必须同时包含所有检索词。这是一种用于交叉概念或限定关系的组配，使用该运算符，可对检索词加以限定，使检索范围缩小，减少文献输出量。

②逻辑“或”。用“或”“或者”“OR”或“+”号表示，检出的记录中只需包含任意检索词即可。这是一种用于并列概念或平行关系的组配，使用该运算符算符，相当于增加检索词的同义词与近义词，扩大了检索范围，避免文献的漏检 。

③逻辑“非”。用“非”“不含”“NOT”或“—”表示，检出的记录中只能含有运算符“非”之前的检索词，但不能同时含有其后的检索词。这是一种用于排斥关系的组配，使用该运算符，可从原来的检索范围中排除不希望出现的检索词，可缩小检索范围，增强检索的准确性。

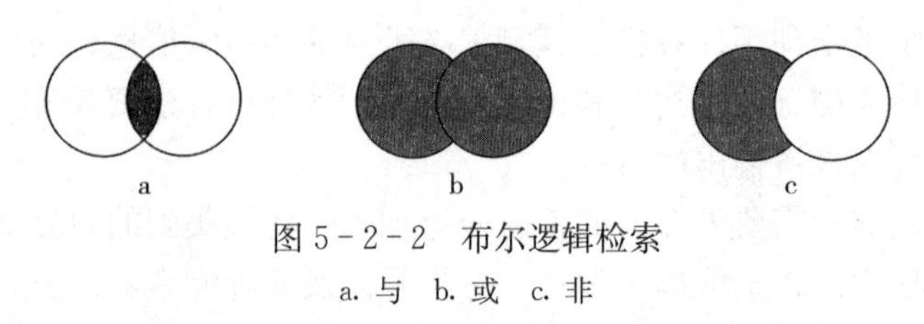

图 5-2-2　布尔逻辑检索

a. 与　b. 或　c. 非

小提示　布尔逻辑运算符的运算顺序，在不同的系统里有不同的规定。大多数系统采用的顺序是：“非”最先执行，“与”其次执行，“或”最后执行。若要改变运算顺序可用优先级算符____小括号“（）”。

（2）位置检索。位置检索又被称为邻近检索，是通过位置运算符来限定检索词之间的相对位置关系的一种检索方式。使用位置运算符，可以增强选词的灵活性，从而大大降低误检率。最常见的位置检索运算符如表5-2-1所示。

表5-2-1 常见位置检索运算符

符号	实例	意义
相邻位置算符：（W）、（nW）	A（W）B；A（nW）B	A（W）B，表示A、B两词紧密相邻，顺序不可颠倒，且A和B之间不能插入任何其他词，但允许有一空格或标点符号；A（nW）B，表示A、B两词之间相隔0至n个词，且前后顺序不变
相邻位置算符：（N）、（nN）	A（N）B；A（nN）B	若A（N）B，表示A、B两词邻近，次序可变，但A、B两词之间只能为一空格或标点符号；A（nN）B，表示A、B两词相隔n个词且前后顺序不限，n是两词允许插入的最大词量
句子位置算符：（S）	A（S）B	A、B两词只要在同一子字段（同一句子）中出现即可
字段位置算符：（F）	A（F）B	A、B两词只要在同一字段中出现即可

（3）截词检索。截词检索是将检索词在需要的地方截断，用相应的符号来代替可变化的部分。不同的数据库和搜索引擎有不同的截词符号，常用的截词符有“?”和“*”，截词检索可以提高查全率，节省重复查找的时间。截词检索的类型有：

①后截词，将截词符放在检索词的最后，允许词尾有若干变化。如“comput*”可检索出“computer”“computing”等结果。

②中截词，将截词符放在检索词的中间，允许词中有若干变化。如“com*ter”可检索出“computer”“comparater”等结果。

③前截词，将截词符放在检索词的前面，允许词前有若干变化。如“*computer”可检索出“computer”“microcomputer”“minicomputer”等结果。

小提示 “*”是无限截词符，通常可代表零到任意多个字母；“?”是有限截词符，通常只表示0~1个字母。

（4）限定检索。限定检索指将检索词限定在特定的字段中进行检索，使用该方法可缩小检索范围，提高查准率。不同检索系统的字段限定运算符可能稍有差异，常见限定字段有：TI（题名）、AB（摘要）、AU（作者）、DE（主题词）、DT（文献类型）、ISBN（国际标准书号）、ISSN（国际标准刊号）、PUB（出版物名称）、PY（出版年）。

4. 常用中文全文数据库

（1）中国知网。中国知网（https：//www.cnki.net）是由清华大学、清华同方于1999年开始建设的大型综合性文献数据库，收集的文献种类丰富，包括期刊、博硕士学位论文、报纸、年鉴、会议、工具书、专利、标准等多种形式。中国知网是使用频率最高的中文数据库之一。

（2）万方数据。万方数据（http：//www.wanfangdata.com.cn/index.html）是由中

国科学技术信息研究所等机构合作开发的大型文献信息数据库，收录期刊、学位、会议、科技报告、专利、标准、科技成果、法规、地方志、视频等多种类型的文献。

（3）维普资讯。维普资讯（http：//qikan. cqvip. com）是由重庆维普资讯有限公司开发，收录 1989 年以来的期刊 15 000 余种，文献总量 7 000 余万篇。

（4）超星数字图书馆。超星数字图书馆（http：//book. chaoxing. com）是由北京世纪超星公司开发的大型电子图书全文数据库，其中有大量的学术著作。超星公司还开发了超星学术视频、超星慕课、超星发现系统等产品。

（5）中国国家数字图书馆。中国国家数字图书馆（http：//www. nlc. cn）是由国家图书馆联合国内多家公共图书馆合作开发的、专门提供移动阅读服务的数字图书馆，文献类型包括图书、期刊、报纸、论文、古籍、工具书、音视频、数值事实、征集资源等。

任务实现

1. 登录中国知网

打开浏览器，输入中国知网网址 https：//www. cnki. net，进入中国知网首页，如图 5 - 2 - 3 所示。可同时选择知网的多个数据库进行跨库检索，也可以单击某个数据库的名称进入其中进行单库检索。

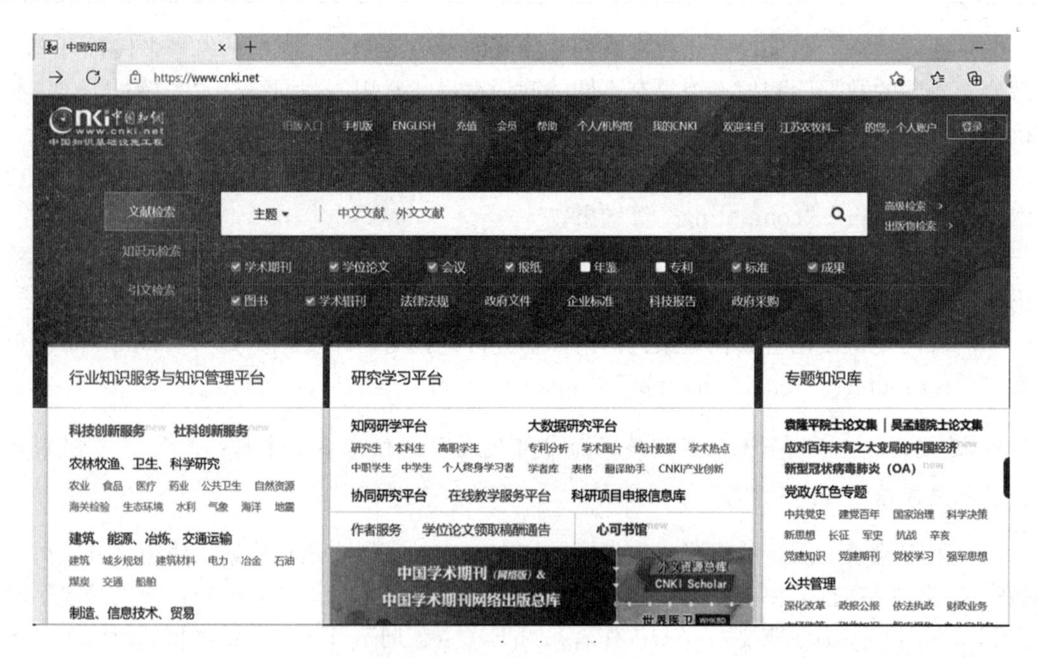

图 5 - 2 - 3　中国知网首页

小提示　中国知网数据库提供 WEB 版（网上包库）、镜像站版、光盘版、流量计费等服务模式，并允许采用 IP 身份认证方式确认合法用户。中国知网的数据库均为收费检索数据库，需要购买使用权。

2. 检索方法

（1）一框式检索。一框式检索将检索功能浓缩至“一框”中，根据不同检索项的需求特点采用不同的检索机制和匹配方式，体现智能检索优势，操作便捷，检索结果兼顾全面性和准确性。

打开首页，默认进入一框式检索界面，勾选选择检索范围，下拉选择检索项，在检索框内输入检索词，单击“检索”按钮或按 Enter 键，执行检索，如图 5-2-4 所示。

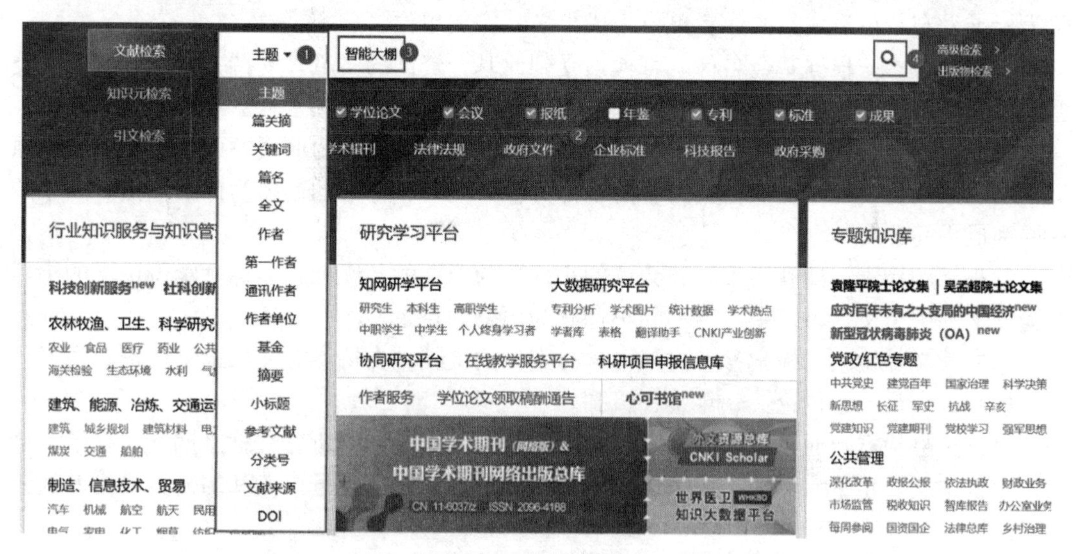

图 5-2-4　一框式检索

小提示　检索项有：主题、篇关摘、关键词、篇名、全文、作者、第一作者、通讯作者、作者单位、基金、摘要、小标题、参考文献、分类号、文献来源、DOI。

①主题检索。主题检索是在中国知网标引出来的主题字段中进行检索，该字段内容包含一篇文章的所有主题特征，同时，在检索过程中，嵌入专业词典、主题词表、中英对照词典、停用词表等工具，并采用关键词截断算法，将低相关或微相关文献进行截断。

②篇关摘检索。篇关摘检索是指在篇名、关键词、摘要范围内进行检索。

③关键词检索。关键词检索的范围包括文献原文给出的中、英文关键词，以及对文献进行分析计算后机器标引出的关键词。机器标引的关键词基于对全文内容的分析，结合专业词典，能有效解决文献作者给出的关键词不够全面准确的问题。

④篇名检索。期刊、会议、学位论文、辑刊的篇名为文章的中、英文标题。报纸文献的篇名包括引题、正标题、副标题。年鉴的篇名为条目题名。专利的篇名为专利名称。标准的篇名为中、英文标准名称。成果的篇名为成果名称。古籍的篇名为卷名。

⑤全文检索。全文检索指在文献的全部文字范围内进行检索，包括文献篇名、关键词、摘要、正文、参考文献等。

⑥作者检索。期刊、报纸、会议、学位论文、年鉴、辑刊的作者为文章中、英文作者。专利的作者为发明人。标准的作者为起草人或主要起草人。成果的作者为成果完成人。古籍的作者为整书著者。

⑦第一作者检索。只有一位作者时，该作者即为第一作者。有多位作者时，将排在第一个的作者认定为文献的第一责任人。

⑧通讯作者检索。目前期刊文献对原文的通讯作者进行了标引，可以按通讯作者查找

期刊文献。通讯作者指课题的总负责人，也是文章和研究材料的联系人。

⑨作者单位检索。期刊、报纸、会议、辑刊的作者单位为原文给出的作者所在机构的名称。学位论文的作者单位包括作者的学位授予单位及原文给出的作者任职单位。年鉴的作者单位包括条目作者单位和主编单位。专利的作者单位为专利申请机构。标准的作者单位为标准发布单位。成果的作者单位为成果第一完成单位。

⑩基金检索。根据基金名称，可检索受到此基金资助的文献。支持基金检索的资源类型包括：期刊、会议、学位论文、辑刊。

⑪摘要检索。期刊、会议、学位论文、专利、辑刊的摘要为原文的中、英文摘要，原文未明确给出摘要的，提取正文内容的一部分作为摘要。标准的摘要为标准范围。成果的摘要为成果简介。

⑫小标题检索。期刊、报纸、会议的小标题为原文的各级标题名称，学位论文的小标题为原文的中英文目录，中文图书的小标题为原书的目录。

⑬参考文献检索。检索参考文献里含检索词的文献。支持参考文献检索的资源类型包括：期刊、会议、学位论文、年鉴、辑刊。

⑭分类号检索。通过分类号检索，可以查找到同一类别的所有文献。期刊、报纸、会议、学位论文、年鉴、标准、成果、辑刊的分类号指中图分类号。专利的分类号指专利分类号。

⑮文献来源检索。文献来源指文献出处。期刊、辑刊、报纸、会议、年鉴的文献来源为文献所在的刊物。学位论文的文献来源为相应的学位授予单位。专利的文献来源为专利权利人或申请人。标准的文献来源为发布单位。成果的文献来源为成果评价单位。

⑯DOI 检索。输入 DOI 号检索期刊、学位论文、会议、报纸、年鉴、图书。国内的期刊、学位论文、会议、报纸、年鉴只支持检索在知网注册 DOI 的文献。

（2）高级检索。在中国知网首页单击“高级检索”进入高级检索页，或在一框式检索结果页单击“高级检索”进入高级检索页，如图 5－2－5 所示。

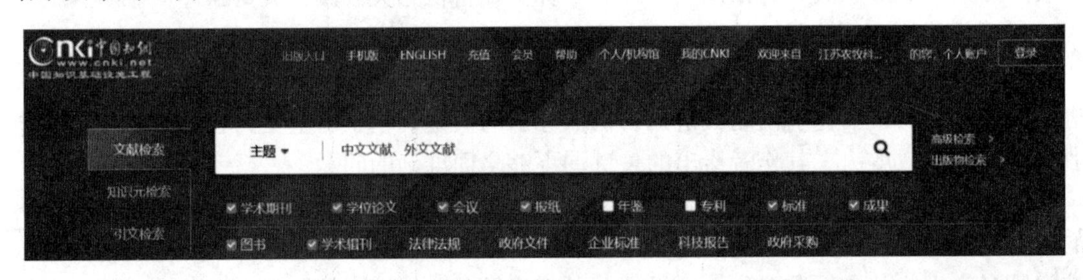

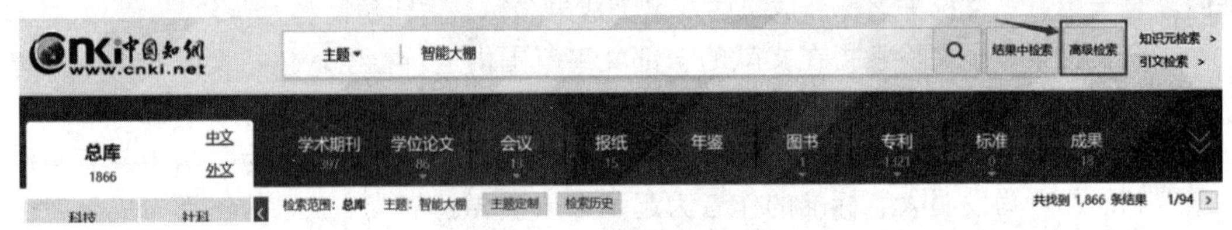

图 5－2－5　高级检索入口

高级检索支持多字段逻辑组合，并可通过选择精确或模糊的匹配方式、检索控制等方法完成较复杂的检索，得到更精确的检索结果。多字段组合检索的运算优先级，按从上到下的顺序依次进行。

例如，要检索2016年至2021年11月18日范围内，主题为“智能大棚”，并且关键词中包含“系统设计”的所有条目。选择检索字段“主题”，输入检索词“智能大棚”；选择第二个检索字段“关键词”，输入检索词“系统设计”；选择检索运算符“AND”，选择检索模式“精确”，设置时间范围“2016-01-01”至“2021-11-08”，单击“检索”按钮，如图5-2-6所示。

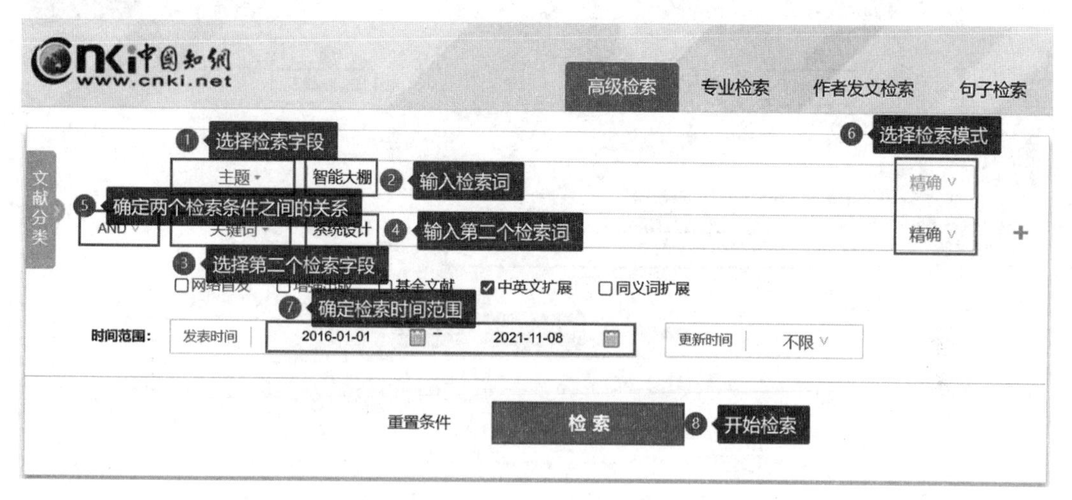

图5-2-6　高级检索步骤

检索结果如图5-2-7所示。可根据需要在上方的数据库或左边的字段中继续选择，进一步缩小检索范围。

总库 17　中文　外文　学术期刊 16　学位论文 1　会议 0　报纸 0　年鉴　图书 0　专利　标准 0　成果 0

检索范围：总库　（主题：智能大棚（精确））AND（关键词：系统设计（精确））　主题定制　检索历史　共找到 17 条结果

	题名	作者	来源	发表时间	数据库	被引	下载
1	基于STM32的智能农业大棚系统设计	张明月; 贺福强; 李思佳; 何昊	热带农业工程	2021-02-26	期刊		381
2	PLC技术支持下的智能蔬菜大棚控制系统	韦湛兰	科学咨询(科技·管理)	2021-02-05	期刊		122
3	温室大棚智能控制系统的研究与设计	林相春	山东科技大学	2020-06-12	硕士		284
4	基于物联网的智能大棚系统设计	盛彬; 王舒玮	电子技术与软件工程	2020-06-01	期刊	1	346
5	浅谈智能温室大棚的系统设计	王龙忠	农业技术与装备	2020-03-25	期刊		394
6	基于电气自动化的大棚智能控温系统设计	杨凯	农业技术与装备	2020-02-25	期刊	1	100
7	基于农业电气自动化的大棚智能控温系统设计	赵文艺; 曲鸣飞	新农业	2019-10-25	期刊	2	136
8	基于S7-300型PLC的农业大棚智能养护系统设计	孟子涵; 龙振超; 宋明智; 黄亮; 任小琛	自动化应用	2019-10-25	期刊	1	168

图5-2-7　高级检索结果

（3）句子检索。在高级检索页切换“句子检索”标签，可进行句子检索。句子检索是通过输入两个检索词，在全文范围内查找同时包含这两个词的句子，找到有关事实的问题答案。

例如，要检索2018年1月1日至2021年11月8日的文献，文献正文段落中包含“智能大棚”和“应用前景”的记录。选择“句子检索”标签，设置检索字段“同一段”，输入检索词“智能大棚”和“应用前景”，设置时间范围“2018-01-01”至“2021-11-08”，单击“检索”按钮，如图5-2-8所示。

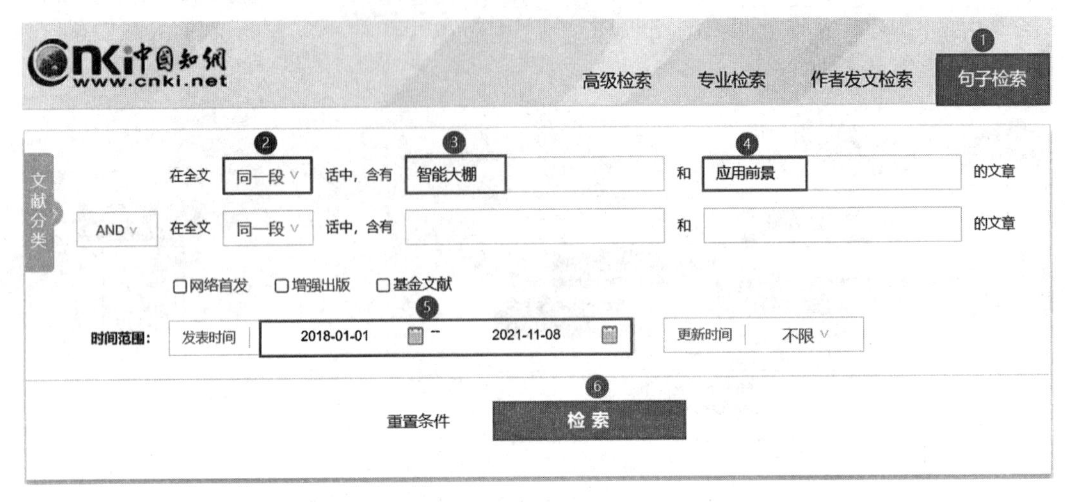

图5-2-8　句子检索

小提示　“同一句”指包含1个断句标点（句号、问号、感叹号或省略号）的句子；“同一段”指20个句子之内。

（4）专业检索。专业检索只提供一个大检索框，用户要在其中完全自主输入检索字段、检索词和检索算符来构造检索表达式进行检索。

例如，要检索主题为“智能大棚”或“温室大棚”，并且篇名中不包含“PLC”的条目。选择“专业检索”标签，输入检索表达式“SU=（‘智能大棚’+‘智能温室大棚’）NOT TI=‘PLC’”，单击“检索”按钮，如图5-2-9所示。

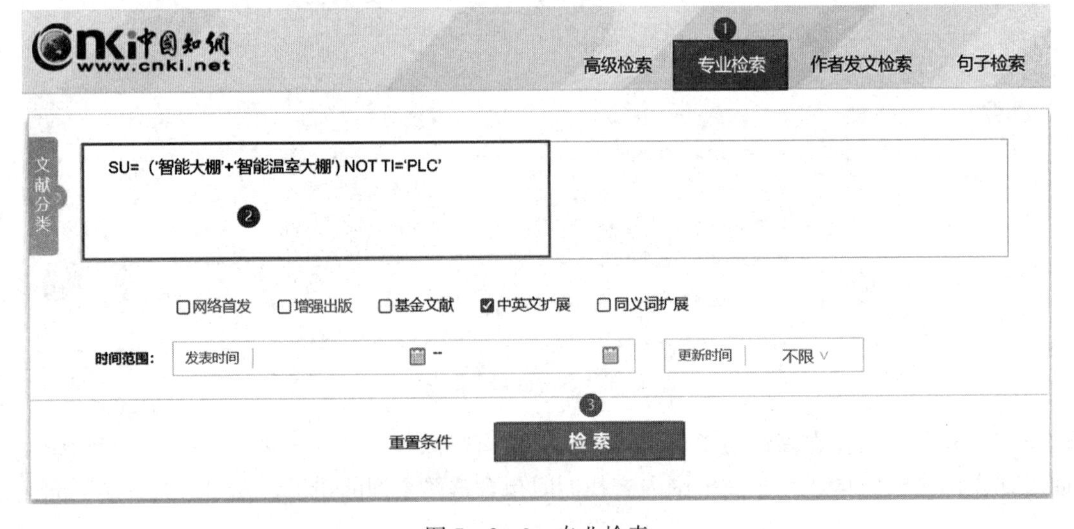

图5-2-9　专业检索

专业检索比高级检索功能更强大，但需要用户根据系统的检索语法编制检索式进行检索，适用于熟练掌握检索技术的专业检索人员。

3. 检索结果处理

找到符号要求的文献后，需要对文献进一步处理。检索结果页提供了简单的处理方式，包括CAJ下载、HTML阅读、收藏和引用，如图5-2-10所示。

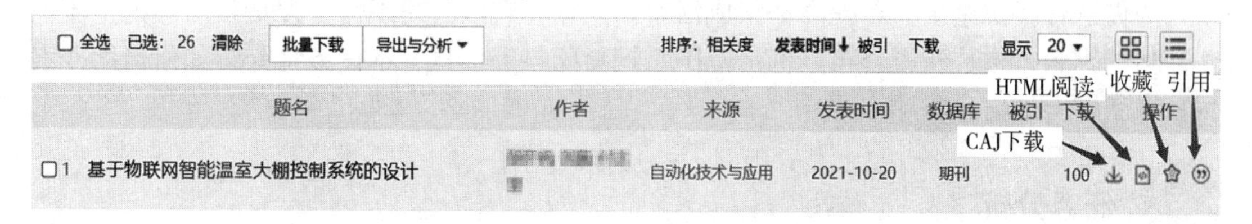

图5-2-10 检索结果页

单击检索结果页中的记录题目，可查看该文献的详细信息，包括文章目录、标题、作者、摘要、关键词、基金、页码、参考文献等基本信息；还可对目标文献进行处理，包括引用、收藏、分享、打印、关注、记笔记、手机阅读、HTML阅读、CAJ下载和PDF下载等，如图5-2-11所示。

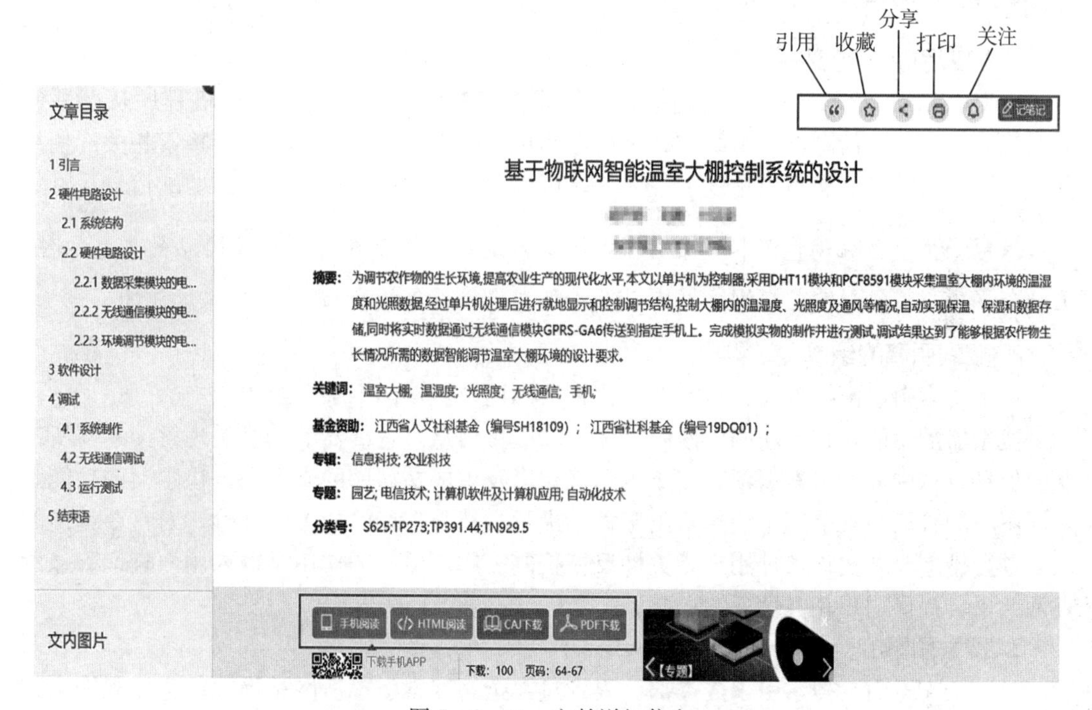

图5-2-11 文献详细信息

训练任务

小王需要填写“美丽乡村”申报书，需要在中国知网检索有关“美丽乡村”的文献资料，包括建设背景、建设途径，请为他下载一篇相关的论文的PDF版。

任务3　在 Internet 上搜索仔猪饲料信息

任务描述

为促进仔猪健康生长，提高仔猪成活率，某饲料有限公司现需要搜集目前国内主流饲养仔猪的饲料名称、所属公司、价格范围、饲料配料等信息。本任务将介绍如何借助搜索引擎来获取上述信息。

任务分析

实现此任务前要对“搜索”所使用到的工具即“搜索引擎”进行一定的了解。首先要知道何为“搜索引擎”，其次要了解搜索引擎的组成、分类、工作原理等方面的内容。对搜索引擎有了初步了解后，根据任务的要求，使用搜索引擎完成对产品信息的搜集，以百度为例。

必备知识

1. 搜索引擎的定义

搜索引擎（Search Engine）是指根据一定的策略、运用特定的计算机程序从互联网上搜集信息，在对信息进行组织和处理后，为用户提供检索服务，将用户检索相关的信息展示给用户的系统。从用户角度上说，就是可以通过搜索引擎获得自己需要的信息。

小提示　区分浏览器和搜索引擎。浏览器是一种用于查看网页或网站的工具软件，是一个程序；搜索引擎是在浏览器中以网站形式提供服务的网站。

2. 搜索引擎的组成

一个搜索引擎由搜索器、索引器、检索器和用户接口四个部分组成。

搜索器的功能是在互联网中漫游，发现和搜集信息。索引器的功能是理解搜索器所搜索的信息，从中抽取出索引项，用于表示文档以及生成文档库的索引表。检索器的功能是根据用户的查询在索引库中快速检出文档，进行文档与查询的相关度评价，对将要输出的结果进行排序，并实现某种用户相关性反馈机制。用户接口的作用是输入用户查询、显示查询结果、提供用户相关性反馈机制。

3. 搜索引擎的分类

（1）全文索引。搜索引擎分类部分提到过，全文搜索引擎从网站提取信息建立网页数据库的概念。搜索引擎的自动信息搜集功能分两种，一种是定期搜索，即每隔一段时间（比如 Google 一般是 28 天），如图 5－3－1 所示。搜索引擎主动派出“蜘蛛”程序，对一定 IP 地址范围内的互联网网站进行检索，一旦发现新的网站，就会自动提取网站的信息和网址加入自己的数据库。另一种是提交网站搜索，即网站拥有者主动向搜索引擎提交网址，搜索引擎在一定时间内（2 天到数月不等）会定向向该网站派出“蜘蛛”程序，扫描该网站并将有关信息存入数据库，以备用户查询。随着搜索引擎索引规则发生变化，主动提交网址并不能保证网站能进入搜索引擎数据库，最好的办法是多获得一些外部链接，以此提高被搜索引擎收录的可能性。

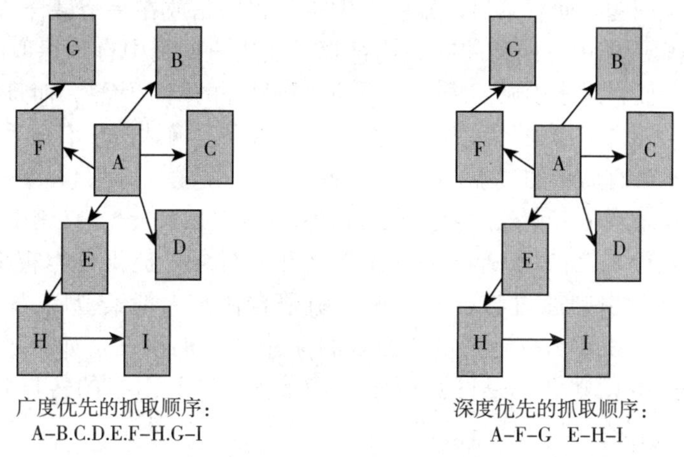

图5-3-1 蜘蛛搜索引擎

当用户以关键词查找信息时，搜索引擎会在数据库中进行搜寻，如果找到与用户要求内容相符的网站，便采用特殊的算法——通常根据网页中关键词的匹配程度、出现的位置、频次、链接质量等，计算出各网页的相关度及排名等级，然后根据关联度，按从高到低的顺序将这些网页链接返回给用户。这种引擎的特点是搜全率比较高。

全文搜索引擎是名副其实的搜索引擎，国外具代表性的有 Google、Fast/AllTheWeb、AltaVista、Inktomi、Teoma、WiseNut 等，国内著名的有百度、搜狗等。

（2）目录索引。目录索引虽然有搜索功能，但在严格意义上不算是真正的搜索引擎，仅仅是按目录分类的网站链接列表。用户完全可以不用进行关键词（Keywords）查询，仅靠分类目录也可找到需要的信息。目录索引中最具代表性的莫过于雅虎（Yahoo）。其他著名的还有 Open Directory Project（DMOZ）、LookSmart、About 等。国内的搜狐、新浪、网易搜索也都属于这一类。

目录索引也被称为分类检索，是 Internet 上最早提供万维网（简称 WWW，是基于客户机或服务器方式的信息发现技术和超文本技术的综合）资源查询的服务，主要通过搜集和整理 Internet 的资源，根据搜索到网页的内容，将其网址分配到相关分类主题目录的不同层次的类目之下，形成像图书馆目录一样的分类树形结构索引。目录索引无需输入任何文字，只要根据网站提供的主题分类目录，层层点击进入，便可查到所需的网络信息资源。

虽然有搜索功能，但严格意义上不能称作真正的搜索引擎，只是按目录分类的网站链接列表而已。用户完全可以按照分类目录找到所需要的信息，不依靠关键词（Keywords）进行查询。

与全文搜索引擎相比，目录索引有许多不同之处。

首先，搜索引擎属于自动网站检索，而目录索引则完全依赖手动操作。用户提交网站后，目录编辑人员会亲自浏览该网站，然后根据一套自定的评判标准甚至该编辑人员的主观印象，决定是否接纳该网站。其次，搜索引擎收录网站时，只要网站本身没有违反相关规定，一般都能登录成功；而目录索引对网站的要求则高得多，有时即使登录多次也不一定成功。尤其像雅虎这样的超级索引，登录更是困难。此外，在登录搜索引擎时，一般不用考虑网站的分类问题，而登录目录索引时则必须将网站放在一个最合适的目录（Directory）。最后，搜索引擎中各网站的有关信息都是从用户网页中自动提取的，所以用户拥有更多的自主权；而目录索引则要求必须手动填写另外的网站信息，而且还有各种各样的限制。更有甚者，如果工作人员认为你提交网站的目录、网站信息不合适，可以随时对进行调整，且事先不会有商量的过程。

搜索引擎与目录索引有相互融合渗透的趋势。一些纯粹的全文搜索引擎也提供目录搜索，如谷歌（Google）就借用 Open Directory（开放目录）提供分类查询服务。而像雅虎，这些老牌目录索引则通过与谷歌等搜索引擎合作扩大搜索范围。在默认搜索模式下，一些目录类搜索引擎首先返回的是自己目录中匹配的网站，如中国的搜狐、新浪、网易等；而另外一些则默认的是网页搜索，如雅虎，这类引擎的特点是找的准确率比较高。

（3）元搜索。元搜索引擎（Meta - search Engine）接受用户查询请求后，同时在多个搜索引擎上搜索，并将结果返回给用户。著名的元搜索引擎有 InfoSpace、Dogpile、Vivisimo 等。

4. 搜索引擎的工作原理

第一步：爬行。

搜索引擎通过一种特定规律的软件来跟踪网页的链接，这个软件从一个链接爬到另外一个链接的过程，像蜘蛛在网上爬行一样，所以被称为“蜘蛛”，也被称为“机器人”。搜索引擎派出的蜘蛛被输入了一定的规则，爬行时需要遵从一些命令或文件的内容。

第二步：抓取存储。

搜索引擎通过蜘蛛跟踪链接爬行到网页，并将爬行的数据存入原始页面数据库。其中的页面数据与用户浏览器得到的 HTML（构成网页文档的主要语言）是完全一样的。搜索引擎蜘蛛在抓取页面时，也做一定的重复内容检测，一旦遇到权重很低的网站上有大量抄袭、采集或者复制的内容，很可能就不再爬行。

第三步：预处理。

搜索引擎将蜘蛛抓取回来的页面，进行各种步骤的预处理。预处理的流程为：

提取文字→中文分词→去停止词→消除噪声（搜索引擎需要识别并消除这些噪声，比如版权声明文字、导航条、广告……）→正向索引→倒排索引→链接关系计算→特殊文件处理

除了 HTML 文件（超文本标记语言文件）外，搜索引擎通常还能抓取和索引以文字为基础的多种文件类型，如 PDF、DOC、XLS、PPT、TXT 文件等。在搜索结果中也经常会发现这些文件类型。但搜索引擎还不能处理图片、视频这类非文字内容，也不能执行脚本和程序。

第四步：排名。

用户在搜索框输入关键词后，排名程序调用索引库数据，计算排名显示给用户，排名过程与用户直接互动。但是，由于搜索引擎的数据庞大，虽然能达到每日都有小部分更新，但是一般情况搜索引擎的排名都是根据日、周、月，阶段性进行不同幅度的更新。

排名规则关键词为：选择、与网站内容相关、搜索次数多、竞争小、主关键词、不太宽泛、主关键词，不太特殊、商业价值、提取文字、中文分词、去停止词、消除噪声、去重、正向索引、倒排索引、链接关系计算、特殊文件处理。

5. 常用搜索引擎

（1）谷歌搜索引擎。谷歌搜索引擎（www. google. com）能提供全面的结果信息。用户界面简洁美观，有足够的响应能力来处理复杂的搜索，用户能快速有效地搜索到自己所需的内容，是一个快速、强大的搜索引擎。

（2）百度搜索引擎。百度搜索引擎（www. baidu. com）是目前世界上最大的中文搜索引擎，具有高准确性、高查全率、更新快以及服务稳定等特点。

（3）搜狗搜索引擎。搜狗搜索引擎（www. sogou. com）是搜狐公司于2004年推出的全球首个第三代互动式中文搜索引擎，致力于中文互联网信息的深度挖掘，支持微信公众号和推文搜索、知乎搜索、英文搜索及翻译，通过自主研发的人工智能算法为用户提供专业、精准、便捷的搜索服务。

任务实现

1. 简单搜索

打开任意浏览器，如IE浏览器、360浏览器等。在地址栏输入网址："www. baidu. com"，在搜索栏输入"仔猪饲料"，单击"百度一下"，结果如图5-3-2所示。

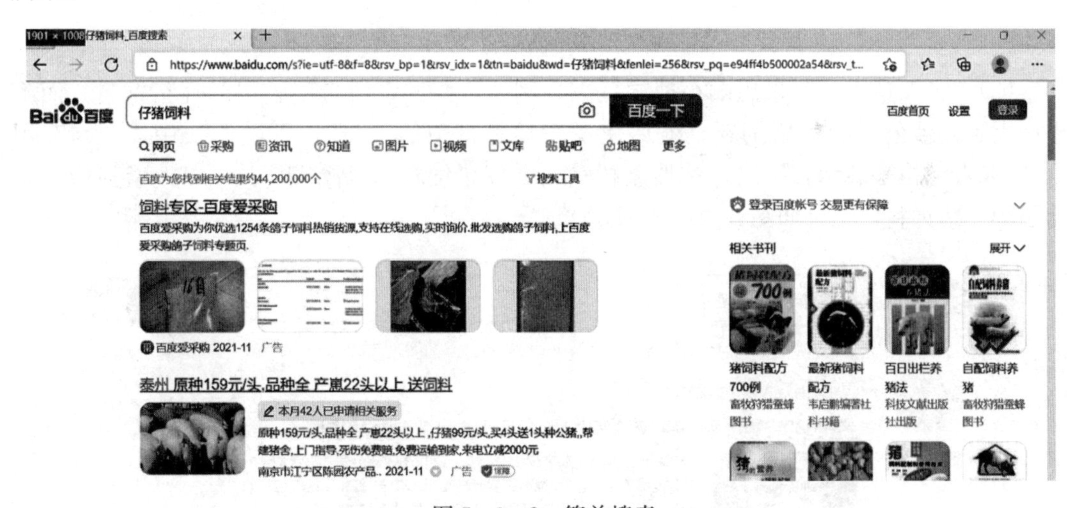

图5-3-2 简单搜索

小提示 默认搜索结果为网页，也可以在"采购""资讯""知道""图片""视频""文库""贴吧""地图"等选项卡中搜索，单击相应选项卡即可。

2. 布尔逻辑搜索

（1）"-"搜索。第一步搜索到的结果中，有很多广告，且广告排在最前面。想去除搜索结果中的广告，要用到逻辑运算符中的"非"，百度语法中，"非"用"-"来表示，所以，在搜索栏输入"仔猪饲料-广告"，就可以过滤掉广告，结果如图5-3-3所示。

图 5-3-3　非搜索

（2）“+”搜索。如果想缩小搜索范围，例如，要搜索新希望公司的仔猪饲料，而不想搜索到其他公司的仔猪饲料。就要用逻辑运算符中的“与”，百度语法中，“与”用“+”或者空格来表示，所以，在搜索栏输入“仔猪饲料 +新希望”，可以搜索到新希望公司的仔猪饲料，结果如图 5-3-4 所示。

图 5-3-4　与搜索

小提示　逻辑运算符中的“或”在百度语法中用“|”来表示。

3. 精确搜索

前面的几种搜索结果中，都出现了“仔猪”和“饲料”被分开的情况，像“仔猪配合饲料”等。如果想精确搜索包含“仔猪饲料”这一个字符的网站，就需要给搜索词加上双引号，如图 5-3-5 所示。搜索到的网页全部是仔猪饲料相关的，与图 5-3-2 相比就过滤掉了其他不相关的页面。

图 5-3-5　精确搜索

4. 字段限定搜索

（1）在网页标题中搜索。如果想搜索标题中含有“仔猪饲料”的网页，可以使用限定词“intitle”，在搜索栏中输入“intitle：仔猪饲料”，结果如图 5-3-6 所示。

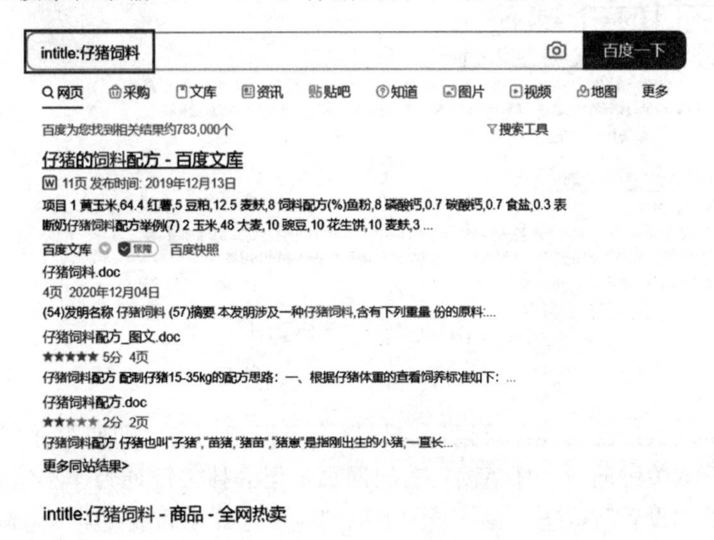

图 5-3-6　在标题中搜索

（2）在指定站点中搜索。如果想在指定站点中搜索“仔猪饲料”，可以使用限定词

"site"。例如，在搜索栏中输入"仔猪饲料 site：taobao.com"，指在淘宝（www.taobao.com）网站中搜索包含仔猪饲料的网页，结果如图5-3-7所示。

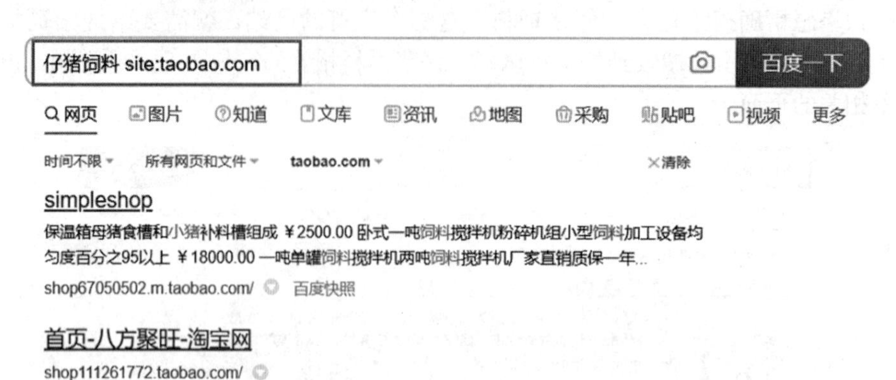

图5-3-7　在指定网站搜索

小提示　此功能也可在搜索工具中进行设置。

（3）使用搜索工具。如果要搜索近一年内有关"仔猪饲料"的doc文档，可以借助搜索工具来完成。在百度搜索栏内输入"仔猪饲料"，单击"搜索工具"，在排在首位的时间筛选项中选择"一年内"，在第二位的文件格式筛选项中选择"微软word（.doc）"，如图5-3-8所示。

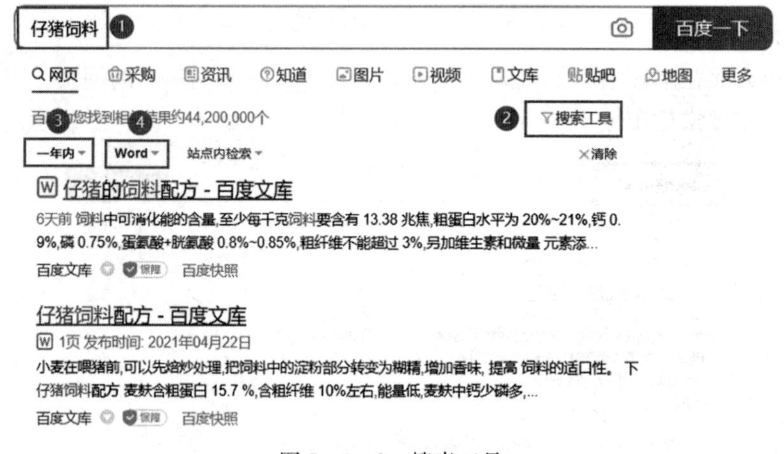

图5-3-8　搜索工具

5. 高级搜索

百度也提供高级搜索功能，可以同时设置多个搜索字段，即使不懂搜索语法也可完成。例如，要获取关键词为"仔猪饲料"的网页，但去掉关键词为"小猪饲料"的网页。单击页面右侧的"设置"按钮，在打开的下列列表中选择"高级搜索"，弹出"高级搜索"对话框。在"包含全部关键词"后的文本框中输入"仔猪饲料"，在"不包括关键词"后的文本框中输入"小猪饲料"，单击最下方"高级搜索"按钮，如图5-3-9所示。

图 5-3-9　高级搜索

训练任务

使用百度搜索引擎搜索2021年国务院和各部委发布的有关“乡村振兴”的政策文件。

任务4　用电子邮件给客户发送合同文本

在学习、工作和生活中，互相传递文件、资料等信息是不可避免的活动。以往人们大多是通过手动传递、邮寄等方式来实现信息交流，这些方式受时间、地域的限制，常常需耗费大量时间与精力。随着互联网的发展，一台连接 Internet 的电脑通过发送电子邮件就可以完成文本、图片甚至还有音频、视频等文件信息的传递。

任务描述

某项目经理为了与客户沟通合同事宜，进一步磋商合作事项，将合同文本作为电子邮件的附件发送给客户，并标明主题，在邮件正文部分写清需传达的文字信息。可以通过处理软件或者网页端进行邮件的发送。

任务分析

实现此任务前，要对电子邮件有一定的了解。首先，要知道何为“电子邮件”，其次，要了解电子邮件的发展历史、工作原理、地址格式、特点、服务器系统、分类等。对电子邮件有了初步了解后，根据任务的要求，学会使用处理软件或者网页端发送电子邮件。

必备知识

1. 电子邮件的定义

电子邮件是一种用电子手段提供信息交换的通信方式，是互联网中应用最广的服务之一。通过网络的电子邮件系统，用户可以以较低的价格，享受非常快速的服务，与世界上任何一个角落的网络用户联系。

电子邮件的内容可以是文字、图像、声音等多种形式。同时，用户可以收到大量免费的新闻、专题邮件，并实现轻松的信息搜索。电子邮件的存在极大地方便了人与人之间的沟通与交流，促进了社会的发展。

2. 电子邮件的发展历史

（1）起源。对于世界上第一封电子邮件（Email），有以下两种说法。

第一种说法是世界上的第一封电子邮件是 1969 年 10 月计算机科学家莱纳德（Leonard K.）教授发送给同事的一条简短消息。这条消息的内容只有两个字母："LO"。莱纳德教授因此被称为"电子邮件之父"。

第二种说法，也是较为广泛的一种说法。1971 年，美国国防部资助的阿帕网正在如火如荼的进行当中，但出现了一个非常尖锐的问题——参加此项目的科学家们在不同的地方做着不同的工作，不能很好地分享各自的研究成果。他们迫切需要一种能够借助于网络在不同的计算机之间传送数据的方法。麻省理工学院博士雷伊（Ray Tomlinson）把一个可以在不同的电脑网络之间进行拷贝的软件和一个仅用于单机的通信软件进行了功能合并，命名为 SNDMSG（即 Send Message）。为了测试，他使用这个软件在阿帕网上发送了第一封电子邮件，收件人是另外一台电脑上的自己。尽管这封邮件的内容连他本人也记不起来了，但那一刻依然极具历史意义——电子邮件诞生了。雷伊博士选择"@"符号作为用户名与地址之间的间隔，因为这个符号比较生僻，不会出现在任何一个人的名字当中，而且这个符号的读音也有着"在"的含义。

（2）发展历程。虽然电子邮件 20 世纪 70 年代已经被发明，但却在 80 年代才得以兴起。70 年代的沉寂主要是由于当时使用阿帕网的人太少，网络的速度最高也只能达到 56Kbps。受网络速度的限制，那时的用户只能发送一些简短的信息；到了 80 年代中期，个人电脑兴起，电子邮件开始在电脑迷以及大学生中广泛传播开来；到 90 年代中期，互联网浏览器诞生后，全球网民人数激增，电子邮件也开始被广泛使用。

（3）Eudora。使电子邮件成为主流的第一个程序是 Eudora，是由史蒂夫·道纳尔在 1988 年编写。由于 Eudora 是第一个有图形界面的电子邮件管理程序，很快就成为各公司和大学校园内流行的电子邮件程序。

然而 Eudora 的地位并没维持太久。随着互联网的兴起，Netscape 和微软相继推出了它们的浏览器和相关程序。微软和其开发的 Outlook 使 Eudora 逐渐走向衰落。

1999 年至 2004 年，关于电子邮件发生的最大变化是基于互联网的电子邮件的兴起。人们可以通过任何联网的计算机在邮件网站上维护自己的邮件账号，而不是只能在家中或公司的联网电脑上使用邮件。这种邮件是由 Hotmail 推广的。

Hotmail 的成功使一大批竞争者得到了启发，很快电子邮件成为门户网站的必备服务，Yahoo，Netscape，Exicite 和 Lycos 等，都有自己的电子邮件服务。

3. 电子邮件的工作原理

在 Internet 上发送和接收电子邮件的原理可以很形象地用日常生活中邮寄包裹来形容：寄包裹时，首先要找到任一有这项业务的邮局，在填写完收件人姓名、地址等信息之后，包裹就会被寄出，送到收件人所在地的邮局，对方取包裹的时候就必须去这个邮局才能取出。同样的，发送电子邮件时，这封邮件是由任意一个邮件发送服务器发出，并根据收信人的地址判断对方的邮件接收服务器而将这封信发送到该服务器上，收信人要收取邮件也必须访问这个服务器才能完成。

（1）电子邮件的发送。SMTP是维护传输秩序、规定邮件服务器之间工作的协议，目标是可靠、高效地传送电子邮件。SMTP独立于传送子系统，并且能够接力传送邮件。

SMTP基于以下的通信模型：根据用户的邮件请求，发送方SMTP建立与接收方SMTP之间的双向通道。接收方SMTP可以是最终接收者，也可以是中间传送者。发送方SMTP产生并发送SMTP命令，接收方SMTP向发送方SMTP返回响应信息，如图5-4-1所示。

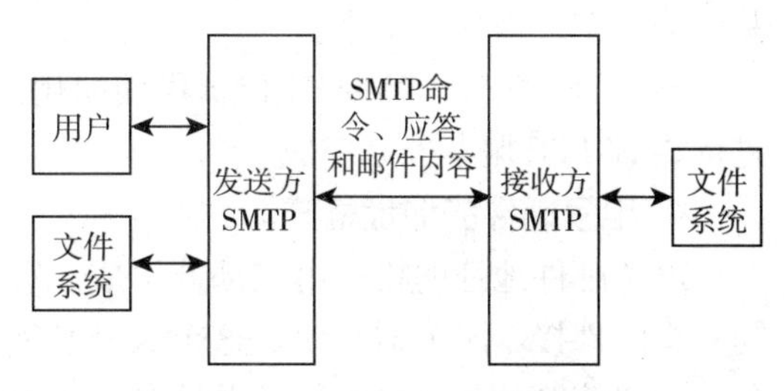

图5-4-1　SMTP通信模型

连接建立后，发送方SMTP发送MAIL命令指明发信人，如果接收方SMTP认可，则返回“OK”应答。发送方SMTP再发送RCPT命令指明收信人，如果接收方SMTP也认可，则再次返回“OK”应答；或是给予拒绝应答（但不中止整个邮件的发送操作）。当有多个收信人时，双方将如此重复多次。这一过程结束后，发送方SMTP开始发送邮件内容，并以一个特别序列作为终止。如果接收方SMTP成功处理了邮件，则返回“OK”应答。

对于需要接力转发，如果一个SMTP服务器接受了转发任务，但后来却发现由于转发路径不正确或者其他原因无法发送该邮件，那么其必须发送一个“邮件无法递送”的消息给最初发送该信的SMTP服务器。为防止出现因该消息可能发送失败而导致报错消息在两台SMTP服务器之间循环发送的情况，可以将该消息的回退路径置空。

（2）电子邮件的接收。

①电子邮件协议第3版本（POP3）。要在Internet的一个比较小的节点上维护一个消息传输系统（Message Transport System，简称MTS）是不现实的。例如，一台工作站可能没有足够的资源允许SMTP服务器及相关的本地邮件传送系统驻留且持续运行。同样的，要求一台个人计算机长时间连接在IP网络上的成本也是巨大的，有时甚至无法实现。尽管如此，允许在这样的小节点上管理邮件常常是很有用的，并且通常能够支持一个可以用来管理邮件的用户代理。为满足这一需要，可以让能够支持MTS的节点为这些小节点提供邮件存储功能。POP3就是用于提供这样一种实用的方式来动态访问存储在邮件服务器上的电子邮件的。一般来说，就是指允许用户主机连接到服务器上，以取回那些服务器为其暂存的邮件。POP3不提供更强大的邮件管理功能，通常邮件在被下载后，就会被服务器删除。更多的管理功能则由IMAP4来实现。

邮件服务器通过侦听TCP的110端口开始POP3服务。当用户主机需要使用POP3服务时，就与服务器主机建立TCP连接。建立连接后，服务器发送一个表示已准备好的确认消息，然后双方交替发送命令和响应，以取得邮件，这一过程一直持续到连接终止。一条POP3指令由一个与大小写无关的命令和一些参数组成。命令和参数都使用可打印的ASCII字符，中间用空格隔开。命令一般为3～4个字母，而参数却可达40个字符。

②Internet报文访问协议第4版本（IMAP4）。IMAP4提供了在远程邮件服务器上管

理邮件的手段，能为用户提供有选择地从邮件服务器接收邮件、基于服务器的信息处理和共享信箱等功能。IMAP4 使用户可以在邮件服务器上建立任意层次结构的保存邮件的文件夹，并且可以灵活地在文件夹之间移动邮件，随心所欲地组织自己的信箱，而 POP3 只能在本地依靠用户代理的支持来实现这些功能。如果用户代理支持，那么 IMAP4 甚至还可以实现选择性下载附件的功能，假设一封电子邮件中含有 5 个附件，用户可以选择下载其中的 2 个，而非每一个。

与 POP3 类似，IMAP4 仅提供面向用户的邮件收发服务。邮件在因特网上的收发还是依靠 SMTP 服务器来完成。

4. 电子邮件的地址格式

电子邮件地址的格式由三部分组成。第一部分“USER”代表用户信箱的账号，对于同一个邮件接收服务器来说，这个账号必须是唯一的；第二部分“@”是分隔符；第三部分是用户信箱的邮件接收服务器域名，用以标记其所在的位置。

5. 电子邮件的特点

电子邮件是整个网络上以至所有其他网络系统中直接面向人与人之间信息交流的系统，数据发送方和接收方都是人，所以极大地满足了人与人之间普遍存在的通信需求。

作为一种用电子手段传送信件、单据、资料等信息的通信方式。电子邮件综合了电话通信和邮政信件的特点，传送信息的速度和电话一样快，又能像信件一样使收信者在接收端收到文字记录。电子邮件系统又称基于计算机的邮件报文系统，参与了从邮件进入系统直至到达目的地的全部处理过程。电子邮件不仅可利用电话网络，而且可利用其他任何通信网传送。在利用电话网络时，还可在其非高峰期间传送信息，这对于商业邮件具有特殊价值。由中央计算机和小型计算机控制的面向有限用户的电子系统可以看作一种计算机会议系统。电子邮件采用储存-转发方式在网络上逐步传递信息，不像电话那样直接、及时，但费用较低，而且传播速度快、非常便捷、成本低、交流对象广泛、信息多样化、比较安全。

6. 电子邮件的系统

电子邮件服务由专门的服务器提供，Gmail、Hotmail、网易邮箱、新浪邮箱等邮箱服务也是建立在电子邮件服务器基础上，但是大型邮件服务商的系统一般是自主开发或是对其他技术二次开发实现的。主流电子邮件服务器主要有以下两大系统：

（1）基于 Unix/Linux 平台的邮件系统。

①Sendmail 邮件系统（支持 SMTP）和 dovecot 邮件系统（支持 POP3）。Sendmail 可以说是邮件的鼻祖。dovecot 系统则能为 Linux 系统提供 IMAP 和 POP3 电子邮件的开源服务程序。

②基于 Postfix/Qmail 的邮件系统。Postfix/Qmail 技术是在 Sendmail 技术上发展起来的。如网易邮箱的 MTA 是基于 Postfix，Yahoo 的邮箱是基于 Qmail 系统。

（2）基于 Windows 平台的邮件系统。

①微软的 Exchange 邮件系统。

②IBM Lotus Domino 邮件系统。

③Scalix 邮件系统。

④Zimbra 邮件系统。

⑤MDeamon 邮件系统。

其中 Exchange 邮件系统由于和 Windows 整合，便于管理，是在企业中使用数量最多的邮件系统。IBM Lotus Domino 则综合功能较强，大型企业使用较多。基于 Postfix 的邮件系统需要有较强的技术力量才能实现，但是性能可以达到非常高，而且安全性很好，同时软件是开源免费的。

7. 电子邮箱的类型

（1）常见电子邮箱。微软睿邮（微软）、Exchange 邮箱（阳光互联）、Outlook mail（微软）、MSN mail（微软）、Gmail（谷歌）、Yahoo mail（雅虎）、QQ mail（腾讯）、FOXMAIL（腾讯）、163 邮箱（网易）、126 邮箱（网易）、139 邮箱（移动）。

（2）常见处理软件。The Bat!、Windows Live Mail Desktop、KooMail、梦幻快车 DreamMail、Becky!、Foxmail、微邮、IncrediMail、Mozilla Thunderbird、Outlook Express、MailWasher、电子邮件聚合器。

选择电子邮件一般从信息安全、反垃圾邮件、防杀病毒、邮箱容量、稳定性、收发速度、能否长期使用；邮箱的功能进行搜索和排序是否方便和精细，邮件内容是否便于管理，使用是否方便，收发方式是否多样等综合考虑。每个人可以根据自己的需求，选择最适合自己的邮箱。

任务实现

1. 使用 QQ 邮箱发送邮件

直接百度搜索 QQ 邮箱，然后通过网页登录 QQ 邮箱或者通过登录 QQ 软件再进入邮箱，如图 5－4－2 所示。

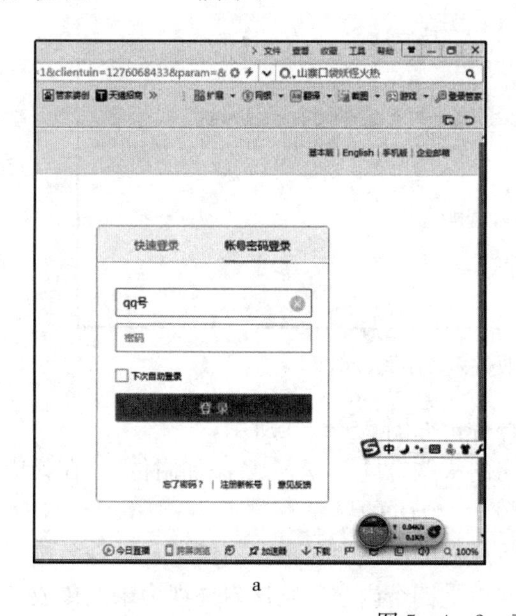

a

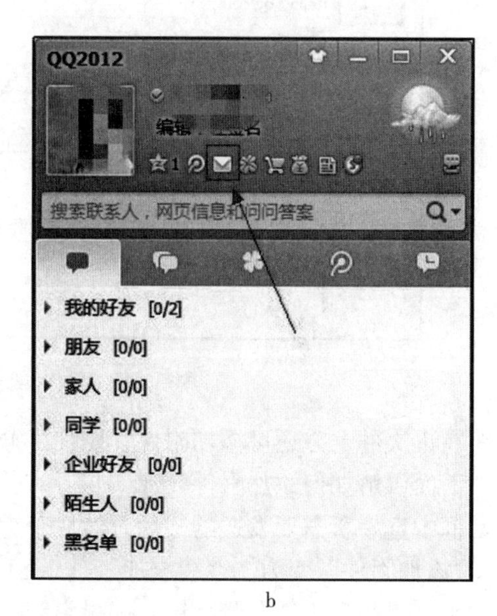

b

图 5－4－2　登录 QQ 邮箱
a. 通过网页登录　b. 通过软件登录

进入 QQ 邮箱的首页，点击左上角的“写信”，如图 5－4－3 所示。

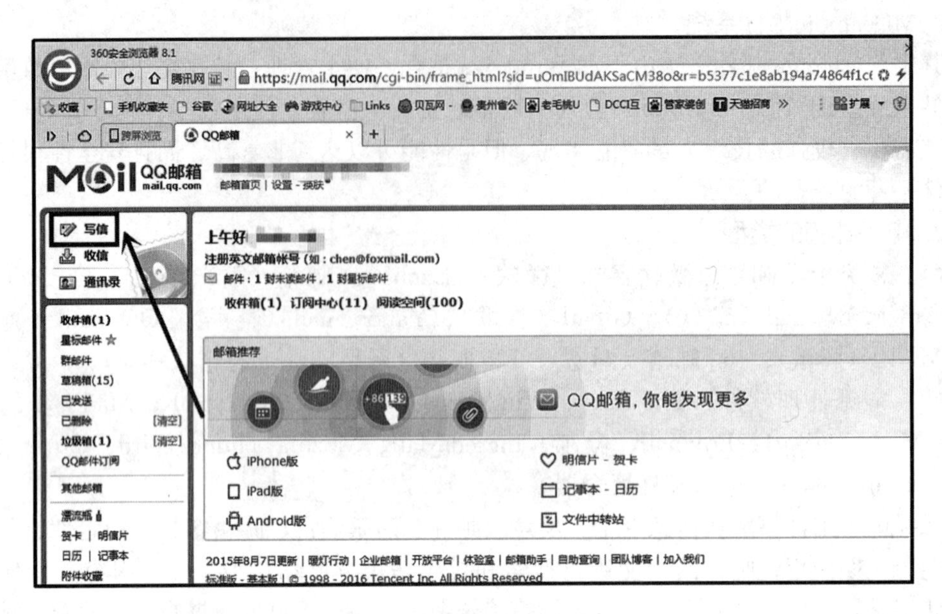

图 5－4－3　点击“写信”

在“收件人”文本框中键入收件人的邮箱地址，例：hello@qq. com，接着再输入主题及正文内容，如图 5－4－4 所示。

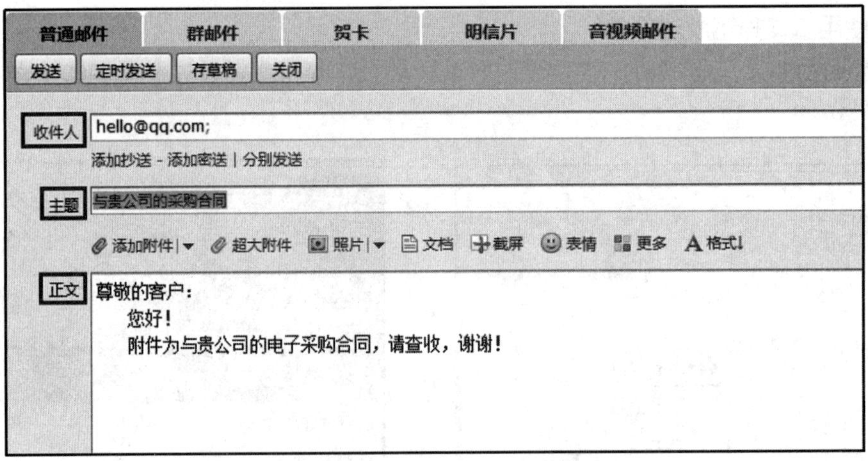

普通邮件　群邮件　贺卡　明信片　音视频邮件

发送　定时发送　存草稿　关闭

收件人　hello@qq.com;

添加抄送 - 添加密送 | 分别发送

主题　与贵公司的采购合同

添加附件　超大附件　照片　文档　截屏　表情　更多　格式

正文　尊敬的客户：

您好！

附件为与贵公司的电子采购合同，请查收，谢谢！

图 5－4－4　填写“收件人、主题、正文”

在正文的上方还可添加附件、照片、截屏等，如图 5－4－5 所示。

下面讲解如何添加附件，如“与××公司的采购合同”。单击“添加附件”，在弹出的对话框中选中所需要发送的文件。然后获得图 5－4－6 的界面。

“添加附件”变为“继续添加”。已经上传成功的附件会显示几项信息：附件名称、附件大小、添加到正文及删除键。如果没有出现以上四个内容，则该附件视为未上传成功。

点击“添加到正文”可以把附件的内容增加到正文部分。

准备完毕后，可以在上方或下方直接单击“发送”按钮。如果邮件还需要再进行修改，可以单击“存草稿”，以便下次继续操作，如图 5－4－7 所示。

普通邮件 群邮件 贺卡 明信片 音视频邮件
发送 定时发送 存草稿 关闭
收件人 hello@qq.com;
添加抄送 - 添加密送 | 分别发送
主题 与贵公司的采购合同
添加附件 超大附件 照片 文档 截屏 表情 更多 格式
正文 尊敬的客户：
您好！
附件为与贵公司的电子采购合同，请查收，谢谢！

图 5-4-5　添加附件、照片、截屏等的页面

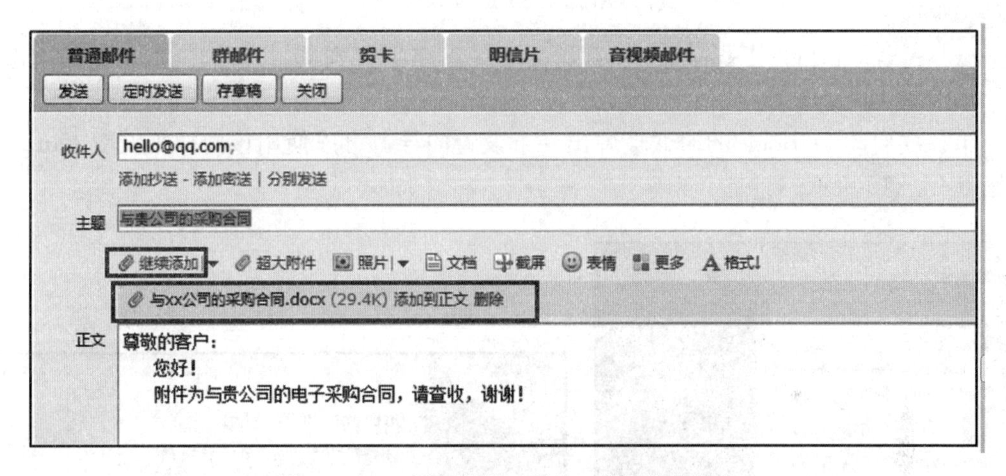

图 5-4-6　添加附件、照片、截屏等的操作

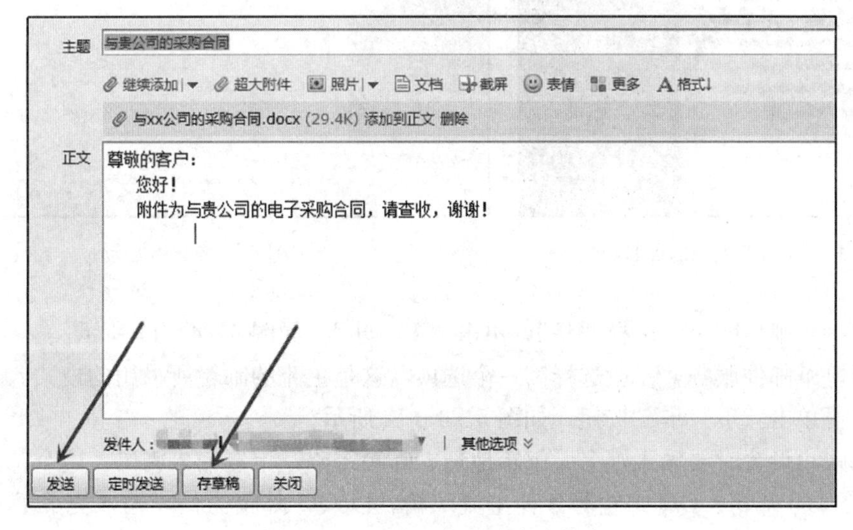

图 5-4-7　发送邮件或存为草稿

最后，一定要出现图 5-4-8 的界面邮件才算是发送成功。

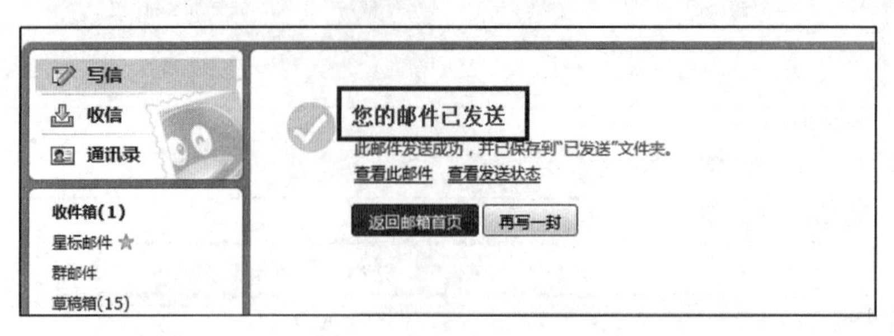

图 5-4-8　发送成功

2. 使用 Outlook Express 发送邮件

Outlook Express，简称 OE，是微软公司出品的一款电子邮件客户端，也是一个基于 NNTP 协议（网络新闻传输协议）的 Usenet（新闻组）客户端。可用于多个邮箱的收发邮件和整理。

（1）设置 Outlook Express。在开始菜单—程序中找到 Outlook Express，并单击打开，如图 5-4-9 所示。

第一次启动 Outlook 的时候会弹出一个设置向导，可以使用该向导来设置 Outlook。如图 5-4-10 所示。

图 5-4-9　打开 Outlook Express

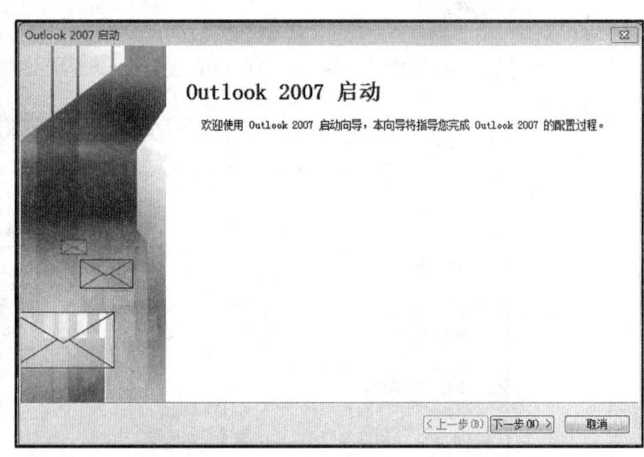

图 5-4-10　启动

配置电子邮件账户。选择“是”，单击“下一步”，如图 5-4-11 所示。

选择电子邮件服务，一般选择第一个选项，这是主流的邮箱所采用的模式。选择第一个模式，再单击“下一步”按钮。如图 5-4-12 所示。

自动账户设置时要输入姓名、邮箱地址、邮箱密码，重复输入密码。这个邮箱可以是 126 邮箱、163 邮箱、QQ 邮箱等各种主流邮箱。以 QQ 邮箱为例，输入完成后单击“下一步”，如图 5-4-13 所示。

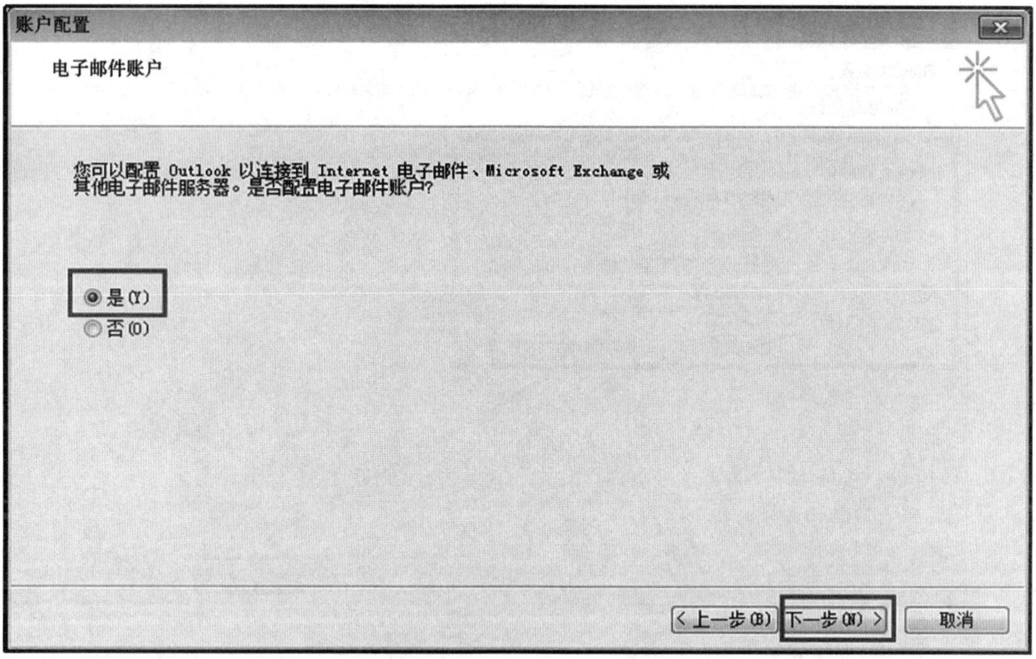

账户配置
电子邮件账户
您可以配置 Outlook 以连接到 Internet 电子邮件、Microsoft Exchange 或其他电子邮件服务器。是否配置电子邮件账户?
是(Y)
否(O)
< 上一步(B)
下一步(N) >
取消

图 5-4-11　电子邮件账户配置

添加新电子邮件账户
选择电子邮件服务
Microsoft Exchange、POP3、IMAP 或 HTTP(M)
连接到 Internet 服务提供商(ISP)提供的电子邮件账户或您所在组织的 Microsoft Exchange 服务器。
其他(O)
连接以下服务器类型。
Fax Mail Transport
Outlook 手机信息服务
< 上一步(B)
下一步(N) >
取消

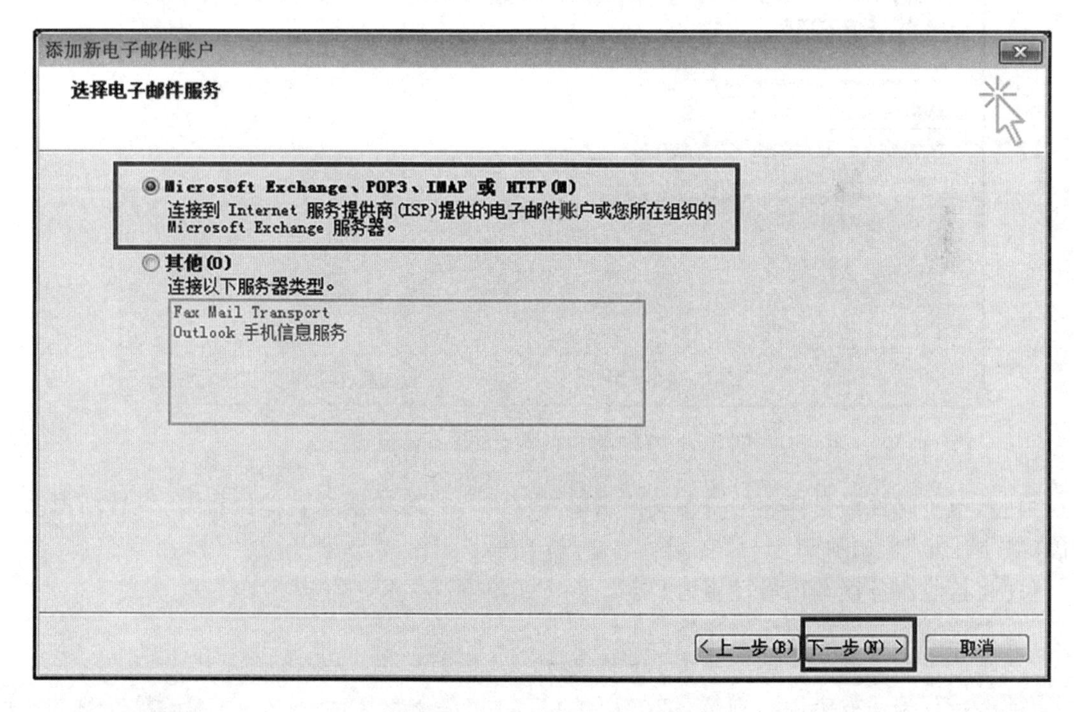

图 5-4-12　选择电子邮件服务

然后进入添加新电子邮件账户界面，如图 5-4-14 所示。

搜索完成后，单击“完成”即可完成设置。

如果没有连接到服务器，可以手动进行配置，如图 5-4-15 所示。

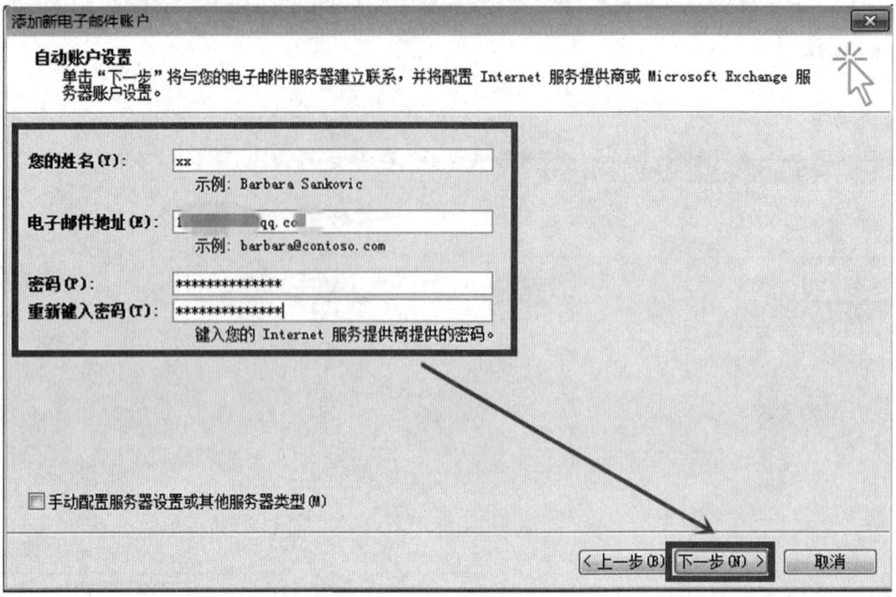

图 5-4-13　自动账户设置

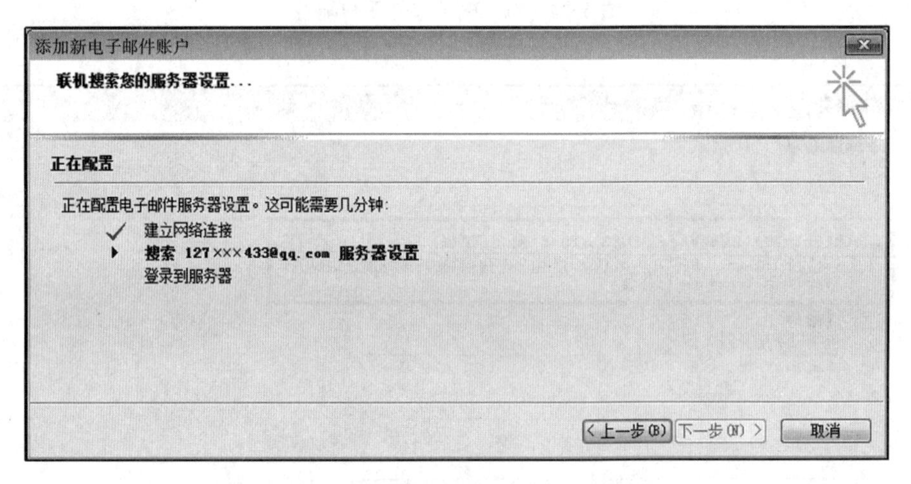

图 5-4-14　联机搜索您的服务器设置

进入电子邮件设置界面，将相关信息填入框内，然后单击“其他设置”，设置结束后单击“下一步”，如图 5-4-16、图 5-4-17 所示。

①将接收服务器端口号设置为 995。

②勾选此服务器需要加密连接。

③将发送服务器端口号设置为 465 或 587。

④选择加密连接类型为 SSL。

⑤将下方的“××天后删除服务器上的邮件副本”取消勾选。(若不取消勾选 Outlook 会自动删除服务器上的邮件。)

当然除了在 Outlook 软件中进行设置外，QQ 邮箱网页端同样要进行设置，否则会提示接收或发送失败。

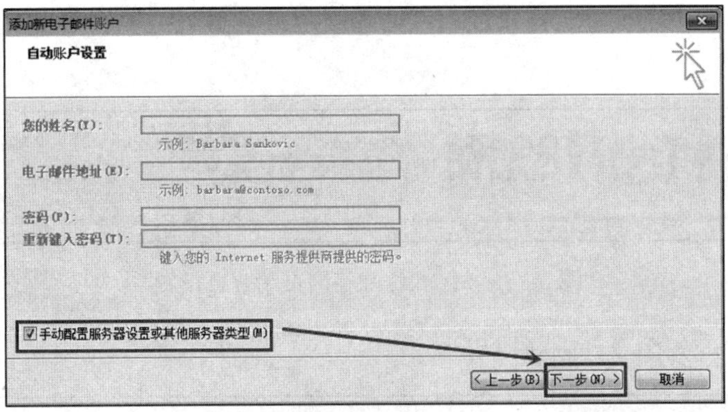

添加新电子邮件账户
自动账户设置
您的姓名(Y):
示例: Barbara Sankovic
电子邮件地址(E):
示例: barbara@contoso.com
密码(P):
重新键入密码(T):
键入您的 Internet 服务提供商提供的密码。
手动配置服务器设置或其他服务器类型(M)
< 上一步(B) 下一步(N) > 取消

图 5-4-15 手动配置服务器设置或其他服务器类型

添加新电子邮件账户
Internet 电子邮件设置
这些都是使电子邮件账户正确运行的必需设置。
用户信息
您的姓名(Y):
电子邮件地址(E): 3@qq.com
服务器信息
账户类型(A): POP3
接收邮件服务器(I): pop.qq.com
发送邮件服务器(SMTP)(O): smtp.qq.com
登录信息
用户名(U):
密码(P): ***************
记住密码(R)
要求使用安全密码验证(SPA)进行登录(Q)
测试账户设置
填写完此这些信息之后，建议您单击下面的按钮进行账户测试。(需要网络连接)
测试账户设置(T)...
其他设置(M)...
< 上一步(B) 下一步(N) > 取消

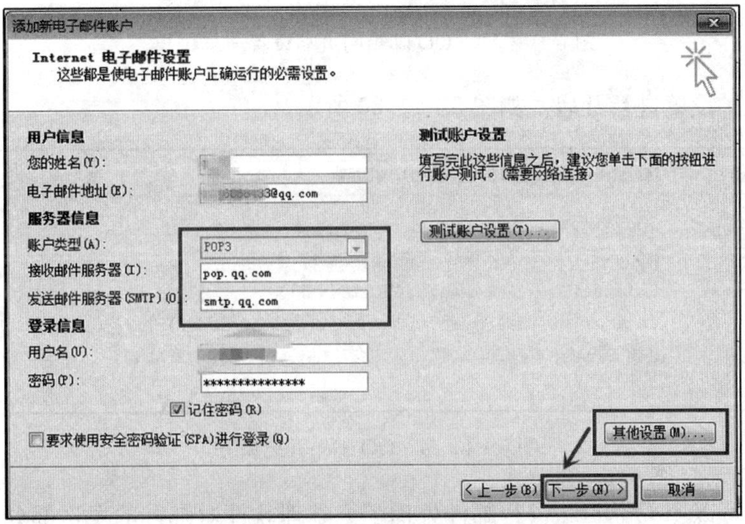

图 5-4-16 电子邮件设置

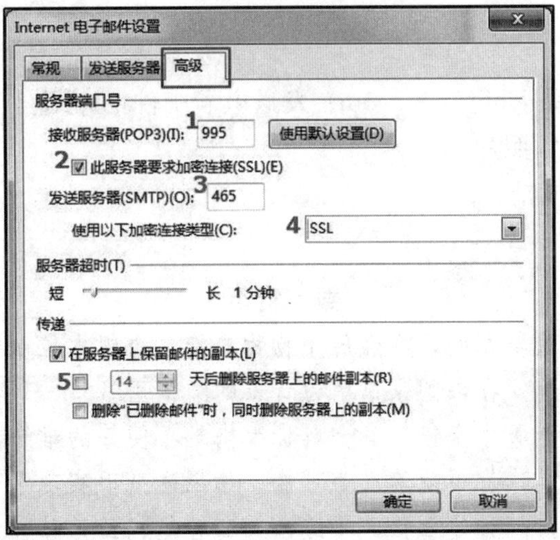

Internet 电子邮件设置
常规 发送服务器 高级
服务器端口号
接收服务器(POP3)(I): 1 995 使用默认设置(D)
2 此服务器要求加密连接(SSL)(E)
发送服务器(SMTP)(O): 3 465
使用以下加密连接类型(C): 4 SSL
服务器超时(T)
短 长 1 分钟
传递
在服务器上保留邮件的副本(L)
5 14 天后删除服务器上的邮件副本(R)
删除"已删除邮件"时，同时删除服务器上的副本(M)
确定 取消

图 5-4-17 电子邮件设置——其他设置——高级

（2）QQ邮箱网页端设置。首先进入QQ邮箱网页端首页，单击“设置”，如图5-4-18所示。

图5-4-18　QQ邮箱网页端首页设置

单击“账户”，如图5-4-19所示。

图5-4-19　QQ邮箱网页端设置——账户

将以下几种设置进行开启，如图5-4-20所示。

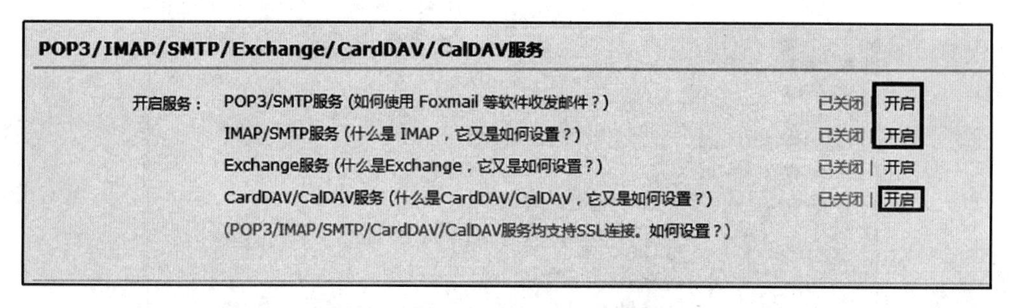

图5-4-20　QQ邮箱开启服务

接下来就可以用Outlook进行邮件处理了。处理软件对邮件的发送部分和WEB形式类似。

训练任务

请你给同学小李（xiaoli@××.com）发送电子邮件，介绍自己在新学校的情况，并随邮件发送一张校园初雪照片。

数字货币

货币是人类的一项重要发明，在经历了物物交换、金银本位制的阶段之后，信用货币成为货币史上的重要跨越。在以国家信用为背景的纯信用货币——纸币出现之后，不仅节约了货币发行成本，也克服了金银等贵金属货币携带不便等的难题，极大促进了近代的贸易发展，也让中央银行操作货币政策成为可能。如果说纸币实现了信用货币从具体物品到抽象符号的第一次飞跃，那么建立在区块链、人工智能、云计算和大数据等基础上的数字货币实现了信用货币由纸质形态向无纸化方向发展的第二次飞跃。

1. 数字货币

从性质上来说，数字货币是数字经济的货币发展形态，但不是电子货币的替代品。它是以区块链作为底层技术支持，具有去中心化、可编程性、以密码学原理实现安全验证等特征。

广义数字货币大致可以分为三类：一是完全封闭的、与实体经济毫无关系且只能在特定虚拟社区内使用的货币，如虚拟世界中的游戏币；二是可以用真实货币购买但不能兑换回真实货币，可用于购买虚拟商品和服务，如Facebook（现Meta公司）推出的Libra；三是可以按照一定比率与真实货币进行兑换、赎回，既可以购买虚拟商品服务，也可以购买真实的商品服务，如央行发行的法定数字货币。根据发行者不同，数字货币可以分为央行发行的法定数字货币和私人发行的数字货币。

2020年疫情以来，以“新投资、新消费、新模式、新业态”为主要特点的数字经济已经成为推动我国经济社会平稳发展的重要力量。结合当前国内国际双循环的大背景，数字经济是国内国际双循环发展的重要抓手。数字货币又是数字经济的交易媒介与价值尺度，使得数字货币的推出与使用成为趋势。

我国数字经济进入了提速快速发展时期后，亟须实现数据、技术、产业、商业、制度等协同发展，构建数字经济新型生产关系，通过要素市场改革进一步激发数字生产力，而数字货币基于节点网络和数字加密算法，是为了迎合数字经济发展需要，是其具体的货币发展形态。数字货币建立在复杂网络理论基础，以区块链技术为核心，充分体现了不可篡改和加密安全等特点，实现底层数字货币，中间层数字金融账户体系，覆盖了央行支付体系、商业银行、非银机构等垂直化总分账户体系，同时实现了各国央行的支付清算系统的互联互通，顶层数字身份验证体系等，通过大数据和云计算，实现传统货币体系向数字货币体系的转变。

目前，包括中国在内，日本、泰国、加拿大、美国、法国、瑞士等全球近80%的国家央行都已经各自研发数字货币，而中国等近一成的国家央行已经将各自国家的数字化货币落定应用。

2. 数字人民币

随着计算机和互联网技术的快速发展，人民币已经逐步实现电子化，迈入2.0时代。流通在银行等金融体系内的现金和存款早已通过电子化系统实现数字化，而支付宝支付、微信支付等第三方移动支付的大规模普及，让流通中的现钞比重逐渐降低。现在国人日常消费几乎不需要使用现钞。移动支付已经改变了人们生活的方方面面，带来快速便捷的支付体验。人们开始畅想未来的“无现金社会”，中国也成为最接近无现金社会的国家之一。

我国央行在2014年就已经开始着手数字货币的研究，最近主要是与业界机构共同组织分布式研发DC/EP（DC，digital currency，数字货币；EP，electronic payment，电子支付）。数字人民币有助于中央银行获取货币投放后的交易和流通信息，并通过设计相关的前瞻条件指引机制，对于解决传导效果、逆周期调控等货币政策困境能够起到很大的帮助作用。还有利于保护货币主权，推进人民币国际化。

2020年8月14日，商务部印发《全面深化服务贸易创新发展试点总体方案》，在“全面深化服务贸易创新发展试点任务、具体举措及责任分工”部分第93条提到，在京津冀、长三角、粤港澳大湾区及中西部具备条件的试点地区开展数字人民币试点。人民银行制定政策保障措施；遵循稳步、安全、可控、创新、实用原则，先由深圳、成都、苏州、雄安新区等地及冬奥场景相关部门协助推进，后续视形势扩大到其他地区。至此，历经7年漫长探索的数字人民币终于站上时代的浪尖，中国成为全球首个推出主权数字货币的大国，引领人类货币体系迈入新纪元。

综合练习5

一、判断题

1. 计算机网络按拓扑结构划分为总线、星形、环形和网状结构四种。（　　）
2. 计算机网络的最主要功能是通信。（　　）
3. OSI七层模型包括物理层、数据层、网络层、传输层、会话层、表达层和应用层。（　　）
4. 利用电子邮件不能发送图片。（　　）

二、填空题

1. 计算机网络是________与________相结合的产物。
2. 计算机网络按地理范围或联网规模划分________、________、及________。
3. 组成局域网常用的硬件设备有________、________、________、________、________及________。

三、单选题

1. 下列电子邮件地址格式正确的是（　　）。
   A. ×××@qq. com　　B. ×××qq. com
   C. ×××@qq　　D. ×××@com
2. 以下关于电子邮件的说法，不正确的是（　　）。
   A. 电子邮件的英文简称是Email
   B. 加入因特网的每个用户通过申请都可以得到一个“电子信箱”
   C. 在一台计算机上申请的“电子信箱”，以后只有通过这台计算机上网才能收信
   D. 一个人可以申请多个电子信箱
3. 若网络的各个节点均连接到同一条通信线路上，且线路两端有防止信号反射的装置，这种拓扑结构称为（　　）。
   A. 总线拓扑　　B. 星形拓扑
   C. 树状拓扑　　D. 环形拓扑

4. 计算机网络分为局域网、城域网和广域网，下列属于局域网的是（　　）。

A. ChinaDDN　　B. Novell　　C. Chinanet　　D. Internet

四、多选题

1. 局域网的特点有（　　）。

A. 数据传输速率高

B. 具有较低的误码率，并且延时低

C. 支持多种传输介质，如同轴电缆、双绞线、光纤和无线等

D. 覆盖范围一般为 10m～10km

2. 常用搜索引擎有（　　）。

A. 百度　　B. 搜狗　　C. 新浪官网　　D. 谷歌

3. 搜索引擎的分类为（　　）。

A. 全文索引　　B. 遍历索引　　C. 目标索引　　D. 元搜索

五、操作题

1. 打开百度（http://www.baidu.com）浏览器，搜索“中华人民共和国农业农村部”，进入农业农村部官方网站，在网页中任意下载一张图，并另存在桌面上。

2. 使用网页邮箱的方式向计算机老师发一个 Email，总结自己的学习收获。

【收件人】计算机老师邮箱

【主题】×××学习收获

【正文】学习收获

3. 使用百度检索“乡村振兴战略”首次被提出的时间，并下载一个解读乡村振兴战略的 PDF 文件。

4. 在中国知网查找近三年解读“乡村振兴战略”的所有文献资料。

六、思考题

1. 谈谈你对信息素养的理解。

2. 你知道哪些网络搜索引擎，请上网查询了解，并向同学介绍它们的主要特点及检索功能。

项目⑥ 新一代信息技术

新一代信息技术是指以物联网、人工智能、量子信息、区块链等为代表的新兴技术，它既是信息技术的纵向升级，也是信息技术的横向渗透融合。新一代信息技术，主要“新”在万物都能互联、信息集中处理、大数据技术成为主流、服务智能化。过去信息化的主要成就是数字化和网络化，今后信息化的发展趋势是智能化。

能力目标：了解新一代信息技术的基本概念、技术特点、典型应用、融合发展方式等。

思政目标：增强知识更新的紧迫感，提升创新意识，做善学善思的新时代青年。

任务1 初识新一代信息技术

任务描述

新一代信息技术是国务院于2010年10月10日下发《国务院关于加快培育和发展战略性新兴产业的决定》中的七个战略性新兴产业之一，经过多年的发展，新一代信息技术已经大量应用于生产、生活中。请简述新一代信息技术的基本概念、技术特点和典型应用。

任务分析

通过学习，理解新一代信息技术的基本概念，了解其技术特点、典型应用和与产业的融合发展方式。

必备知识

1. 什么是信息技术

信息技术（Information Technology，简称IT）指的是用来扩展人们信息器官功能、协助人们更有效地进行信息处理的一门技术。内容包括通信、计算机与计算机语言、计算机游戏、电子技术、光纤技术等。

2. 什么是新一代信息技术

新一代信息技术，不只是指信息领域的一些分支技术如集成电路、计算机、无线通信等的纵向升级，更主要的是指信息技术的整体平台和产业的代际变迁。以物联网、云计算、大数据、人工智能、区块链等为代表的新一轮的信息技术革命。

（1）物联网技术。可简单理解为物物相连的互联网。物联网在国际上又称为传感网，万事万物，小到手表、钥匙，大到汽车、楼房，只要嵌入个微型感应芯片，把它变得智能化，这个物体就可以“自动开口说话”。再借助无线网络技术，人们就可以和物体“对话”，物体和物体之间也能“交流”，这就是物联网。

（2）云计算技术（图6-1-1）。计算机上打开一个网站或一个应用，手机上打开一个App，80%以上都涉及云计算技术。各种形态的应用，涉及流程或共享数据的均与云计算技术分不开。提供资源的网络被称为“云”，资源包括硬件资源和软件资源，实现资源整合、按需分配。

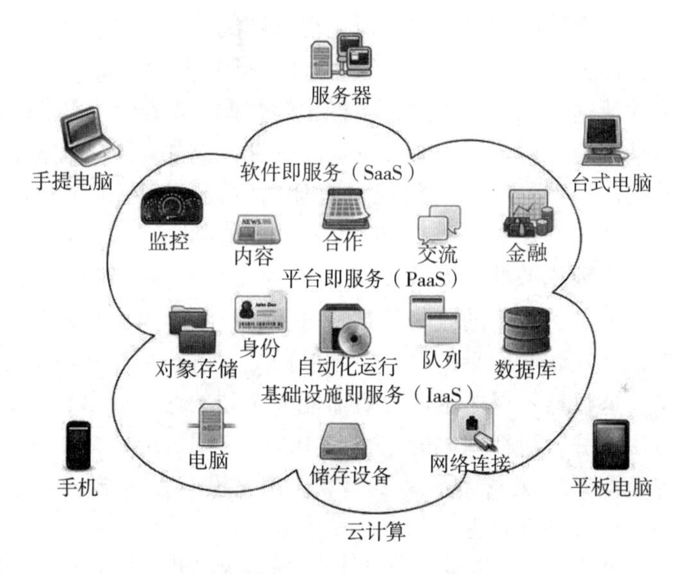

图6-1-1 云计算技术

（3）大数据技术。数据发展推动科技进步，海量数据给数据分析带来了新的机遇和挑战。大数据是一种在获取、存储、管理、分析方面远远超出传统数据库软件工具能力范围的数据集合，具有海量的数据规模、快速的数据流转、多样的数据类型和较低的价值密度这四大特征。从大数据的生命周期来看，数据采集技术、数据预处理技术、数据存储技术及数据分析技术，共同组成了大数据生命周期里最核心的技术。

（4）人工智能技术。人工智能是研究、开发用于模拟、延伸和扩展人的智能的理论、方法、技术及应用系统的一门新的技术科学。

（5）新技术之间的关联关系。物联网、云计算、大数据、人工智能虽然都可以看作独立的研究领域，但随着现代信息技术的发展，各个研究邻域的技术已经融合，在实际的应用中通常综合运用，以达到相辅相成的效果（图6-1-2）。

①云计算。云计算最初的目标是对资源进行管理，包括计算资源、网络资源和存储资

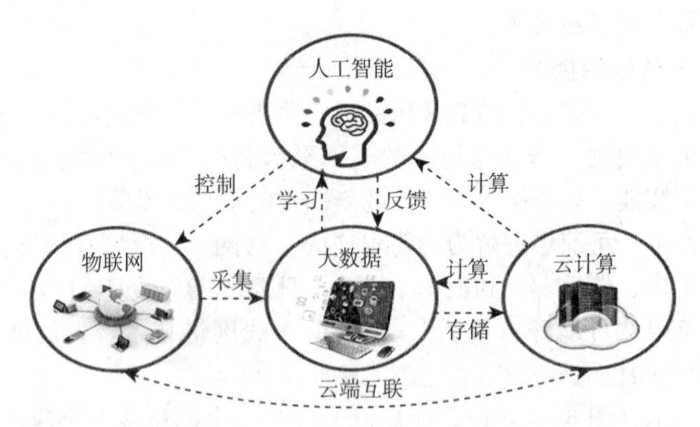

图 6-1-2　物联网、云计算、大数据、人工智能之间的关系

源。管理的目标就是要达到两个方面的灵活性：一是时间灵活性——想什么时候要就什么时候要；二是空间灵活性——想要多少就有多少。时间灵活性和空间灵活性即为通常所说的云计算的弹性，而这个问题可以通过虚拟化得到解决。

②大数据拥抱云计算。云计算 PaaS（平台即服务）平台中的一个复杂的应用是大数据平台。大数据中的数据分为 3 种类型：结构化的数据、非结构化的数据和半结构化的数据。数据本身并不是一定有用，必须经过一定的处理。例如，网络上的网页是数据。车辆的行驶信息也是数据，虽然数据本身可能没有什么用处，但数据中包含一种很重要的东西，即信息。数据是杂乱的，必须经过梳理和筛选才能称为有用的信息。

③物联网技术完成数据收集。数据的处理分为几个步骤，第一个步骤即是数据的收集。从物联网层面上来讲，数据的收集是指通过部署成千上万的传感器，将大量的各种类型的数据收集上来；从互联网网页的搜索引擎层面上来讲，数据的收集是指将互联网所有的网页都下载下来。这显然不是单独一台机器能够做到的，需要多台机器组成网络爬虫系统，每台机器下载一部分，机器组同时工作，才能在有限的时间内，将海量的网页下载完毕。但是，伴随着数据量越来越大，众多小型公司又没有足够多的机器处理相当多的数据，此时就需要云计算来处理数据。

④大数据需要云计算，云计算需要大数据。通过大数据技术分析公司的财务情况，可能一周只需要分析一次，如果将上百台机器甚至上千台机器的大部分时间闲置，则会非常浪费。那么，能否按需使用，在需要时用于财务分析，在不需要时，用于其他业务服务呢？谁能实现这个设想呢？只有云计算，它可以为大数据的运算提供资源层的灵活性。而云计算也会部署大数据应用到它的 PaaS 平台上，作为一个非常重要的通用应用存在。

目前公有云上基本上都部署有大数据的解决方案，当一家小型公司需要大数据平台的时候，不再需要真实采购上千台机器，只要到公有云上一点，这些机器就“出来”了，并且其中已经部署好了的大数据平台，只需将数据输入进去进行计算即可。云计算需要大数据，大数据需要云计算，二者就这样结合了。

⑤人工智能拥抱大数据云。人工智能算法依赖于大量的数据，而这些数据往往需要面向某个特定的领域（如电商、邮箱）进行长期的积累。如果没有数据，人工智能算法就无法完成计算，所以人工智能程序很少像 IaaS（基础设施即服务）和 PaaS 一样给某个客户单独安装一套，让客户自己去使用。因为客户没有大量的相关数据做训练，结果往往很不

理想。

云计算厂商往往是积累了大量数据的，可以为云计算服务商安装一套程序，并提供一个服务接口。例如，如果想鉴别一个文本是不是涉及暴力，则直接使用这个在线服务即可。这种形式的服务，在云计算中被称为软件即服务（SaaS），于是人工智能程序作为SaaS平台进入了云计算领域。

（6）新技术之间的融合性。一个大数据公司，通过物联网或互联网积累了大量的数据，会通过一些人工智能算法提供某些服务；一个人工智能服务公司，也不可能没有大数据平台作为支撑。

新技术应用

车联网通过云计算及大数据技术，对交通数据进行分析和计算，可以掌握整个城市的交通流量拥堵状况，通过人工智能技术可以做出合理的决策，对所有道路车辆进行路径规划，辅以交通调度。这样可以最大效率地提升城市的运力，同时还会大幅降低交通事故的发生概率，为我们的出行提供更安全、更高效、更方便的保障（图6-1-3）。

图6-1-3 车联网

车联网简单来说就是由汽车及汽车交通运输系统相关元素组成的通信网络。车联网不仅把车与车连接在一起，它还把车与行人、车与路、车与基础设施（如信号灯等）、车与网络、车与云平台连接在一起。

任务2 认识物联网

物联网简单来说就是物与物通过互联网连接起来，物物相连。它的基础仍然是互联网，是“信息化”时代的重要发展阶段。

任务描述

2021年7月13日，中国互联网协会发布了《中国互联网发展报告（2021）》，物联网市场规模达 1. 7 万亿元。请简述物联网的基本概念、物联网的技术体系以及物联网技术的典型应用。

任务分析

通过学习，理解物联网的基本概念，了解其技术特点、典型应用和与产业的融合发展方式。

必备知识

1. 物联网的概念

（1）物联网的定义。物联网（Internet of Things，IOT）是“物物相连的互联网”。从网络结构上看，物联网就是通过互联网将众多信息传感设备与应用系统连接起来并在广域网范围内对物品身份进行识别的分布式系统。

目前较为公认的物联网的定义有两种：

①通过射频识别（RFID）装置、红外传感器、全球定位系统 GPS、激光扫描器等信息传感设备，按约定的协议，把任何物品与互联网相连接，进行信息交换和通信，以实现智能化识别，定位，跟踪，监控和管理的一种网络。

②当每个而不是每种物品能够被唯一标识后，利用识别、通信和计算等技术，在互联网基础上，构建的连接各种物品的网络，就是人们常说的物联网。

物联网中的“物”要满足以下条件：要有相应信息的接收器；要有数据传输通路；要有一定的存储功能；要有数据发送器；遵循物联网的通信协议；在世界网络中有可被识别的唯一编号。

（2）物联网的三大特征。一般认为，物联网有以下三大特征：

①全面感知。利用 RFID、传感器、二维码等随时随地获取和采集物体信息。感知包括传感器的信息采集、协同处理、智能组网，甚至信息服务，以达到控制、指挥的目的。

②可靠传递。通过无线网络与互联网的融合，将物体的信息实时准确的传递给用户。在这一过程中，通常需要用到现有的电信运行网络，包括无线和有线网络。由于传感器网络是一个局部的无线网，因而无线移动通信网是作为承载物联网的一个有力的支撑（图 6－2－1）。

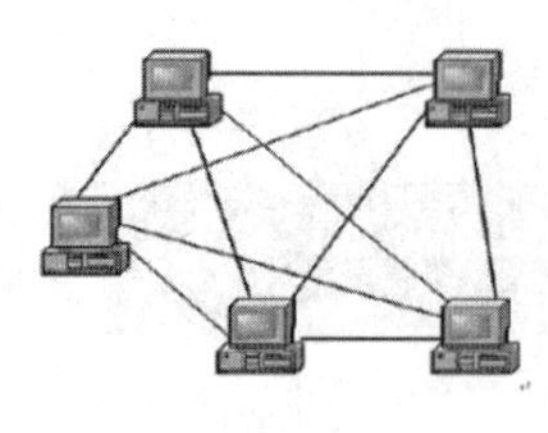

数据网络

移动网络（2G、3G、4G、5G）

无线路由器

蓝牙

图 6－2－1　传输方式

③智能处理。利用云计算、数据挖掘以及模糊识别等人工智能技术，对海量的数据和信息进行分析和处理，对物体实施智能化的控制（图 6－2－2）。

图6-2-2 各种类型的服务器

2. 物联网的技术体系

（1）物联网技术概论。物联网是典型的交叉学科，它所涉及的核心技术包括IPv6技术、云计算技术、传感技术、RFID智能识别技术、无线通信技术等。欧盟于2009年9月发布的《欧盟物联网战略研究路线图》白皮书中列出13类关键技术，包括标识技术、物联网体系结构技术、通信与网络技术、数据和信号处理技术、软件和算法、发现与搜索引擎技术、电源和能量储存技术等。

（2）物联网的层次结构（图6-2-3）。

①感知层实现对物理世界的智能感知识别、信息采集处理和自动控制，并通过通信模块将物理实体连接到网络层和应用层。

②网络层主要实现信息的传递、路由和控制，包括延伸网、接入网和核心网，网络层可依托公众电信网和互联网，也可以依托行业专用通信网络。

③应用层类似于人类社会的“分工”。包括应用基础设施、中间件和各种物联网应用，应用基础设施、中间件为物联网应用提供信息处理、计算等通用基础服务设施、能力及资源调用接口，以此为基础实现物联网在众多领域的各种应用。

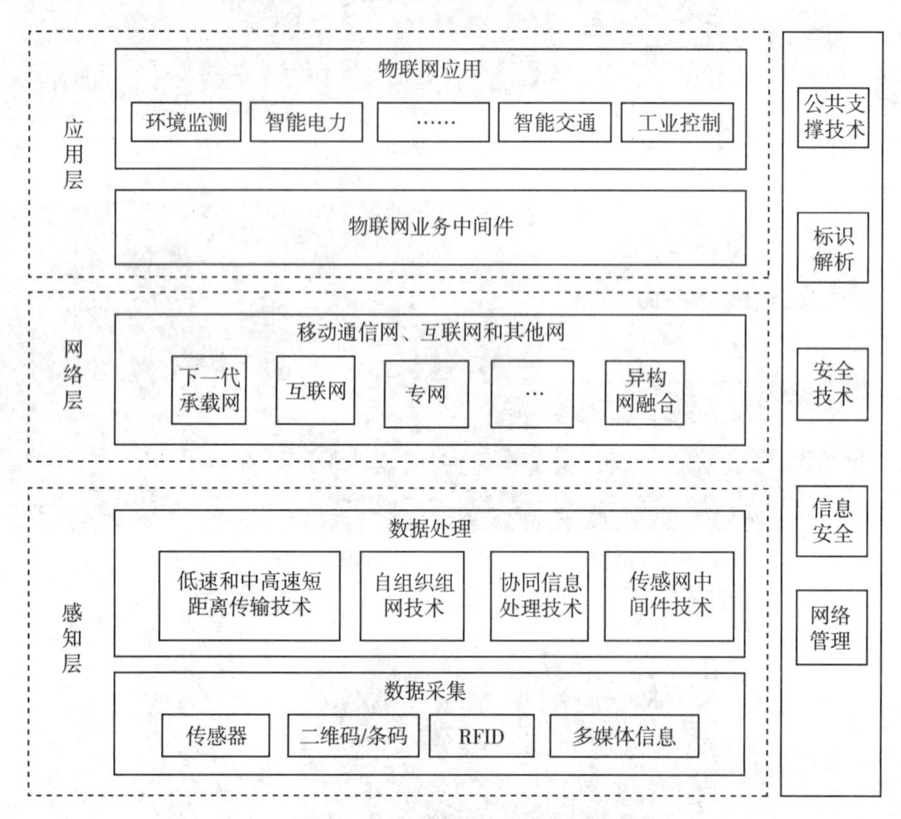

图 6-2-3　物联网的层次结构

(3) 物联网感知层的关键技术。

①RFID 技术（Radio Frequency Identification）。即射频识别，俗称电子标签。RFID 射频识别是一种非接触式的自动识别技术，可识别高速运动物体并可同时识别多个标签，操作快捷方便。通过射频信号自动识别对象并获取相关数据完成信息的自动采集工作，RFID 是物联网最关键的一个技术，它为物体贴上电子标签，实现高效灵活的管理。

RFID 主要由 3 部分组成：标签、阅读器（Reader）或读写器和天线（图 6-2-4）。

图 6-2-4　RFID 设备

RFID的工作原理是标签进入磁场后，接收阅读器发出的射频信号，凭借感应电流所获得的能量发送出存储在芯片中的产品信息（Passive Tag，无源标签或被动标签），或者由标签主动发送某一频率的信号（Active Tag，有源标签或主动标签），阅读器读取信息并解码后，送至中央信息系统进行有关数据处理。

②条形码。条形码是一种信息的图形化处理方法，可以把信息复制成条形码，然后用相应的扫描设备将其中信息输入到计算机中（图6-2-5）。

条形码分为一维条码（图6-2-6）和二维条码（图6-2-7），一维条形码将宽度不等的多个黑条和空白，按一定的编码规则排列，用以表达一组信息的图形标识符。二维条形码是在二维空间水平和竖直方向存储信息的条形码。它的优点是信息容量大，译码可靠性高，纠错能力强，制作成本低，保密与防伪性能好。

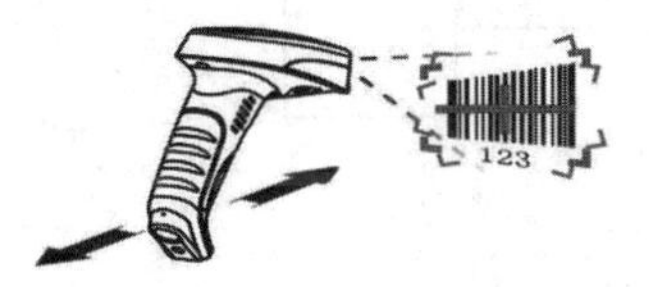

图6-2-5　条形码

图6-2-6　一维码

图6-2-7　二维码

③传感器技术。传感器是指能感知预定的被测指标并按照一定规律转换成可用信号的器件和装置，通常由敏感元件和转换元件组成（图6-2-8）。

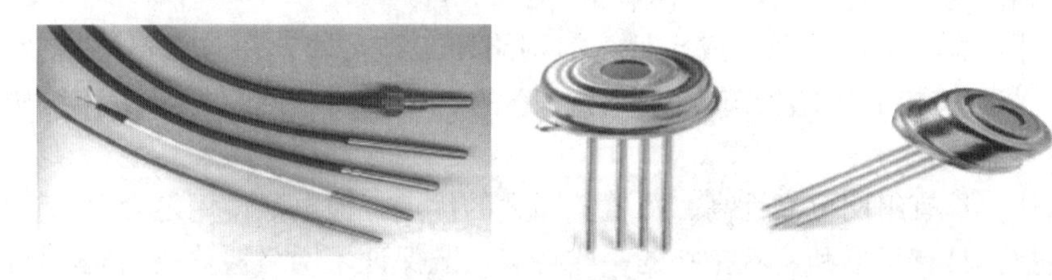

图6-2-8　传感器元件

传感器是一种检测装置，能感受到被测量的信息，并能将检测感受到的信息按一定规律变换成为电信号或其他所需形式的信息输出，以满足信息的传输、处理、存储、显示、记录和控制等要求（图6-2-9）。物联网中传感器节点是在传感器基础上增加了协同、计算、通信功能构成了具有感知能力、计算能力和通信能力的传感器节点。智能化是传感器的重要特点，嵌入式智能技术是实现传感器智能化的重要手段。

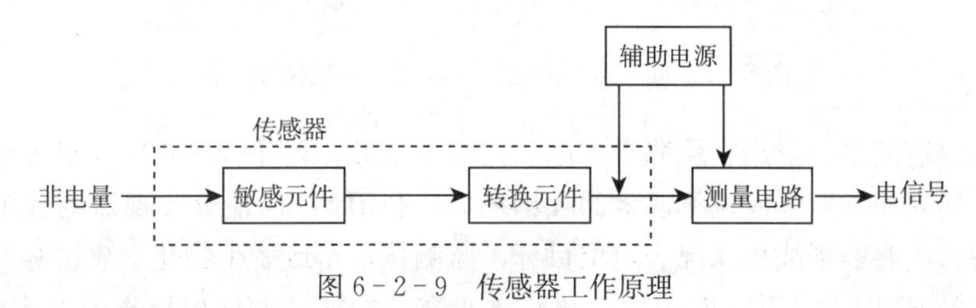

图6-2-9　传感器工作原理

④无线传感器网络技术。多个功能节点之间通过无线通信形成一个连接的网络，这个网络我们称为无线传感器网络（WSN，wireless sensor network）。它是集分布式信息采集、信息传输和信息处理技术于一体的网络信息系统，以其低成本、微型化、低功耗和灵

活的组网方式、铺设方式以及适合移动目标等特点受到广泛重视，是关系国民经济发展和国家安全的重要技术。

无线传感器网络中主要包含两类节点（图 6-2-10）。

传感器节点：具有感知和通信功能的节点，在传感器网络中负责监控目标区域并获取数据，以及完成与其他传感器节点的通信，能够对数据进行简单的处理。

Sink 节点：又称为基站节点，负责汇总由传感器节点发送过来的数据，并作进一步数据融合以及其他操作，最终把处理好的数据上传至互联网。

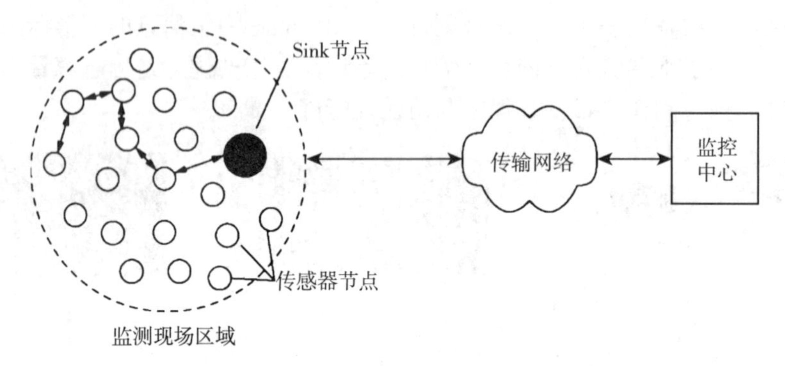

图 6-2-10　无线传感器网络节点

无线传感器网络三种常见拓扑结构（图 6-2-11）。

星形拓扑：具有组网简单、成本低，但网络覆盖范围小，一旦 Sink 节点发生故障，所有与 Sink 节点连接的传感器节点与网络中心的通信都将中断。星形拓扑结构组网时，电池的使用寿命较长。

网状拓扑：具有组网可靠性高、覆盖范围大的优点，但电池使用寿命短、管理复杂。

树状拓扑：具有星形和网状拓扑的一些特点，既保证了网络覆盖范围大，同时又不至于电池使用寿命过短，更加灵活、高效。

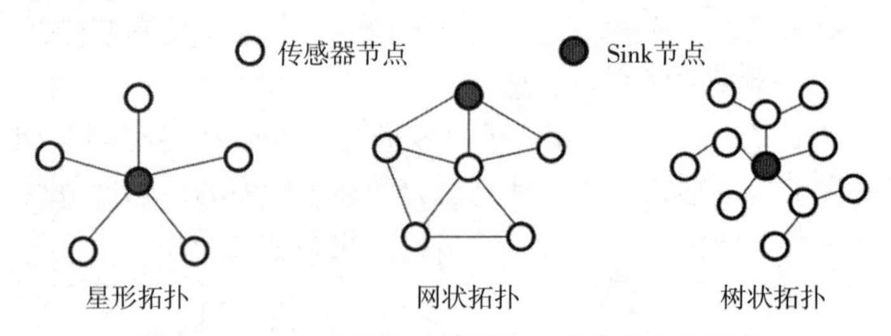

图 6-2-11　无线传感器网络三种常见拓扑结构

无线传感器网络的应用领域非常广泛。在军事领域，由于 WSN 具有密集型、随机分布的特点，使其非常适合应用于恶劣的战场环境。利用 WSN 能够实现监测敌军区域内的兵力和装备、实时监视战场状况、定位目标、监测核攻击或者生物化学攻击等。

WSN 特别适用于以下方面的生产和科学研究。例如，大棚种植室内及土壤的温度、湿度、光照监测、珍贵经济作物生长规律分析、葡萄优质育种和生产等，可为农村发展与农民增收带来极大的帮助。采用 WSN 建设农业环境自动监测系统，用一套网络设备完成风、光、水、电、热和农药等的数据采集和环境控制，可有效提高农业集约化生产程度，提高农业生产种植的科学性。

在环境监测和预报方面，无线传感器网络可用于监视农作物灌溉情况、土壤空气情况、家畜和家禽的环境和迁移状况、无线土壤生态学、大面积的地表监测等，也可用于行星探测、气象和地理研究、洪水监测等。基于无线传感器网络，可以通过数种传感器来监测降雨量、河水水位和土壤水分，并依此预测山洪暴发，描述生态多样性，从而进行动物栖息地生态监测。还可以通过跟踪鸟类、小型动物和昆虫进行种群复杂度的研究等。

（4）物联网网络层的关键技术。

①ZigBee。ZigBee 技术是一种近距离、低复杂度、低功耗、低速率、低成本的双向无线通讯技术。这一名称来源于蜜蜂的八字舞，由于蜜蜂是靠飞翔和“嗡嗡”地抖动翅膀的“舞蹈”来与同伴传递花粉所在方位信息，也就是说蜜蜂依靠这样的方式构成了群体中的通信网络。

ZigBee 网络主要特点是低功耗、低成本、时延短、网络容量大、可靠、安全。主要适合用于自动控制和远程控制领域，可以嵌入各种设备。一个 ZigBee 网络由一个协调器节点、多个路由器和多个终端设备节点组成。

②Wi-Fi 无线网络。Wi-Fi 是一种可以将个人电脑、手持设备（如平板电脑、手机）等终端以无线方式互相连接的技术。突出优势是无线电波的覆盖范围广、传输速度非常快、厂商进入该领域的门槛比较低。

Wi-Fi 是一个无线网路通信技术的品牌，由 Wi-Fi 联盟（Wi-Fi Alliance）所持有。目的是改善基于 IEEE 802.11 标准的无线网路产品之间的互通性。

③蓝牙技术。蓝牙是一种支持设备短距离通信（一般 10m 内）的无线电技术。能在包括移动电话、平板电脑、无线耳机、笔记本电脑等众多设备之间进行无线信息交换。其技术优势是稳定、通用、设备范围广，易于使用。

④GPS 技术。GPS（Global Positioning System，全球定位系统）是利用 GPS 定位卫星在全球范围内实时进行定位、导航的系统。全球四大卫星导航系统：美国全球定位系统(GPS)、俄罗斯“格洛纳斯”系统、欧洲“伽利略”系统、中国“北斗”系统（图 6-2-12）。

车辆导航管理

对航空器的定位及导航

农业监控

配备GPS的巡警

图 6-2-12　GPS 技术应用

（5）物联网应用层的关键技术。

①云计算技术。云计算具有弹性收缩、快速部署、资源抽象和按用量收费的特性，按照云计算的服务类型可以将云分为三层：基础架构即服务、平台即服务、软件即服务。基础架构即服务位于最底层，该层提供的是最基本的计算和存储能力，在这其中自动化和虚拟化是核心技术。平台即服务位于三层服务的中间，该层涉及两个关键技术：基于云的软件开发、测试及运行技术和大规模分布式应用运行环境。软件即服务位于最顶层，该层涉

及的关键技术：Web2.0 中的 Mashup、应用多租户技术、应用虚拟化等技术。

②软件和算法。软件和算法在物联网的信息处理和应用集成中发挥重要作用，是物联网智慧性的集中体现。这其中的关键技术主要包括面向服务的体系架构（SOA）和中间件技术，重点包括各种物联网计算系统的感知信息处理、优化软件与算法、物联网计算系统体系结构与软件平台研发等。

③信息和隐私安全技术。安全和隐私技术包括安全体系架构、网络安全技术、“智能物体”的广泛部署对社会生活带来的安全威胁、隐私保护技术、安全管理机制和保证措施等。为实现对物联网广泛部署的“智能物体”的管理，需要进行网络功能和适用性分析，开发适合的管理协议。

④标识和解析技术。标识和解析技术是对物理实体、通信实体和应用实体赋予的或其本身固有的一个或一组属性，并能实现正确解析的技术。物联网的标识主要包括物体标识和通信标识，物联网标识和解析技术涉及不同的标识体系、不同体系的互操作、全球解析或区域解析、标识管理等。

新技术应用

智慧农业指的是利用物联网、人工智能、大数据等现代信息技术与农业进行深度融合，实现农业生产全过程的信息感知、精准管理和智能控制的一种全新的农业生产方式，可实现农业可视化诊断、远程控制以及灾害预警等功能。物联网应用于农业主要体现在两个方面，即农业种植和畜牧养殖。

1. 农业物联网概念

农业物联网指的是将各种各样的传感器节点自动组织起来构成传感网络，通过各种传感器实时采集农田信息并及时反馈给农户，使农民足不出户便可掌握监控区域的农田环境及作物信息，另外，农民也可以通过手机或者电脑远程控制设备，自动控制系统减少了灌溉、作物管理的用工人数，提高了生产效率。

2. 农业物联网体系架构

与物联网感知层、网络层、应用层的三层体系架构对应，农业物联网也分为三个层次：信息感知层、信息传输层、信息应用层，如图 6－2－13 所示。

3. 物联网在智能农业中的关键技术

M2M 技术：广义上 M2M 包括机器与机器之间的通信（Machine－to－Machine）、机器与人之间的通信（Machine－to－Man）、人与机器之间的通信（Man－to－Machine）。狭义 M2M 是机器与机器之间的通信（Machine－to－Machine）。

WSN：WSN（Wireless Sensor Network）指的是无线传感器网络，它由部署在监测范围内的各种各样的传感器节点构成的网络系统，此网络系统通过自组织和多跳的方式形成，依靠无线通信方式实现数据感知、采集、处理和传输。

从定义可以看出 WSN 是由三个要素组成，分别为传感器、感知对象和观察者。通过传感器检测环境温度、环境湿度、土壤温度、土壤湿度、光照等数据，并由无线通信网络将采集的数据传送给管理人员，管理人员收到信息后便可直接掌握现场状况，从而进行调控相应的配套设施。

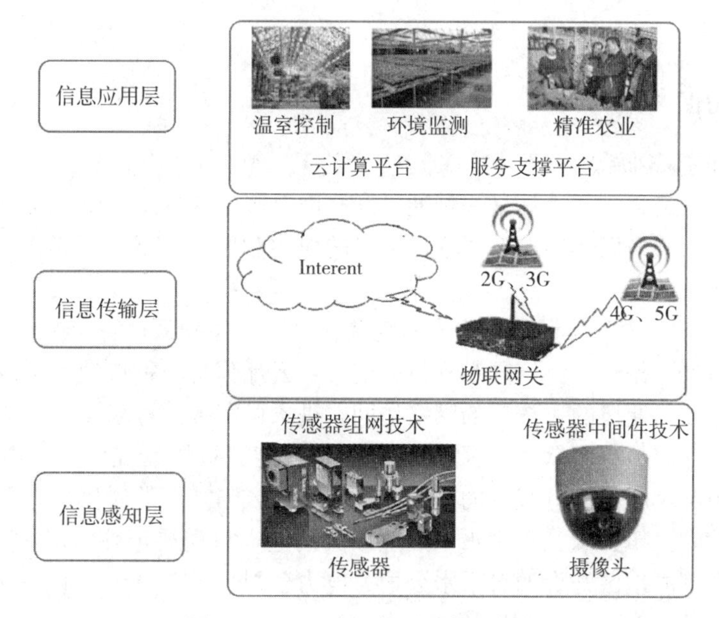

图 6-2-13 农业物联网体系架构

4. 物联网在农业领域的作用

根据无线网络获取的植物生长环境信息，如监测土壤水分、土壤温度、空气温度、空气湿度、光照强度、植物养分含量等参数。系统平台负责接收无线传感汇聚节点发来的数据、存储、显示和数据管理，实现所有基地测试点信息的获取、管理、动态显示和分析处理以直观的图表和曲线的方式显示给用户，并根据以上各类信息的反馈对农业园区进行自动灌溉、自动降温、自动进行液体肥料施肥、自动喷药等自动控制。

任务3 了解云计算

云计算简单来说就是通过网络“云”将巨大的数据计算处理程序分解成无数个小程序，然后通过多部服务器组成的系统进行处理和分析这些小程序，并将得到的结果返回给用户。云计算通过统一调配计算和存储资源，能高效率地满足用户需求。

任务描述

云计算这个概念从提出到今天，已经十多年了。在这期间，云计算取得了飞速的发展与翻天覆地的变化。现如今，云计算被视为计算机网络领域的一次革命，因为它的出现，社会的工作方式和商业模式也在发生巨大的改变。请简述云计算的基本概念、核心技术和应用场景。

任务分析

通过学习，理解云计算的基本概念，了解其技术特点、应用场景和与产业的融合发展方式。

必备知识

1. 云计算的基本概念

（1）云计算的定义。云计算是一种通过互联网以服务的方式提供动态可伸缩的虚拟化资源的计算模式，使人们像用电一样享用信息的应用和服务。云计算是由 Google 于 2006 年首次提出。

2009 年 4 月，美国国家标准与技术研究院在总结了各种云计算定义和描述的基础上，提出了一个目前唯一得到广泛认同和支持的定义：云计算是一种按使用量付费的模式，这种模式提供可用的、便捷的、按需的网络访问，进入可配置的计算资源共享池（资源包括网络、服务器、存储、应用软件、服务），这些资源能够被快速提供，只需投入很少的管理工作，或与服务供应商进行很少的交互。通俗点讲，当需要的时候，你别管水是怎么来的，电是怎么发的，扭开水龙头用水，插上插头用电，只需要记住按时缴水电费就可以。云计算像在每个不同地区开设的自来水公司、电力公司，云计算服务商，专门向世界每个角落提供软件服务。

云计算的工作原理是使用特定的软件、按照指定的优先级和调度算法、将数据计算和数据存储分配到云计算集群中的各个节点计算机上，节点计算机并行运算，处理存储在本节点上的数据，结果回收合并。

（2）云计算的基本特征。根据美国国家标准和技术研究院为云计算给出的定义，这种服务应具备的特征包括自助式服务、随时随地使用、可度量的服务、快速资源扩缩和资源池化（图 6－3－1）。

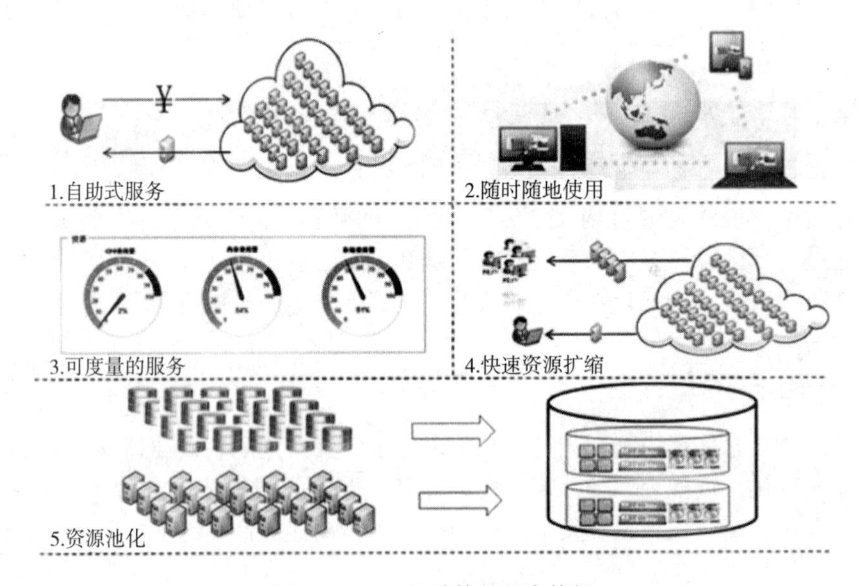

图 6－3－1　云计算的基本特征

（3）云计算的服务模式。云计算的服务模式有三种，分别是基础设施即服务、平台即服务和软件即服务，如图 6－3－2 所示。

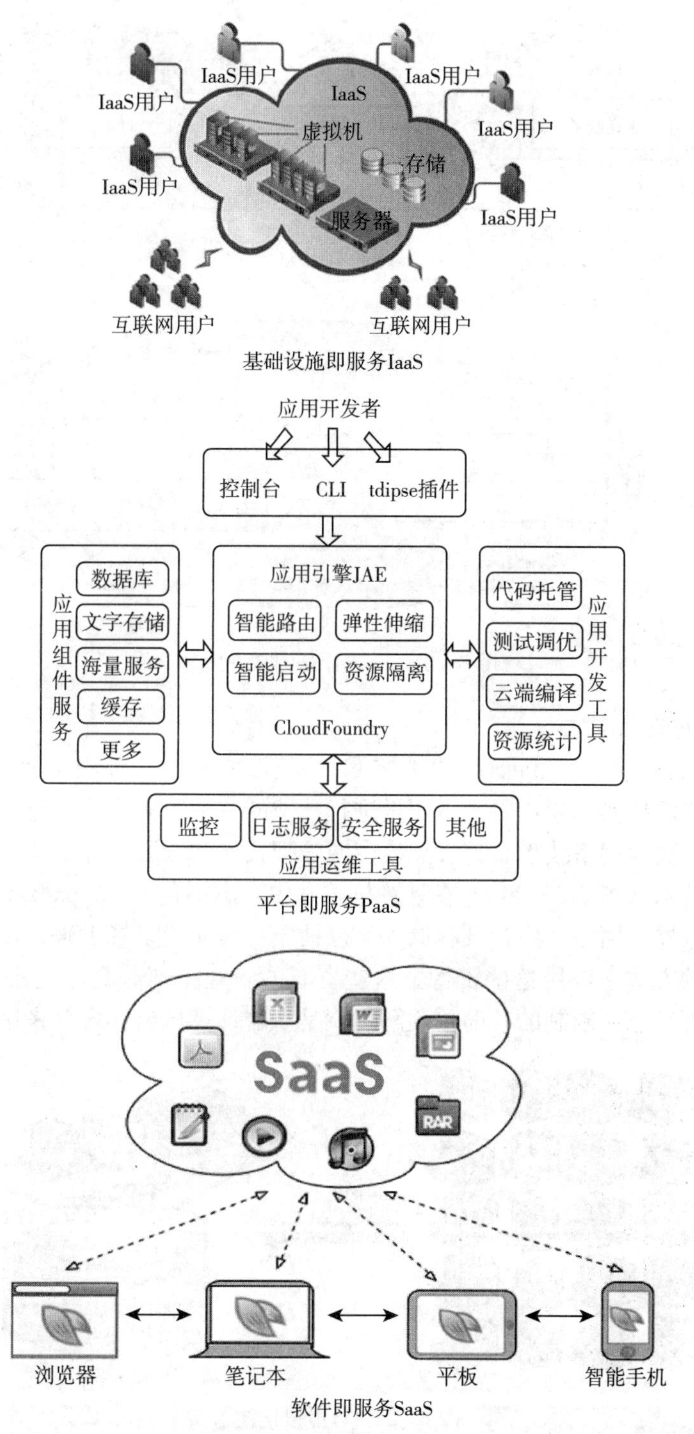

图 6-3-2 云计算的服务模式

（4）云计算的部署模型。根据消费者的来源来划分，云计算拥有四种部署模型：私有云、公有云、社区云和混合云（图 6-3-3）。

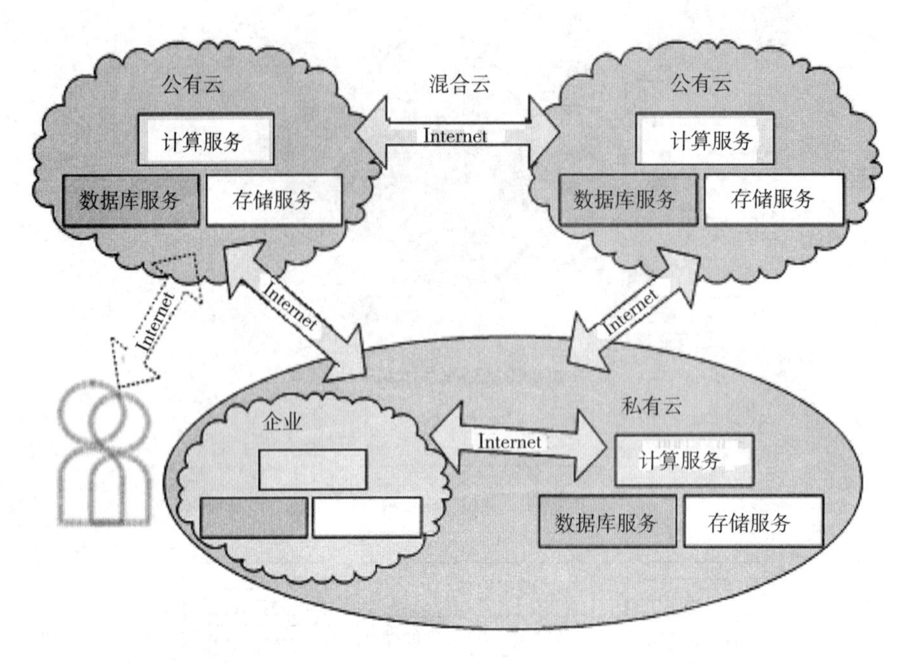

图 6-3-3　云计算的部署模型

2. 云计算的核心技术

(1) IaaS 的核心技术。IaaS 指的是把 IT 基础设施作为一种服务通过网络对外提供，并根据用户对资源的实际使用量或占用量进行计费的一种服务模式。包括虚拟化技术、分布式存储技术、高速网络技术、超大规模资源管理技术和云服务计费技术。

①虚拟化技术（图 6-3-4）。在计算机技术中，虚拟化（Virtualization）是将计算机物理资源如服务器、网络、内存及存储等予以抽象、转换后呈现出来，使用户可以用比原本的组态更好的方式来应用这些资源。这些资源的新虚拟部分是不受现有资源的架设方式、地域或物理组态所限制的。简单理解，就是一台计算机当作多台来用。

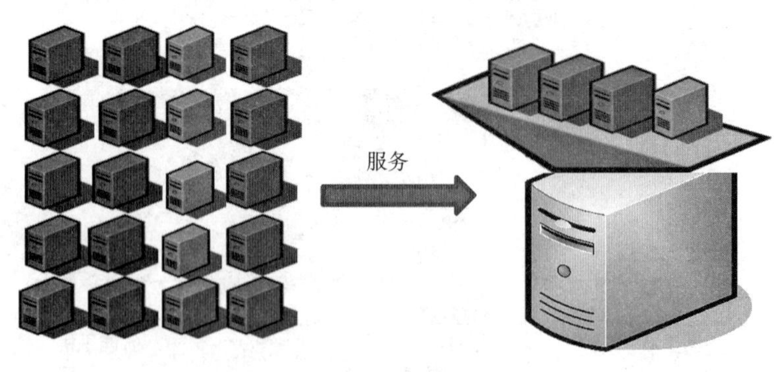

图 6-3-4　虚拟化技术

虚拟化就是将多台低利用率的服务器上的负载整合到一台服务器上，使服务器硬件资源的利用率尽可能提高（图 6-3-5）。

②分布式存储技术。以分布式存储技术为例，云计算不仅能快速计算，还要能海量存储数据。在数据爆炸的今天，这一点至关重要。

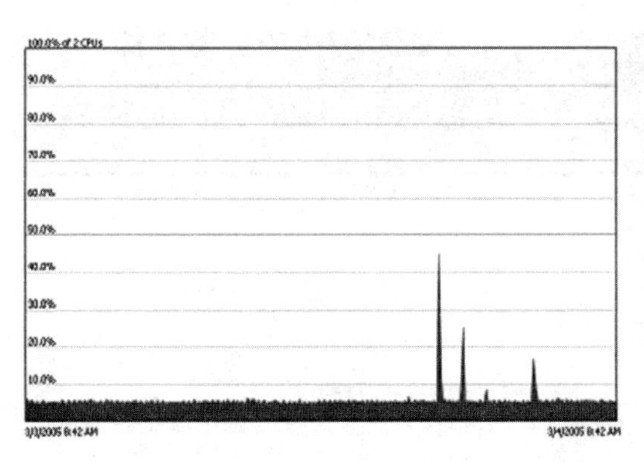

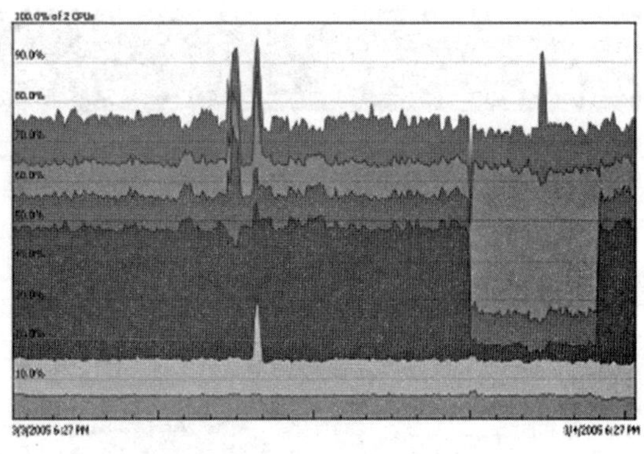

图 6-3-5　虚拟化前后 CPU 利用率

（2）PaaS 的核心技术。假如把云计算划为一个倒金字塔，IaaS 作为基础设施在金字塔塔尖，则 PaaS 则是负责承上启下的一个中间环节。PaaS 指的是平台服务，也就是把服务器平台作为一种服务提供的商业模式，云计算时代相应的服务器平台或者开发环境作为开发环境作为服务进行提供就成为了 PaaS。

（3）SaaS 的核心技术。

①大规模多租户支持。它是 SaaS 模式成为可能的核心技术，运行在应用提供商 SaaS 上的应用能够同时为多个组织和用户使用，能够保证用户之间的相互隔离。没有多租户技术的支持，SaaS 就不可能实现。

②认证和安全。认证和安全是多租户的必要条件。当接收到用户发出的操作请求时，其发出请求的用户身份需要被认证，且操作的安全性需要被监控。

③定价和计费。定价和计费是 SaaS 模式的客观要求。提供合理、灵活、具体而便于用户选择的定价策略是 SaaS 成功的关键之一。

④服务整合。它是 SaaS 长期发展的动力。SaaS 应用提供商需要通过与其他产品的整合来提供整套产品的解决方案。

⑤开发和定制。开发和定制是服务整合的内在需要。一般来讲，每个 SaaS 应用都提供了完备的软件功能，但是为了能够与其他软件产品进行整合，SaaS 应用最好具有一定的二次开发功能，包括公开 API，提供沙盒以及脚本运行环境等。

3. 云计算的应用场景

（1）IaaS 平台的典型应用。亚马逊（Amazon）公司不仅仅是一家著名的跨境电商，也是成功的 IaaS 服务提供者，拥有非常成功 AWS（Amazon Web Services）云计算服务平台，为全世界范围内的客户提供云解决方案。AWS 面向用户提供包括弹性计算、存储、数据库、应用程序在内的一整套云计算服务，帮助企业降低 IT 投入成本和维护成本（图 6-3-6）。国内类似的有阿里云、腾讯云、华为云等。

（2）PaaS 平台的典型应用。CloudFoundry 是最初由 VMware 设计与开发的业界第一个开源 PaaS 云平台，它支持多种框架、语言、运行时环境，使开发人员能够在很方便地进行应用程序的开发、部署和扩展，无需担心任何基础架构的问题。类似的 PaaS 云平台还有 Google 的 GAE（Google App Engine），支持 Python 语言、JAVA 语言、Go 语言和 PHP 语言等。国内的还有云端软件开发协作平台码云 Gitee（图 6-3-7）、JEPaaS 等。

图 6-3-6　AWS（Amazon Web Services）云计算服务平台

图 6-3-7　码云 Gitee PaaS 服务平台

（3）SaaS 平台的典型应用。GoogleDocs（图 6-3-8）是谷歌开发的完全基于浏览器的 SaaS 云平台，它提供在线文档服务，允许用户在线创建文档，并提供了多种布局模板。用户不必在本地安装任何程序，只需要通过浏览器登录服务器，就可以随时随地获得自己的工作环境。在用户体验上，该服务做到了尽量符合用户使用习惯，不论是页面布局、按钮菜单设置还是操作方法，都与用户所习惯的本地文档处理软件（如 Microsoft Office 和 Open Office 等）相似。国内的还有金山云文档、用友云财务等。

图 6－3－8　GoogleDocs SaaS 云平台

新技术应用

1. 项目背景

某市地铁 1 号线开通当月日均客流仅 9 万人次。一年后，1、2 号日均线网客流已维持在 19 万人次。两年后的某天客流量达 30.66 万人次，出现单日最大客流。随着地铁线网规模的不断扩大，设备越来越多，给后期维护工作也提出了很大的挑战。具体有如下表现。

①物理 IT 资源利用率不均衡，硬件设备大量堆砌，成本居高不下。

②数据存放较为分散，缺乏安全可靠性保护。

③业务系统扩展繁琐，上线周期长，阻碍业务发展。

④软硬件品牌种类多，运维管理难度较大。

⑤IT 资源申请流程不清晰，资源回收缺乏有效机制。

面对上述痛点，该市地铁决定建设私有云平台，通过应用虚拟化技术和云计算平台来整合内部 IT 系统，实现资源统筹管理，提升现有资源的可靠性和可用性，大幅度节约企业硬件成本和管理成本，提高资源使用率，为应用提供动态、灵活、弹性、虚拟、共享和高效的资源服务，以加快生产和开发的效率，解决当前面临的痛点。

2. 项目规划

（1）建设目标。云数据中心 IT 基础设施的建设目标是满足未来 3～5 年新建该市地铁 IT 应用系统对包括网络、服务器、存储、系统软件等基础设施的需求，以及已建应用系统迁移到云计算平台的需求。

按照国家信息系统安全保护第三级的要求，进行云数据中心安全系统建设。包括建设高可靠的安全技术防护体系和集中的安全管理服务体系，保障云计算平台的安全。

云数据中心运维体系建设包括云资源管理子系统、云服务管理子系统、云安全管理子系统。云资源管理子系统提供 IT 基础架构中的物理资源和虚拟资源的管理、设备管理、故障管理、机房管理等功能；云服务管理子系统提供服务器资源、数据库资源、存储资源的申请和审批管理；云安全管理子系统提供物理安全、云基础安全、云平台安全、业务系统安全。

（2）总体架构（图 6－3－9）。

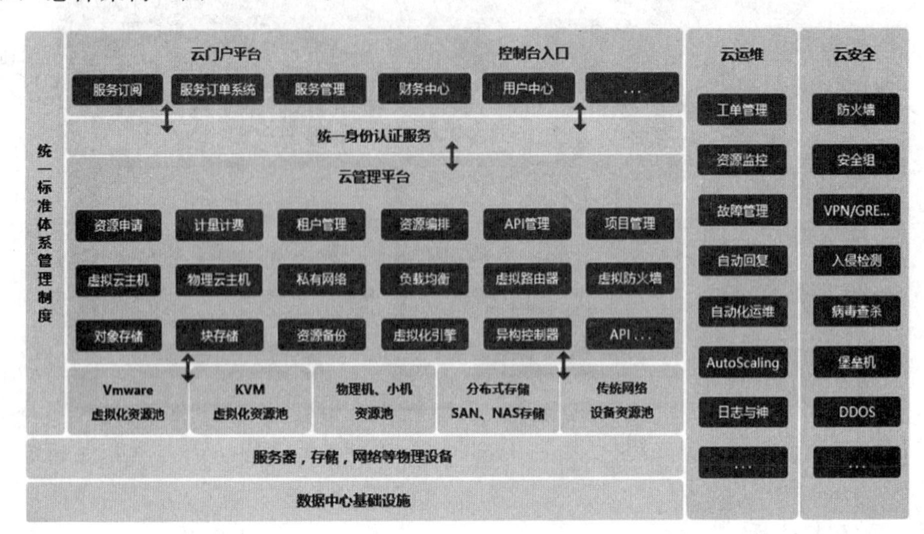

图 6－3－9　总体架构

（3）功能结构。该市地铁云平台提供满足用户应用场景的 IaaS 层云计算能力，从物理设备管理到虚拟化资源管理，经过镜像的定制，最终提供 IT 服务。

云平台主要包括 11 个功能模块：设备管理、资源管理、网络管理、镜像管理、流程管理、云服务器管理、监控管理、计量管理、预警管理、报表管理、系统管理。

3. 项目实施

（1）综合布线。地铁云平台的综合布线如图 6－3－10 所示。

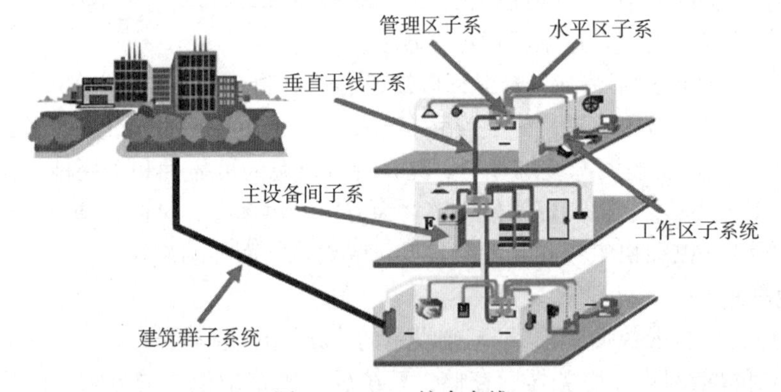

图 6－3－10　综合布线

（2）安装物理设备。地铁云平台的物理设备的安装如图 6－3－11 所示。

（3）服务器虚拟化。地铁云平台的服务器虚拟化如图 6－3－12 所示。

（4）部署节点。该市地铁云计算平台项目根据实际情况，需要部署如下几类节点。

计算节点：X86 物理资源、X86 虚拟机资源。

存储节点：磁盘阵列块存储资源。

网络节点：虚拟防火墙资源、虚拟负载均衡资源，虚拟路由器等。

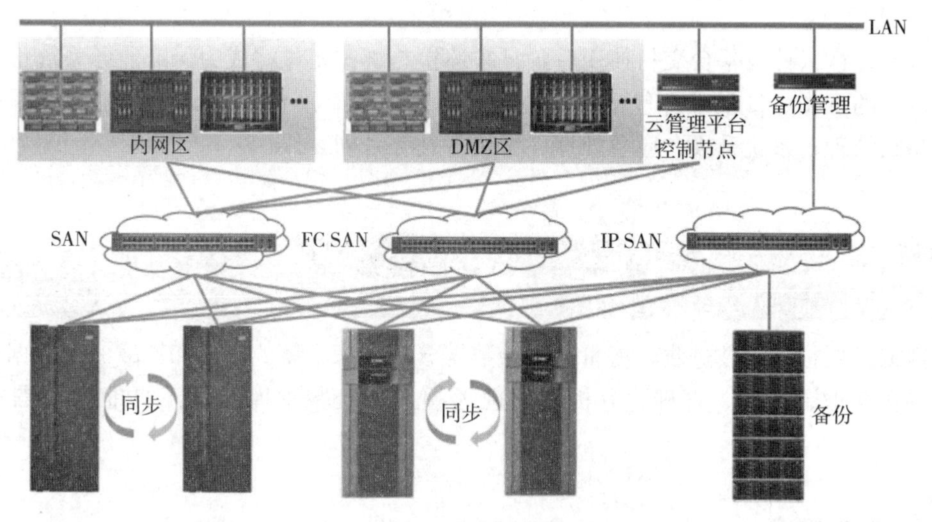

图 6-3-11 物理设备的安装

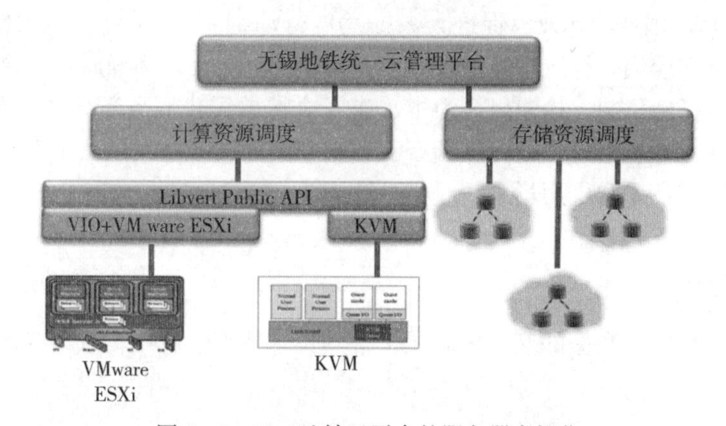

图 6-3-12 地铁云平台的服务器虚拟化

控制节点：负责平台管理及资源调度，可由虚拟机承载。

(5) 统一管理。地铁云平台的统一管理如图 6-3-13 所示。

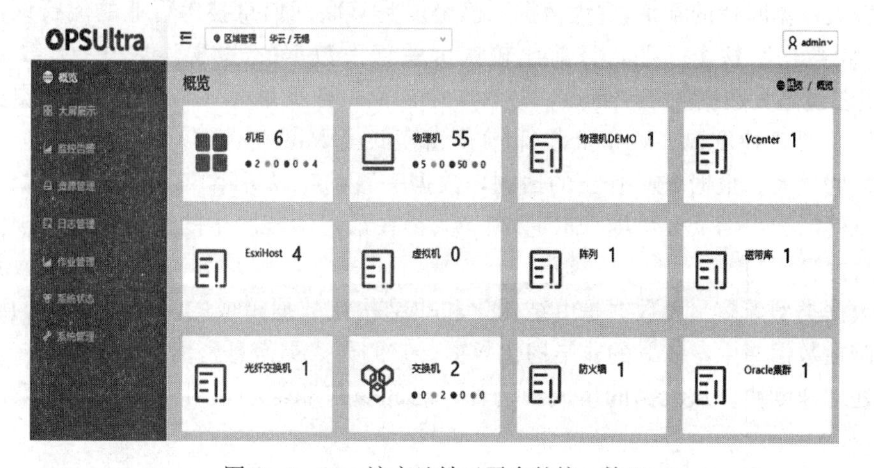

图 6-3-13 该市地铁云平台的统一管理

4. 项目维护

该市地铁云计算平台交付使用后，日常巡检与维护工作将成为保障业务系统正常运行必不可少的工作。日常维护包括设备巡检、运行监控、事件处理、资源池管理、资源管理、参数管理、系统升级、应急处理、文档管理等系列工作。

任务4 认识大数据技术

数据发展推动科技进步，海量数据给数据分析带来了新的机遇和挑战。大数据是一种强大到在获取、存储、管理、分析方面远远超出传统数据库软件工具能力范围的数据集合。

任务描述

2015年9月，国务院印发《促进大数据发展行动纲要》，系统部署大数据发展工作，推动大数据发展和应用，打造精准治理、多方协作的社会治理新模式，建立运行平稳、安全高效的经济运行新机制，构建以人为本、惠及全民的民生服务新体系，开启大众创业、万众创新的创新驱动新格局，培育高端智能、新兴繁荣的产业发展新生态。请简述大数据的基本概念、关键技术和应用场景。

任务分析

通过学习，理解大数据的基本概念，了解其技术特点、应用场景和与产业的融合发展方式。

必备知识

1. 大数据的概念

随着大数据时代的到来，"大数据"已经成为互联网信息技术行业的流行词汇。关于"什么是大数据"这个问题，目前比较认可关于大数据的"4V"说法。大数据的4个"V"，或者说是大数据的4个特点，包含4个层面：数据量大（Volume）、数据类型繁多（Variety）、处理速度快（Velocity）和价值密度低（Value）。

①数据量大。根据IDC作出的估测，数据一直都在以每年50%的速度增长，也就是说每两年就增长一倍（大数据摩尔定律）。人类在最近两年产生的数据量相当于之前产生的全部数据量。

②数据类型繁多。大数据是由结构化和非结构化数据组成的。其中10%的结构化数据，存储在数据库中，90%的非结构化数据，它们与人类信息密切相关。

③处理速度快。从数据的生成到消耗，时间窗口非常小，可用于生成决策的时间非常少。

④价值密度低。价值密度低，商业价值高。以视频为例，连续不间断监控过程中，可

能有用的数据仅仅有一两秒，但是具有很高的商业价值。

2. 大数据处理的关键技术

（1）数据分析流程。从数据分析全流程的角度，大数据技术主要包括数据采集与预处理、数据存储和管理、数据处理与分析、数据安全和隐私保护等几个层面的内容。

①数据采集与预处理。利用 ETL（Extract－Transform－Load）工具将分布的或异构数据源中的数据，如关系数据、平面数据文件等，抽取到临时中间层后进行清洗、转换、集成，最后加载到数据仓库或数据集市中，成为联机分析处理、数据挖掘的基础；也可以利用日志采集工具（如 Flume、Kafka 等）把实时采集的数据作为流计算系统的输入，进行实时处理分析。

②数据存储与管理（图 6－4－1）。利用分布式文件系统、数据仓库、关系数据库、NoSQL 数据库、云数据等，实现对结构化、半结构化和非结构化海量数据的存储和管理。

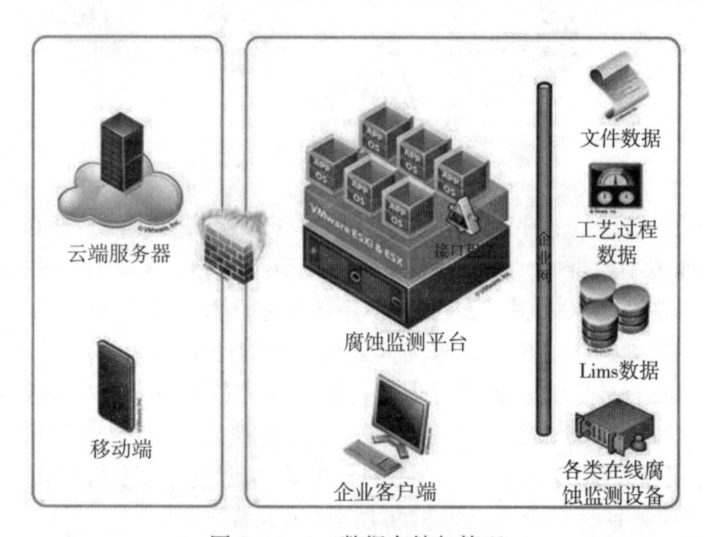

图 6－4－1　数据存储与管理

③数据处理与分析。利用分布式并行编程模式和计算框架，结合机器学习和数据挖掘算法，实现对海量数据的处理和分析；对分析结果进行可视化呈现，帮助人们更好地理解数据、分析数据（图 6－4－2）。

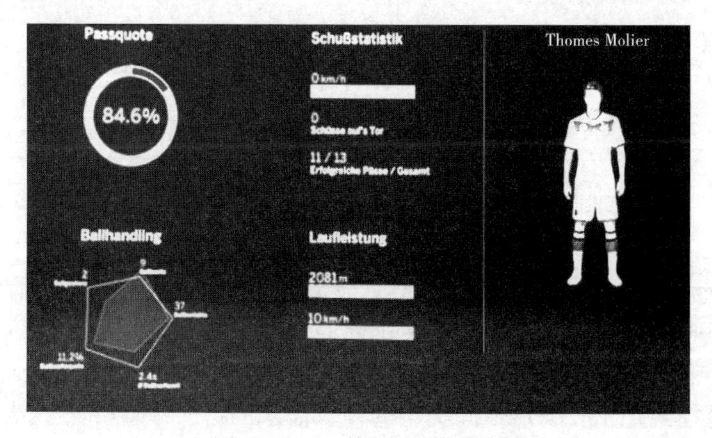

图 6－4－2　数据处理与分析

④数据安全与隐私保护。在从大数据中挖掘潜在的巨大商业价值和学术价值的同时，构建隐私数据保护体系和数据安全体系，有效保护个人隐私和数据安全。

图6-4-3　数据安全与隐私保护

（2）大数据关键技术。大数据技术是许多技术的一个集合体，这些技术也并非全部都是新生事物，诸如关系数据库、数据仓库、数据采集、ETL、OLAP、数据挖掘、数据隐私和安全、数据可视化等技术是已经发展多年的技术，在大数据时代得到不断补充、完善、提高后又有了新的升华，也可以视为大数据技术的一个组成部分。

（3）大数据计算模式。大数据计算形式，即依据大数据的不同数据特征和计算特征，从多样性的大数据计算问题和需求中提炼并树立的各种高层笼统或模型。例如，MapReduce是一个并行计算系统，加州大学伯克利分校著名的Spark系统中的"散布内存笼统RDD"，著名的图计算系统GraphLab中的"图并行笼统"等。

依据大数据处置多样性的需求和以上不同的特征维度，目前呈现了多种典型和重要的大数据计算形式（表6-4-1）。

表6-4-1　典型的大数据计算模式

大数据计算模式	解决问题	代表产品
批处理计算	针对大规模数据的批量处理	MapReduce、Spark等
流计算	针对流数据的实时计算	Storm、S4、Flume、Streams、Puma、DStream、Super Mario、银河流数据处理平台等
图计算	针对大规模图结构数据处理	Pregel、GraphX、Giraph、PowerGraph、Hama、GoldenOrb等
查询分析计算	大规模数据的存储管理和查询分析	Dremel、Hive、Cassandra、Impala等

①MapReduce。MapReduce主要合适于停滞大数据线下批处置，在面向低延迟和具有复杂数据关系和复杂计算的大数据问题时有很大的不顺应性。大数据处理的问题复杂多样，单一的计算模式是无法满足不同类型的计算需求的，MapReduce代表了针对大规模数据的批量处理技术（图6-4-4）。

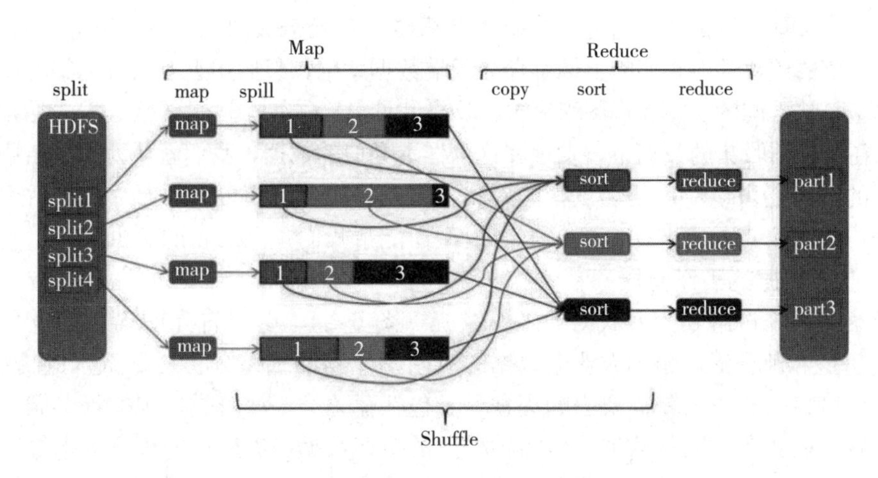

图 6-4-4　MapReduce 计算模式

②批量处理计算。批处理计算主要解决针对大规模数据的批量处理，也是我们日常数据分析工作中非常常见的一类数据处理需求。Spark 是一个针对超大数据集合的低延迟的集群分布式计算系统，比 MapReduce 快许多。Spark 启用了内存分布数据集，除了能够提供交互式查询外，还可以优化迭代工作负载。

③流计算。流数据也是大数据分析中的重要数据类型。流数据（或数据流）是指在时间分布和数量上无限的一系列动态数据集合体，数据的价值随着时间的流逝而降低，因此必须采用实时计算的方式给出秒级响应。

④图计算。在大数据时代，许多大数据都是以大规模图或网络的形式呈现，如社交网络、传染病传播途径、交通事故对路网的影响等，此外，许多非图结构的大数据也常常会被转换为图模型后再进行处理分析。

⑤查询分析。针对超大规模数据的存储管理和查询分析，需要提供实时或准实时的响应，才能很好地满足企业经营管理需求。Google 开发的 Dremel 是一种可扩展的、交互式的实时查询系统，用于只读嵌套数据的分析。

新技术应用

1. 农业大数据的概念

农业大数据是大数据理念、技术和方法在农业方面的实践，涉及耕地、播种、施肥、杀虫、收割、存储等各个环节，是跨行业、跨专业、跨业务的数据分析与挖掘，以及数据可视化。

通俗地讲，就是当我们走进一块田地，用一部智能手机对着田地拍照，手机就会告诉我们这块田地现在的状况，比如田里是否有杂草，杂草在哪里。我们对着一株小麦拍照，软件就会帮我们找到杂草（图 6-4-5），并在圆形的叶子上进行标识，计算机还会设定将杂草切掉。

图 6-4-5　利用大数据识别杂草

软件又是如何做到的呢？首先我们使用传感器或多光谱摄像机，在农田进行数据采集，收集大量杂草的照片并将它们贴上标签存在云端数据库中，然后用上万张有标签的图像去完善一个模型，从不同的功能和视图来完善，这样我们就有了一个巨大的数据库去做预测。之后当我们在传感器收集的数据中，发现和这个样本类似的数据，我们就认为它是杂草。

同样的技术还可以应用于病虫害的检测，首先收集所有病虫害的照片，然后运用算法就可以分辨出哪个点是需要治疗的，算法模型还能帮我们预测出新的病虫害。

2. 农业大数据的工作流程

以做菜流程来讲解农业大数据的工作过程（图 6－4－6）。首先明确目标，今天是做番茄炒蛋还是麻辣香锅，明确农业大数据的对象是作物的根系分析还是玉米的株型检测。在确定好做麻辣香锅之后就需要去购买食材，包括蔬菜类、海鲜类、肉类等。做农业大数据的食材就是收集各种农业数据，包括种植业的生产数据、养殖业的生产数据等。食材买回来之后不能直接下锅，需要做择菜、洗菜、切菜三道工序，我们收集上来的原始数据也不能直接去做数据分析，必须经过数据清洗这道工序，将杂乱无序的“脏数据”变成修正好的“干净数据”。这道工序结束之后就可以入锅炒菜了，同理在对数据清洗完成之后我们就可以探索数据啦。选择合适的模型，用机器学习、深度学习算法来对数据集建模分析，得出结果。这就是根系分析的结果图以及玉米株型的检测结果。最后我们会拍照、发朋友圈与朋友一起分享美食。在建模完成之后我们也需要把结果跟别人交流，这就是数据可视化，以图表、报告的形式展现出来。

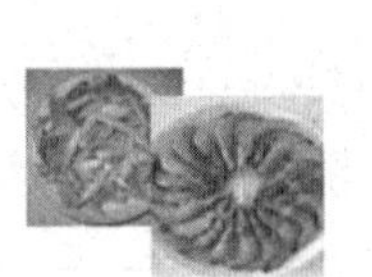

图 6－4－6　农业大数据的工作流程

身边有法

被垃圾营销短信轰炸、骚扰电话不断、简历信息被随意贩卖……当下，个人信息泄露已经成为人们关注的重点问题。2021 年 11 月 1 日，《中华人民共和国个人信息保护法》（以下简称《个人信息保护法》）正式实施。在此之前，我国的法律中还没有关于个人信息的专门规定，关于个人隐私权保护的规定也显得笼统而模糊，缺乏可操作性。新出台的《个人信息保护法》，可以说是保护力度空前。

《个人信息保护法》规定，个人信息处理者利用个人信息进行自动化决策，应当保证决策的透明度和结果公平、公正，不得对个人在交易价格等交易条件上实行不合理的差别待遇。通过自动化决策方式向个人进行信息推送、商业营销，应当同时提供不针对其个人特征的选项，或者向个人提供便捷的拒绝方式。

《个人信息保护法》专门规定了敏感个人信息的处理规则。敏感个人信息一旦泄露或者非法使用，容易导致自然人的人格尊严受到侵害。人身、财产安全受到危害的个人信息包括生物识别、宗教信仰、特定身份、医疗健康、金融账户、行踪轨迹等信息，以及不满十四周岁未成年人的个人信息。

那么，如果个人信息被泄露，个人应该如何维权？泄露信息的个人信息处理者又将得到哪些处罚？

《个人信息保护法》规定，对违法处理个人信息或者处理个人信息未履行《个人信息保护法》所规定个人信息保护义务的，可能会被暂停或终止服务，面临大额罚款，以及潜在的市场禁入。对于违法企业直接负责的主管人员和其他直接责任人员，并可以决定禁止其在一定期限内担任相关企业的董事、监事、高级管理人员和个人信息保护负责人。普通人如果发现个人信息泄露，首先需要搜集证据线索。比如，遭遇电话骚扰、邮件骚扰的，需要记下对方的身份、电话号码、邮件地址等信息，有条件的也可以录音录像。在搜集好证据后，及时向相关部门报案，向公安部门、工商部门等相关机构进行投诉举报。如果信息泄露对个人权益影响过大，建议委托律师维权。

任务5 走进人工智能

人工智能已经渗透到我们生活的每个角落。从春运车站的“智能闸机”，冬奥会闭幕式北京“8分钟”，到语音识别、私人助手、图像美化、推荐排序、预测疾病、无人驾驶等，各种各样的人工智能应用，正在深度影响着你我的生活。在这个日益数字化、数据驱动的世界里，人工智能将成为技术进步的力量倍增器。

任务描述

人工智能是一门极富挑战性的科学，它由不同的领域组成，如机器学习、计算机视觉等，总的说来，人工智能研究的一个主要目标是使机器能够胜任一些通常需要人类智能才能完成的复杂工作。但不同的时代、不同的人对这种“复杂工作”的理解是不同的。请简述人工智能的基本概念、关键技术和应用场景。

任务分析

通过学习，理解人工智能的基本概念，了解其技术特点、应用场景和与产业的融合发展方式。

必备知识

1. 人工智能的概念

人工智能（Artificial Intelligence，AI）是研究、开发用于模拟、延伸和扩展人的智能的理论、方法、技术及应用系统的一门新的技术科学。

进入21世纪，人工智能技术与计算机软件技术深度整合，也渗透到几乎所有的产业中去发挥作用。2008年以后，随着移动互联网技术、云计算技术的爆发，积累了历史上超乎想象的数据量，这为人工智能的后续发展提供了足够的素材和动力。21世纪第二个十年，随着移动互联、大数据、云计算、物联网技术的迸发，人工智能技术也迈入了新的融合时代。

2. 人工智能技术

人工智能技术所取得的成就在很大程度上得益于目前机器学习理论和技术的进步。人工智能近年在语音识别、图像处理等诸多领域获得了重要进展，在人脸识别、机器翻译等任务中已经达到甚至超越了人类的能力，尤其是在举世瞩目的棋“人机大战”中，AlphaGo以绝对优势先后战胜过去10年最强的人类棋手、世界围棋冠军李世石九段和何洁九段，让人类领略到了人工智能技术的巨大潜力。

（1）机器学习。建立人工智能往往需要从大量的过往经验中总结规律，这就是“机器学习”。机器学习的目的是让机器能像人样具有学习能力。机器学习是计算机科学和统计学的交叉，也是人工智能和数据科学的核心。

①人类学习的目的：掌握知识、掌握能力、掌握技巧，最终能够进行比较复杂或者高要求的工作。

②机器学习的目的：让机器帮助人类做一些大规模的数据识别、分拣、规律总结等人类做起来比较花时间的事情，这就是机器学习的本质性目的。

③机器学习模仿人的学习过程（监督学习）。学习过程是计算机通过对输入的动物照片进行学习，计算机内部建立了一个识别模型，学习每张图片的同时指出对应图片的编号，计算机根据学习图片数据和图片代表的编号来完善它的识别模型，不断反复的进行学习训练，每训练一定次数后对识别模型的结果进行测试，如果测试的结果不能满足要求则继续对动物图片数据进行学习，直到训练出来的识别模型识别结果符合识别要求后保存识别模型，然后使用识别模型来识别未知动物的图片。如果训练出来的识别模型能够有效的识别出各类动物图片则该识别练模型越有效。

用于训练的图片数量越多，训练模型效果越好，建立的模型效果越好，则识别的准确率越高，因此为了提高训练出来的模型的准确率，一方面尽可能多的提供更多的训练数据，另一方面尽可能选取更加合理的训练模型。而在选取训练模型的方法上进行着不断的改进（图6-5-1）。

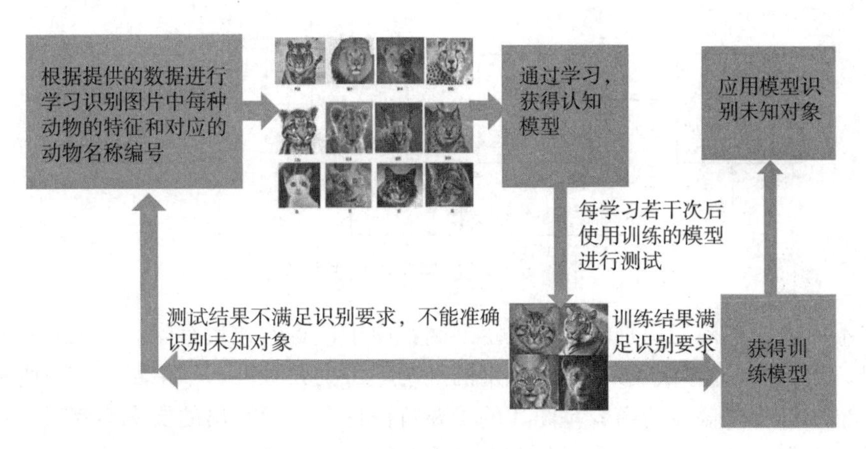

图 6-5-1　机器学习模仿人的学习过程

④机器学习学习过程——学习数据的处理。图片首先需要进行数字化处理，将图片信息转换为计算机能够识别的数据，如果每张图片为 320×320 的像素构成的图片，每个像素用一个数据来描述像素的信息，则一张图片需要 102 400 个数据来保存图片的信息，每一张图片都需要 102 400 个数据来存储图片信息，如果有 10 000 张图片用来作为训练数据，则需要 1 024 000 000 个数据保存全部图片信息，因此计算机需要很大的存储设备来保存图片信息，由于当前的计算机存储容量较大，能够满足存储要求（图 6-5-2）。

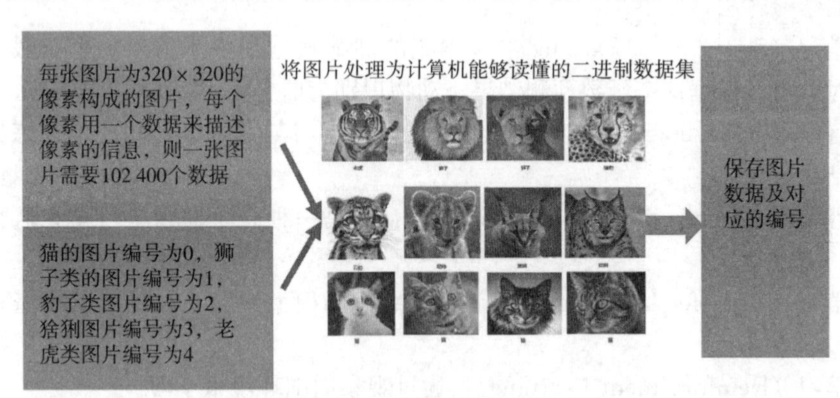

图 6-5-2　机器学习数据的处理

⑤机器学习学习过程——模型进行训练。计算机训练识别模型的过程是每次读取若干张图片的信息通过设定的模型进行计算，将计算结果与图片对应的结果进行比较，如输入的照片为猫，而运算的结果为猫的概率为 0.6，实际结果为 1，则训练实际结果与计算结果偏差为 0.4，将这个偏差作为调整训练模型的依据来修正训练模型，调整的目标是降低运算结果与实际结果之间的偏差，如果偏差为 0 则模型最优，通过对训练模型反复训练，提高模型对每种动物图片的识别率。通过使用足够多的训练样本和足够多的训练次数及合理的训练模型结构则能够训练出识别率较高的识别模型（图 6-5-3）。

⑥机器学习学习过程——应用训练模型进行识别。训练过程中每种动物的图像特征被保存在了识别模型的参数中，训练的样本图片越多则每种动物的特征被越多的保留在了识别模型中，对用户而言识别模型就如同一个黑盒子，用户不需要更多地了解黑盒子的结

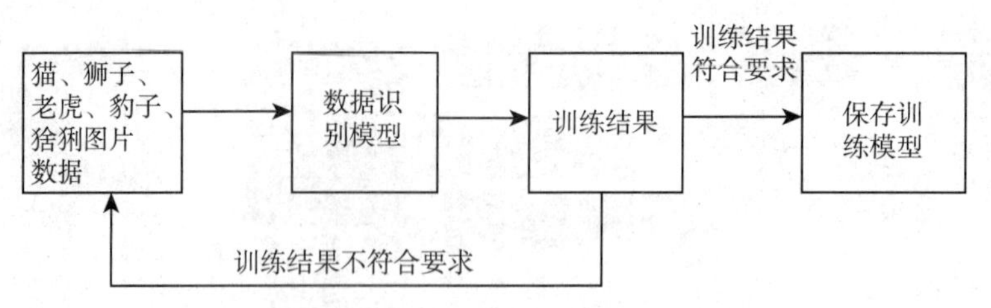

图 6－5－3　机器学习模型训练

构，但并不代表识别模型识别的结果一定准确，由于样本的数量有限，在某些特例情况下还会出错。当输入的信息不够完整时识别的准确率将大大降低，如果将正常一张猫的图片覆盖掉一半，且所覆盖掉的内容是图片的重要特征信息，识别出的概率会降低。

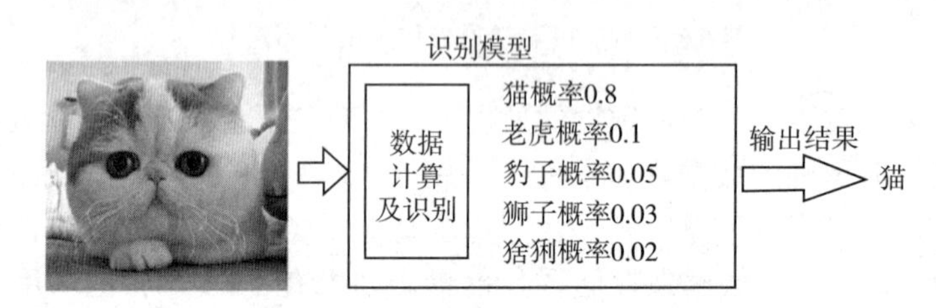

图 6－5－4　机器学习模型训练

⑦机器学习算法。

监督学习（Supervised Learning）：从给定的训练数据集中学习出一个函数，当新的数据到来时，可以根据这个函数预测结果，动物识别为监督学习。

无监督学习（Unsupervised Learning）：无监督学习与监督学习相比，训练集没有人为标注的结果。

半监督学习（Semi－Supervised Learning）：这是一种介于监督学习与无监督学习之间的方法。

迁移学习（Transfer Learning）：将已经训练好的模型参数迁移到新的模型来帮助新模型训练数据集。

强化学习（Reinforcement Learning）：通过观察周围环境来学习。

（2）深度学习。深度学习（Deeplearning）是机器学习中一种基于对数据进行表征学习的方法，是一种能够模拟出人脑的神经结构的机器学习方法。深度学习能让计算机具有人一样的智慧，其发展前景必定是无限的。

深度学习所涉及的技术主要有欠拟合、过拟合、正则化、最大似然估计和贝叶斯统计、随机梯度下降、监督学习和无监督学习、深度前馈网络、自适应学习算法、卷积神经网络、深度神经网络和主成分分析、决策树和聚类算法、KNN 和 SVM、生成对抗网络、机器视觉和图像识别、动态规划、梯度策略算法和强化学习等。

新技术应用

1. 图像处理

AI 技术可以通过深度学习算法以及对数据库的分析，智能识别人脸和拍照场景，判断最佳拍照时机、智能完美虚化，呈现“奶油化开”般迷人效果，帮助人们轻松拍出“大师级”的美照（图 6－5－5）。

不同的白平衡

采样图像

白平衡后图像

图 6－5－5　图像的白平衡处理

人工智能在图像处理方面被广泛地应用。将低光拍摄的照片和长曝光强度足够的照片进行训练人工智获得模型后处理低光拍摄的照片，处理后的照片与传统处理方式相比更好。

2. 自动采摘机器人在农业领域的应用

对于采摘工人来说，小番茄或草莓的采摘是一项工作量非常大的任务。利用机器视觉能够帮助 AI 采摘机器人准确地找到成熟的果实，当发现目标后他们会自动移动到藤蔓处，用机械手轻轻地将果实采摘下来，放在篮子里。对于那些没有成熟的果实，它还会预估成熟的时间重新过来采摘。自动机器人的出现，将人类从繁重的劳动中解放了出来（图 6－5－6）。

图 6－5－6　自动采摘机器人的路径规划

AI 采摘机器人通过强化学习来进行路径规划，以高效地完成小番茄或草莓的采摘（图 6－5－7）。

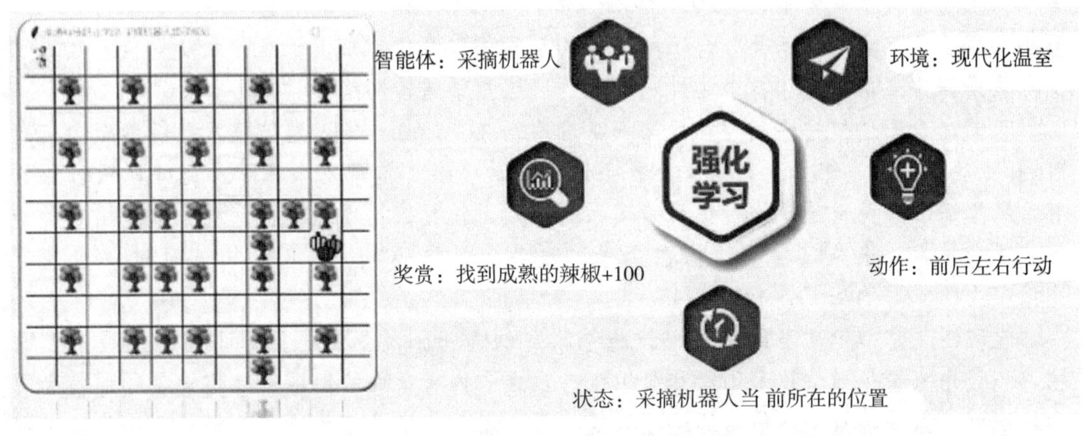

图 6－5－7　基于强化学习的自动采摘机器人路径规划算法

量子通信

“绝对安全”的通信是千百年来人类的梦想之一，而在今日这个信息技术飞速进步的时代，“绝对安全”的通信却几乎是海市蜃楼。量子通信系统的问世重新点燃了建造“绝对安全”通信系统的希望。通向“绝对安全通信”这个千百年来人类梦想大道的入口，在量子物理的指引下，又重新进入公众的视野之中。

量子通信是指利用量子纠缠效应进行信息传递的新型通讯方式，是量子论和信息论相结合的成果。通俗点来讲，当我们使用一对分别处于A地区与B地区的EPR粒子进行通信的时候，我们可以通过对A地区粒子的操作，使得B地区的粒子的量子态发生变化，从而达到通信的目的。由于量子的线性性质，量子态不能被完美复制。这就意味着窃听者不能通过对一个未知的量子态复制的方法获得通讯的信息。其次，当窃听者企图识别未知的量子态的时候，量子态的不可识别定理保证了任何试图直接窃听的行为都会留下痕迹。有了这样的保密传输手段，我们就可以做到安全通信了。

量子通信具有绝对安全和高效率等特点，给信息安全带来了革命式的发展，是目前国际量子物理和信息科学的主要研究方向，主要涉及的领域包括量子隐形传送、量子密码通信等。目前应用发展相对成熟的为量子密码通信。

我国量子通信市场规模结构主要包括量子通信产品及建设运营、量子通信研发及系统和量子通信应用三大块业务。大数据预测分析和咨询服务公司Valuenex对量子技术相关专利的分析显示，中国拥有3 000多项量子技术相关专利，大约是美国的两倍。但我国量子通信应用市场仍有较大发展空间。

2011年，合肥建成全球首个规模化量子通信网络——合肥城域量子保密通信试验示范网。2013年，国家发展和改革委员会正式批复立项世界首条千公里级量子保密通信干线——“京沪干线”技术验证及应用示范项目，“京沪干线”总长超过2 000km，覆盖四省三市共32个节点，通过京沪干线，我国突破了高速量子密钥分发、高速高效率单光子探测、可信中继传输和大规模量子网络管控等系列工程化实现的关键技术，完成了大尺度量子保密通信技术试验验证。2017年9月底，“京沪干线”正式开通。2017年9月29日，量子科学实验卫星“墨子号”与正式开通的量子保密通信“京沪干线”成功对接，实现了洲际量子保密通信，全球首个星地一体化的广域量子通信网络初具雏形。

目前，量子通信技术已经在我国获得应用。其中，量子保密通信技术已经为纪念抗战胜利70周年阅兵、十九大等国家重要会议和活动提供了信息安全保障。此外，银行业监管信息报送、人民币跨境收付信息管理系统、网上银行数据异地灾备系统等都应用了量子保密通信技术。未来，量子通信在金融、政务、国防、电子信息等领域可进一步广泛应用。

在习近平总书记“下好量子科技先手棋”的嘱托下，浙江等省份明确要发展量子通信，积极培育量子通信技术创新和应用生态，在省内有条件的地区布局建设量子通信专网和城域网。未来，量子通信将远远不只是一种全新的加密通信手段，它将是新一代信息网络安全解决方案的关键技术，将成为越来越普遍的电子服务的安全基石，成为保障未来信息社会可信行为的重要基础之一。

综合练习6

一、选择题

1. 物联网的一个重要功能是促进（　　），这是互联网、传感器网络所不能及的。
   A. 可访问　　B. 智能化　　C. 低碳化　　D. 无人化
2. 要获取“物体的实时状态怎么样?”“物体怎样了?”此类信息，并把它传输到网络上，就需要（　　）。
   A. 计算技术　　B. 通信技术　　C. 识别技术　　D. 传感技术
3. 云计算有如下主要特性：云计算是一种新的计算模式；云计算是互联网计算模式的商业实现方式；云计算的优点是安全、方便、共享的资源可以按需扩展；云计算体现了（　　）的理念。
   A. 虚拟化　　B. 软件即服务　　C. 资源无限　　D. 分布式计算
4. 下列关于数据重组的说法中，错误的是（　　）。
   A. 数据重组能够使数据焕发新的光芒
   B. 数据重组是数据的重新生产和重新采集
   C. 数据重组实现的关键在于多源数据融合和数据集成
   D. 数据重组有利于实现新颖的数据模式创新
5. 大数据的最显著特征是（　　）。
   A. 数据国模大　　B. 数据类型多样
   C. 数据处理速度快　　D. 数据价值密度高
6. 大数据时代，数据使用的关键是（　　）。
   A. 数据收集　　B. 数据存储　　C. 数据分析　　D. 数据再利用
7. （　　）不是人工智能中常用的知识格式化表示方法。
   A. 框架表示法　　B. 产生式表示法
   C. 语义网络表示法　　D. 形象描写表示法
8. 人工智能诞生于（　　）年。
   A. 1955　　B. 1957　　C. 1956　　D. 1965
9. 下列哪个应用领域不属于人工智能应用?（　　）
   A. 人工神经网络　　B. 自动控制
   C. 自然语言学习　　D. 专家系统
10. 机器人之父是指（　　）。
    A. 阿兰・图灵　　B. 博纳斯・李
    C. 沙佩克　　D. 英格博格和德沃尔

二、简答题

1. 什么是人工智能?
2. 简述物联网在农业中的应用。
3. 什么是机器学习?
4. 什么是大数据? 有什么具体的应用?

图书在版编目（CIP）数据

信息技术：基础模块 / 黄从云，成维莉主编. —北京：中国农业出版社，2023. 8
ISBN 978－7－109－30259－4

Ⅰ. ①信… Ⅱ. ①黄… ②成… Ⅲ. ①电子计算机—高等职业教育—教材 Ⅳ. ①TP3

中国版本图书馆 CIP 数据核字（2022）第 223666 号

中国农业出版社出版
地址：北京市朝阳区麦子店街 18 号楼
邮编：100125
责任编辑：许艳玲
版式设计：杜 然 责任校对：吴丽婷
印刷：北京印刷一厂
版次：2023 年 8 月第 1 版
印次：2023 年 8 月北京第 1 次印刷
发行：新华书店北京发行所
开本：787mm×1092mm 1/16
印张：20. 75
字数：505 千字
定价：49. 90 元
